水利工程施工组织与管理

主　编　刘庆飞　梁　丽

黄河水利出版社
·郑州·

图书在版编目(CIP)数据

水利工程施工组织与管理/刘庆飞,梁丽主编.—郑州:黄河水利出版社,2013.12(2016.10 修订重印)
ISBN 978-7-5509-0705-8

Ⅰ.①水… Ⅱ.①刘…②梁… Ⅲ.①水利工程-工程施工-施工组织②水利工程-施工管理 Ⅳ.①TV512

中国版本图书馆 CIP 数据核字(2013)第 318229 号

组稿编辑:贾会珍 电话:037166028027 E-mail:18137157973@163.com

出 版 社:黄河水利出版社 网址:www.yrcp.com
地址:河南省郑州市顺河路黄委会综合楼 14 层 邮政编码:450003
发行单位:黄河水利出版社
发行部电话:0371-66026940、66020550、66028024、66022620(传真)
E-mail:hhslcbs@126.com
承印单位:郑州龙洋印务有限公司
开本:787 mm×1 092 mm 1/16
印张:21.75
字数:530 千字 印数:1 001—2 000
版次:2013 年 12 月第 1 版 印次:2016 年 10 月第 2 次印刷

定价:45.00 元

前　言

本书的作者是工程一线具有丰富实践经验的工程技术人员，是作者结合多年工程实践经验，并紧密结合国家现行法律、法规编写而成的。在编写过程中，重实践、轻理论，着重讲述与工程实际紧密结合的技术和方法，及技巧。

本书主要内容包括：概论、水利工程施工组织、施工组织总设计、单位工程施工组织设计、导截流工程施工、土石坝工程施工、基础工程施工、渠系工程施工、水利工程施工管理、水利工程造价管理、水利工程施工成本管理、水利工程建设技术管理、水利工程质量管理、水利工程进度管理、水利工程施工合同管理、水利工程施工安全管理、水利工程环境安全管理、水利工程招标投标。

本书编写人员及编写分工如下：郑州黄河工程有限公司白全恒编写第一章和第二章，河南立信工程咨询监理有限公司梁丽编写第三章，黄河建工集团有限公司王效宇编写第四章，黄河建工集团有限公司邵锡鹏编写第五章和第九章，河南立信工程咨询监理有限公司刘庆飞编写第六章和第十七章，黄河建工集团有限公司贺晓菊编写第七章，黄河水利委员会河南水文水资源局郑凯编写第八章和第十章第一节至第四节，黄河水利委员会河南水文水资源局张峰编写第十章第五节、第六节和第十四章，黄河建工集团有限公司万青编写第十一章和第十五章第五节、第六节，黄河水利委员会河南水文水资源局董明军编写第十二章和第十八章，山东滨州黄河河务局封莉编写第十三章，黄河建工集团有限公司曹云锋编写第十五章第一节至第四节，黄河水利委员会河南水文水资源局刘晓华编写第十六章。全书由刘庆飞、梁丽担任主编，由董明军、封莉、刘晓华担任副主编。

由于本次编写时间仓促，编者水平有限，书中难免会出现不妥之处，欢迎广大师生及读者批评指正。

编　者

2013 年 10 月

目　录

第一章 概 论

第一节 水利工程基本建设程序

一、基本建设程序含义

建设程序是指建设项目从决策、设计、施工到竣工验收整个建设过程中各个阶段、各环节、各工程之间必须遵守的先后顺序关系。按建设程序进行水利水电工程建设是保证工程质量和投资效果的基本要求,是水利水电建设项目管理的重要工作。为此水利部与1998年1月7日发布施行了《水利工程建设程序管理暂行规定》(水建[1998]16号),与1995年4月21日发布施行了《水利工程建设项目管理规定》(水建[1995]128号)。

根据《水利工程建设项目管理规定》(水建[1995]128号)和有关规定,水利工程建设程序一般分为:项目建议书、可行性研究报告、初步设计、施工准备(包括招标设计)、建设实施、生产准备、竣工验收、后评价等阶段。一般情况下,项目建议书、可行性研究报告、初步设计称为前期工作,将项目建议书和可行性研究阶段作为立项过程。

必须坚持基本建设程序。实践证明,凡是坚持建设程序,基本建设就能顺利进行,就能充分发挥投资的经济效益;反之,违背了建设程序,就会造成施工混乱,影响质量、进度和成本,甚至就建设工作带来严重的危害。因此,坚持建设程序,是工程建设顺利的有力保证。

二、基本建设工作步骤

(一)项目建议书

它是在流域规划的基础上,由建设单位向主管部门提出项目建设的轮廓设想,主要从宏观上分析项目建设的必要性、建设条件的可行性、经济活动的可能性。即从国家或地区的长远需要分析建设项目是否有必要;从当前的实际情况分析建设条件是否具备,从投入与产出的关系分析是否值得投入资金和人力。项目建议书应委托有相应资格的设计或工程咨询单位进行编制,并按国家现行规定权限向水利主管部门申报审批。项目建议书被批准并列入国家建设计划后就可以开始可行性研究工作。

项目建议书依据的流域规划是根据该流域的水资源条件和国家中长期计划对某地区水利水电建设发展的要求,提出该流域水资源梯级开发和综合利用的最优方案。

(二)可行性研究

可行性研究是综合应用工程技术、经济学和管理学等学科基本理论对项目建设的各方案进行的技术、经济比较分析,论证项目建设的必要性、技术可行性和经济合理性。可行性研究报告是项目决策和初步设计的重要依据,一经批准,将作为初步设计的依据,不得随意修改和变更。可行性研究报告的内容一定要做到全面、科学、深入、可靠。

项目法人组织相应资质的工程咨询或设计单位编写、申报项目可行性研究报告,必须同时提出项目法人组建方案运行机制、资金筹措方案、资金结构及回收资金的办法,并依照有关规定附具有管辖权的水行政主管部门或流域机构签署的规划同意书、对取水许可预审书的书面审查意见。

项目可行性报告批准后,应正式成立项目法人,并按项目法人责任制实行项目管理。

(三)初步设计

初步设计是根据已批准的可行性报告和必要而准确的设计资料,对设计对象进行通盘研究,进一步阐明拟建工程在技术上的可行性和经济上的合理性,将项目建设计划具体化,作为组织项目实施的依据。其具体内容包括:确定项目中各建筑工程的等级、标准;工程选址;明确主要建筑物的组成,进行工程总体布置;根据特征水位,确定主要建筑的形式、尺寸;提出施工要求和施工组织设计;编制项目的总概算。初步设计任务应择优选择有相应资格的设计单位承担,依照批准的可行性研究报告和有关初步设计编制规定进行编制。批准后的初步设计文件是项目建设实施的技术文件基础。

(四)施工准备

项目在主体工程开工之前,必须完成各项施工准备工作,其主要工作内容包括:

(1)落实施工用地的征用。

(2)完成施工用水、电、通信、道路和场地的平整的工程。

(3)建设生产、生活必需的临时工程。

(4)准备必要的施工图纸

完成施工招投标工作,择优选定了监理单位、施工单位和材料设备供应厂家。

(五)建设实施

建设单位提出开工报告并经主管部门批准后就可以组织施工。主体工程开工须具备下列条件:

(1)前期工程各阶段文件已按规定批准,施工详图设计可以满足初期主体工程施工需要。

(2)建设项目已列入国家或地方建设投资年度计划,年度建设资金已落实。

(3)主体工程招标已经决标,工程承包合同已经签订,并向主管部门备案。

(4)现场施工准备和征地移民等建设外部条件能够满足主体工程开工需要。

施工阶段是工程实体形成的主要阶段,建设各方都要围绕建设总目标的要求,为工程的顺利实施积极努力工作。项目法人要充分发挥建设管理的主导作用,为施工创造良好的建设条件;监理单位要在业主的委托授权范围之内,制定切实可行的监理规划,发挥自己在技术和管理方面的优势,独立负责项目的建设工期、质量、投资的控制和现场施工的组织协调,施工单位应严格遵照施工承包合同的要求,建立现场管理机构,合理组织技术力量,加强工序管理,执行施工质量保证制度,服从监理监督,力争工程按质量要求如期完成。

(六)生产准备

生产准备是项目投产前由建设单位进行的一项重要工作,是建设阶段进入生产经营的必要条件。项目法人应按照建管结合和项目法人责任制的要求,适时做好有关生产准备工作,确保项目建成后及时投产,及时发挥效能。

生产准备应根据不同类型的工程要求确定,一般应包括如下主要内容。

1. 生产组织准备

建立生产经营的管理机构。配备生产人员。制定相应管理制度。

2. 招聘和培训人员

按照生产经营的要求配备的生产管理人员，需要通过多种形式的培训，提高人员素质，使之能满足正常的运营要求。有条件时，应组织生产管理人员要尽早介入工程的施工建设，参加设备的安装调试和工作验收，熟悉情况，掌握好生产技术和工艺流程，为顺利衔接基本建设和生产经营阶段做好准备。

3. 生产技术准备

生产技术准备主要包括技术资料的汇总、运行技术方案的规定、操作规程制定和新技术准备。

4. 生产的物资准备

生产的物资准备主要是落实投产运营所需要的原材料、协作产品、工器具、备品备件和其他协作配合条件的准备。

正常的生活福利设施准备。

（七）竣工验收

竣工验收是工程完成建设目标的标志，是全面考核基本建设成果、检验设计和工程质量的重要步骤。当建设项目的建设内容全部完成，并经过单位工程验收，符合设计要求时，可向验收主管部门提出申请，根据国家和有关部颁布的验收规程，组织验收。验收的程序会随工程规模的大小而有所不同，一般为两阶段验收，即初步验收和正式验收。工程规模较大、技术较复杂的建设项目可先进行初步验收，初验工作由监理单位会同设计、施工、质量监督、主管单位代表共同进行，初验的目的是帮助施工单位发现遗漏的质量问题，及时补救；待施工单位对初验的问题作出必要的处理之后，再申请有关单位进行正式验收。验收合格的项目，办理工程正式移交手续，工程即从基本建设转入生产或使用。

（八）项目后评价

建设项目竣工投产并已生产运营1～2年后，对项目所做的系统评价，称为项目后评价。其主要内容包括以下内容。

1. 影响评价

项目投产后对各方面的影响进行评价。

2. 经济效益评价

对项目投资、国民经济效益、财务效益、技术进步和规模效益、可行性研究深度等进行评价。

3. 过程评价

对项目的立项、设计施工、建设管理、竣工投资、生产运营等全面过程进行评价。

项目后评价的目的是总结项目建设的成功经验，发现项目管理中存在的问题，及时吸取教训，不断提高项目决策水平和投资效果。

以上所述基本建设程序可概括成三个阶段，即：以可行性研究为中心的项目决策阶段、以初步设计为中心的施工准备阶段和以建设实施为中心的工程实施阶段，习惯中常把前两个阶段合并称为建设前期。水利基本建设程序框图如图1-1所示。

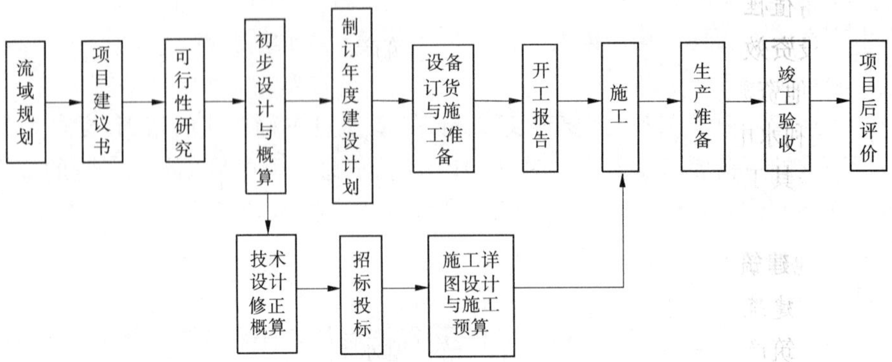

图 1-1　水利水电工程建设程序

第二节　水利工程建设特点

水利水电工程施工的最终成果是水利水电工程建筑产品。水利水电工程的建筑产品与其他工程的建筑产品一样，与一般的工业生产产品不同，具有体型庞大、整体难分、不能移动等特点。同时水利水电建筑产品还有着与其他建筑工程不同的特点。只有对水利水电工程建筑产品的特点及其生产过程进行研究，才能更好地组织建筑产品的生产，保证产品的质量。

一、水利水电工程建筑产品的特点

（一）与一般工业产品相比

1. 产品的固定性

水利水电工程建筑产品与其他工程的建筑产品一样，是根据使用者的使用要求，按照设计者的设计图纸，经过一系列的施工生产过程，在固定点建成的。建筑产品的基础与作为地基的土地直接联系，因而建筑产品在建造中和建成后是不能移动的，建筑产品建在哪里就在哪里发挥作用。在有些情况下，一些建筑产品本身就是土地不可分割的一部分，如油气田、桥梁、地铁、水库等。固定性是建筑产品与一般工业产品的最大区别。

2. 产品的多样性

水利水电工程建筑产品一般是由设计和施工部门根据建设单位（业主）的委托，按特定的要求进行设计和施工的。由于对水利水电工程建筑产品的功能要求多种多样，因而对每一水利水电建筑产品的结构、造型、空间分割、设备配置都有具体要求。即使功能要求相同，建筑类型相同，但由于地形、地质等自然条件不同以及交通运输、材料供应等社会条件不同，在建造时施工组织、施工方法也存在差异。水利水电工程建筑产品的这种特点决定了水利水电工程建筑产品不能像一般工业产品那样进行批量生产。

3. 产品体积庞大

水利水电工程建筑产品是生产与应用的场所，要在其内部布置各种生产与应用必要的设备与用具，因而与其他工业产品相比，水利水电工程建筑产品体积庞大，占有广阔的空间，排他性很强。因其体积庞大，水利水电工程建筑产品对环境的影响很大，必须控制建筑区位、密度等，建筑必须服从流域规划和环境规划的要求。

4. 产品的高值性

能够发挥投资效用的任一项水利水电工程建筑产品，在其生产过程中耗用大量的材料、人力、机械及其他资源，不仅是形体庞大，而且造价高昂，动则数百万元、数千万元、数亿元人民币，特大的水利水电工程项目其工程造价可达数十亿元、数百亿元、数千亿元人民币。产品的高值性也是其工程造价，关系到各方面的重大经济利益，同时也会对宏观经济产生重大影响。

(二)与其他建筑产品相比

1. 水利水电建筑产品进入地下部分比重较大

水利水电建筑产品是建筑产品的一类。但是就水利水电建筑产品与其他建筑产品(如工业与民用建筑、道路建筑等)又有所不同。主要特点在水利水电工程，进入地下的部分比其他的建筑工程比重要大，枢纽工程、闸、坝、桥(涵)、洞(涵)都具有这一特点。

2. 水利水电建筑产品临时工程比重较大

水利水电工程的建设除建设必须的永久工程外，还需要一些临时工程。如围堰、导流、排水、临时道路等。这些临时工程大多都是一次性，主要功能是为了永久建筑物的施工和设备的运输安装。因此临时工程的投资比较大，根据不同规模、不同性质，所占总投资比重一般在10% ~40%之间。

二、水利水电建筑施工的特点

(一)施工生产的流动性

水利水电工程建筑产品施工的流动性有两层含义。

首先，由于水利水电工程建筑产品固定地点建造的，生产者和生产设备要随着建筑物建造地点的变更而流动，相应材料、附属生产加工企业、生产和生活设施也经常迁移。

另一层含义指由于水利水电工程建筑产品固定在土地上，与土地相连，在生产过程中，产品固定不动，人、材料、机械设备围绕着建筑产品移动，要从一个施工段转移到另一个施工段，从水利水电工程的一个部分转移到另一个部分。这一特点要求通过施工组织设计，能使流动的人、机、物等相互协调配合，做到连续、均衡施工。

(二)施工生产的单件性

水利水电工程建筑产品施工的多样性决定了水利水电工程建筑产品的单件性。每项建筑产品都是按照建设单位的要求进行施工的，都有其特定的功能、规模和结构特点，所以工程内容和实物形态都具有个别性、差异性。而工程所处的地区、地段不同更增强了水利水电工程建筑产品的差异性，同一类型工程或标准设计，在不同的地区、季节及现场条件下，施工准备工作、施工工艺和施工方法不尽相同，所以水利水电工程建筑产品只能是单件产品，而不能按通过定型的施工方案重复生产。这一特点就要求施工组织实际编制者考虑设计要求、工程特点、工程条件等因素，制定出可行的水利水电工程施工组织方案。

(三)施工生产过程的综合性

水利水电工程建筑产品的施工生产涉及到施工单位、业主、金融机构、设计单位、监理单位、材料供应部门、分包单位等多个单位、多个部门的相互配合、相互协助，决定了水利水电工程建筑产品施工生产过程具有很强的综合性。

（四）施工生产受外部环境影响较大

水利水电工程建筑产品体积庞大，使水利水电工程建筑产品不具备在室内施工生产的条件，一般都要求露天作业，其生产受到风、霜、雨、雪、温度等气候条件的影响；水利水电工程建筑产品的固定性决定了其生产过程会受到工程地质、水文条件变化的影响，以及地理条件和地域资源的影响。这些外部因素对工程进度、工程质量、建造成本都有很大影响。这一特点要求水利水电工程建筑产品生产者提前进行原始资料调查，制定合理的季节性施工措施、质量保证措施、安全保证措施等，科学组织施工，使生产有序进行。

（五）施工生产过程具有连续性

水利水电工程建筑产品不能像其他许多工业产品一样可以分解若干部分同时生产，而必须在同一固定场地上按严格程序继续生产，在上一道工序不完成，下一道工序不能进行。水利水电工程建筑产品是持续不断的劳动过程的成果，只有全部生产过程完成，才能发挥其生产能力或使用价值。一个水利水电建设工程项目从立项到使用要经历多个阶段和过程，包括设计前的准备阶段、设计阶段、施工阶段、使用前准备阶段（包括竣工验收和试运行）和保修阶段。这是一个不可间断的、完整的周期性生产过程，他要求在生产过程中各阶段、各环节、各项工作有条不紊地组织起来，在时间上不间断，空间上不脱节。要求生产过程的各项工作必须合理组织、统筹安排，遵守施工程序，按照合理的施工顺序科学地组织施工。

（六）施工生产周期长

水利水电工程建筑产品的体积庞大决定了建筑产品生产周期长，有的水利水电工程建筑项目，少则1～2年，多则3～4年、5～6年，甚至10年以上。因此它必须长期大量地占用和消耗人力、物力和财力，要到整个生产周期完结才能出产品。故应科学地组织建筑生产，不断缩短生产周期，尽快提高投资效益。

第二章　水利工程施工组织

第一节　施工组织设计

一、施工组织设计的作用

施工组织设计实际是水利水电工程设计文件的重要组成部分，是优化工程设计、编制工程总概算、编制投标文件、编制施工成本及国家控制工程投资的重要依据，是组织工程建设、选择施工队伍、进行施工管理的指导性文件。做好施工组织设计，对正确选定坝址、坝型、及工程设计优化，合理组织工程施工，保证工程质量，缩短建设工期，降低工程造价，提高工程的投资效益等都有十分重要的作用。

水利水电工程由于建设规模大、设计专业多、范围广，面临洪水的威胁和受到某些不利的地址、地形条件的影响，施工条件往往较困难。因此，水利工程施工组织设计工作就显的更为重要。特别是现在国家投资制度的改革，由于现在是市场化运作，项目法人制、招标投标制、项目监理制，代替过去的计划经济方式，对施工组织设计的质量、水平、效益的要求也越来越高。在设计阶段施工组织设计往往影响投资、效益，决定着方案的优劣；招投标阶段，在编制投标文件时，施工组织设计是确定施工方案、施工方法的根据，是确定标底和标价的技术依据。其质量好坏直接关系到能否在投标竞争中取胜，承揽到工程的关键问题；施工阶段，施工组织设计是施工实施的依据，是控制投资、质量、进度以及安全施工和文明施工的保证，也是施工企业控制成本，增加效益的保证。

二、工程建设项目划分

水利水电工程建设项目是指按照经济发展和生产需要提出，经上级主管部门批准，具有一定的规模，按总体进行设计施工，由一个或若干个互相联系的单项工程组成，经济上统一核算，行政上统一管理，建成后能产生社会经济效益的建设单位。

水利水电建设项目通常可逐级划分位若干个单项工程、单位工程、分部和分项工程。单项工程由几个单位工程组成，具有独立的设计文件，具有同一性质或用途，建成后可独立发展作用或效益，如拦河坝工程、引水工程、水力发电工程等。

单位工程是单项工程的组成部分，可以有独立的设计、可以进行独立的施工，但建成后不能独立发挥作用的工程部分。单项工程可划分为若干个单位工程，如大坝的基础开挖、坝体混凝土浇筑施工等。

分部工程是单位工程的组成部分。对于水利水电工程，一般将人力、物力消耗定额相近的结构部位归为同一分项工程。如溢流坝的混凝土可分为坝身、闸墩、胸墙、工作桥、护坦等分项工程。建设项目划分如图 2-1 所示。

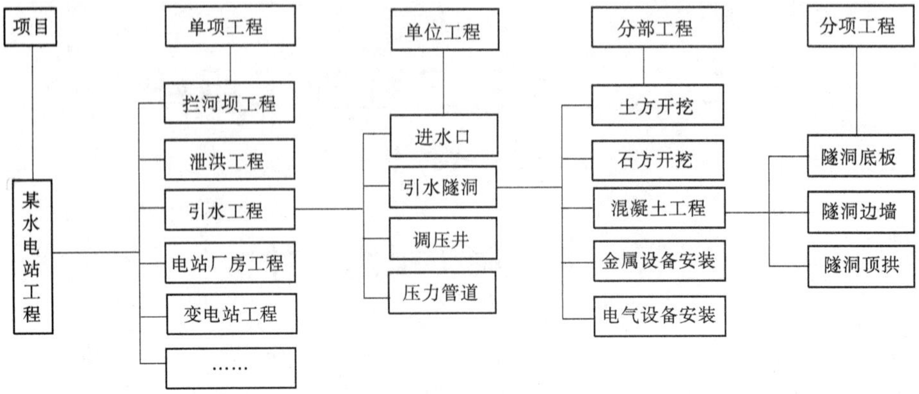

图 2-1　建设项目划分示意图

三、施工组织设计的分类

施工组织设计是一个总的概念，根据工程项目的编制阶段、编制对象或范围的不同，施工组织设计在编制的深度和广度上也有所不同。

（一）按工程项目编制阶段分类

根据工程项目建设设计阶段和作用的不同，将施工组织设计可以分为设计阶段施工组织设计、招投标阶段施工组织设计、施工阶段施工组织设计。

1. 设计阶段施工组织设计

这里所说的设计阶段主要是指设计阶段中的初步设计。在做初步设计时，采用的设计方案，必然联系到施工方法和施工组织，不同的施工组织，所涉及到的施工方案是不一样的，所需投资也就不一样。

设计阶段的施工组织设计是整个项目的全面施工安排和组织，涉及范围是整个项目，内容要重点突出，施工方法拟定要经济可行。

这一阶段的施工组织设计，是初步设计的重要组成部分，也是编制总概算的依据之一，由设计部门编写。

2. 施工投标阶段的施工组织设计

水利水电工程施工投标文件一般由技术标和商务标组成，其中的技术标的就是施工组织设计部分。

这一阶段的施工组织设计是投标者以招标文件为主要依据，是投标文件的重要组成部分，它也是投标报价的基础，以在投标竞争中取胜为主要目的。施工招投标阶段的施工组织设计主要由施工企业技术部门负责编写。

3. 施工阶段的施工组织设计

施工企业通过竞争，取得对工程项目的施工建设权，而从也就承担了对工程项目的建设的责任，这个建设责任，主要是在规定的时间内，按照双方合同规定的质量、进度、投资、安全等要求完成建设任务。这一阶段的施工组织设计，主要以分部工程为编制对象，以指导施工，控制质量、控制进度、控制投资，从而顺利完成施工任务为主要目的。

施工阶段的施工组织设计，是对前一阶段施工组织设计的补充和细化，主要由施工企业项目经理部技术人员负责编写，以项目经理为批准人，并监督执行。

（二）按工程项目编制的对象分类

按工程项目编制的对象分类，可分为施工组织总设计、单位工程施工组织设计及分部工程施工组织设计。

1. 施工组织总设计

施工组织总设计是以整个建设项目为对象编制的，用以指导整个工程项目施工全过程的各项施工活动的全局性、控制性文件。它是对整个建设项目施工的全面规划，涉及范围较广，内容比较概括。

施工组织总设计用于确定建设总工期、各单位工程项目开展的顺序及工期、主要工程的施工方案、各种物资的供需设计、全工地临时工程及准备工作的总体布置、施工现场的布置等工作，同时也是施工单位编制年度施工计划和单位工程项目施工组织设计的依据

2. 单位工程施工组织设计

单位施工组织设计是以一个单位工程（一个建筑或构筑物）为编制对象，用以指导其施工全过程的各项施工活动的指导性文件，是施工单位年度施工设计和施工组织总设计的具体化，也是施工单位编制作业计划和制定季、月、旬施工计划的依据。单位工程施工组织设计一般在施工图设计完成后，根据工程规模、技术复杂程度的不同，其编制内容深度和广度亦有所不同。对于简单单位工程，施工组织设计一般只编制施工方案并附以施工进度和施工平面图，即“一案、一图、一表”。在拟建工程开工之前，由工程项目的技术负责人负责编制。

3. 分部（分项）工程施工组织设计

分部（分项）工程施工组织设计也叫分部（分项）工程施工作业设计。它是以分部（分项）工程为编制对象，用以具体实施其分部（分项）工程施工全过程的各项施工活动的技术、经济和组织的实施性文件。一般在单位工程施工组织设计确定了施工方案后，由施工队（组）技术人员负责编制，其内容具体、详细、可操作性强，是直接指导分部（分项）工程施工的依据。

施工组织总设计、单位工程施工组织设计和分部（分项）工程施工组织设计，是同一工程项目，不同广度、深度和作用的三个层次。

四、施工组织设计编制原则、依据和要求

（一）施工组织设计编制原则

（1）执行国家有关方针政策，严格执行国家基本建设程序和有关技术标准、规程规范，并符合国内招标、投标规定和国际招标、投标惯例。

（2）结合国情积极开发和推广新材料、新技术、新工艺和新设备，凡经实践证明技术经济效益显著的科研成果，应尽量采用。

（3）统筹安排，综合平衡，妥善协调各分部分项工程，达到均衡施工。

（4）结合实际，因地制宜。

（二）施工组织设计编制依据

（1）可行性研究报告及审批意见、设计任务书、上级单位对本工程建设的要求或批文。

（2）工程所在地区有关基本建设的法规或条例、地方政府对本工程建设的要求。

（3）国民经济各有关部门（交通、林业、环保等）对本工程建设期间有关要求及协议。

(4)当前水利水电工程建设的施工装备、管理水平和技术特点。

(5)工程所在地区和河流的地形、地质、水文、气象特点和当地建材情况等自然条件、施工电源、水源及水质、交通、环保、旅游、防洪、灌溉排水、航运、过木、供水等现状和近期发展规划。

(6)当地城镇现有状况,如加工能力、生活、生产物资和劳动力供应条件,居民生活卫生习惯等。

(7)施工导流及通航过木等水工模型试验、各种材料试验、混凝土配合比试验、重要结构模型试验、岩土物理力学试验等成果。

(8)工程有关工艺试验或生产性试验成果。

(9)勘测、设计各专业有关成果。

(三)施工组织设计的质量要求

(1)采用资料、计算公式和各种指标选定依据可靠,正确合理。

(2)采用的技术措施先进、方案符合施工现场实际。

(3)选定的方案有良好的经济效益。

(4)文字通顺流畅,简明扼要,逻辑性强,分析论证充分。

(5)附图、附表完整清晰,准确无误。

五、施工组织设计的编制方法

(1)进行施工组织设计前的资料准备。

(2)进行施工导流、截流设计。

(3)分析研究并确定主体工程施工方案。

(4)施工交通运输设计。

(5)施工工厂设施设计。

(6)进行施工总体布置。

(7)编制施工进度计划。

六、施工组织设计的工作步骤

(1)根据枢纽布置方案,分析研究坝址施工条件,进行导流设计和施工总进度的安排,编制出控制性进度表。

(2)提出控制性进度之后,各专业根据该进度提供的指标进行设计,并为下一道工序提供相关资料。单项工程进度是施工总进度的组成部分,与施工总进度之间是局部与整体的关系,其进度安排不能脱离总进度的指导,同时它又是检验编制施工总进度是否合理可行,从而为调整、完善施工总进度提供依据。

(3)施工总进度优化后,计算提出分年度的劳动力需要量、最高人数和总劳动力量,计算主要建筑材料总量及分年度供应量、主要施工机械设备需要总量及分年度供应数量。

(4)进行施工方案设计和比选。施工方案是指选择施工方法、施工机械、工艺流程、划分施工段。在编制施工组织设计时,需要经过比较才能确定最终的施工方案。

(5)进行施工布置。是指对施工现场进行分区设置,确定生产、生活设施、交通线路的布置。

(6)提出技术供应计划。指人员、材料、机械等施工资料的供应计划。

(7)编制文字说明。文字说明是对上述各阶段的成果进行说明。

七、施工组织设计的编制内容

(一)施工条件分析

施工条件分析的主要目的是判断它们对工程施工的作用和可能造成的影响,以充分利用有利条件,避免或减小不利因素的影响。

施工条件主要包括自然条件与工程条件两个方面。

1. 自然条件

(1)洪水枯水季节的时段、各种频率下的流量及洪峰流量、水位与流量关系、洪水特征、冬季冰凌情况(北方河流)、施工区支沟各种频率洪水、泥石流及上下游水利水电工程对本工程对本工程施工的影响;

(2)枢纽工程区的地形、地质、水文地质条件等资料;

(3)枢纽工程区的气温、水文、降水、风力及风速、冰情和雾等资料。

2. 工程条件

(1)枢纽建筑物的组成、结构型式、主要尺寸和工程量;

(2)泄流能力曲线、水库特征水位及主要水能指标、水库蓄水分析计算、库区淹没及移民安置条件等规划设计资料;

(3)工程所在地点的对外交通运输条件、上下游可利用的场地面积及分布情况;

(4)工程的施工特点及与其他有关部门的施工协调;

(5)施工期间的供水、环保及大江大河上的通航、过木、鱼群洄游等特殊要求;

(6)主要天然建筑材料及工程施工中所用大宗材料的来源和供应条件;

(7)当地水源、电源、通信的基础条件;

(8)国家、地区或部门对本工程施工准备、工期等的要求;

(9)承包市场的情况,有关社会经济调查和其他资料等。

(二)施工导流

施工导流的目的是妥善解决施工全过程中的挡水、泄水、蓄水问题,通过对各期导流特点和相互关系,进行系统分析、全面规划、周密安排,以选择技术上可行、经济上合理的导流方案,保证主体工程的正常安全施工,并使工程尽早发挥效益。

1. 导流标准

导流建筑物的级别、各期施工导流的洪水频率及流量、坝体拦洪度汛的洪水频率及流量。

2. 导流方式

(1)导流方式及选定方案的各期导流工程布置及防洪度汛、下游供水措施、大江大河上的通航、过木和鱼群洄游措施、北方河流上的排冰措施;

(2)水利计算的主要成果;必要时对一些导流方案进行模型试验的成果资料。

3. 导流建筑物设计

(1)导流挡水、泄水建筑物布置型式的方案比较及选定方案的建筑物布置、结构型式及尺寸、工程量、稳定分析等主要成果;

(2)导流建筑物与永久工程结合的可能性，以及结合方式和具体措施。

4. 导流工程施工

(1)导流建筑物（如隧洞、明渠、涵管等）的开挖、衬砌等施工程序、施工方法、施工布置、施工进度；

(2)选定围堰的用料来源、施工程序、施工方法、施工进度及围堰的拆除方案；

(3)基坑的排水方式、抽水量及所需设备。

5. 截流

(1)截流时段和截流设计流量；

(2)选定截流方案的施工布置、备料计划、施工程序、施工方法措施；必要时所进行的截流试验的成果资料。

6. 施工期间的通航和过木等

(1)在大江大河上，有关部门对施工期（包括蓄水期）通航、过木等的要求；

(2)施工期间过闸（坝）通航船只、木筏的数量、吨位、尺寸及年运量、设计运量等；

(3)分析可通航的天数和运输能力；

(4)分析可能碍航、断航的时段及其影响，并研究解决措施；

(5)经方案比较，提出施工期各导流阶段通航、过木的措施、设施、结构布置和工程量；

(6)论证施工期通航与蓄水期永久通航的过闸（坝）设施相结合的可能性及相互间的衔接关系。

(三)料场的选择、规划与开采

1. 料场选择

分析块石料、反滤料与垫层料、混凝土骨料、土料等各种用料的料场分布、质量、储量、开采加工条件及运输条件、剥采比、开挖弃渣利用率及其主要技术参数，通过试验成果及技术经济比较选定料场。

2. 料场规划

根据建筑物各部位、不同高程的用料数量及技术要求，各料场的分布高程、储量及质量、开采加工及运输条件、受洪水和冰冻等影响的情况，拦洪蓄水和环境保护、占地及迁建赔偿以及施工机械化程度、施工强度、施工方法、施工进度等条件，对选定料场进行综合平衡和开采规划。

3. 料场开采

对用料的开采方式、加工工艺、废料处理与环境保护，开采、运输设备选择，储存系统布置等进行设计。

(四)主体工程施工

主体工程的施工包括建筑工程和金属结构及机电设备安装工程两大部分。

通过分析研究，确定完整可行的施工方法，使主体工程设计方案能够经济、合理、满足总进度要求的条件下如期建成，并保证工程质量和施工安全。同时提出对水工枢纽布置和建筑物型式等的修改意见，并为编制工程概算奠定基础。

1. 闸、坝等挡水建筑物施工

包括土石方开挖及基础处理的施工程序、方法、布置及进度；各分区混凝土的浇筑程序、方法、布置、进度及所需准备工作；碾压混凝土坝上游防渗面板的施工方案、分缝分块及通仓碾压的施工措施；混凝土温控措施的设计；土石坝的备料、运输、上坝卸料、填筑碾压等的施工程序、工艺方法、机械设备、布置、进度及及拦洪度汛、蓄水的计划措施；土石坝各施工期的物料开采、加工、运输、填筑的平衡及施工强度和进度安排，开挖弃渣的利用计划；施工质量控制的要求及冬雨季施工的措施意见。

2. 输（排）水、泄（引）水建筑物施工

输水、排水及泄洪、引水等建筑物的开挖、基础处理、浆砌石或混凝土衬砌的施工程序、方法、布置及进度；预防坍塌、滑坡的安全保护措施。

3. 河道工程施工

土石方开挖及岸坡防护的施工程序、工艺方法、机械设备、布置及进度；开挖料的利用、堆渣地点及运输方案。

4. 渠系建筑物施工

渠道、渡槽等渠系建筑物的施工，可参照上述相关主体工程施工的相关内容。

（五）施工工厂设施

1. 砂石加工系统

砂石料加工系统的布置、生产能力与主要设备、工艺布置设计及要求；除尘、降噪、废水排放等的方案措施。

2. 混凝土生产系统

混凝土总用量、不同强度等级及不同品种混凝土的需用量；混凝土拌和系统的布置、工艺、生产能力及主要设备；建厂计划安排和分期投产措施。

3. 混凝土制冷、制热系统

制冷、加冰、供热系统的容量、技术和进度要求。

4. 压缩空气、供水、供电和通信系统

（1）集中或分散供气方式、压气站位置及规模；

（2）工地施工生产用水、生活用水、消防用水的水质、水压要求，施工用水量及水源选择；

（3）各施工阶段用电最高负荷及当地电力供应情况，自备电源容量的选择；

（4）通信系统的组成、规模及布置。

5. 机械修配厂、加工厂

（1）施工期间所投入的主要施工机械、主要材料的加工及运输设备、金属结构等的种类与数量；

（2）修配加工能力；

（3）机械修配厂、汽车修配厂、综合加工厂（包括钢筋、木材和混凝土预制构件加工制作）及其他施工工厂设施（包括制氧厂、钢管制作加工厂、车辆保养场等）的厂址、布置和生产规模；

（4）选定场地和生产建筑面积；

（5）建厂土建安装工程量；

（6）修配加工所需的主要设备。

（六）施工总布置

（1）施工总布置的规划原则。

(2)选定方案的分区布置,包括施工工厂、生活设施、交通运输等,提出施工总布置图和房屋分区布置一览表。

(3)场地平整土石方量,土石方平衡利用规划及弃渣处理。

(4)施工永久占地和临时占地面积;分区分期施工的征地计划。

(七)施工总进度

1. 设计依据

(1)施工总进度安排的原则和依据,以及国家或建设单位对本工程投入运行期限的要求;

(2)主体工程、施工导流与截流、对外交通、场内交通及其他施工临建工程、施工工厂设施等建筑安装任务及控制进度因素。

2. 施工分期

工程筹建期、工程准备期、主体工程施工期、工程完建期四个阶段的控制性关键项目、进度安排、工程量及工期。

3. 工程准备期进度

阐述工程准备期的内容与任务,拟定准备工程的控制性施工进度。

4. 施工总进度

(1)主体工程施工进度计划协调、施工强度均衡、投入运行(蓄水、通水、第一台机组发电等)日期及总工期;

(2)分阶段工程形象面貌的要求,提前发电的措施;

(3)导截流工程、基坑抽排水、拦洪度汛、下闸蓄水及主体工程控制进度的影响因素及条件;

(4)通过附表,说明主体工程及主要临建工程量、逐年(月)计划完成主要工程量、逐年最高月强度、逐年(月)劳动力需用量、施工最高峰人数、平均高峰人数及总工日数;

(5)施工总进度图表(横道图、网络图等)。

(八)主要技术供应

1. 主要建筑材料

对主体工程和临建工程,按分项列出所需钢材、木材、水泥、油料、火工材料等主要建筑材料需用量和分年度(月)供应期限及数量。

2. 主要施工机械设备

对施工所需主要机械和设备,按名称、规格型号、数量列出汇总表,并提出分年度(月)供应期限及数量。

(九)附图

在以上设计内容的基础上,还应结合工程实际情况提出如下附图:

(1)施工场内外交通图;

(2)施工转运站规划布置图;

(3)施工征地规划范围图;

(4)施工导流方案图;

(5)施工导流分期布置图;

(6)导流建筑物结构布置图;

(7)导流建筑物施工方法示意图；

(8)施工期通航布置图；

(9)主要建筑物土石方开挖施工程序及基础处理示意图；

(10)主要建筑物土石方填筑施工程序、施工方法及施工布置示意图；

(11)主要建筑物混凝土施工程序、施工方法及施工布置示意图；

(12)地下工程开挖、衬砌施工程序、施工方法及施工布置示意图；

(13)机电设备、金属结构安装施工示意图；

(14)当地建筑材料开采、加工及运输路线布置图；

(15)砂石料系统生产工艺布置图；

(16)混凝土拌和系统及制冷系统布置图；

(17)施工总布置图；

(18)施工总进度表及施工关键路线图。

第二节　施工组织的原则

建设项目一旦批准立项，如何组织施工和进行施工前准备工作就成为保证工程按计划实施的重要工作。施工组织的原则如下：

(1)贯彻执行党和国家关于基本建设各项制度，坚持基本建设程序。

我国关于基本建设的制度有：对基本建设项目必须实行严格的审批制度，施工许可制度、从业资格管理制度、招标投标制度、总承包制度、发承包合同制度、工程监理制度、建筑安全生产管理制度、工程质量责任制度、竣工验收制度等。这些制度为建立和完善建筑市场的运行机制、加强建筑活动的实施与管理，提供了重要的法律依据，必须认真贯彻执行。

(2)严格遵守国家和合同规定的工程竣工及交付使用期限。

对总工期较长的大型建设项目，应根据生产或使用的需要，安排分期分批建设、投产或交付使用，以及早日发挥建设投资的经济效益。在确定分期分批施工的项目时，必须注意是每期交工的项目可以独立地发挥效用，即主要项目和有关的辅助项目应同时完工，可以立即交付使用。

(3)合理安排施工程序和顺序。

水利水电工程建筑产品的固定性，使得水利水电工程建筑施工各阶段工作始终在同一场地上进行。前一段的工作如不完成，后一段就不能进行，即使他们之间交叉地进行，也必须严格遵守一定的程序和顺序。施工程序和顺序反映客观规律的要求，其安排应符合施工工艺，满足技术要求，掌握施工程序和顺序，有利于组织立体交叉、流水作业，有利于为后续工程创造良好的条件，有利于充分利用空间、争取时间。

(4)尽量采用国内外先进施工技术，科学的确定施工方案。

先进的施工技术是提高劳动生产率、改善工程质量、加快施工进度、降低工程成本的主要途径。在选择施工方案时，要积极采用新的材料、新设备、新工艺和新技术，努力为新结构的推行创造条件，要注意结合工程特点和现场条件，施工技术的先进适用性和经济合理性相结合，还要符合施工验收规范、操作规程的要求和遵守有关防火、保安及环卫等规定，确保工程质量和施工安全。

(5)采用流水施工方法和网络计划安排进度计划。

在编制施工进度计划时，应从实际出发，采用流水施工方法组织均衡施工，以达到合理使用资源、充分利用空间、争取时间的目的。

网络计划是现代计划管理的有效方法，采用网络计划编制施工进度计划，可使计划逻辑严密、层次清晰、关键问题明确，同时便于对计划方案进行优化、控制和调整，并有利于计算机在计划管理中的应用。

(6)贯彻工厂预制和现场相结合的方针，提高建筑工业化程度。

建筑技术进步的重要标志之一是建筑工业化，在制定施工方案时必须根据地区条件和构建性质，通过技术经济比较，恰当地选择预制方案或现场浇筑方案。确定预制方案时，应贯彻工厂预制与现场预制相结合的方针，努力提高建筑工业化程度，但不能盲目追求装配化程度的提高。

(7)充分发挥机械效能，提高机械化程度。

机械化施工可加快工程进度，减轻劳动强度，提高劳动生产率。为此，在选择施工机械时，应充分发挥机械的效能，并使主导工程的大型机械如土方机械、吊装机械能连续作业，以减少机械台班费用，同时，还应使大型机械与中小型机械相结合，机械化与半机械化相结合，扩大机械化施工范围，实现施工综合机械化，以提高机械化施工程度。

(8)加强季节性施工措施，确保全年连续施工。

为了确保全年连续施工，减少季节性施工的技术措施费用，在组织施工时，应充分了解当地气象条件和水文地质条件。尽量避免把土方工程、地下工程、水下工程安排在雨期和洪水期施工；尽量避免把混凝土现浇结构安排在冬期施工；高空作业、结构吊装则应避免在风季施工。对那些必须在冬雨期施工的项目，则应采用相应的技术措施，既要确保全年连续施工、均衡施工，更要确保工程质量和施工安全。

(9)合理地部署施工现场，尽可能地减少临时工程。

在编制施工组织设计施工时，应精心地进行施工总平面图的规划，合理地部署施工现场，节约施工用地；尽量利用永久工程、原有建筑物及已有设施，以减少各种临时设施；尽量利用当地资源，合理安排运输、装卸与储存作业，减少物资运输量，避免二次搬运。

第三节　施工进度计划

施工进度计划是施工组织设计的主要组成部分，它是根据工程项目建设工期的要求，对其中的各个施工环节在时间上所作的统一计划安排。根据施工的质量和时间等要求均衡人力、技术、设备、资金、时间、空间等施工资源，来规定各项目施工的开工时间、完成时间、施工顺序等，以确保施工安全顺利按时的完工。

一、施工进度计划的类型

施工进度计划可划分为以下三大类型：

(1)施工总进度计划

施工总进度计划是对一个水利水电工程枢纽（即建设项目）编制的。要求定出整个工程中各个单项工程的施工顺序及起止时间，以及准备工作、扫尾工作的施工期限。

(2)单项(或单位)工程进度计划

是针对枢纽中的单项工程(或单位工程)进行编制。应根据总进度中规定的工期,确定该单项工程(或单位工程)中各分部工程及准备工作的顺序及起止日期,为此要进一步从施工技术、施工措施等方面论证该进度的合理性、组织平行流水作业的可行性。

(3)施工作业计划

在实际施工时,施工单位应再根据各单位工程进度计划编制出具体的施工作业计划,即具体安排各工种、各工序间的顺序和起止日期。

二、施工总进度计划的编制步骤

(一)收集资料

编制施工进度计划一般要具备以下资料:

(1)上级主管部门对工程建设开工、竣工投产的指示和要求,有关工程建设的合同协议。

(2)工程勘测和技术经济调查的资料,如水文、气象、地形、地质、水文地质和当地建筑材料等,以及工程所在地区和库区的工矿企业、矿产资源、水库淹没和移民安置等资料。

(3)工程规划设计和概预算方面的资料,包括工程规划设计的文件和图纸,主管部门关于投资和定额的要求等资料。

(4)国民经济各部门对施工期间防洪、灌溉、航运、放木、供水等方面的要求。

(5)施工组织设计其他部分对施工进度的限制和要求,如交通运输能力、技术供应条件、分期施工强度限制等。

(6)施工单位施工能力方面的资料等。

(二)列出工程项目

项目列项的通常做法是先根据建设项目的特点划分成若干个工程项目,然后按施工先后顺序和相互关联密切程度,依次将主要工程项目一一列出,并填入工程项目一览表中。

施工总进度计划主要是起控制总工期的作用,要注意防止漏项。

(三)计算工程量

工程量的计算应根据设计图纸、所选定的施工方法和《水利水电工程工程量计算规定》,按工程性质考虑工程分期和施工顺序等因素,分别按土石、石方、水上、水下、开挖、回填、混凝土等进行计算。

计算工程量时,应注意以下几个问题:

(1)工程量的计量单位要与概算定额一致。施工总进度计划中,为了便于计算劳动量和材料、构配件及施工机具的需要量,工程量的计量单位必须与概算定额的单位一致。

(2)要依据实际采用的施工方法计算工程量。如土方工程施工中是否放坡和留工作面,及其坡度大小和工作面的尺寸,是采用柱坑单独开挖,还是条形开挖或整片开挖,都直接影响工程量的大小。因此,必须依据实际采用的施工方法计算工程量,以便与施工的实际情况相符合,使施工进度计划真正起到指导施工的作用。

(3)要依据施工组织的要求计算工程量。有时为了满足分期、分段组织施工的需要,要计算不同高程(如对拦河坝)、不同桩号(如对渠道)的工程量,并作出累积曲线。

(四)计算施工持续时间

1. 定额计算法

根据计算的工程量,采用相应的定额资料,可以按式(2-1)计算或估算各项目的施工持续时间:

$$D_i = \frac{V}{kmnN} \tag{2-1}$$

式中 D_i——项目的施工持续时间,d;

V——项目工程量,m^3、m^2、m、t 等;

m——日工作时数,实行一班制时,$m = 8 \times 1 = 8$ h;

n——每小时工作人数或机械设备数量;

N——人工工时产量定额或机械台时产量定额;

k——考虑不确定因素而计入的系数,$k < 1$。

定额资料的选用,应视工作深度而定,并与工程列项相一致。一般来说,对施工总进度计划可用概算定额,对单项工程进度计划用预算定额,对施工作业计划用施工定额或生产定额。

2. "三时"估算法

这种方法是根据以往的施工经验进行估算,适用于采用新材料、新技术、新工艺、新结构等无定额可查的施工过程。为了提高估算的精确性,通常采用"三时"经验估算法,即先估算出该施工项目的最短时间 D_a、最长时间 D_b 和最可能时间 D_m 等三个施工持续时间,然后再按式(2-2)计算出该施工项目的持续时间 D_i:

$$D_i = \frac{D_a + 4D_m + D_b}{6} \tag{2-2}$$

式中 D_a——最短时间,即最乐观的估计时间,或称最紧凑的估算时间,亦称项目的紧缩工期;

D_b——最长时间,即最悲观的估计时间,或称最松动的估算时间;

D_m——最可能的估计时间。

3. 工期推算法

目前水利工程施工多采用招投标制、并在中标后签订施工承包合同的方法承揽施工任务,一般已在施工承包合同中规定了工程的施工工期 T_r。因此安排施工进度计划必须以合同规定工期 T_r 为主要依据,由此安排施工进度计划的方法称为工期推算法(又称"倒排计划法")。

根据拟定的各项目的施工持续时间 D_i 及流水施工法的施工组织情况,施工单位自定出的完成该工程施工任务的计划工期 T_p,应小于合同工期,即 $T_p \leqslant T_r$。

(五)初拟施工进度

对于堤坝式水利水电枢纽工程的施工总进度计划来说,其关键项目一般均位于河床,故常以导流程序为主要线索,先将施工导流、围堰进占、截流、基坑排水、基坑开挖、基础处理、施工度汛、坝体拦洪、下闸蓄水、机组安装和引水发电等关键控制性进度安排好,再将相应的准备工作、结束工作和配套辅助工程的进度进行合理安排,便可构成总的轮廓进度。然后再分配和安排不受水文条件控制的其他工程项目,则形成整个枢纽工程施工总进度计划草案。

(六)优化、调整和修改

初拟施工进度以后,要配合施工组织设计其他部分的分析,对一些控制环节、关键项目的施工强度、资源需用量、投资过程等重大问题，进行分析计算、优化论证，以对初拟的进度计划作必要的修改和调整，使之更加完善合理。

经过优化调整修改之后的施工进度计划，可以作为设计成果，整理以后提交审核。

三、施工进度计划的成果表达

施工进度计划的成果，可根据情况采用横道图、网络图、工程进度曲线和形象进度图等一些形式进行反映表达。

（一）横道图

施工进度横道图是应用范围最广、应用时间最长的进度计划表现形式，图表上标有工程中主要项目的工程量、施工时段、施工工期。

施工进度计划横道图的最大优点是直观、简单、方便，适应性强，且易于被人们所掌握和贯彻；缺点是难以表达各分项工程之间的逻辑关系，不能表示反映进度安排的工期、投资或资源等参数的相互制约关系，进度的调整做修改工作复杂，优化困难。

不论工程项目和施工内容多么错综复杂，总可以用横道图逐一表示出来，因此，尽管进度计划的技术和形式已不断改进，但横道图进度计划目前仍作为一种常见的进度计划表示形式而被继续沿用。

（二）网络图

施工进度网络图是20世纪50年代开始在横道图进度计划基础上发展起来的，它是系统工程在编制施工进度中的应用。

工作是指计划任务按需要粗细程度划分而成的一个子项目或子任务。根据计划编制的粗细不同，工作既可以是一个单项工程，也可以是一个分项工程乃至一个工序。

1. 相关概念

在实际生活中，工作一般有两类：一类是既需要消耗时间、又需要消耗资源的工作（如开挖、混凝土浇筑等）；另一类是仅需要消耗时间而不需要消耗资源的工作（如混凝土养护、抹灰干燥等技术间歇）。

在双代号网络图中，除了上述两种工作外，还有一种既不需要消耗时间也不需要消耗资源的工作——称为“虚工作”（或称“虚拟项目”）。虚工作在实际生活中是不存在的，在双代号网络图中引入使用，主要是为了准确而清楚地表达各工作间的相互逻辑关系，虚工作一般采用虚箭线来表示，其持续时间为零。

节点是网络图中箭线端部的圆圈或其他形状的封闭图形。在双代号网络图中，它表示工作之间的逻辑关系；在单代号网络图中，它表示一项工作。

无论在双代号网络图中，还是在单代号网络图中，对一个节点来说，可能有很多箭线指向该节点，这些箭线就称为内向箭线（或称内向工作）；同样也可能有很多箭线由同一节点出发，这些箭线就称为外向箭线（或称外向工作）。网络图中第一个节点叫起点节点（或称源节点），它意味着一个工程项目的开工，起点节点只有外向工作，没有内向工作；网络图中最后一个节点叫终点节点，它意味着一个工程项目的完工，终点节点只有内向工作，没有外向工作。

一个工程项目往往包括很多工作，工作间的逻辑关系比较复杂，可采用紧前工作与紧后工作把这种逻辑关系简单、准确地表达出来，以便于网络图的绘制和时间参数的计算。就前面所述的截流专项工程而言，列举说明如下：

(1)紧前工作

紧排在本工作之前的工作称为本工作的紧前工作。对E工作(隧洞衬砌)来说，只有D工作(隧洞开挖)结束后E才能开始，且工作D、E之间没有其他工作，则工作D称为工作E的紧前工作。

(2)紧后工作

紧排在本工作之后的工作称为本工作的紧后工作。紧后工作与紧前工作是一对相对应的概念，如上所述D是E的紧前工作，则E就是D的紧后工作。

2. 绘图规则

1)双代号网络图的绘图规则

绘制双代号网络图的最基本规则是明确地表达出工作的内容，准确地表达出工作间的逻辑关系，并且使所绘出的图易于识读和操作。具体绘制时应注意以下几方面的问题：

①一项工作应只有唯一的一条箭线和相应的一对节点编号，箭尾的节点编号应小于箭头的节点编号。

②双代号网络图中应只有一个起点节点、一个终点节点。

③在网络图中严禁出现循环回路。

④双代号网络图中，严禁出现没有箭头节点或没有箭尾节点的箭线。

⑤节点编号严禁重复。

⑥绘制网络图时，宜避免箭线交叉。

⑦对平行搭接进行的工作，在双代号网络图中，应分段表达。

⑧网络图应条理清楚，布局合理。

⑨分段绘制。对于一些大的建设项目，由于工序多，施工周期长，网络图可能很大，为使绘图方便，可将网络图划分成几个部分分别绘制。

2)单代号网络图的绘图规则

同双代号网络图的绘制一样，绘制单代号网络图也必须遵循一定的绘图规则。当违背了这些规则时，就可能出现逻辑关系混乱、无法判别各工作之间的直接后继关系、无法进行网络图的时间参数计算。这些基本规则主要是：

①有时需在网络图的开始和结束增加虚拟的起点节点和终点节点。这是为了保证单代号网络计划有一个起点和一个终点，这也是单代号网络图所特有的。

②网络图中不允许出现循环回路。

③网络图中不允许出现有重复编号的工作，一个编号只能代表一项工作。

④在网络图中除起点节点和终点节点外，不允许出现其他没有内向箭线的工作节点和没有外向箭线的工作节点。

⑤为了计算方便，网络图的编号应是后继节点编号大于前导节点编号。

3. 施工进度的调整

施工进度计划的优化调整，应在时间参数计算的基础上进行，其目的在于使工期、资源(人力、物资、器材、设备等)和资金取得一定程度的协调和平衡。

1)资源冲突的调整

所谓资源冲突是指在计划时段内，某些资源的需用量过大，超出了可能供应的限度。为了解决这类矛盾，可以增加资源的供应量，但往往要花费额外的开支；也可以调整导致资源冲突的某些项目的施工时间，使冲突缓解，但这可能会引起总工期的延长。如何取舍，要权衡得失而定。

2）工期压缩的调整

当网络计划的计算总工期 T_p 与限定的总工期 T_r 不符时，或计划执行过程中实际进度与计划进度不一致时，需要进行工期调整。

工期调整分压缩调整和延长调整。工程实践中经常要处理的是工期压缩问题。

当 $T_p < T_r$ 或计划执行超前时，说明提前完成施工项目，有利于工程经济效益的实现。这时，只要不打乱施工秩序，不造成资源供应方面的困难，一般可不必考虑调整问题。

当 $T_p > T_r$ 或计划执行拖延时，为了挽回延期的影响，需进行工期压缩调整或施工方案调整。

（三）工程进度曲线

以时间为横轴，以单位时间完成的数量或完成数量的累计为纵轴建立坐标系，将有关的数据点绘于坐标系内，顺次完成一条光滑的曲线，就是工程施工进度曲线。工程进度曲线上任意点的切线斜率表示相应时间的施工速度。

（1）在固定的施工机械、劳动力投入的条件下，若对施工进行适当的管理控制，无任何偶发的时间损失，能以正常的速度进行施工，则工程每天完成的数量保持一定，施工进度曲线呈直线形状。

（2）在一般情况下的施工中，施工初期由于临时设施的布置、工作的安排等原因，施工后期又由于清理、扫尾等原因，其施工进度的速度一般都较中期要小，即每天完成的数量通常自初期至中期呈递增变化趋势，由中期至末期呈递减变化趋势，施工进度曲线近似呈S形，其拐点对应的时间表示每天完成数量的高峰期。

（四）工程形象进度图

工程形象进度图是把工程进度计划以建筑物的形象、升程来表达的一种方法。这种方法直接将工程项目的进度目标和控制工期标注在工程形象图的相应部位，直观明了，特别适合在施工阶段使用。此法修改调整进度计划也极为方便，只需修改相应项目的日期、升程，而形象图并不改变。

第三章　施工组织总设计

第一节　施工组织总设计概述

施工组织总设计是水利水电工程设计文件的重要组成部分，是编制工程投资估算、总概算和招、投标文件的主要依据，是工程建设和施工管理的指导性文件。认真做好施工组织设计对正确选定坝址、坝型、枢纽布置、整体优化设计方案、合理组织工程施工、保证工程质量、缩短建设周期、降低工程造价都有十分重要的作用。

在进行施工组织总设计编制时，应依据现状、相关文件和试验成果等，具体如下。

(1)可行性研究报告及审批意见、设计任务书、上级单位对本工程建设的要求或批件。

(2)工程所在地区有关基本建设的法规或条例、地方政府对本工程建设的要求。

(3)国民经济各有关部门(铁道、交通、林业、灌溉、旅游、环保、城镇供水等)对本工程建设期间有关要求及协议。

(4)当前水利水电工程建设的施工装备、管理水平和技术特点。

(5)工程所在地区和河流的自然条件(地形、地质、水文、气象特征和当地建材情况等)、施工电源、水源及水质、交通、环保、旅游、防洪、灌溉、航运、过木、供水等现状和近期发展规划。

(6)当地城镇现有修配、加工能力，生活、生产物资和劳动力供应条件，居民生活、卫生习惯等。

(7)施工导流及通航过木等水工模型试验、各种原材料试验、混凝土配合比试验、重要结构模型试验、岩土物理力学试验等成果。

(8)工程有关工艺试验或生产性试验成果。

(9)勘测、设计各专业有关成果。

第二节　施工方案

研究主体工程施工是为了正确选择水工枢纽布置和建筑物型式，保证工程质量与施工安全，论证施工总进度的合理性和可行性，并为编制工程概算提供需求的资料。

一、施工方案选择原则

(1)施工期短、辅助工程量及施工附加量小，施工成本低。

(2)先后作业之间、土建工程与机电安装之间、各道工序之间协调均衡，干扰较小。

(3)技术先进、可靠。

(4)施工强度和施工设备、材料、劳动力等资源需求均衡。

二、施工设备选择及劳动力组合原则

(1)适应工地条件,符合设计和施工要求;保证工程质量;生产能力满足施工强度要求。

(2)设备性能机动、灵活、高效、能耗低、运行安全可靠。

(3)通过市场调查,应按各单项工程工作面、施工强度、施工方法进行设备配套选择,使各类设备均能充分发挥效率。

(4)通用性强,能在先后施工的工程项目中重复使用。

(5)设备购置及运行费用较低,易于获得零、配件,便于维修、保养、管理、调度。

(6)在设备选择配套的基础上,应按工作面、工作班制、施工方法以混合工种结合国内平均先进水平进行劳动力优化组合设计。

三、主体工程施工

水利工程施工涉及工种很多,其中主体工程施工包括土石方明挖、地基处理、混凝土施工、碾压式土石坝施工、地下工程施工等,下面介绍其中两项工程量较大、工期较长的主体工程施工。

(一)混凝土施工

(1)混凝土施工方案选择原则:

①混凝土生产、运输、浇筑、温控防裂等各施工环节衔接合理;

②施工机械化程度符合工程实际,保证工程质量,加快工程进度和节约工程投资;

③施工工艺先进,设备配套合理,综合生产效率高;

④能连续生产混凝土,运输过程的中转环节少、运距短,温控措施简易、可靠;

⑤初、中、后期浇筑强度协调平衡;

⑥混凝土施工与机电安装之间干扰少。

(2)混凝土浇筑程序、各期浇筑部位和高程应与供料线路、起吊设备布置和机电安装进度相协调,并符合相邻块高差及温控防裂等有关规定。各期工程形象进度应能适应截流、拦洪度汛、封孔蓄水等要求。

(3)混凝土浇筑设备选择原则:

①起吊设备能控制整个平面和高程上的浇筑部位;

②主要设备型号单一,性能良好,生产率高,配套设备能发挥主要设备的生产能力;

③在固定的工作范围内能连续工作,设备利用率高;

④浇筑间歇能承担模板、金属构件及仓面小型设备吊运等辅助工作;

⑤不压浇筑块,或不因压块而延长浇筑工期;

⑥生产能力在能保证工程质量前提下能满足高峰时段浇筑强度要求;

⑦混凝土宜直接起吊入仓,若用带式输送机或自卸汽车入仓卸料时,应有保证混凝土质量的可靠措施;

⑧当混凝土运距较远,可用混凝土搅拌运输车,防止混凝土出现离析或初凝,保证混凝土质量。

(4)模板选择原则:

①模板类型应适合结构物外型轮廓,有利于机械化操作和提高周转次数;

②有条件部位宜优先用混凝土或钢筋混凝土模板，并尽量多用钢模、少用木模；

③结构型式应力求标准化、系列化，便于制作、安装、拆卸和提升，条件适合时应优先选用滑模和悬臂式钢模。

(5)坝体分缝应结合水工要求确定。最大浇筑仓面尺寸在分析混凝土性能、浇筑设备能力、温控防裂措施和工期要求等因素后确定。

(6)坝体接缝灌浆应考虑：

①接缝灌浆应待灌浆区及以上冷却层混凝土达到坝体稳定温度或设计规定值后进行，在采取有效措施情况下，混凝土龄期不宜短于4个月；

②同一坝缝内灌浆分区高度约10～15 m；

③应根据双曲拱坝施工期应力确定封拱灌浆高程和浇筑层顶面间的允许高差；

④对空腹坝封顶灌浆，或受气温年变化影响较大的坝体接缝灌浆，宜采用较坝体稳定温度更低的超冷温度。

(7)用平浇法浇筑混凝土时，设备生产能力应能确保混凝土初凝前将仓面覆盖完毕；当仓面面积过大，设备生产能力不能满足时，可用台阶法浇筑。

(8)大体积混凝土施工必须进行温控防裂设计，采用有效地温控防裂措施以满足温控要求。有条件时宜用系统分析方法确定各种措施的最优组合。

(9)在多雨地区雨季施工时，应掌握分析当地历年降雨资料，包括降雨强度、频度和一次降雨延续时间，并分析雨日停工对施工进度的影响和采取防雨措施的可能性与经济性。

(10)低温季节混凝土施工必要性应根据总进度及技术经济比较论证后确定。在低温季节进行混凝土施工时，应作好保温防冻措施。

(二)碾压式土石坝施工

(1)认真分析工程所在地区气象台(站)的长期观测资料。统计降水、气温、蒸发等各种气象要素不同量级出现的天数，确定对各种坝料施工影响程度。

(2)料场规划原则：

①料物物理力学性质符合坝体用料要求，质地较均一；

②贮量相对集中，料层厚，总贮量能满足坝体填筑需用量；

③有一定的备用料区保留部分近料场作为坝体合龙和抢拦洪高程用；

④按坝体不同部位合理使用各种不同的料场，减少坝料加工；

⑤料场剥离层薄，便于开采，获得率较高；

⑥采集工作面开阔、料物运距较短，附近有足够的废料堆场；

⑦不占或少占耕地、林场。

(3)料场供应原则：

①必须满足坝体各部位施工强度要求；

②充分利用开挖渣料，做到就近取料，高料高用，低料低用，避免上下游料物交叉使用；

③垫层料、过渡层和反滤料一般宜用天然砂石料，工程附近缺乏天然砂石料或使用天然砂石料不经济时，方可采用人工料；

④减少料物堆存、倒运，必须堆存时，堆料场宜靠近坝区上坝道路，并应有防洪、排水、防料物污染、防分离和散失的措施；

⑤力求使料物及弃渣的总运输量最小。做好料场平整，防止水土流失。

(4)土料开采和加工处理：

①根据土层厚度、土料物理力学特性、施工特性和天然含水量等条件研究确定主次料场，分区开采；

②开采加工能力应能满足坝体填筑强度要求；

③若料场天然含水量偏高或偏低，应通过技术经济比较选择具体措施进行调整，增减土料含水量宜在料场进行；

④若土料物理力学特性不能满足设计和施工要求时，应研究使用人工砾质土的可能性；

⑤统筹规划施工场地、出料线路和表土堆存场，必要时应做还耕规划。

(5)坝料上坝运输方式应根据运输量、开采、运输设备型号、运距和运费、地形条件以及临建工程量等资料，通过技术经济比较后选定。并考虑以下原则：

①满足填筑强度要求；

②在运输过程中不得掺混、污染和降低料物理力学性能；

③各种坝料尽量采用相同的上坝方式和通用设备；

④临时设施简易，准备工程量小；

⑤运输的中转环节少；

⑥运输费用较低。

(6)施工上坝道路布置原则：

①各路段标准原则满足坝料运输强度要求，在认真分析各路段运输总量、使用期限、运输车型和当地气象条件等因素后确定；

②能兼顾地形条件，各期上坝道路能衔接使用，运输不致中断；

③能兼顾其他施工运输，两岸交通和施工期过坝运输，尽可能与永久公路结合；

④在限制坡长条件下，道路最大纵坡不大于15%。

(7)上料用自卸汽车运输上坝时，用进占法卸料，铺土厚度根据土料性质和压实设备性能通过现场试验或工程类比法确定，压实设备可根据土料性质，细颗粒含量和含水量等因素选择。

(8)土料施工尽可能安排在少雨季节，若在雨季或多雨地区施工，应选用适合的土料和施工方法，并采取可靠的防雨措施。

(9)寒冷地区当日平均气温低于0 ℃时，黏性土按低温季节施工；当日平均气温低于-10 ℃时，一般不宜填筑土料，否则应进行技术经济论证。

(10)面板堆石坝的面板垫层为级配良好的半透水细料，要求压实密度较高。垫层下游排水必须通畅。

(11)混凝土面板堆石坝上游坝坡用振动平碾，在坝面顺坡分级压实，分级长度一般为10～20 m；也可用夯板随坝面升高逐层夯实。压实平整后的边坡用沥青乳胶或喷混凝土固定。

(12)混凝土面板垂直缝间距应以有利滑模操作、适应混凝土供料能力，便于组织仓面作业为准，一般用高度不大的面板，坝一般不设水平缝。高面板坝由于坝体施工期度汛或初期蓄水发电需要，混凝土面板可设置水平缝分期度汛。

(13)混凝土面板浇筑宜用滑模自下而上分条进行，滑模滑行速度通过实验选定。

(14)沥青混凝土面板堆石坝的沥青混合料宜用汽车配保温吊罐运输，坝面上设喂料车、摊铺机、震动碾和牵引卷扬台车等专用设备。面板宜一期铺筑，当坝坡长大于 120 m 或因度汛需要，也可分两期铺筑，但两期间的水平缝应加热处理。纵向铺筑宽度一般为 3 ~ 4 m。

(15)沥青混凝土心墙的铺筑层厚宜通过碾压试验确定，一般可采用 20 ~ 30 cm。铺筑与两侧过渡层填筑尽量平起平压，两者离差不大于 3 m。

(16)寒冷地区沥青混凝土施工不宜裸露越冬，越冬前已浇筑的沥青混凝土应采取保护措施。

(17)坝面作业规划：

①土质防渗体应与其上、下游反滤料及坝壳部分平起填筑；

②垫层料与部分坝壳料均宜平起填筑，当反滤料或垫层料施工滞后于堆后棱体时，应预留施工场地；

③混凝土面板及沥青混凝土面板宜安排在少雨季节施工，坝面上应有足够施工场地；

④各种坝料铺料方法及设备宜尽量一致，并重视结合部位填筑措施，力求减少施工辅助设施。

(18)碾压式土石坝施工机械选型配套原则：

①提高施工机械化水平；

②各种坝料坝面作业的机械化水平应协调一致；

③各种设备数量按施工高峰时段的平均强度计算，适当留有余地；

④振动碾的碾型和碾重根据料场性质、分层厚度、压实要求等条件确定。

第三节　施工总进度计划

编制施工总进度时，应根据国民经济发展需要，采取积极有效措施满足主管部门或业主对施工总工期提出的要求。如果确认要求工期过短或过长、施工难以实现或代价过大，应以合理工期报批。

一、工程建设施工阶段

(一)工程筹建期

工程筹建期工程正式开工前由业主单位负责为承包单位进场开工创造条件所需的时间。筹建工作有对外交通、施工用电、通讯、征地、移民以及招标、评标、签约等。

(二)工程准备期

工程准备期准备工程开工起至河床基坑开挖(河床式)或主体工程开工(引水式)前的工期。所作的必要准备工程一般包括：场地平整、场内交通、导流工程、临时建房和施工工厂等。

(三)主体工程施工

主体工程施工一般从河床基坑开挖或从引水道或厂房开工起，至第一台机组发电或工程开始受益为止的期限。

(四)工程完建期

工程完建期自水电站第一台机组投入运行或工程开始受益起，至工程竣工止的工期。

工程施工总工期为后三项工期之和。并非所有工程的四个建设阶段均能截然分开，某些工程的相邻两个阶段工作也可交错进行。

二、施工总进度的表示形式

根据工程不同情况分别采用以下三种形式

（1）横道图。具有简单、直观等优点。

（2）网络图。可从大量工程项目中表示控制总工期的关键路线，便于反馈、优化。

（3）斜线图。易于体现流水作业。

三、主体工程施工进度编制

（一）坝基开挖与地基处理工程施工进度

（1）坝基岸坡开挖一般与导流工程平行施工，并在河流截流前基本完成。平原地区的水利工程和河床式水电站如施工条件特殊，也可两岸坝基与河床坝基交叉进行开挖，但以不延长总工期为原则。

（2）基坑排水一般安排在围堰水下部分防渗设施基本完成之后、河床地基开挖前进行。对土石围堰与软质地基的基坑，应控制排水下降速度。

（3）不良地质地基处理宜安排在建筑物覆盖前完成。固结灌浆时间可与混凝土浇筑交叉作业，经过论证，也可在混凝土浇筑前进行。帷幕灌浆可在坝基面或廊道内进行，不占直线工期，并应蓄水前完成。

（4）两岸岸坡有地质缺陷的坝基，应根据地基处理方案安排施工工期，当处理部位在坝基范围以外或地下时，可考虑与坝体浇筑（填筑）同时进行，在水库蓄水前按设计要求处理完毕。

（5）采用过水围堰导流方案时，应分析围堰过水期限及过水前后对工期带来的影响，在多泥砂河流上应考虑围堰过水后清淤所需工期。

（6）地基处理工程进度应根据地质条件、处理方案、工程量、施工程序、施工水平、设备生产能力和总进度要求等因素研究确定。对处理复杂、技术要求高、对总工期起控制作用的深覆盖层的地基处理应作深入分析，合理安排工期。

（7）根据基坑开挖面积、岩土等级、开挖方法及按工作面分配的施工设备性能、数量等分析计算坝基开挖强度及相应的工期。

（二）混凝土工程施工进度

（1）在安排混凝土工程施工进度时，应分析有效工作天数，大型工程经论证后若需加快浇筑进度，可分别在冬、雨、夏季采取确保施工质量的措施后施工。一般情况下，混凝土浇筑的月工作日数可按 25 d 计。对控制直线工期工程的工作日数，宜将气象因素影响的停工天数从设计日历天数中扣除。

（2）混凝土的平均升高速度与坝型、浇筑块数量、浇筑块高、浇筑设备能力以及温控要求等因素有关，一般通过浇筑排块确定。

大型工程宜尽可能应用计算机模拟技术，分析坝体浇筑强度、升高速度和浇筑工期。

（3）混凝土坝施工期历年度汛高程与工程面貌按施工导流要求确定，如施工进度难于满足导流要求，则可相互调整，确保工程度汛安全。

(4)混凝土的接缝灌浆进度(包括厂坝间接缝灌浆)应满足施工期度汛与水库蓄水安全要求,并结合温控措施与二期冷却进度要求确定。

(5)混凝土坝浇筑期的月不均衡系数:

①大型工程宜小于2;

②中型工程宜小于2.3。

(三)碾压式土石坝施工进度

(1)碾压式土石坝施工进度应根据导流与安全度汛要求安排,研究坝体的拦洪方案,论证上坝强度,确保大坝按期达到设计拦洪高程。

(2)坝体填筑强度拟定原则:

①满足总工期以及各高峰期的工程形象要求,且各强度较为均衡;

②月高峰填筑量与填筑总量比例协调。一般可取1:20~1:40;

③坝面填筑强度应与料场出料能力、运输能力协调;

④水文、气象条件对土石坝各种坝料的施工进度有不同程度的影响,须分析相应的有效施工工日。一般应按照有关规范要求结合本地区水文、气象条件参考附近已建工程综合分析确定;

⑤土石坝上升速度主要受塑性心墙(或斜墙)的上升速度控制,而心墙或斜墙的上升速度又和土料性能、有效工作日、工作面、运输与碾压设备性能以及压实参数有关,一般宜通过现场试验确定;

⑥碾压式土石坝填筑期的月不均衡系数宜小于2.0。

(四)地下工程施工进度

地下工程施工进度受工程地质和水文地质影响较大,各单项工程施工程序互相制约,安排时应统筹兼顾开挖、支护、浇筑、灌浆、金属结构、机电安装等各个工序。

(1)地下工程一般可全年施工,具体安排施工进度时,应根据各工程项目规模、地质条件、施工方法及设备配套情况,用关键线路法确定施工程序和各洞室、各工序间的相互衔接和最优工期。

(2)地下工程月进度指标根据地质条件、施工方法、设备性能及工作面情况分析确定。

(五)金属结构及机电安装进度

(1)施工总进度中应考虑预埋件、闸门、启闭设备、引水钢管、水轮发电机组及电气设备的安装工期,妥善协调安装工程与土建工程施工的交叉衔接,并适当留有余地。

(2)对控制安装进度的土建工程(如斜井开挖、支墩浇筑、厂房吊车梁及厂房顶板、副厂房、开关站基础等)交付安装的条件与时间均应在施工进度文件中逐项研究确定。

(六)施工劳动力及主要资源供应

单位工程施工进度计划编制确定以后,根据施工图纸、工程量计算资料、施工方案、施工进度计划等有关技术资料,着手编制劳动力需要量计划,各种主要材料、构件和半成品需要量计划及各种施工机械的需要量计划。它们不仅是为了明确各种技术工人和各种技术物资的需要量,而且还是做好劳动力与物资的供应、平衡、调度、落实的依据,也是施工单位编制月、季生产作业计划的主要依据之一。它们是保证施工进度计划顺利执行的关键。

1.劳动力需要量计划

劳动力需要量计划主要是作为安排劳动力的平衡、调配和衡量劳动力耗用指标、安排生活福利设施的依据，其编制方法是将施工进度计划表内所列各施工过程每天(或旬、月)所需工人人数按工种汇总而得。其表格形式如表3-1所示。

表3-1　劳动力需要量计划表

序号	工种名称	需要人数	××月			××月			备注
			上旬	中旬	下旬	上旬	中旬	下旬	

2. 主要材料需要量计划

主要材料需要量计划是备料、供料和确定仓库、堆场面积及组织运输的依据，其编制方法是将施工进度计划表中各施工过程的工程量，按材料名称、规格、数量、使用时间计算汇总而得。其表格形式如表3-2所示。

对于某分部分项工程是由多种材料组成时，应按各种材料分类计算，如混凝土工程应换算成水泥、砂、石、外加剂和水的数量列入表格。

表3-2　主要材料需要量计划表

序号	工种名称	需要人数	需要量		需要时间						备注
			单位	数量	××月			××月			
					上旬	中旬	下旬	上旬	中旬	下旬	

3. 构件和半成品需要量计划

建筑结构构件、配件和其他加工半成品的需要量计划主要用于落实加工订货单位，并按照所需规格、数量、时间，组织加工、运输和确定仓库或堆场，可根据施工图和施工进度计划编制。其表格形式如表3-3所示。

表3-3　构件和半成品需要量计划表

序号	构件、半成品名称	规格	图号、型号	需要量		使用部位	制作单位	供应日期	备注
				单位	数量				

4. 施工机械需要量计划

施工机械需要量计划主要用于确定施工机械的类型、数量、进场时间，可据此落实施工机械来源，组织进场。其编制方法为将单位工程施工进度计划表中的每一个施工过程每天所需的机械类型、数量和施工日期进行汇总，即得施工机械需要量计划。其表格形式如

表 3-4所示。

表 3-4　施工机械需要量计划表

序号	机械名称	型号	需要量		现场使用起止时间	机械进场或安装时间	机械退场或拆卸时间	供应单位
			单位	数量				

四、横道图实例介绍

某堤防施工总进度计划横道图如表 3-5 所示。

表 3-5　某堤防施工总进度计划表

序号	主要工程项目	2006年				
		2月	3月	4月	5月	6月
1	准备工作					
2	清基及削坡					
3	堤身填筑及整形					
4	浆砌石脚槽					
5	干砌石护坡					
6	抛石					
7	导滤料					
8	草皮护坡					
9	锥探灌浆					
10	竣工资料整理及工程验收					

第四节　施工总体布置

施工总体布置是在施工期间对施工场区进行的空间组织规划。它是根据施工场区的地形地貌、枢纽布置和各项临时设施布置的要求，研究施工场地的分期、分区、分标布置方案，对施工期间所需的交通运输、施工工厂设施、仓库、房屋、动力供应、给排水管线等在平面上进行总体规划、布置，以做到尽量减小施工相互干扰，并使各项临时设施最有效地为主体工程施工服务，为施工安全、工程质量、加快施工进度提供保证。

一、设计原则

(1)各项临时设施在平面上的布置应紧凑、合理，尽量减少施工用地，且不占或少占农田。

(2)合理布置施工场区内各项临时设施的位置,在确保场内运输方便、畅通的前提下,尽量缩短运距、减少运量,避免或减少二次搬运,以节约运输成本、提高运输效率。

(3)尽量减少一切临时设施的修建量,节约临时设施费用。为此,要充分利用原有的建筑物、运输道路、给排水系统、电力动力系统等设施为施工服务。

(4)各种生产、生活福利设施均要考虑便于工人的生产、生活。

(5)要满足安全生产、防火、环保、符合当地生产生活习惯等方面的要求。

二、施工总体布置的方法

(一)场外运输线路的布置

(1)当场外运输主要采用公路运输方式时,场外公路的布置应结合场内仓库、加工厂的布置综合考虑。

(2)当场外运输主要采用铁路运输方式时,要考虑铁路的转弯半径和坡度的限制,确定铁路的起点和进场位置。对于拟建永久性铁路的大型工业企业工地,一般应提前修建铁路专用线,并宜从工地的一侧或两侧引入,以便更好地为施工服务而不影响工地内部的交通运输。

(3)当场外运输主要采用水路运输方式时,应充分利用原有码头的吞吐能力。如需增设码头,则卸货码头应不少于两个,码头宽度应大于 2.5 m。

(二)仓库的布置

仓库一般将某些原有建筑物和拟建的永久性房屋作为临时库房,选择在平坦开阔、交通方便的地方,采用铁路运输方式运至施工现场时,应沿铁路线布置转运仓库和中心仓库。仓库外要有一定的装卸场地,装卸时间较长的还要留出装卸货物时的停车位置,以防较长时间占用道路而影响通行。另外仓库的布置还应考虑安全、方便等方面的要求。氧气、炸药等易燃易爆物资的仓库应布置在工地边缘、人员较少的地点;油料等易挥发、易燃物资的仓库应设置在拟建工程的下风方向。

(三)仓库物资储备量的计算

仓库物资储备量的确定原则是,既要确保工程施工连续、顺利进行,又要避免因物资大量积压而使仓库面积过大、积压资金,增加投资。

仓库物资储备量的大小通常是根据现场条件、供应条件和运输条件而定。

对于经常或连续使用的水泥、砂石、钢材、预制构件和砖等材料,可按储备期计算其储备量:

$$P = \frac{K_1 Q T_i}{T} \tag{3-1}$$

式中 P——仓库物资的储备量,m^3 或 t 等;

Q——某项工程所需材料或成品、半成品等物资的总需要量,m^3 或 t 等;

T——某项工程所需的该种物资连续使用的日期,天;

T_i——某种物资的储备期,天,根据材料来源、供应季节、运输条件等确定;

K_1——物资使用的不均衡系数,一般取 1.2 ~ 1.5。

(四)加工厂的布置

总的布置要求是:使加工用的原材料和加工后的成品、半成品的总运输费用最小,并使加工厂有良好的生产条件,做到加工厂生产与工程施工互不干扰。

各类加工厂的具体布置要求如下:

(1)工地混凝土搅拌站:有集中布置、分散布置、集中与分散相结合布置三种方式。当运输条件较好时,以集中布置较好;当运输条件较差时,以分散布置在各使用地点并靠近井架或布置在塔吊工作范围内为宜;也可根据工地的具体情况,采用集中布置与分散布置相结合的方式。若利用城市的商品混凝土搅拌站时,只要商品混凝土的供应能力和输送设备能够满足施工要求,可不设置工地搅拌站。

(2)工地混凝土预制构件厂:一般宜布置在工地边缘、铁路专用线转弯处的扇形地带或场外邻近工地处。

(3)钢筋加工厂:宜布置在接近混凝土预制构件厂或使用钢筋加工品数量较大的施工对象附近。

(4)木材加工厂:原木、锯材的堆场应靠近公路、铁路或水路等主要运输方式的沿线,锯木、成材、粗细木等加工车间和成品堆场应按生产工艺流程布置。

(5)金属结构加工厂、锻工和机修等车间:因为这些加工厂或车间之间在生产上相互联系比较密切,应尽可能布置在一起。

(6)产生有害气体和污染环境的加工厂:如沥青熬制、石灰熟化、石棉加工等加工厂,除应尽量减少毒害和污染外,还应布置在施工现场的下风方向,以便减少对现场施工人员的伤害。

(五)加工厂的面积

对于钢筋加工厂、模板加工厂、混凝土预制构件厂、锯木车间等,其建筑面积可按式(3-2)计算确定:

$$A = \frac{K_1 Q}{K_2 TS} = \frac{K_1 Qf}{K_2} \tag{3-2}$$

式中 A——加工厂的建筑面积,m^2;

K_1——加工量的不均衡系数,一般 1.3 ~1.5;

K_2——加工厂建筑面积或占地面积的有效利用系数,一般取 0.6 ~0.7;

Q——加工总量,m^3 或 t;

T——加工总时间,月;

S——每平方米加工厂面积上的月平均加工量定额,$m^3/(m^2\cdot月)$或 $t/(m^2\cdot月)$,S 值可根据生产加工经验确定;

f——加工厂完成单位加工产量所需的建筑面积定额,m^2/m^3 或 m^2/t,$f=1/TS$。

(六)场内运输道路的布置

在规划施工道路中,既要考虑车辆行驶安全、运输方便、连接畅通,又要尽量减少道路的修筑费用。根据仓库、加工厂和施工对象的相互位置,研究施工物资周转运输量的大小,确定主要道路和次要道路,然后再进行场内运输道路的规划。连接仓库、加工厂等的主要道路一般应按双行、循环形道路布置。循环形道路的各段尽量设计成直线段,以便提高车速。次要道路可按单行支线布置,但在路端应设置回车场地。

(七)临时生活设施的布置

临时生活设施包括行政管理用房屋、居住生活用房和文化生活福利用房。包括工地办公室、传达室、汽车库、职工宿舍、开水房、招待所、医务室、浴室、小学、图书馆和邮亭等。

工地所需的临时生活设施,应尽量利用原有的准备拆除的或拟建的永久性房屋。工地行政管理用房设置在工地入口处或中心地区;现场办公室应靠近施工地点布置。居住和文化生活福利用房,一般宜建在生活基地或附近村寨内。

(八)供水管网的布置

(1)应尽量提前修建并充分利用拟建的永久性供水管网作为工地临时供水系统,节约修建费用。在保证供水要求的前提下,新建供水管线的长度越短越好,并应适当采用胶皮管、塑料管作为支管,使其具有可移动性,以便于施工。

(2)供水管网的铺设要与场地平整规划协调一致,以防重复开挖;管网的布置要避开拟建工程和室外管沟的位置,以防二次拆迁改建。

(3)临时水塔或蓄水池应设置在地势较高处。

(4)供水管网应按防火要求布置室外消防栓。室外消防栓应靠近十字路口、工地出入口,并沿道路布置,距路边应不大于 2 m,距建筑物的外墙应不小于 5 m;为兼顾拟建工程防火而设置的室外消防栓,与拟建工程的距离也不应大于 25 m;工地室外消防栓必须设有明显标志,消防栓周围 3 m 范围内不准堆放建筑材料、停放机械设备和搭建临时房屋等;消防栓供水干管的直径不得小于 100 mm。

(九)工地临时供电系统的布置

1. 变压器的选择与布置要求

当施工现场只需设置一台变压器时,供电线路可按枝状布置,变压器应设置在引入电源的安全区域内。

当工地较大,需要设置多台变压器时,应先用一台主降压变压器,将工地附近的 110 kV 或 35 kV 的高压电网上的电压降至 10 kV 或 6 kV,然后再通过若干个分变压器将电压降至 380/220V。主变压器与各分变压器之间采用环状连接布置;每个分变压器到该变压器负担的各用电点的线路可采用枝状布置,分变电器应设置在用电设备集中、用电量大的地方或该变压器所负担区域的中心地带,以尽量缩短供电线路的长度;低压变电器的有效供电半径一般为 400 ~ 500 m。

2. 供电线路的布置要求

(1)工地上的 3 kV、6 kV 或 10 kV 高压线路,可采用架空裸线,其电杆距离为 40 ~ 60 m,也可用地下电缆。户外 380/220V 的低压线路,可采用架空裸线,与建筑物、脚手架等相近时必须采用绝缘架空线,其电杆距离为 25 ~ 40 m。分支线和引入线必须从电杆处连接,不得从两杆之间的线路上直接连接。电杆一般采用钢筋混凝土电杆,低压线路也可采用木电杆。

(2)配电线路宜沿道路的一侧布置,高出地面的距离一般为 4 ~ 6 m,要保持线路平直;离开建筑物的安全距离为 6 m,跨越铁路或公路时的高度应不小于 7.5 m;在任何情况下,各供电线路均不得妨碍交通运输和施工机械的进场、退场、装拆及吊装等;同时要避开堆场、临时设施、开挖的沟槽或后期拟建工程的位置,以免二次拆迁。

(3)各用电点必须配备与用电设备功率相匹配的,由闸刀开关、熔断保险、漏电保护器和插座等组成的配电箱,其高度与安装位置应以操作方便、安全为准;每台用电机械或设备均应分设闸刀开关和熔断器,实行单机单闸,严禁一闸多机。

(4)设置在室外的配电箱应有防雨措施，严防漏电、短路及触电事故的发生。

三、施工总布置图的绘制

（一）施工总布置图的内容构成

施工总布置图一般应包括以下内容：

(1)原有地形、地物。

(2)一切已建和拟建的地上及地下的永久性建筑物及其他设施。

(3)施工用的一切临时设施，主要包括：

①施工道路、铁路、港口或码头；

②料场位置及弃渣堆放点；

③混凝土拌和站、钢筋加工等各类加工厂、施工机械修配厂、汽车修配厂等；

④各种建筑材料、预制构件和加工品的堆存仓库或堆场，机械设备停放场；

⑤水源、电源、变压器、配电室、供电线路、给排水系统和动力设施；

⑥安全消防设施；

⑦行政管理及生活福利所用房屋和设施；

⑧测量放线用的永久性定位标志桩和水准点等。

（二）施工总布置图绘制的步骤与要求

(1)确定图幅的大小和绘图比例

图幅大小和绘图比例应根据工地大小及布置的内容多少来确定。图幅一般可选用 A1 图纸（841 mm×594 mm）或 A2 图纸（594 mm×420 mm），比例一般采用 1∶1 000 或 1∶2 000。

(2)绘制建筑总平面图中的有关内容

将现场测量的方格网、现场原有的并将保留的建筑物、构筑物和运输道路等其他设施按比例准确地绘制在图面上。

(3)绘制各种临时设施

根据施工平面布置要求和面积计算的结果，将所确定的施工道路、仓库堆场、加工厂、施工机械停放场、搅拌站等的位置、水电管网及动力设施等的布置，按比例准确地绘制在建筑总平面图上。

(4)绘制正式的施工总布置图

在完成各项布置后，再经过分析、比较、优化、调整修改，形成施工总布置图草图，然后再按规范规定的线型、线条、图例等对草图进行加工、修饰，标上指北针、图例等，并作必要的文字说明，则成为正式的施工总布置图。

施工总体布置方案应遵循因地制宜、因时制宜、有利生产、方便生活、易于管理、安全可靠、经济合理的原则，经全面系统比较论证后选定。

四、施工总体布置方案比较指标

(1)交通道路的主要技术指标包括工程质量、造价、运输费及运输设备需用量。

(2)各方案土石方平衡计算成果，场地平整的土石方工程量和形成时间。

(3)风、水、电系统管线的主要工程量、材料和设备等。

(4)生产、生活福利设施的建筑物面积和占地面积。

(5)有关施工征地移民的各项指标。

(6)施工工厂的土建、安装工程量。

(7)站场、码头和仓库装卸设备需要量。

(8)其他临建工程量。

五、施工总体布置及场地选择

施工总体布置应该根据施工需要分阶段逐步形成,满足各阶段施工需要,做好前后衔接,尽量避免后阶段拆迁。初期场地平整范围按施工总体布置最终要求确定。施工总体布置应着重研究以下内容。

(1)施工临时设施项目的划分、组成、规模和布置。

(2)对外交通衔接方式、站场位置、主要交通干线及跨河设施的布置情况。

(3)可资利用场地的相对位置、高程、面积和占地赔偿。

(4)供生产、生活设施布置的场地。

(5)临建工程和永久设施的结合。

(6)前后期结合和重复利用场地的可能性。

若枢纽附近场地狭窄、施工布置困难时,可采取适当利用或重复利用库区场地,布置前期施工临建工程,充分利用山坡进行小台阶式布置。提高临时房屋建筑层数和适当缩小间距。利用弃渣填平河滩或冲沟作为施工场地。

六、施工分区规划

(一)施工总体布置分区

(1)主体工程施工区。

(2)施工工厂区。

(3)当地建材开采区。

(4)仓库、站、场、厂、码头等储运系统。

(5)机电、金属结构和大型施工机械设备安装场地。

(6)工程弃料堆放区。

(7)施工管理中心及各施工工区。

(8)生活福利区。

要求各分区间交通道路布置合理、运输方便可靠、能适应整个工程施工进度和工艺流程要求,尽量避免或减少反向运输和二次倒运。

(二)施工分区规划布置原则

(1)以混凝土建筑物为主的枢纽工程,施工区布置宜以砂、石料开采、加工、混凝土拌和浇筑系统为主;以当地材料坝为主的枢纽工程,施工区布置宜以土石料采挖、加工、堆料场和上坝运输线路为主。

(2)机电设备、金属结构安装场地宜靠近主要安装地点。

(3)施工管理中心设在主体工程、施工工厂和仓库区的适中地段;各施工区应靠近各施工对象。

(4)生活福利设施应考虑风向、日照、噪声、绿化、水源水质等因素,其生产、生活设施应有明显界限。

(5)特种材料仓库(炸药、雷管库、油库等)应根据有关安全规程的要求布置。

(6)主要施工物资仓库、站场、转运站等储运系统一般布置在场内外交通衔接处。外来物资的转运站远离工区时,应在工区按独立系统设置仓库、道路、管理及生活福利设施。

七、施工总体布置实例

三峡水利枢纽是当今世界上最大的水利枢纽工程,它位于长江三峡的西陵峡中段,坝址在湖北宜昌三斗坪。工程由大坝及泄水建筑物、厂房、通航建筑物等组成,具有防洪、发电、航运、供水等巨大的综合利用效益。坝顶高程 185 m,坝长 2 309.47 m,总库容 1 820 万 m^3,总装机 1 820 万 kW。

三峡枢纽大坝为混凝土重力坝,左右两岸布置电站厂房,左岸布置升船机和永久船闸。主体建筑物土石开挖 10 400 万 m^3,填方 4 149.2 万 m^3,混凝土 2 671.4 万 m^3。

初步设计推荐的施工总进度安排按三期施工。施工准备及一期工程 5 年,二期工程 6 年,三期工程 6 年,总工期 17 年。一期工程主要为围护右岸,挖明渠,建纵向围堰;二期工程主要为围护左岸,主河床施工,修建溢流坝及左厂房;三期工程为围护右岸,主要施工右厂房。

(一)场地布置条件

坝址河流宽阔,两岸低山丘陵,沟谷发育。右岸沿江有 75 ~ 90 m 高程带状台地,坝线下游沿江 6 km 范围内有三斗坪、高家冲、白庙子、东岳庙、杨家湾等场地;上游有徐家冲、茅坪等缓坡地可以利用。左岸台地较少,而冲沟发育较好,坝线下游 7 km 范围内有覃家沱、许家冲、陈家冲、瓦窑坪、坝河口、杨淌河等较大冲沟,山脊普遍高程为 100 ~ 140 m,沟底 78 ~ 90 m;另有面积约 100 万 m^2 的陈家坝滩地,地面高程 65 m 左右;坝线上游有刘家河、苏家坳等场地。左右岸共有可利用场地 15 km^2,可满足施工场地布置要求。

(二)场地布置原则

(1)主要施工场地和交通道路布置在 20 年一遇洪水位 77 m 高程以上。

(2)以宜昌市为后方基地,充分利用已建施工工厂、仓库、车站、码头、生活系统。坝址附近主要布置砂石、混凝土拌和及制冷系统,机电、金属结构安装基地,汽车机械保养、中小修配加工企业和办公生活房屋。

(3)由于两岸都布置有主体建筑物,左岸尤为集中,故采取两岸布置并以左岸为主的方式。

(4)生产与生活区相对分开。

(5)节约用地,多利用荒山坡地布置施工工厂和生活区,利用基坑开挖弃渣填滩造地,布置后期使用的安装基地和施工设施。

(6)根据主体工程高峰年施工需要,坝区布置相应规模的生产、交通、生活、服务系统,按两岸采用公路运输方式进行施工总体规划。

(三)左岸布置

1. 覃家沱—古树岭区

该区是左岸前方施工主要基地。布置有 120 m 高程、82 m 高程及 98.7 m 高程三个混凝土生产系统。120 m 高程混凝土系统设 4×4 m^3 和 6×4 m^3 拌和楼各 1 座,供应大坝

120 m高程以上及临时船闸、升船机和永久船闸一部分混凝土浇筑;82 m高程混凝土系统设 $4\times4\ m^3$ 和 $6\times3\ m^3$ 拌和楼各1座,供应溢流坝、厂房坝段下游面120 m高程以下部位和电厂混凝土浇筑;98.7 m高程混凝土系统设2座 $4\times3\ m^3$ 拌和楼,月产量20万 m^3,供应永久船闸混凝土浇筑。各混凝土系统分设水泥、粉煤灰贮存罐及供风站。古树岭布置人工骨料加工系统,设备生产能力为2 108 m^3/h,承担左岸4个混凝土生产系统砂石料供应。

2. 刘家河—苏家坳区

该区是左岸坝上游施工基地,苏家坳90 m高程布置 $4\times3\ m^3$ 及 $4\times6\ m^3$ 拌和楼各1座供应溢流坝、厂房坝段上游面和混凝土纵向围堰90 m高程以上混凝土浇筑。刘家河、瞿家湾一带为弃渣场和二期围堰土石料备料堆场,弃渣量约600万 m^3。上游引航道130 m平台至左坝头185 m平台一带在弃渣场上布置有钢筋、混凝土预制场、木材加工厂、机械修配厂、汽车停放保养场及承包商营地等。

3. 陈家坝—望家坝区

除望家坝约1万 m^2 地面高程在70 m以上外,其余均在60 m高程左右,葛洲坝蓄水后常年被淹。作为左岸主要弃渣场,结合主体工程弃渣填筑场地,布置后期使用的企业,如金属结构、压力钢管安装场和机电设备仓库,以及二期围堰土石料堆场。弃渣容量约1 600万 m^3。

4. 许家冲—黎家湾区

许家冲、陈家冲布置容量约800万 m^3 的岩石利用料堆场及220 kV施工变电所,柳树湾布置生产能力为200 m^3/h 的前期砂砾料加工系统;黎家湾布置物资仓库、材料仓库和承包商营地等。

5. 瓦窑坪—坝河口区

该区为左岸主要办公生活区,布置有业主、监理、设计、施工办公、生活各类设施,建有高水准的餐厅、医院、体育场馆、公园、游泳池、接待中心等,是三峡坝区的办公、商业、文化中心。

6. 坝河口—大象溪区

该区是对外交通与场内交通相衔接的区域,沿江峡大道布置有政府有关部门办事机构、保税仓库、鹰子嘴水厂、临时砂石码头、重件杂货码头;大象溪布置贮量为8 000 t的油库;杨淌河布置前期临时货场、临时炸药库和爆破材料贮放场地。

(四)右岸布置

1. 徐家冲—茅坪区

徐家冲弃渣场弃渣容量约1 600万 m^3,谢家坪弃渣容量约450万 m^3。此两处为右岸主要弃渣场。茅坪溪布置围堰备料场、围堰施工土石料堆场和茅坪溪防护大坝施工承包商营地。

2. 三斗坪—高家冲区

该区是右岸前方主要施工基地。青树湾布置85 m高程和120 m高程混凝土系统。85 m高程布置 $4\times3\ m^3$ 拌和楼2座和 $6\times3\ m^3$ 拌和楼1座,担负混凝土纵向围堰和导流明渠上游碾压混凝土围堰58 m和50 m高程以下混凝土浇筑,二期拆迁至左岸的75 m和79 m高程混凝土系统安装使用,三期工程在84 m高程布置2座 $4\times3\ m^3$ 拌和楼,担负右岸大坝85 m高程以下和电站厂房及三期上游横向混凝土围堰浇筑,120 m高程新建 $4\times3\ m^3$ 和

6×4 m^3拌和楼各1座，担负三期碾压混凝土围堰、明渠坝段和厂房的混凝土供应。枫箱沟布置生产能力为815 m^3/h的砂石加工系统和砂石料堆场；高家冲、鸡公岭可弃渣680万m^3，布置容量为3 000万m^3的基岩利用料堆场，三斗坪布置汽车停放场、施工机械停放场、金属结构拼装场、基础处理基地；高家冲口布置生产能力为200 m^3/h砂砾料加工系统、机电设备库、实验室等。

3. 白庙子—东岳庙区

白庙子布置混凝土预制、钢筋、木材加工厂、水厂、消防站、建材仓库和物资仓库；东岳庙布置葛洲坝集团办公生活中心营地；江边布置船上水厂基地和砂石码头。

4. 杨家湾区

该区布置对外交通水运码头、水泥和粉煤灰中转贮存系统，右桥头布置有桥头公园。

（五）场内交通

三峡场内运输总量约53 850万吨，其中汽车运输量约38 210万吨。共兴建公路约108 km，大中型公路桥梁6座，总长约1 700 m。根据坝区场地条件，考虑结合城镇发展，布置公路主干线联通施工辅助企业、仓库、生活区。左岸布置有江峡大道、江峡一路两条纵向主干道，坝址上下游交通在临时船闸运行后由苏覃路改经苏黄路；右岸布置西陵大道，在导流明渠边坡加宽马道，以沟通坝区上下游交通。

为满足施工期和未来两岸交通运输需要，在距坝轴线约4 km的望家坝—大沱修建西陵长江公路大桥。因三峡工程分期导流及航运需要，要求最好河床不建桥墩，经长期研究、比较，选定悬索桥，主跨约900 m，跨越下航道隔流堤，总长约1 450 m。根据泥沙模型试验和实测资料，左岸滩地普遍淤积厚度较大，因此港口集中布置于右岸杨家湾，港区岸线约1 km，布置水泥、重件杂货、客运等4座码头；左岩设重件码头，兼作杂货码头使用。

工程施工初期，于右岸茅坪、三斗坪和丝瓜槽，左岸覃家沱、坝河口、小湾和乐天溪共设置7座临时简易码头，担负两岸临时交通汽渡和施工机械设备进场运输。

（六）办公生活布置

初步设计文件估算施工高峰期职工人数42 700人，在坝区居住的39 700人，共需修建办公生活房屋建筑面积66万m^2，其中生活44.5万m^2，公共房屋13.7万m^2，办公房屋7.8万m^2。右岸集中布置于东岳庙、高家冲两处，占地面积分别约25万m^2和7万m^2；左岸集中布置于瓦窑坪一带，洞湾布置部分前期办公生活房屋。实施结果比原设计数字少一些，但大多数房屋与永久使用相结合。

（七）场地排水与环保

场内集水面积约63 km^2，设计排水量采用10年一遇小时降雨量80 mm标准，以暗排为主，管网结构为箱涵或涵管，分区形成独立排水系统。考虑到施工附属企业一般不产生严重有害废水，施工期暂按混流制，即雨水、污水合用同一排水管道直接排入长江。排污管道与雨水道同时建成，先将排污管道封闭，工程建成后再改分流制，污水经处理后排入长江。各小区利用地形或行道树形成分隔带，降低噪音和灰尘，空地尽可能保留原有植被，场地绿化除选择适当地方重点绿化外，生产、生活小区利用零散场地植树种花进行绿化。晴天或干燥季节施工要求路面洒水降尘。

（八）施工布置的特点与经验教训

三峡工程规模巨大，项目和标段繁多，施工总体布置的核心内容是如何适应这些项目及标段对施工场地、道路等方面的要求。三峡工程的施工总体布置在兼顾诸多因素的条件下满足了区域经济发展和国家宏观经济发展进程。

(1)施工总体布置格局较好地适应了施工管理模式和生产力水平。以左岸为主、右岸为辅,生产区、生活区相对分开。西陵大桥以上布置施工区,主要包括混凝土生产系统、弃渣、综合加工厂、临时营地等;江峡大道以右布置仓储区及辅助工厂;西陵大桥以下,江峡大道与江峡一路间布置办公、生活服务设施。右岸高家溪以上布置施工区,高家溪以下布置办公生活区及仓储、服务设施等。

(2)施工交通规划和道路技术标准较合理,施工期间基本无交通堵塞和道路返修现象。

(3)施工场地排水规划保障了坝区排水通畅。雨水与污水排放系统布置考虑近期与远期相结合。

4、施工景观布置与环境保护相结合。各小区利用行道树形成分隔带,空地尽可能保留原有植被,场地绿化除选择适当地方重点绿化外,生产、生活小区利用零散场地植树种花进行绿化,降低了噪音和灰尘,形成良好的生产生活环境。

另外,根据工程施工实践,三峡工程施工总体布置在施工征地和考虑地方交通方面还有待改进。有关三峡工程施工的总体布置,如图 3-1 所示。

第五节　施工辅助企业

为施工服务的施工工厂设施(简称施工工厂)主要有:砂石加工、混凝土生产、预冷、预热、压缩空气、供水、供电和通讯、机械修配及加工系统等。其任务是制备施工所需的建筑材料,供应水、电和风,建立工地与外界通讯联系,维修和保养施工设备。加工制作少量非标准件和金属结构。

一、一般规定

(1)施工工厂的规划布置:

①施工工厂设施规模的确定,应研究利用当地工矿企业进行生产和技术协作以及结合本工程及梯级电站施工需要的可能性和合理性;

②厂址宜靠近服务对象和用户中心,设于交通运输和水电供应方便处;

③生活区应该与生产区分开,协作关系密切的施工工厂宜集中布置。

(2)施工工厂的设计应积极、慎重地推广和采用新技术、新工艺、新设备、新材料;提高机械化、自动化水平,逐步推广装配式结构,力求设计系列化,定型化。

(3)尽量选用通用和多功能设备,提高设备利用率、降低生产成本。

(4)需在现场设置施工工厂,其生产人员应根据工厂生产规模,按工作班制,进行定岗定员计算所需生产人员。

二、砂石加工系统

砂石加工系统(简称砂石系统)主要由采石场和砂石厂组成。

砂石原料需用量根据混凝土和其他砂石用料计及开采加工运输损耗和弃料量确定。砂石系统规模可按砂石厂的处理能力和年开采量划分为大、中、小型,划分标准见表 3-6。

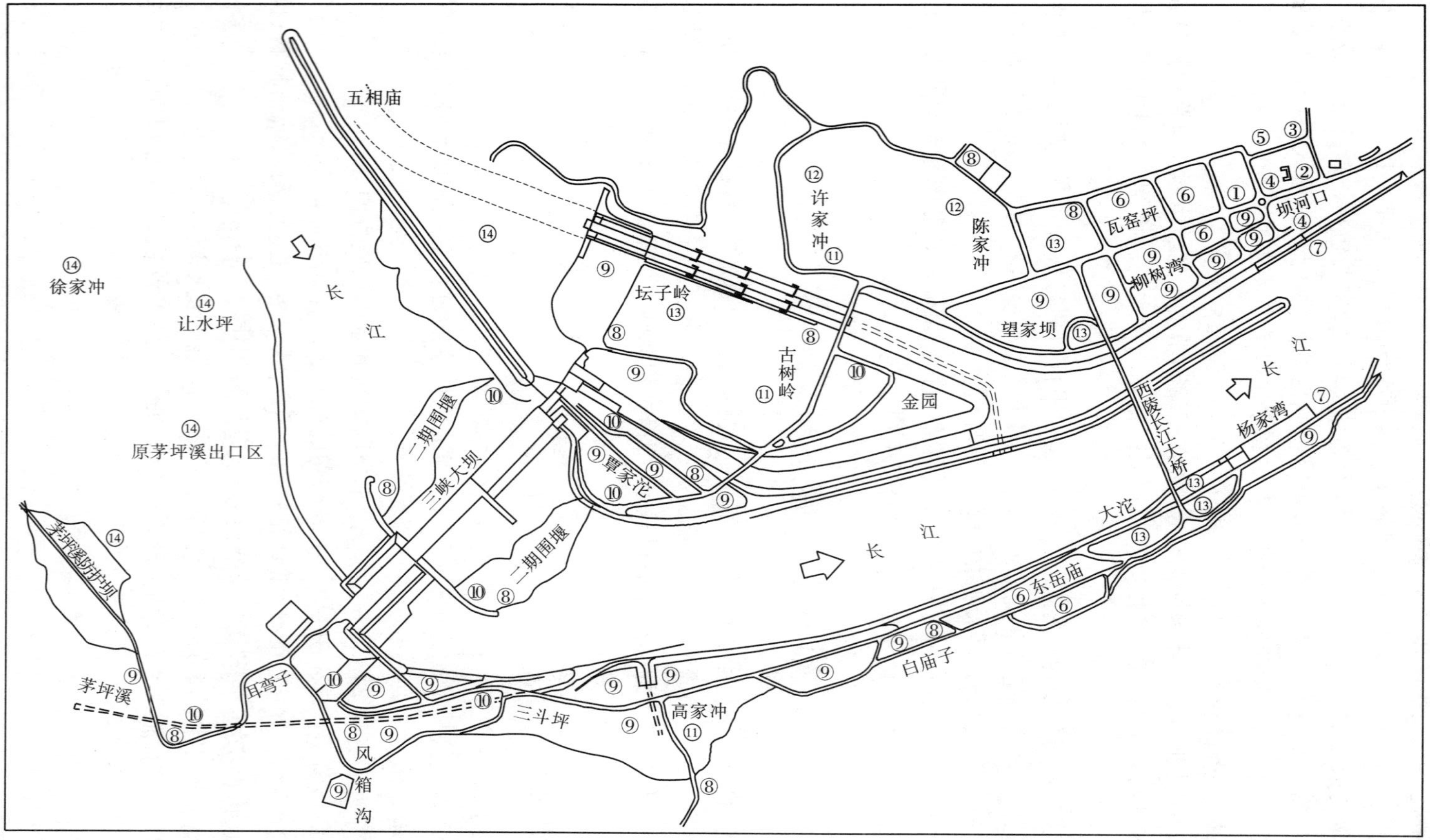

①—建设指挥中心；②—接待中心；③—培训中心；④—体育设施；⑤—急救中心；
⑥—办公生活区；⑦—港口码头；⑧—变电所；⑨—生产区；⑩—混凝土拌和系统；
⑪—混凝土骨料加工系统；⑫—利用料堆场；⑬—绿化区；⑭—弃渣场

图 3-1　三峡工程施工总布置图

表 3-6　砂石系统规模划分标准

规模类型	砂石厂处理能力		采料场
	小时(t)	月(万 t)	年开采(万 t)
大型	>500	>15	>120
中型	120 ~ 500	4 ~ 15	30 ~ 120
小型	<120	<4	<30

(一)砂石料源确定

根据优质、经济、就近取材的原则,选用天然、人工砂石料、或两者结合的料源:

(1)工程附近天然砂石储量丰富,质量符合要求,级配及开采、运输条件较好时,应优先作为比较料源;

(2)在主体工程附近无足够合格天然砂石料时,应研究就近开采加工人工骨料的可能性和合理性;

(3)尽量不占或少占耕地;

(4)开挖渣料数量较多,且质量符合要求,应尽量利用;

(5)当料物较多或情况较复杂时,宜采用系统分析法优选料源。

(二)对选定的主要料场开挖渣料应作开采规划。

料场开采规划原则主要包括:

(1)尽可能机械化集中开采,合理选择采、挖、运设备;

(2)若料场比较分散,上游料场用于浇筑前期,近距离料场宜作为生产高峰用;

(3)力求天然级配与混凝土需用级配接近,并能连续均衡开采;

(4)受洪水或冰冻影响的料场应要有备料、防洪或冬季开采等措施。

(三)砂石厂厂址选择原则

(1)设在料场附近;多料场供应时,设在主料场附近;砂石利用率高、运距近、场地许可时,亦可设在混凝土工厂附近。

(2)砂石厂人工骨料加工的粗碎车间宜设在离采场 1 ~2 km 范围内,且尽可能靠近混凝土系统,以便共用成品堆料场。

(3)主要设施的地基稳定,有足够的承受能力。

成品堆料场容量尚应满足砂石自然脱水要求。当堆料场总容量较大时,宜多堆毛料或半成品;毛料或半成品可采用较大的堆料高度。

(四)成品骨料堆存和运输应符合要求

(1)有良好的排水系统。

(2)必须设置隔墙避免各级骨料混杂,隔墙高度可按骨料动摩擦角 34° ~37°加 0.5 m 超高确定。

(3)尽量减少转运次数,粒度大于 40 mm 的骨料抛料落差大于 3 m 时,应设缓降设备。碎石与砾石、人工砂与天然砂混合使用时,碎砾石混合比例波动范围应小于 10%,人工、天然砂料的波动范围应小于 15%。

(五)大中型砂石系统堆料场一般宜采用地弄取料

大中型砂石系统堆料场设计时应注意:

(1)地弄进口高出堆料地面；

(2)地弄底板一般宜设大于5‰的纵坡；

(3)各种成品骨料取料口不宜小于3个；

(4)不宜采用事故停电时不能自动关闭的弧门；

(5)较长的独头地弄应设有安全出口。

石料加工以湿法除尘为主，工艺设计应注意减少生产环节，降低转运落差，密闭尘源。应采取措施降低或减少噪声影响。

三、混凝土生产系统

混凝土生产必须满足质量、品种、出机口温度和浇筑强度的要求，小时生产能力可按月高峰强度计算，月有效生产时间可按500 h计，不均匀系数按1.5考虑，并按充分发挥浇筑设备的能力进行校核。

拌和加冰和掺合料以及生产干硬性或低坍落度混凝土时，均应核算拌和楼的生产能力。

混凝土生产系统（简称混凝土系统）规模按生产能力分大、中、小型，划分标准见表3-7。

表3-7　混凝土系统规模划分标准

规模定型	小时生产能力(m^3)	月生产能力($\times10^3$ m^3)
大型	>200	>6
中型	50～200	1.5～6
小型	<50	<1.5

独立大型混凝土系统拌和楼总数以1～2座以下为宜，一般不超过3座，且规格、型号应尽可能相同。

(一)混凝土系统布置原则

(1)拌和楼尽可能靠近浇筑地点，并应满足爆破安全距离要求。

(2)妥善利用地形减少工程量，主要建筑物应设在稳定、坚实、承载能力满足要求的地基上。

(3)统筹兼顾前、后期施工需要，避免中途搬迁，不与永久性建筑物干扰；高层建筑物应与输电设备保持足够的安全距离。

(二)混凝土系统尽可能集中布置

下列情况可考虑分散设厂：

(1)水工建筑物分散或高差悬殊、浇筑强度过大，集中布置使混凝土运距过远、供应有困难。

(2)两岸混凝土运输线不能沟通。

(3)砂石料场分散，集中布置骨料运输不便或不经济。

(三)混凝土系统内部布置原则

(1)利用地形高差。

(2)各个建筑物布置紧凑，制冷、供热、水泥、粉煤灰等设施均宜靠近拌和楼。

(3)原材料进料方向与混凝土出料方向错开。

(4)系统分期建成投产或先后拆迁,能满足不同施工期混凝土浇筑要求。

(四)拌和楼出料线布置原则

(1)出料能力能满足多品种、多标号混凝土的发运,保证拌和楼不间断地生产。

(2)出料线路平直、畅通。如采用尽头线布置,应核算其发料能力。

(3)每座拌和楼有独立发料线,使车辆进出互不干扰。

(4)出料线高程应和运输线路相适应。

轮换上料时,骨料供料点至拌和楼的输送距离宜在300 m以内。输送距离过长,一条带式输送机向两座拌和楼供料或采用风冷、水冷骨料时,均应核算储仓容量和供料能力。

混凝土系统成品堆料场总储量一般不超过混凝土浇筑月高峰日平均3~5d的需用量。特别困难时,可减少到1d的需用量。

砂石与混凝土系统相距较近并选用带式输送机运输时,成品堆料场可以共用,或混凝土系统仅设活容积为1~2班用料量的调节料仓。

水泥应力求固定厂家计划供应,品种在2~3种以内为宜。应积极创造条件,多用散装水泥。

仓库储水泥量应根据混凝土系统的生产规模、水泥供应及运输条件、施工特点及仓库布置条件等综合分析确定,既要保证混凝土连续生产,又要避免储存过多、过久,影响水泥质量,水泥和粉煤灰在工地的储备量一般按可供工程使用日数而定。

①材料由陆路运输时,储备量应可供工程使用:4~7 d。

②材料由水路运输时,储备量应可供工程使用5~15 d。

当中转仓库距工地较远时,可增加2~3 d。

袋装水泥仓库容量以满足初期临建工程需要为原则。仓库宜设在干燥地点,有良好的排水及通风设施。水泥量大时,宜用机械化装卸、拆包和运输。

运输散装水泥优先选用气力卸载车辆;站台卸载能力、输送管道气压与输送高度应与所用的车辆技术特性相适应;受料仓和站台长度按同时卸载车辆的长度确定;尽可能从卸载点直接送至水泥仓库,避免中断站转送。

四、混凝土预冷、预热系统

(一)混凝土预冷系统

混凝土的拌和出机口温度较高、不能满足温控要求时,拌和料应进行预冷。

拌和料预冷方式可采用骨料堆场降温,加冷水,粗骨料预冷等单项或多项综合措施。加冷水或加冰拌和不能满足出机温度时,结合风冷或冷水喷淋冷却粗骨料,水冷骨料须用冷风保温。骨料进一步冷却,需风冷、淋冷水并用。粗骨料预冷可用水淋法、风冷法、水浸法、真空汽化法等措施。直接水冷法应有脱水措施,使骨料含水率保持稳定;风冷法在骨料进入冷却仓前宜冲洗脱水,5~20 mm骨料的表面水含量不得超过1%。

(二)混凝土预热系统

(1)低温季节混凝土施工,须有预热设施。

(2)优先用热水拌和以提高混凝土拌和料温度,若尚不能满足浇筑温度要求时,再进行骨料预热,水泥不得直接加热。

(3)混凝土材料加热温度应根据室外气温和浇筑温度通过热平衡计算确定,拌和水温一般不宜超过60 ℃。骨料预热设施根据工地气温情况选择，当地最低月平均气温在 -10 ℃以上时，可在露天料场预热；在 -10 ℃以下时，宜在隔热料仓内预热；预热骨料宜用蒸汽排管间接加热法。

(4)供热容量除满足低温季节混凝土浇筑高峰时期加热骨料和拌和水外，尚应满足料仓、骨料输送廊道、地弄、拌和楼、暖棚等设施预热时耗热量。

(5)供热设施宜集中布置，尽量缩短供热管道减少热耗，并应满足防火、防冻要求。

(6)混凝土组成材料在冷却、加热生产、运输过程中，必须采取有效的隔热、降温或采暖措施，预冷、预热系统均需围护隔热材料。

(7)有预热要求的混凝土在日平均气温低于 -5 ℃时，对输送骨料的带式输送机廊道、地弄、装卸料仓等均需采暖，骨料卸料口要采取措施防止冻结。

五、压缩空气、供水、供电和通讯系统

(一)压缩空气

(1)压气系统主要供石方开挖、混凝土施工、水泥输送、灌浆、机电及金属结构安装所需压缩空气。

(2)根据用气对象的分布、负荷特点、管网压力损失和管网设置的经济性等综合分析确定集中或分散供气方式，大型风动凿岩机及长隧洞开挖应尽可能采用随机移动式空压机供气，以减少管网和能耗。

(3)压气站位置应尽量靠近耗气负荷中心、接近供电和供水点，处于空气洁净、通风良好、交通方便、远离需要安静和防振的场所。

(4)同一压气站内的机型不宜超过两种规格，空压机一般为2~3台，备用1台。

(二)施工供水

施工供水量应满足不同时期日高峰生产用水和生活用水需要，并按消防用水量进行校核。水源选择原则：

(1)水量充沛可靠，靠近用户；

(2)满足水质要求，或经过适当处理后能满足要求；

(3)符合卫生标准的自流或地下水应优先作为生活饮用水源；

(4)冷却水或其他施工废水应根据环保要求与论证确定回收净化作为施工循环用水源；

(5)水量有限而与其他部门共用水源，应签订协议，防止用水矛盾。

水泵型号及数量根据设计供水量的变化、水压要求、调节水池的大小、水泵效率、设备来源等因素确定。同一泵站的水泵型号尽可能统一。

泵站内应设备用水泵，当供水保证率要求不高时，可根据具体情况少设或不设。

(三)施工供电

供电系统应保证生产、生活高峰负荷需要。电源选择应结合工程所在地区能源供应和工程具体条件，经过技术经济比较确定。一般优先考虑电网供电，并尽可能提前架设电站永久性输电线路；施工准备期间，若无其他电源，可建临时发电厂供电，电网供电后，电厂作为备用电源。

各施工阶段用电最高负荷按需要系数法计算；当资料缺乏时，用电高峰负荷可按全工程

用电设备总容量的25%～40%估算。

对工地因停电可能造成人身伤亡或设备事故、引起国家财产严重损失的一类负荷必须保证连续供电，设两个以上电源；若单电源供电，须另设发电厂作备用电源。

自备电源容量确定原则：

(1)用电负荷全由自备电源供给时，其容量应能满足施工用电最高负荷要求。

(2)作为系统补充电源时，其容量为施工用电最高负荷与系统供电容量的差值。

(3)事故备用电源，其容量必须满足系统供电中断时工地一类负荷用电要求。

(4)自备电源除满足施工供电负荷和大型电动机起动电压要求外，尚应考虑适当的备用容量或备用机组。

供电系统中的输、配电电压等级根据输送半径及容量确定。

(四)施工通讯

施工通讯系统应符合迅速、准确、安全、方便的原则。

通讯系统组成与规模应根据工程规模大小、机械程度高低、施工设施布置、以及用户分布情况确定，一般以有线通讯为主。机械化程度较高的大型工程，需增设无线通讯系统。有线调度电话总机和施工管理通讯的交换机容量可按用户数加20%～30%的备用量确定，当资料缺乏时，可按每百人5～10门确定。

水情预报、远距离通讯、以及调度施工现场流动人员、设备可采用无线电通讯。其工作频率应避免与该地区无线电设备干扰。

供电部门的通讯主要采用电力载波。载波机型号和工作频率应按《电力系统通讯规划》选择。当变电站距供电部门较近且架设通讯线经济时，可架设通讯线。

与工地外部通讯一般应通过邮电部门挂长途电话方式解决，其中继线数量一般可按每百门设双向中继线2～3对；有条件时，可采用电力载波、电缆载波、微波中继、卫星通讯或租用邮电系统的通道等方式通讯，并与电力调度通讯及对外永久通讯的通道并作。

六、机械修配及加工厂

(一)机械修配厂(站)

机械修配厂(站)主要进行设备维修和更换零部件。尽量减少在工地的设备加工、修理工作量，使机械修配厂向小型化、轻装化发展。应接近施工现场，便于施工机械和原材料运输，附近有足够场地存放设备、材料、并靠近汽车修配厂。

机械修配厂各车间的设备数量应按承担的年工作量(总工时或实物工作量)和设备年工作时数(或生产率)计算，最大规模设备应与生产规模相适应。尽可能采用通用设备，以提高设备利用率。

汽车大修尽可能不在工地进行，当汽车数量较多且使用期多超过大修周期、工地又远离城市或基地，方可在工地设置汽车修理厂，大型或利用率较低的加工设备尽可能与修配厂合用。当汽车大修量较小时，汽车修理厂可与机械修配厂合并。

压力钢管加工制作地点主要根据钢管直径、管壁厚度、加工运输条件等因素确定。大型钢管一般宜在工地制作；直径较小且管壁较厚的钢管可在专业工厂内加工成节或瓦状，运至工地组装。

(二)木材加工厂

木材加工厂承担工程锯材、制作细木构件、木模板和房屋建筑构件等加工任务。根据工程所需原木总量、木材来源及其运输方式,锯材、构件、木模板的需要量和供应计划,场内运输条件等确定加工厂的规模。

当工程布置比较集中时,木材加工厂宜和钢筋加工、混凝土构件预制共同组成综合加工厂,厂址应设在公路附近装、卸料方便处,并应远离火源和生活办公区。

(三)钢筋加工厂

钢筋加工厂承担主体及临时工程和混凝土预制厂所用钢筋的冷处理、加工及预制钢筋骨架等任务。规模一般按高峰月日平均需用量确定。

(四)混凝土构件预制厂

混凝土构件预制厂供应临建和永久工程所需的混凝土预制构件,混凝土构件预制厂规模根据构件的种类、规格、数量、最大重量、供应计划、原材料来源及供应运输方式等计算确定。

当预制件量小于3 000 m^3/年时,一般只设简易预制场。预制构件应优先采用自然保护,大批量生产或寒冷地区低温季节才采取蒸汽保护。

当混凝土预制与钢筋加工、木材加工组成综合加工厂时,可不设钢筋、木模加工车间;当由附近混凝土系统供应混凝土时,可不设或少设拌和设备。木材、钢筋、混凝土预制厂在南方以工棚为主,少雨地区可露天作业。

第四章　单位工程施工组织设计

第一节　概　述

本章阐述单位施工组织设计，主要指招标投标的施工组织设计。

根据《中华人民共和国招标投标法》的有关规定，水利水电工程招投标方式有公开招标和邀请招标两种。招标文件一般包括三部分，第一卷《合同条款》；第二卷《技术规范》；第三卷《图纸》。投标文件内容因招标工程内容而异，但形式是基本相同的，主要结构一般分为三卷和附件组成，第一卷《投标及合同文件》；第二卷《施工组织设计》；第三卷为《图纸》。中标之后，全部投标文件作为与发包单位签订的合同文件的一个组成部分，是承包单位据以施工的重要依据，也是建设单位监督施工的依据。因为履行合同是双方的义务。既然投标文件是合同的组成部分，投标文件中的《施工组织设计》当然也是合同的一部分，双方必须履行，所以必须重视投标阶段的施工组织设计。

一、编制原则

（一）全面响应原则

全面响应原则是对招标文件的全部内容，全面响应，而不是有的响应，有的不响应，也不能单方面修改。

（二）技术可行原则

根据招标项目的具体情况及招标文件给定的施工条件，投标时编制的施工组织设计，必须是技术上可行，质量、进度、安全等保证达到表述的要求。

技术上的可行，是指包括施工组织时间中选定的施工方案、施工方法，必须是可行的，符合当时施工水平、设备水平，所采用施工平面布置是合理的，资源供给达到相对平衡合理，经过努力可以达到。

施工组织设计中的技术上可行是中标的前提。

二、单位工程施工组织设计的作用和编写依据

（二）单位工程施工组织设计的作用

单位工程是指可以有单独的设计，能独立施工，建成后不能独立发挥作用的工程。例如：水库枢纽工程的大坝工程、溢洪道工程、输水洞工程、发电系统等。

能独立施工的项目，一般说就具备了单独招标选择施工承包商的条件。

单位工程施工组织设计（标前）的主要作用就是投标、中标。又因为中标后，该施工组织设计是合同的一部分，所以说它的作用除投标中标外，还应该有组织施工，确定施工方案、施工总体布置、施工进度计划等作用。

(二)单位工程施工组织设计的编写依据

单位工程施工组织设计编写的主要依据为以下几个方面。

(1)施工组织总设计。单位工程施工组织设计(标前),一般是一个项目的一个组成部分,有单独的设计,可以组织单独的施工,竣工后不能单独发挥效益的工程的一部分,是招标的一个标段的工程。所以该段的施工组织计划,必须按照设计阶段的施工组织总设计的各项指标和任务要求来编制,如进度计划的安排应符合总设计的要求。

(2)招标文件。招投标阶段的施工组织计划,其主要的目的是投标中标,要想达到中标的目的,就必须响应招标文件,所做的施工布置、进度要求、质量要求必须符合招标文件的具体要求,否则就是不响应招标文件,就不能中标,施工组织设计也只是空谈。所以招标文件是该段施工组织设计的主要依据。

(3)工程所在地的气象资料。如施工期间的最低、最高气温及延续时间,雨季、雨量等。

(4)施工现场条件和地质勘查资料。如施工现场的地形、地貌、地上与地下障碍物以及水温地质、交通运输道路、施工现场可占用的场地面积等。

(5)施工图及设计单位对施工的要求。其中包括:单位工程的全部施工图样、会审计录和相关标准图等有关设计资料。

(6)本项目相关的技术资料。包括标准图集、地区定额手册、国家操作规定及相关的施工与验收规定、施工手册等,同时包括企业相关的经验资料、企业定额等。

三、单位工程施工组织设计的内容

(一)一般内容

单位工程施工组织设计的内容根据工程性质、规模和复杂程度、其内容、深度和广度要求不同,在编制时应从实际出发,确定各种生产要素如材料、机械、资金、劳动力等,使其真正起到工程投标,指导现场施工的目的。

标前单位工程施工组织设计的内容一般包括:

(1)工程概况及施工条件分析;

(2)施工方法与相应的技术组织措施,即施工方案;

(3)施工进度计划;

(4)劳动力、资料、构件和机械设备等需要量计划;

(5)施工准备工作计划;

(6)施工现场平面布置图;

(7)保证质量、安全、降低成本及文明施工等技术措施;

(8)冬雨季施工保障措施;

(9)各项技术经济指标。

(二)各内容间的相关关系

单位工程施工组织设计各项内容中,劳动力、材料、构件和机械设备等需要量计划、施工准备工作计划、施工现场平面布置图,是指导施工准备工作的进行,为施工创造物质基础的技术条件。施工方案和进度计划则主要是指导施工过程的进行,规划整个施工活动的文件。工程能否按期完成或提前交工,主要决定于施工进度计划的安排,而施工进度计划的制定又必须以施工准备、场地条件以及劳动力、机械设备、材料的供应能力和施工技术水平等因素为基础。反过来,各项施工准备工作的规模和进度、施工平面图的分期布置、各种资源的供应计划等又必须以施工进度计划为依据。因此,在编制时,抓住关键环节,同时处理好各方面的相互关系,重点编好施工方案、施工进度计划和施工平面布置图,即常称的“一图一案一表”,抓住三个重点,突出“技术、时间和空间”三大要素,其他问题就会迎刃而解。

第二节　工程概况与施工条件分析

一、工程概况

单位工程施工组织设计,是根据招标文件提供的工程概况进行编制和分析的。一般情况下,招标文件提供的工程概况都不详细,还需通过相关的建设单位进行深入细致的调查,包括自然情况、社会经济情况以及工程情况等。

单位工程施工组织设计,应对工程的基本情况,作详细的说明,包括:

(1)工程概况。主要说明工程的规模、位置、内容、功能等;

(2)水文气象和地质。包括:水文地质、工程地质等;

(3)对外交通条件;

(4)工程项目和工作内容。

二、施工条件分析

(一)施工现场条件

单位工程施工组织设计,应根据工程规模、现场条件确定。单位工程施工组织设计中应简要介绍和分析施工现场的施工导流和水流控制,包括围堰的情况(标准、度汛等)建筑物的基坑排水情况,施工现场的“四通一平”情况,拟建工程的位置、地形、地貌、拆迁、移民、障碍物清除及地下水位等情况,周边建筑物以及施工现场周边的人文环境等。如果不了解和分析这些情况,会影响施工组织与管理、施工方案的制定。

(二)气象资料分析

应对施工项目所在地的气象资料作全面的收集与分析,如当地最低、最高气温及时间,冬雨季施工的起止时间和主导风向等。特别是土方施工的项目应对雨天的频率进行分析计算,以满足施工要求。只有分析好这些自然现象,才能更好地制定施工方案,完成施工任务,使施工风险损失降低。

(三)其他资料的调查分析

调查工程所在地的原材料、劳动力、机械设备的供应及价格情况,水、电、风等动力的供应情况,交通运输条件,当地施工临时设施可利用情况,以及当地其他资源条件。以上这些资源情况直接影响到项目的施工管理、施工方案、以及完成施工任务的进度等。

第三节　施工方案选择

施工方案的选择是编制单位工程施工组织设计的重点,是整个单位工程施工组织设计的核心。它直接影响工程的质量、工期、经济效益,以及劳动安全、文明施工、环境保护等。

好的施工方案,可以达到保证质量、节省资源、保证进度。因此,施工方案的选择是非常关键的工作。

施工方案的选择主要包括施工工序或流向、施工组织、施工机械和主要分部分项工程施工方法的选择等内容。

一、施工流向的确定

施工流向是指单位工程在平面上或空间上施工的开始部位及其进展的方向。对单位工程施工流向的确定一般遵循“四先四后”的原则,即先准备后施工;先地下后地上;先主体后维护;先结构后装饰的次序。

同时,针对具体的单位工程,在确定施工流向时应考虑以下因素:生产使用的先后,施工区段的划分,材料、构件、土方的运输方向不发生矛盾,适应主导工程。

确定施工顺序具体注意以下几点:

(1)主导工程(工程量大、技术复杂、占用时间长的施工过程)的施工顺序是确定施工流向的关键因素,影响主导工程进度的应先施工;

(2)对生产或使用有要求在先的部位先施工;

(3)技术复杂、工期长的区段或部位应先施工;

(4)基础深浅不一的应先浅后深;

(5)土方开挖运输时,施工起点一般由远而近流向进行,土方填筑应分层填筑、分层压实。

二、施工组织的选择

(一)考虑的因素

施工顺序是指各项工程之间或施工过程之间的先后次序。施工顺序应根据实际的工程施工条件和采用的施工方法来确定。施工顺序没有一种固定不变的顺序,但这并不是说施工顺序是可以随意改变的。水利水电工程施工顺序有其一般性,也有其特殊性,因此确定施工顺序应考虑以下因素:

(1)遵循施工程序。施工顺序应不违背施工程序的前提下确定;

(2)符合施工工艺。施工顺序应与施工工艺顺序相一致,如浇筑钢筋混凝土梁的施工顺序为:支模板→绑轧钢筋→浇混凝土→养护→拆模板;

(3)施工方法和施工机械的要求相一致。不同的施工方法和施工机械会使施工过程的先后顺序有所不同。如修筑堤防工程,可采用推土机推土上堤、铲运机运土上堤、挖掘机装自卸汽车运土上堤,三种不同的施工机械,有着不同的施工方法和不同施工顺序。

(4)考虑工期和施工组织的要求。施工工期要求需要尽快完成施工项目时,应多考虑平行施工,流水施工作业;

(5)考虑施工质量和安全的要求。如基础回填土,必须在砌体达到必须的强度以后才能开始,否则砌体的质量会受到影响;

(6)不同地区的气候特点不同,安排施工过程应考虑的气候的特点对工程的影响。如土方工程施工应避开雨季、冬季,以免基础被雨水浸泡或遇到地表水而造成基坑开挖的难度,防止冻害对土料压实造成困难。

（二）砌体工程及施工顺序

砌体工程包括护坡、泵站、拦河闸、排水沟、渠道等建筑的浆砌石、干砌石、小骨料混凝土砌石体和房建工程的砌砖等工程，可划分为基础施工和主体施工两部分。一般的施工顺序如下：地基开挖→做垫层→砌基础→回填土→砌主体。

1. 基础施工顺序

基础工程施工顺序一般是：挖基础→做垫层→基础施工→回填土。若有桩基，则在开挖前应施工桩基。

基础开挖完成后，立即验槽做垫层，基础开挖时间间隔不能太长，以防止地基土长期暴露，被雨水浸泡而影响其承载力，即所说的"抢基础"。在实际施工中，若由于技术或组织上的原因不能立即验槽做垫层和基础，则在开挖时可留 20 ~ 30 cm 至设计标高，以保护基土，待有条件施工时，再挖去预留的土层。

对于回填土，由于回填土对后续工序的施工影响不大，可视施工条件灵活安排。原则上是在基础工程完工之后一次性分层夯填完毕，可以为主体结构工程施工创造良好的工作条件。特别是当基础比较深，回填土量比较大的情况下，回填土最好在砌主体前填完，在工期紧张的情况下，也可以与砌主体平行施工。

2. 主体结构工程施工

砌筑结构主体施工的主导工序就是砌筑实体。整个施工过程主要有搭脚手架、砌筑、安装止水及沉降缝等。砌筑工程可以组织流水施工，使主导工序能连续进行。

（三）混凝土工程施工顺序

钢筋混凝土工程包括：护坡、泵站、拦河闸、挡土墙、涵洞等永久工程及施工导流工程中的混凝土、钢筋混凝土、预制混凝土和水下混凝土等混凝土工程。

混凝土工程包括三个分项工程，即模板工程、钢筋工程、混凝土工程。

1. 混凝土工程的施工过程

混凝土工程的施工过程包括：

（1）砂石骨料的采集、加工、贮存与温控，掺和料、外加剂和水泥的贮存，拌和水的温控；

（2）模板和钢筋的加工制作、运输与架设；

（3）混凝土的制备、运输、浇捣和养护。

2. 钢筋工程

钢筋制备加工包括：调查、除锈、配料、剪切、弯曲、绑扎与焊接、冷加工处理（冷拉、冷拔、冷轧）等工序。

1）调查和除锈

盘条状的细钢筋，通过绞车绞拉调直后方可使用。直线状的粗钢筋被弯曲后才需用弯筋机调直，直径在 25 mm 以下的钢筋可在工作台上手工调直。

钢筋除锈的主要目的是为了保证其与混凝土间的握裹力。因此，在钢筋使用前需对钢筋表层的鱼鳞锈、油渍和漆皮加以清除。去锈的方法有多种，可借助钢丝刷或砂堆手工除锈，也可用风砂枪或电动去锈机机械除锈，还可用酸洗法化学除锈。新出厂的或保管良好的钢筋一般不需除锈。采用闪光对旱的钢筋，其接头处则要用除锈机严格除锈。

2）配料与画线

钢筋配料是指施工单位根据钢筋结构图计算出各种形状钢筋的直线下料长度、总根数以及钢筋总重量,从而编制出钢筋配料单,作为备料加工的依据。施工中确因钢筋品种或规格与设计要求不相符合时,须征得设计部门同意并按规范指定的原则进行钢筋代换。从降低钢筋损耗率考虑,钢筋配料要按照长料长用、短料短用和余料利用的原则下料。画线是指按照配料单上标明的下料长度用粉笔或石笔在钢筋应剪切的部位进行勾画的工序。

3)钢筋下料长度计算

钢筋的外包尺寸与轴线长度之间存在一个差值,称为度量差值,在计算下料长度时,必须扣除该差值,公式如下:

下料长度 = 各段外包尺寸之和—度量差值 + 两端弯钩增长值

每个弯钩增长值视加工方式而定,采用人工弯曲时为6. 25d;用机械弯曲时为5d。而量度差值的大小与转角大小、钢筋直径及弯转内直径有关。

DL 5169—2002《水工混凝土钢筋施工规范》对钢筋最小弯转直径 D_{min} 有着严格的规定。

(1)所有受拉光面圆钢筋的末端应做180°半圆弯钩,弯转内直径不得小于2. 5d。

(2)Ⅱ级及以上钢筋的端头,当设计要求弯转90°时,当钢筋直径小于16 mm时,其最小弯转内直径为5d;当钢筋直径大于16 mm时,最小弯转内直径为7d。

(3)弯起钢筋处的圆弧半径宜大于12. 5d。

4)切断与弯曲

钢筋切断有手工切断、剪切机剪断等方式。手工切断一般只能用于直径不超过12 mm的钢筋,12 ~40 mm直径的钢筋一般采用剪切机剪断,而直径大于40 mm的圆钢则采用氧炔焰切割或用型材切割机切割。

钢筋的弯制包括画线、试弯、弯曲成型等工序。钢筋弯制分手工弯制和机械弯制两种,但手工弯制只能弯制直径20 mm的钢筋。近些年来,除了直径不大的箍筋外,一般钢筋均采用机械弯制。弯制过的钢筋需要用铅丝归类并绑扎堆放好,并挂上注明编号和使用位置的标签等标识。

5)焊接与绑扎

水利水电工程中钢筋焊接常采用闪光对焊、电弧焊、电阻点焊和电渣压力焊等方法,有时也用埋弧压力焊。

(1)闪光对焊。闪光对焊是利用对焊机将两段钢筋对头焊接,通以低压强电流,待钢筋端部加热变软后,轴向加压顶锻形对焊接头。因钢筋再加热过程中会产生闪光的故称闪光对焊。

闪光对焊一般在钢筋加工厂进行,主要用于不同直径(截面比小于1. 5)或相同直径的钢筋接长,且能保持轴心一致。由于其加工成本低,焊接质量好,功效较高,所以钢筋的拉长往往采用闪光对焊。只有在工程现场不具备对焊条件时,才代之电弧焊或其他焊接方法。钢筋对接根据钢筋品种,直径,端面平整度及对焊机的容量不同,可采用连续闪光焊,预热—闪光焊和闪光—预热—闪光焊等工艺。对Ⅳ级钢筋中可焊性差的高强钢筋宜用强电流焊接,焊后还需进行通电热处理,以改善接头的塑性。

(2)电弧焊。交流或直流弧焊机能使焊条与焊件在接触时产生高温电弧而熔化,待其冷却凝固以形成焊缝或接头,这种焊接工艺称为电弧焊。

钢筋焊接时应根据钢材等级和接头形式来选用焊条。电弧焊在一般情况下采用碱性或酸性焊条均可,但重要结构的钢筋焊接宜使用低轻型碱性焊条。焊接电流的大小取决于钢筋和焊条的直径。

钢筋电弧焊的接头形式有搭接焊,帮条焊和坡口焊。根据工程实际情况,钢筋接头处可采用单面焊或双面焊,平焊或立焊进行焊接。电弧焊的质量检验包括外观检查,拉力测试和非破损(超声波、射线、X 射线)检验。

电弧焊因其设备便于移动且操作简单,因而在工程现场有比较广泛的使用,多用于钢结构焊接,钢筋骨架焊接,钢筋接头,钢筋与钢板的焊接,装配式结构接头的焊接等。

(3)电阻点焊。用于交叉钢筋焊接的电阻点焊,在工程中可代替绑扎焊接钢筋骨架和钢筋网。相互交叉的钢筋焊接时,因接触点电阻较大通电后金属受热而熔化,在电极加压下可使钢筋接触点焊牢。

按使用场合不同,点焊机分为单点式、多头式、手提式和悬挂式。单点式电焊机用于较粗钢筋的焊接;多头式电焊机用于钢筋网点焊;手提式电焊机用于施工现场;悬挂式电焊机用于钢筋骨架或钢筋网焊接。

电阻点焊的工艺参数为电流强度、通电时间和电极压力。大电流(120 ~ 360 A)通电时间(0.1 ~ 0.5 s)称为强参数焊接;小电流(80 ~ 120 A),通电时间(0.5 s 至数秒)称为弱参数焊接。点焊冷拉钢筋或冷拔钢丝必须用强参数。以避免因焊接升温而降低冷加工获得的强度。除点焊直径较大的热轧钢筋因焊机功率不足而采用弱参数外,一般钢筋点焊均采用强参数。电极压力的大小取决于钢筋直径,直径越大电极压力随之增大。

点焊不同直径的钢筋时,应按小直径钢筋选择焊接参数。

钢筋点焊的操作程序是:选择焊接参数→调整变压器级次→调整焊接(预压、通电、锻压)时间→调整电极行程→合闸通电→焊接。

点焊的质量检验分外观检查和强度检验两项。目测时焊点应无脱落、漏焊、裂缝、气孔、空洞、烧伤,熔化金属均匀饱满,制品尺寸正常误差在 10 mm 以内。热轧钢筋焊点与冷处理钢筋焊点均应进行抗剪试验,冷处理钢筋焊点还应进行抗拉试验。

(4)电渣压力焊。电渣压力焊是利用电流通过渣盒产生的电阻热将钢筋端部熔化,再施加压力使钢筋焊牢。该焊接方法多用于现浇钢筋混凝土结构内竖向钢筋的焊接接长。

电渣压力焊的施焊机具主要是弧焊机和焊接夹具,弧焊机的选用与焊接钢筋的直径有关,焊接直径不大于 22 mm 的钢筋宜采用 20 kVA 的交流弧焊机,焊接直径 22 mm 的钢筋宜采用 24 kVA 的交流弧焊机。焊接夹具由焊剂盒、上钳口(活动电极)、下钳口(固定电极)和加压机构(手柄、标尺、滑动架等)组成。

电渣压力焊主要包括引弧、稳弧和顶端三个过程。放焊前,先将钢筋端部 120 mm 范围的铁锈除尽。夹具夹牢于下部钢筋上,上部扶直的钢筋夹牢定于活动电级上,上下钢筋之间放入一小块电焊条或钢丝球做导电剂。装上药盒并装满焊药后,接通电路并操纵手柄引弧(用电弧引燃)。经历一定时间,使之形成渣池,并使钢筋熔化(稳弧),再用手柄上顶钢筋。断电后通过项锻排除夹渣和气泡,冷却后形成钢筋接头。最后拆开药盒、夹具并清除焊渣。

电渣压力的工艺参数有焊接电流、电渣池压力和通电时间,根据钢筋直径加以选择。钢筋焊接后应对接头进行外观质量检查和拉力试验。

现在,有一种套管连接的方法,适用于所有场合所有规格的变形钢筋的连接。套管连接法多用于受作业空间限制不能采用电弧焊的地方,比电渣焊更加简便可靠。

(5)埋弧压力焊。埋弧压力焊多用于钢筋与钢板作丁字形接头焊接。它利用覆盖于焊接剂中焊接点出处产生的高温电弧,熔化接触点的金属,经加压顶端形成焊接接头。

(6)冷加工处理

钢筋冷加工是指在常温下对钢筋施加一个高于屈服点强度的外力使钢筋产生变形,当外力除后,钢筋因改变了内部晶体结构的排列产生永久变形,经过一段时间之后,钢筋的强度得到较大的提高。钢筋冷加工处理的目的在于提高钢筋强度和节约钢材用量。钢筋冷加工的方法有三类:冷拉、冷拔和冷轧。

①冷拉。钢筋的冷拉需要在冷拉机械上进行。除了盘条状钢筋需要进行冷拉调直外,有时为了提高钢筋的屈服强度需要专门进行冷拉,对于直径在 12 mm 以下的盘条钢筋若冷拉后钢筋长度增加,则可节约钢筋约 20% 。

钢筋的冷拉控制有单控和双控两种。单控只需要控制钢筋的伸长率;双控不仅要控制钢筋的伸长率,同时还要控制冷拉应力。如钢筋已到达控制应力而冷拉率未超过允许值则认为合格;如钢筋已达到允许的冷拉率,而冷拉应力还小于控制值,则该批钢筋应降低强度使用。

钢筋冷拉卸荷后,在内应力的作用下其晶体组织自行调整的过程叫时效。时效后屈服强度进一步提高。时效分自然时效和人工时效两种。将冷拉后的Ⅰ级、Ⅱ级钢筋放在常温下放置15h ~20 h 即可完成自然时效;而将冷拉后的Ⅰ级、Ⅱ级钢筋放在100 温度下经2 h就可完成人工时效。Ⅲ级、Ⅳ级钢筋一般通过电加热至 150 ~300 ℃,保持 20 min 便可完成人工时效。

②冷拔。将直径小于 10 mm 的Ⅰ级光面钢筋在常温下用强力从冷拔机的钨合金拔丝膜孔中以 0. 4 ~4. 0 m/s 的速度拔出,因钢筋轴向被拉伸而径向被压缩,钢筋的抗拉强度可提高 50% ~90% ,硬度也有所提高,但塑性降低。钢筋冷拔工艺需经过轧头、剥壳和拔丝的过程。

经多次强力冷拔的钢筋,称为冷拔低碳钢丝。其甲级品用作预应力筋,乙级品可用于焊接骨架、焊接网片或用作构造筋等。冷拔钢丝的制作并非一次完成,经数次冷拔使钢筋截面逐步缩小,但每拔一次,钢筋直径的缩减率宜控制在 1. 1 ~1. 15。

除原料钢筋的内在质量外,冷拔总压缩率便是影响冷拔钢丝质量的主要因素。冷拔总压缩率是由盘条筋拔至成品钢丝的横截面总压缩率,即冷拔后的钢筋截面缩减面积与冷拔前的钢筋截面积之比的百分率,比值越大,钢丝强度提高越多,但塑性降低也越多,故需严格控制冷拔总压缩率。

冷拔钢丝的检查验收包括外观(裂纹、机械损伤)检查和机械性能(拉力、反复弯曲)试验。

③冷轧。将盘条钢筋或直筋穿过冷轧机成对的有齿轧后,钢筋因受双向挤压作用而产生凹凸有致的变形称为冷轧。经冷轧的钢筋,屈服点强度可提高 350 MPa,但塑性降低,同时因增大了钢筋表面的面积从而提高了钢筋与混凝土的握裹力。

7)钢筋的安装

钢筋的安装可采用散装和整装两种方式。散装是将加工成型的单根钢筋运到工作面,按设计图纸邦扎或电焊成型。整装则是将地面上加工好的钢筋网片或钢筋骨架吊运至工作面进行安装。散装对运输要求相对较低,中小型工程用得较多。而大中型工程中,散装已逐步被整装所取代。但是,水利水电工程钢筋的规格以及形状一般没有统一的定型,所以有时很难采用整装的办法,但为了加快施工进度,也可采用半整装半散装相结合的办法,即在地面上不能完全加工成整装的部分,待吊运至工作面时再补充完成,以提高施工进度。

钢筋安装时应注意钢筋的位置、间距、保护层厚度及各个部位的型号、规格均应符合设计要求,同时还应特别注意不要让脱模剂或机油、泥土污染钢筋表面。钢筋安装的允许偏差,参见 DL 5169—2002《水工混凝土钢筋施工规划》中的规定。

为防止整装中的特大钢筋网或钢筋骨架在运输安装过程中发生歪斜变形,可在斜向用钢筋拉结临时固定,并设钢筋架或焊接型钢加以固定。

3. 模板工程

(1)对模板的基本要求

模板的主要作用是使混凝土按设计要求成型,承受混凝土水平与垂直作用力以及施工荷载,改善混凝土硬化条件。水利水电工程对模板的技术要求是:

①形式简便,安装拆卸方便;

②拼装紧密,支撑牢靠稳固;

③成型准确,表面平整光滑;

④经济适用,周转使用率高;

⑤结构坚固,强度刚度足够。

(2)模板的组成和分类

①模板的组成。模板通常由面板、加劲体和支撑体(支撑架或钢架和锚固件)三部分组成,有时模板还附有行走部件。目前国内常用的模板面板有标准木模板、组合钢模板、混合式大型整装模板和竹胶模板等。

②模板的类型。模板按材质可分为钢模板、木模板、钢木组合模板、混凝土或钢筋混凝土模板;按使用特点分为固定模板、拆移模板、移动模板和滑升模板;按形状可分为平面模板和曲面模板;接受力条件可分为承重模板和非承重模板。按支承受力方式可分为简支模板、悬臂模板和半悬臂模板。

4. 混凝土工程

混凝土工程的施工顺序包括浇筑、振捣、养护等。

(1)混凝土的浇筑程序。在混凝土开仓浇筑前,要对浇筑仓位进行统筹安排,以便井然有序地进行混凝土浇筑。安排浇筑仓位时,必须考虑的问题有:

①便于开展流水作业;

②避免在施工过程中产生相互干扰;

③尽可能地减少混凝土模板的用量;

④加大混凝土浇筑块的散热面积;

⑤尽量减少地基的不均匀沉陷。

水利水电工程的实践表明,水工建筑物的构造比较复杂,混凝土的分块尺寸普遍较大,混凝土温度控制的要求相当严格,土建工程与安装工程的目标一致性尤为突出。因此,工程界对于各浇筑仓位施工顺序的安排都极为重视,比较成熟的浇筑程序有:对角浇筑、跳仓浇筑、错缝浇筑和对称浇筑。

(2)振捣。振捣的目的是使混凝土获取最大的密实性,是保证混凝土质量和各项技术指标的关键工序和根本措施。

混凝土振捣的方式有多种。在施工现场使用的振捣器有内部振捣器、表面振捣器和附着式振捣器，使用得最多的是内部振捣。而内部振捣器又分为电动式振捣器、风动式振捣器和液压式振捣器。大型水利工程中普遍采用成组振捣器。表面振捣器只适合薄层混凝土使用，如路面、大坝顶面、护坦表面、渠道衬砌等。附着式振捣器只适合用于结构尺寸较小而配筋密集的混凝土构件，如柱、墙壁等。在混凝土构件预制厂，多用振动台进行工厂化生产。振捣器的振动效果相当明显，在振捣器小振幅（1.1 ~ 2 mm）和高频率（5 000 ~ 12 000 r/min）的振动作用下，混凝土拌和物的内摩擦力大为下降，流动性明显增强，骨料在重力作用下因滑移而相互排列紧密，砂浆流淌填满空隙的同时空气泡逸出，从而使浇筑仓内的混凝土趋于密实并加强了混凝土与钢筋的紧密结合。

振动影响圈直径一般为振捣棒直径的 10 倍左右。为了避免漏振，应使振点呈方格形或梅花形布点排列，振点间距约为影响半径的 1 ~ 1.5 倍，井然有序地按振点进行垂直振捣，并应使振捣器插入下层混凝土 5 ~ 10 cm，以利上下层混凝土的结合。振动过程中振捣器应与模板保持 1/2 影响半径的距离，振捣器也不得触及钢筋和预埋件。混凝土振捣时间以 15 ~ 25 s 为宜，不得少振或过度振，振捣时间过短则难以振捣密实，振捣时间过长会引起混凝土粗细骨科分离。当混凝土坍落度较大而振捣层不超过 20 cm 时，或在振捣器难以操作的部位，也可运用捣杆、捣铲或平头锤进行人工辅助捣实，但质量较差。

如果混凝土拌和物振捣已经充分，则会出现：混凝土中粗骨料停止下沉，气泡不再上升，表面平坦泛浆。判断已经硬化成型的混凝土是否密实，应通过钻孔压水试验来检查。

（3）混凝土养护。养护就是在混凝土浇筑完毕后的一段时间内保持适当的温度和足够的湿度，形成良好的混凝土硬化条件。养护是保证混凝土强度增长，不发生开裂的必要措施。

养护分洒水养护和养护剂养护两种方法。洒水养护就是在混凝土表面覆盖上草袋或麻袋，并用带有多孔的水管不间断地洒水。采用养护剂养护，就是在混凝土表面喷一层养护剂，等其干燥成膜后再覆盖上保温材料。

混凝土应在浇筑完毕后 6 ~ 18 h 内开始洒水养护，低塑性混凝土应在浇筑完毕后立即喷雾养护，并及早开始洒水养护。混凝土应连续养护，养护期内始终保持混凝土表面的湿润，养护持续期应符合 DL/T 5144—2001《水工混凝土施工规范》的要求，一般不少于 28 d，有特殊要求的部位宜适应延长养护时间。

（四）施工方法的确定

1. 施工方法确定的原则

（1）具有针对性。在确定某个分部分项工程的施工方法时，应结合本分项工程的实际情况来制定。如模板工程应结合本分项工程的特点来确定其模板的组合、支撑及加固方案，画出相应的模板安装图，不能仅仅按施工规范确定安装要求。

（2）体现先进性、经济性和适用性。选择某个具体的施工方法（工艺）首先应考虑其先进性，保证施工的质量。同时还应考虑到在保证质量的前提下，该方法是否经济和适用，并对不同的方法进行经济评价。

（3）保障性措施应落实。在拟定施工方法时不仅要拟定操作过程和方法，而且要提出质量要求，并要拟定相应的质量保障措施和施工安全措施及其他可能出现情况的预防措施。

2. 施工方法选择

在选择主要的分部或分项工程施工时，应包括以下的内容。

1）土石方工程

（1）计算土石方工程量，确定开挖或爆破方法，选择相应的施工机械。当采用人工开挖时应按工期要求确定劳动力数量，并确定如何分区分段施工。当采用机械开挖时应选择机械挖土的方式，确定挖掘机型号、数量和行走线路，以充分利用机械能力，达到最高的挖土效率。

（2）地形复杂的地区进行场地平整时，确定土石方调配方案。

（3）基坑深度低于地下水位时，应选择降低地下水位的方法，确实降低地下水位所需设备。

（4）当基坑较深时，应根据土的类别确定边坡坡度，土壁支护方法，确保安全施工。

2）基础工程

（1）基础需设施工缝时，应明确留设位置和技术要求。

（2）确定浅基础的垫层、混凝土和钢筋混凝土基础施工的技术要求。

（3）当地下水埋深不能满足施工要求，而需要进行降水时，应确定降水方法和技术要求。

（4）确定桩基础的施工方法和施工机械。

3）砌筑工程

（1）应明确砖墙的彻筑方法和质量要求。

（2）明确砌筑施工中的流水分段和劳动力组合形式等。

（3）确定脚手架搭设方法和技术要求。

4）混凝土及钢筋混凝土

（1）确定混凝土工程施工方案，如滑模法、爬高法或其他方法等。

（2）确定模板的类型的支模方法。重点应考虑提高模板周转利用次数，节约人力和降低成本。对于复杂工程还需进行模板设计和绘制模板放样图或排列图。

（3）钢筋工程应选择恰当的加工、绑扎和焊接方法。如钢筋制作现场预应力张拉时，应详细制订预应力钢筋的加工、运输、安装和检测方法。

（4）选择混凝土的制备方案，如确定采用商品混凝土，还是现场制备混凝土。确定搅拌、运输及浇筑顺序和方法，选择泵送混凝土还是普通垂直运输混凝土机械。

（5）选择混凝土搅拌、振捣设备的类型和规格，确定施工缝的留设位置。

（6）如采用预应力混凝土应确定预应力混凝土的施工方法、控制应力和张拉设备。

（五）施工机械选择

1. 施工机械选择

水利水电施工中，采用的机械种类杂、型号多，有土方机械、运输机械、吊装起重机械等。在选择施工机械时，应根据工程的规模、工期要求、现场条件等，择优选择。选择施工机械时，应注意以下几点。

（1）首先选择主导工程的施工机械：如地下工程的土方机械，主体结构工程和垂直、水平运输机械，结构吊装工程的起重机械等。

（2）在选择辅助施工机械时，必须充分发挥主导施工机械的生产效率，要使两者的台班生产能力协调一致,并确定出辅助施工机械的类型、型号和台数。如土方工程中自卸汽车的载重量应为挖掘机斗容量的整数倍,汽车的数量应保证挖掘机连续工作,使挖掘机的效率充分发挥。

(3)为便于施工机械化管理,同一施工现场的机械类型尽可能少,当工程量大而且集中时,应选用专业化施工机械;当工程量小而分散时,可选择多用途施工机械。

(4)尽量选用施工单位的现有机械,以减少施工的投资额,提高现有机械的利用率,降低成本。当现有施工机械不能满足工程需要时,则购置或租赁所需新型机械。

2. 施工机械选择步骤

水利水电工程机械施工包括的很多,这里以土石方工程的挖、填为例进行说明。

1)分析施工过程

水利水电工程机械化施工过程包括施工准备、基本工作和辅助工作。

(1)施工准备:准备工作包括料场覆盖层清除、基坑开挖、岩基清理、修筑道路等。

(2)基本工作:基本工作包括土石料挖掘、装载、运输、卸料、平整和压实等工序。

(3)辅助工作:辅助工作是配合基本工作进行的,包括翻松硬土、洒水、翻晒、废料清除和道路维修等。

2)施工机械选择

首先应该是根据施工方案进行的。在拟定施工方案时,首先应研究基本工作所需要的主要机械,按照施工条件和工作参数选定主要机械,然后依据主要机械和生产能力和性能参数再选用与其配套的机械。准备工作和辅助工作的机械,则根据施工条件和进度要求另行选用,或者利用基本工作所选用的机械。

3)机械需要量计算

施工机械需要量可根据进度计划安排的日施工强度、机械生产率、机械利用率等参数计算求得。

4)配套设备需要量计算

水利水电工程的机械施工中,需要不同功能的设备相互配合,才能完成其施工任务。例如挖掘机装自卸汽车运土上坝,拖拉机压实工作,就是挖掘机、自卸汽车、拖拉机等三种机械配合完成其施工任务。

土石方施工中,与挖掘机配套的自卸汽车,在数量和所占施工费用的比例都很大,应仔细选择车型和计算所需量。只有配套合理,才能最大限度的发挥机械施工能力,提高机械使用率。怎样选择其配套的运输车辆呢?

(1)选择自卸汽车。可以选用适当的车铲容积比,并根据已选定的挖掘机斗容来选取汽车的容量和载重量。计算装满一车厢的铲斗数以及汽车实际的载重量,以确定汽车的载重量的利用程度。计算一台挖掘机配套的汽车需要量(台数),进行技术经济比较,确定车型和数量。

(2)车铲容积比的选择。挖掘机和汽车的利用率均达到最高值时的理论车铲容积比,随运距的增加而提高,随着汽车平均行驶速度增加而降低。根据工程实践的数据,一般情况下,当运距为1~2.5 km时,理论的车铲容积比为4~7;当运距为2.5~5 km时,理论的车铲容积比为7~10。

(3)汽车载重量的利用程度计算。汽车载重量的利用程度是考核配套运输车辆是否合理的另一个指标。它与车铲容积比、汽车载重量或车厢容积等因素有关系。

装满自卸汽车车厢所需的铲装次数(取整数)应满足下列条件

$$m \leqslant \frac{Q}{W} \text{或者 } n \leqslant \frac{V}{V_1} \tag{4-1}$$

式中 m——装满一车厢的铲装次数;

Q——自卸汽车的载重量,t;

V——自卸汽车的车厢容量,m^3;

V_1——铲斗内料物的松散体积,m^3;

W——铲斗物料重量,t。

W 可用下式计算

$$W = qk_{cn}k_e r \tag{4-2}$$

式中 q——挖掘机铲斗容量,m^3;

r——料物的自然容重,t/m^3;

k_{cn}——铲斗的充盈系数,取 0.7;

k_e——料物的可松性系数,取 0.6。

(4)一台挖掘机配套的汽车需要台数计算。与挖掘机配套工作的汽车需要量的理论计算的前提是认为挖掘机面前总有一辆汽车待装,挖掘机能充分发挥效率,需要汽车的数量 N 可按下式计算:

$$N = \frac{T}{t_1} \tag{4-3}$$

式中 T——汽车的工作循环时间,min;

t_1——装车的时间,min。

(5)费用计算。计算汽车数量应该考虑经济因素,在工程实践中,费用指标往往是决定的因素,因此,还需要进行费用分析。设计时拟定多个方案,分别计算其费用,费用最低即为可选方案。

3. 机械选择例题

【例 4-1】 某土石方工程工程量为 133.6 万 m^3,Ⅲ类土,工程施工日历天数为 212 d,有效工作天数 139 d,计 7 个月,每天 3 班昼夜施工。施工组织设计为:采用液压反铲挖掘机(斗容为 2.0 m^3)挖装;20 t 自卸汽车运输,运距 5 km;103 kW 推土机进行平土;16 t 轮胎碾压机,施工不均匀系数取 1.3。

解:(1)计算施工强度。

月平均施工强度 = 133.6/7 = 19.1(万 m^3/月);

班平均施工强度 = 13 360 000/(1 398 × 3) = 3 204(m^3/班)

(2)查定额求出台班工作量。

根据水利部现行的概算定额可知:液压反铲挖掘机(斗容为 2.0 m^3)台班产量 1 429 m^3/台班;20 t 自卸汽车台班产量 120 m^3/台班;103 kW 推土机台班产量 851 m^3/台班;16 t 轮胎碾压机台班产量 1018 班。

(3)计算各种施工机械数量。

液压反铲挖掘机(斗容为 2.0 m^3)台数 $= \frac{QK}{P} = \frac{3\ 204 \times 1.3}{1\ 329} = 3$(台)

自卸汽车运输台数 $=\frac{QK}{P}=\frac{3\ 204\times1.3}{120}=35$(台)

推土机台数 $=\frac{QK}{P}=\frac{3\ 204\times1.3}{851}=5$(台)

轮胎碾压机台数 $=\frac{QK}{P}=\frac{3\ 204\times1.3}{1\ 018}=4$(台)

根据挖掘机的斗容量确定自卸汽车载重量,应满足挖掘机配套的工艺要求。挖掘机斗容和汽车载重量的比值应在一个合理的范围,按式(4-4)计算所选挖掘机装车的斗数 m:

$$m = \frac{Q}{K_{cn}r_1qk_e} \tag{4-4}$$

式中 m——挖掘机装车的斗数;

Q——汽车的载重量,t;

r_1——料物的自然容重,

k_{cn}——挖掘机的充盈系数,取 0.9;

k_e——土的可松性系数,取 0.8。

$m=\frac{Q}{rqK_hk_e}=\frac{20}{2.2\times2\times9\times0.8}=6$

20 t 自卸汽车用 2 m^3 挖掘机每车需要 6 斗,满足配合的工艺要求。

挖掘机挖装一斗的时间 $t_c=25$ s,汽车的运、卸、回程空返时间(运距 5 km)$T_a=1\ 980$ s,为保证连续工作,每台挖掘机需要配备汽车数量 n_a 为:

$$n_a = \frac{T_a}{mt_c} = \frac{1\ 980}{6\times25} = 13(\text{辆})$$

因此,3 台液压反铲挖掘机(斗容为 2.0 m^3)所需自卸汽车 3×13=39(辆)可以满足要求。考虑到机械设备的检修、车辆备用,及道路现场情况等,设计选用液压反铲挖掘机(斗容为 2.0 m^3)3 台,20 t 自卸汽车 39 辆,103 kW 推土机 5 台,16 t 台气胎碾压机 4 台。

(六)施工方案的评价

工程项目施工方案选择的目的是要求适合本工程的最佳方案在技术上可行,经济上合理,做到技术、经济上统一。对施工方案进行技术经济分析,就是为了避免施工方案的盲目性、片面性,在方案付诸实施之前就能分析出其经济效益,保证所选方案的科学性、有效性和经济性,达到提高质量、缩短工期、降低成本的目的,进而提高工程施工的经济效益。

1. 评价方法

施工方案技术经济分析方法可分为定性分析和定量分析两大类。

定性分析只能泛泛地分析个方案的优缺点,如施工操作的难易和安全与否;可否为后续工序提供有利条件;冬季或雨季对施工影响大小;是否可利用某些现有机械和设备;能否一机多用;能否给现场文明施工创造有利条件等。评价时受评价人的主观因素影响大,故只用于方案初步评价。

定量分析法是对各方案的投入与产出进行计算,如劳动力、材料及机械台班消耗、工期、成本等直接进行计算、比较,用数据说话,比较客观且能让人信服,所以定量分析是方案评价的主要方法。

2. 评价指标

(1)技术指标。技术指标一般用各种参数表示,如大体积混凝土施工时为了防止裂缝的出现,体现浇筑方案的指标有:浇筑速度、浇筑温度、水泥用量等。模板方案中的模板面积、型号、支撑间距离。这些技术指标,应结合具体的施工对象来确定。

(2)经济指标。主要反映为完成任务必须消耗的资源量,由一系列价值指标、实物指标及劳动指标组成。如工程施工成本消耗的机械台班数,用工量及其钢材、木材、水泥(混凝土半成品)等材料消耗量等,这些指标能评价方案是否经济合理。

(3)效果指标。主要反映采用该施工方案后预期达到的效果。效果指标有两大类:一类是工程效果指标,如工程工期、工程效率等;另一类是经济效果指标,如成本降价额或降低率,材料的节约量或节约率。

第四节　单位工程施工进度计划

一、施工进度计划的作用与编制依据

(一)施工进度计划的作用与形式

单位工程进度计划的编制方式基本与总进度计划相同,在满足总进度计划的前提下应将项目分的更细、更具体一些。

单位工程施工进度计划是施工方案在时间上的具体反映,是指导单位工程施工的依据。它的主要任务是以施工方案为依据,安排工程中各个施工过程的施工顺序和施工时间,使单位工程在规定的时间内,有条不紊的完成施工任务。

施工进度计划的主要作用是为编制企业季度、月度生产计划提供依据,也为平衡劳动力,调配和供应各种施工机械和各种物资资源提供依据,同时也为确定施工现场的临时设施数量和动力设备提供依据。施工进度计划必须满足施工规定的工期,在空间上必须满足工作面的实际要求,与施工方法相互协调。因此,编制施工进度计划应该细致地、周密地考虑这些因素。

单位工程施工进度计划的表达形式一般分为横道计划、网络计划和时标网络计划。

(二)施工进度计划编制依据

本章所需的单位工程施工组织设计主要指投标时的施工组织设计。为此,招标文件是主要的编制依据,同时必须满足以下内容。

(1)施工总工期及开、竣工日期。

(2)经过审批的建筑总平面图、地形图、单位工程施工图、设备及基础图、使用的标准图及技术资料。

(3)施工组织总设计对本单位工程的有关规定。

(4)施工条件、劳动力、材料、构件及机械供应条件,分包单位情况等。

(5)主要分部(项)工程的施工方案。

(6)劳动定额、机械台班定额及本企业施工水平。

(7)工程承包合同及业主的合理要求。

(8)其他有关资料、如当地的气象资料等。

二、编制程序与步骤

现行的招标投标工作，是按国家规定的法定程序进行，依据《中华人民共和国招标投标法》及相关规定，按照“统一量，市场价，竞争费”的办法进行，即：有统一的工程量清单；根据市场的材料单价；间接费率、利润费率等由投标企业自主选定，形成竞争费用。既然有了统一的工程量清单，那么工程量计算的工作就可以省略。

（一）划分施工过程

编制单位工程施工进度计划，首先按照招标文件的工程量清单、施工图纸和施工顺序列出拟建单位工程的各个施工过程，并结合施工方法、施工条件、劳动组织等因素，加以适当调整，使其成为编制单位工程进度计划所需的施工程序。

在确定施工过程时，应注意以下几点问题：

(1)施工过程划分的粗细程度，主要根据招标文件的要求，按照工程量清单的项目划分。特别是开工、竣工时间，必须满足招标文件的时间要求。

(2)施工过程的划分要结合所选择的施工方案。不同的施工方案，其施工顺序有所不同，项目的划分也不同。

(3)注意适当简化单位工程进度计划内容，避免工程项目划分过细、重点不突出。根据工程量清单中的项目，有些小的项目可以合并，划分施工过程要粗细得当。

（二）校核工程量清单中的工程量

招标文件提供的工程量清单，是招标文件的一部分，投标者没有权利更改，但作为投标者应该进行工程量清单的校核。通过对工程量清单的校核，可以更多的了解工程情况，对投标工作有利，为中标后的工程施工、工程索赔奠定基础。

（三）确定劳动量和机械台班数

劳动量和机械台班数应当根据工程量、施工方法和现行的施工定额，并结合当时当地的具体情况确定：

$$P = \frac{Q}{S} \text{ 或 } P = QH \tag{4-5}$$

式中　P——完成某施工过程所需的劳动量工时数或机械台时数；

Q——完成某施工过程所需的工程量；

S——某施工过程所采取的产量定额；

H——某施工过程所采取的时间定额。

【例4-2】　已知——某农桥道的基础土方3 240 m^3，可采取用人工挖土，工时产量为0.8 m^3，计算完成挖基础所需总劳动量。

$$P = \frac{Q}{S} = \frac{3\,240}{0.8} = 4\,050(\text{工时})$$

若已知挖每 m^3 土方的时间定额为1.25工时，则完成挖基础所需总劳动量为

$$P = QH = 3\,240 \times 1.25 = 4\,050(\text{工时})$$

（四）确定各施工过程的施工天数

根据工程量清单中的各项工程量，以及施工顺序，确定其施工天数，这一过程非常重要，因为各分部分项工程的施工天数，组成整个工程的施工天数。在投标阶段，一般都采用倒排

进度的方法进行。这是因为工程的开工时间、竣工时间都由招标文件规定了，不能更改，施工工期又不能任意增加或减少。根据招标文件要求的开工、竣工时间和施工经验，确定各分部分项工程施工时间，然后再按分部分项工程所需的劳动量或机械台时数，确定每一分部分项工程每个班组所需的工人数或机械台数。

$$R = \frac{P}{tmk} \tag{4-6}$$

式中 R——每班安排在某分部分项工程上的施工机械台时数或劳动人数；

p——完成某分部分项施工过程所需的劳动量工时数或机械台时数；

t——完成某分部分项施工过程的天数；

m——每天工作班次；

k——每天工作时间，h。

【例4-3】 某单位工程的土方工程采用机械施工，需要696个台时完成，则当工期为8 d时，每天工作1个班次，每班工作8 h，所需挖土机的台数为

$$R = \frac{P}{tmk} = \frac{696}{8 \times 1 \times 8} = 11(\text{台})$$

所需挖土机台数最少为11台。

通常计算时一般按一班制考虑，如果每天所需机械台数或工人人数已超过施工单位现有物力或工作面限制时，则应根据具体情况和条件，从技术和施工组织上采取积极的措施，如增加工作班次，最大限度地组织立体交叉及水平流水施工等。

(五)施工进度计划的调整

为了使初始方案满足规定的目标，一般进行如下检查调整。

(1)各施工过程的施工顺序、平行搭接和技术间歇是否合理。

(2)工期方面：初始方案的总工期是否满足连续、均衡施工。

(3)劳动力方面：主要工种、工人是否满足连续、均衡施工。

(4)物资方面：主要机械、设备、材料等的利用是否均衡，施工机械是否充分利用。

经过检查，对不符合要求的部分，可采用增加或缩短某些分项工程的施工时间，也可在施工顺序允许的情况下，将某些分项工程的施工时间向前向后移动。

必要时，采用改变施工方法或施工组织等方法进行调整。

应当指出，上述编制施工进度计划的步骤不是孤立的，而是相互依赖、相互联系的，有时可以同时进行。由于水利水电工程施工是一个复杂的生产过程，受到周围客观因素的影响很大，在施工过程中，由于劳动力和机械、材料等物资的供应及自然条件等因素的影响经常不符合原计划要求，因而在工程进展中，应随时掌握施工动态、经常检查、不断调整计划。

三、编制进度表

施工进度表是施工进度的最终成果。它是在控制性进度表(施工总进度表或规定标书要求的工期)的基础上进行编制的，其起始与终止时间必须符合施工总进度计划或标书要求的工期。其他中间的分项工程可以适当调整。如图4-1所示是某施工标段工程进度计划网络图，其开始和竣工时间是已定的，不能更改，其他分项工程可以适当调整。

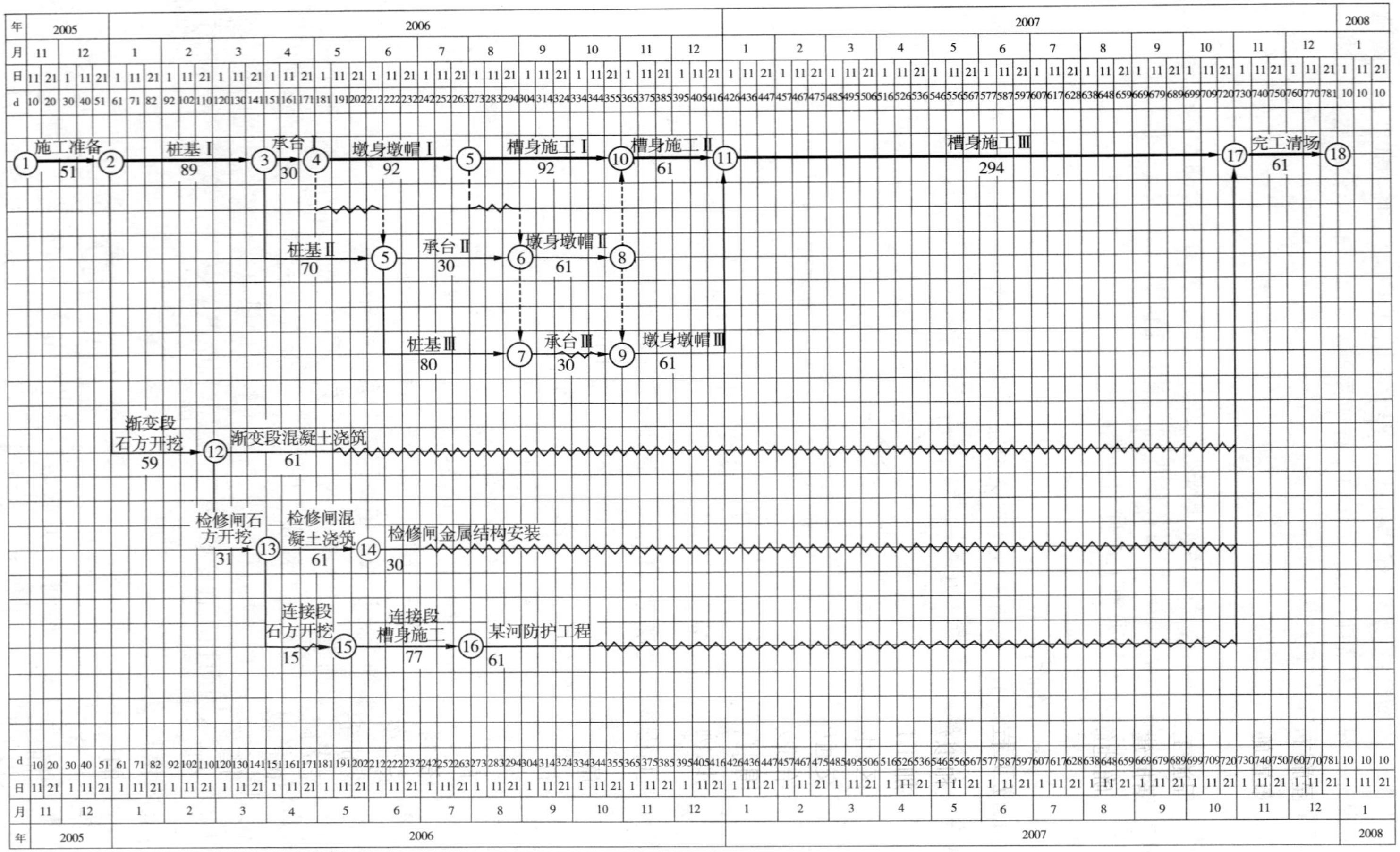

图 4-1　某施工标段工程进度计划网络图

第五节　单位工程施工平面图布置

单位工程施工组织设计平面图布置是施工总布置的一部分，其主要作用是根据已确定的施工方案布置施工现场。主要目的是满足投标要求，完成投标任务。如果中标还需进一步详尽布置。

单位工程施工组织设计平面布置图是对拟建工程施工现场所作的平面设计和空间布置图。它是根据拟建工程的规模、施工方案、施工进度计划及施工现场的条件等，按照一定的设计原则，正确地解决施工期间所需的各种临时工程与永久性工程和拟建工程之间的合理位置关系。

一、单位工程施工平面图的设计内容

(1)已建和拟建的地上、地下的一切建筑物、建筑物的位置、框图。

(2)各种加工厂，材料、构件、加工半成品、机具、仓库和堆场。

(3)生产区、生活福利区的平面位置布置。

(4)场外交通引入位置和场内道路的布置。

(5)临时给排水管道、临时用电(电力、通信)线路等布置。

(6)临时围堰、临时道路等临时设施。

(7)图例、比例尺、指北针及必要的说明等。

二、单位工程施工平面图的设计依据

单位工程施工组织设计平面图设计前，首先应认真研究投标确定的方案和进度计划，在勘察现场，取得施工环境第一手资料的基础上，认真研究自然条件资料、技术经济材料，广泛社会调查，方能使设计与施工现场实际情况相符。单位工程施工组织设计平面图设计所依据的主要资料有。

(一)原始资料

(1)自然条件资料。包括：天气、地形、地貌、水文地质和工程地质资料、周围环境和障碍物、主要用于布置排除地表水期间所需设备的地点。

(2)技术经济调查资料。包括：交通运输、水源、电源、气源、物资资源等情况，主要用于布置水电管线和道路

(3)社会调查资料。包括：社会劳动力和生活设施、参加施工各单位的情况、建设单位可为施工提供的房屋和其他生活设施。它可以确定可利用的房屋和设施情况，对布置临时设施有重要作用。

(二)有关的设计资料、图纸等

(1)总平面。包括图上一切地下、地上原有和拟建的建筑物和构筑物的位置和尺寸。它是正确确定临时房屋和其他设施位置所需的资料。

(2)施工总布置图(施工组织总设计)。

(3)一切原有和拟建的地下、地上管道位置资料。

(4)建筑区域的土方平衡图。它是安排土方的挖填，取土或弃土的依据。

(5)单位工程施工组织设计平面图应符合施工总平面图的要求。

(6)单位工程的施工方案、进度计划、资源需求量计划等施工资料。

(三)单位工程施工组织设计平面图的设计原则

与施工总布置图的设计原则基本相同,主要包括以下几方面。

(1)现场布置尽量紧凑,节约用地,不占或少占农田。在保证施工顺利进行的前提下,布置紧凑节约用地,有利于管理,减少施工道路和管线,以降低成本。

(2)短运输,少搬运。在合理的组织运输,保证现场运输道路通畅的前提下,最大限度的减少场内运输,特别是场内二次搬运。各种材料的进场时间,应按计划分批分期进行,充分利用场地。各种材料的堆放位置,应根据使用时间的要求尽量靠近使用地点,使运距最短,这样既节约劳动力,也减少材料多次转运中的消耗,可降低成本。

(3)控制临时设施规模,降低临时设施费用。在满足施工的条件下,尽可能利用施工现场附近的原有建筑物作为临时设施,多用装配式的临时设施,精心算计和设计,节省资金。

(4)临时设施的布置,应便利施工管理及生产和生活。生产工人居住区至施工区的距离越近,则往返时间越少,办公用房应靠近施工现场,福利设施应在生活区范围之内。

(5)遵循水利建设法律法规对施工现场管理提出的要求,利于生产、生活、安全、消防、环保、卫生防疫、劳动保护等。

(四)单位工程施工组织设计的平面布置图的设计步骤

单位工程施工组织设计施工平面图的一般设计步骤如图4-2所示。

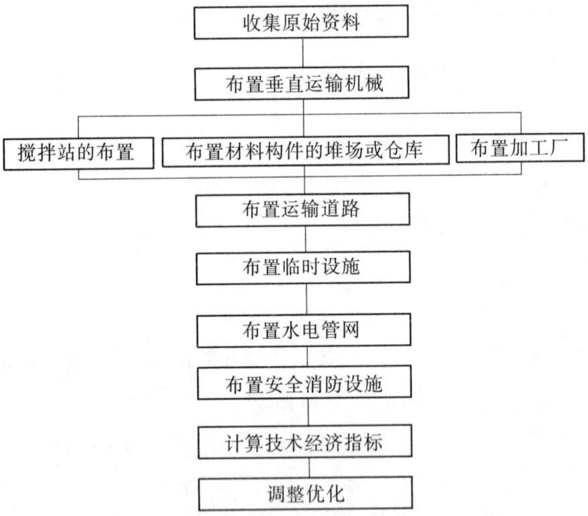

图4-2 单位工程施工平面图的设计步骤

以上步骤在实际设计中,往往相互牵连,相互影响,因此,要多次重复进行。除研究在平面上的布置是否合理外,还需要考虑他们的空间条件是否可能和科学合理,特别是要注意安全问题。

(五)单位工程施工组织设计平面图布置的编制

单位工程施工组织设计施工平面布置图是投标的重要技术文件之一,是该段施工组织设计的重要组成部分。因此要精心设计,认真绘制。

1. 单位工程施工组织设计施工平面布置图的绘制要求。

(1)绘图的步骤、内容、图例、要求和方法基本与施工总平面相同,应做到标明主要位置尺寸,要按图例或编号注明布置的内容、名称,线条粗细分明,字迹工整清晰,图面美观。

(2)绘图比例常用1∶500～1∶2 000,视工程规模大小而定。

(3)将拟建工程置于平面图的中心位置,各项设施围绕拟建工程设置。

2. 单位工程施工组织设计施工平面布置图的绘制

单位工程施工组织设计的平面布置图的绘制可采用手工绘绘制和计算机绘制。水利水电工程设计中,绘图软件一般都采用CAD应用软件。

第五章 导截流工程施工

水利工程的主体建筑物，如大坝、水闸等，一般是修建在河流中的。而施工是在干地中进行的，这样就需要在进行建筑物施工前，把原来的河道中的水暂时引向其他地方并流入下游。例如，要建一座水电站，先在河床外修建一条明渠，使原河流经过明渠安全泄流到下游，用堤坝把建筑物范围内的河道围起来，这种堤坝就叫做围堰。围堰围起来的河道范围叫做基坑。排干基坑中的水后即可作为施工现场。这种方法就是施工导流。

第一节 施工导流

施工导流时保证干地施工和施工工期的关键，是水利工程施工特有的施工情况，对水利工程建设有重要的理论和现实意义。

一、导流设计流量的确定

（一）导流标准

知道导流设计流量的大小是施工导流的前提和保证，只有在保证施工安全的前提下才能进行施工导流。导流设计流量取决于洪水频率标准。

施工期可能遭遇的洪水是一个随机事件。如果导流设计标准太低，不能保证工程的施工安全；反之，则会使导流工程设计规模过大，不仅导流费用增加，而且可能因其规模太大而无法按期完工，造成工程施工的被动局面。因此，导流设计标准的确定，实际上是要在经济性与风险性之间寻求平衡。

根据现行《水利水电工程施工组织设计规范》（SL 303—2004），在确定导流设计标准时，首先根据导流建筑物的保护对象、使用年限、失事后果和工程规模等因素，将导流建筑物确定为3～5级，具体按表5-1确定。然后根据导流建筑物级别及导流建筑物类型确定导流标准（见表5-2）。

表5-1 导流建筑物级别划分

级别	保护对象	失事后果	使用年限（年）	围堰工程规模	
				围堰高度（m）	库容（亿 m^3）
3	有特殊要求的1级永久性水工建筑物	淹没重要城镇、工矿企业、交通干线或推迟工程总工期及第一台（批）机组发电，造成重大灾害和损失	>3	>50	>1.0
4	1、2级永久性水工建筑物	淹没一般城镇、工矿企业或推迟工程总工期及第一台（批）机组发电而造成较大灾害和损失	1.5～3	15～50	0.1～1.0
5	3、4级永久性水工建筑物	淹没基坑，但对总工期及第一台（批）机组发电影响不大，经济损失较小	<1.5	<15	<0.1

表 5-2　导流建筑物洪水标准划分

导流建筑物	导流建筑物级别		
类型	3	4	5
	洪水重现期(年)		
土石	50 ~ 20	20 ~ 10	10 ~ 5
混凝土	20 ~ 10	10 ~ 5	5 ~ 3

在确定导流建筑物的级别时,当导流建筑物根据表 5-1 指标分属不同级别时,应以其中最高级别为准。但当列为 3 级导流建筑物时,至少应有两项指标符合要求;当不同级别的导流建筑物或同级导流建筑物的结构形式不同时,应分别确定洪水标准、堰顶超高值和结构设计安全系数;导流建筑物级别应根据不同的施工阶段按表 5-1 划分,同一施工阶段中的各导流建筑物的级别,应根据其不同作用划分;各导流建筑物的洪水标准必须相同,一般以主要挡水建筑物的洪水标准为准;当利用围堰挡水发电时,围堰级别可提高一级,但必须经过技术经济论证;当导流建筑物与永久性建筑物结合时,结合部分结构设计应采用永久性建筑物级别标准,但导流设计级别与洪水标准仍按表 5-1 及表 5-2 规定执行。

当 4 ~ 5 级导流建筑物地基的地质条件非常复杂,或工程具有特殊要求必须采用新型结构,或失事后淹没重要厂矿、城镇时,其结构设计级别可以提高一级,但设计洪水标准不相应提高。

导流建筑物设计洪水标准应根据建筑物的类型和级别在表 5-2 规定幅度内选择,并结合风险度综合分析,使所选择标准经济合理,对失事后果严重的工程,要考虑对超标准洪水的应急措施。导流建筑物洪水标准在下述情况下可用表 5-2 中的上限值:

(1)河流水文实测资料系列较短(小于 20 年),或工程处于暴雨中心区。

(2)采用新型围堰结构形式。

(3)处于关键施工阶段,失事后可能导致严重后果。

(4)工程规模、投资和技术难度的上限值与下限值相差不大。

当枢纽所在河段上游建有水库时,导流设计采用的洪水标准应考虑上游梯级水库的影响及调蓄作用。

过水围堰的挡水标准应结合水文特点、施工工期、挡水时段,经技术经济比较后,在重现期 3 ~ 20 年内选定。当水文序列较长(不小于 30 年)时,也可按实测流量资料分析选用。过水围堰级别按各项指标以过水围堰挡水期情况作为衡量依据。围堰过水时的设计洪水标准应根据过水围堰的级别和表 5-2 选定。当水文系列较长(不小于 30 年)时,也可按实测典型年资料分析并通过水力学计算或水工模型试验选用。

(二)导流时段划分

导流时段就是按照导流程序划分的各施工阶段的延续时间。我国一般河流全年的流量变化过程分为枯水期、中水期和洪水期。在不影响主体工程施工的条件下,若导流建筑物只担负非洪水期的挡水泄水任务,显然可以大大减少导流建筑物的工程量,改善导流建筑物的工作条件,具有明显的技术经济效益。因此,合理划分导流时段,明确不同导流时段建筑物的工作条件,是既安全又经济地完成导流任务的基本要求。

导流时段的划分与河流的水文特征、水工建筑物的形式、导流方案、施工进度有关。土坝、堆石坝和支墩坝一般不允许过水，当施工进度能够保证在洪水来临前完工时，导流时段可按洪水来临前的施工时段为标准，导流设计流量即为洪水来临前的施工时段内按导流标准确定的相应洪水重现期的最大流量。但是当施工期较长，洪水来临前不能完建时，导流时段就要考虑以全年为标准，其导流设计流量就应以导流设计标准来确定相应洪水期的年最大流量。

山区型河流的特点是洪水期流量特别大，历时短，而枯水期流量特别小，因此水位变幅很大。若按一般导流标准要求设计导流建筑物，则需将挡水围堰修得很高或者泄水建筑物的尺寸设计得很大，这样显然是很不经济的。可以考虑采用允许基坑淹没的导流方案，就是大水来时围堰过水，基坑被淹没，河床部分停工，待洪水退落、围堰挡水时再继续施工。由于基坑淹没引起的停工天数不长，故使得施工进度能够保证，而导流总费用（导流建筑物费用与淹没基坑费用之和）又较省，所以比较合理。

二、施工导流方案的选择

水利水电枢纽工程的施工，从开工到完建往往不是采用单一的导流方法，而是几种导流方法组合起来配合运用，以取得最佳的技术经济效果。例如，三峡工程采用分期导流方式，分三期进行施工，第一期土石围堰围护右岸汊河，江水和船舶从主河槽通过；第二期围护主河槽，江水经导流明渠泄向下游；第三期修建碾压混凝土围堰拦断明渠，江水经由泄洪坝段的永久深孔和22个临时导流底孔下泄。这种不同导流时段、不同导流方法的组合，通常就称为导流方案。

导流方案的选择应根据不同的环境、目的和因素等综合确定。合理的导流方案，必须在周密地研究各种影响因素的基础上，拟订几个可能的方案，进行技术经济比较，从中选择技术经济指标优越的方案。

选择导流方案时考虑的主要因素如下。

（一）水文条件

水文条件是施工导流方案中的首要考虑因素。全年河流流量的变化情况、每个时期的流量大小和时间长短、水位变化的幅度、冬季的流冰及冰冻情况等，都是影响导流方案的因素。一般来说，对于河床单宽流量大的河流，宜采用分段围堰法导流。对于枯水期较长的河流，可以充分利用枯水期安排工程施工。对于流冰的河流，应充分注意流冰的宣泄问题，以免流冰壅塞，影响泄流，造成导流建筑物失事。

（二）地质条件

河床的地质条件对导流方案的选择与导流建筑物的布置有直接影响。若河流两岸或一岸岩石坚硬且有足够的抗压强度，则有利于选用隧洞导流。如果岩石的风化层破碎，或有较厚的沉积滩地，则选择明渠导流。河流的窄深对导流方案的选择也有直接的关系。当河道窄时，其过水断面的面积必然有限，水流流过的速度增大。对于岩石河床，其抗冲刷能力较强。河床允许束窄程度甚至可达到88%，流速增加到7.5 m/s，但对覆盖层较厚的河床，抗冲刷能力较差，其束窄程度不到30%，流速仅允许达到3.0 m/s。此外，选择围堰形式，基坑能否允许淹没，能否利用当地材料修筑围堰等，也都与地质条件有关。

（三）水工建筑物的形式及其布置

水工建筑物的形式和布置与导流方案相互影响，因此在决定建筑物的形式和枢纽布置时，应该同时考虑并拟订导流方案，而在选定导流方案时，又应该充分利用建筑物形式和枢纽布置方面的特点。若枢纽组成中有隧洞、涵管、泄水孔等永久泄水建筑物，在选择导流方案时应尽可能利用。在设计永久泄水建筑物的断面尺寸及其布置位置时，也要充分考虑施工导流的要求。

就挡水建筑物的形式来说，土坝、土石混合坝和堆石坝的抗冲能力小，除采取特殊措施外，一般不允许从坝身过水，所以多利用坝身以外的泄水建筑物（如隧洞、明渠等）或坝身范围内的泄水建筑物（如涵管等）来导流，这就要求枯水期将坝身抢筑到拦洪高程以上，以免水流漫顶，发生事故。对于混凝土坝，特别是混凝土重力坝，由于抗冲能力较强，允许流速达到25 m/s，故不但可以通过底孔泄流，而且可以通过未完建的坝身过水，使导流方案选择的灵活性大大增加。

（四）施工期间河流的综合利用

施工期间，为了满足通航、筏运、渔业、供水、灌溉或水电站运转等的要求，使导流问题的解决变得更加复杂。在通航河流上大多采用分段围堰法导流。要求河流在束窄以后，河宽仍能便于船只的通行，水深要与船只吃水深度相适应，束窄断面的最大流速一般不得超过2.0 m/s。

对于浮运木筏或散材的河流，在施工导流期间，要避免木材壅塞泄水建筑物或者堵塞束窄河床。在施工中后期，水库拦洪蓄水时，要注意满足下游供水、灌溉用水和水电站运行的要求，有时为了保证渔业的要求，还要修建临时的过鱼设施，以便鱼群能洄游。

影响施工导流方案的因素有很多，但水文条件、地形地质条件和坝型是考虑的主要因素。河谷形状系数在一定程度上综合反映地形地质情况，当该系数小时表明河谷窄深，地质多为岩石。

三、围堰

围堰是施工导流中临时的建筑物，围起建筑施工所需的范围，保证建筑物能在干地施工。在施工导流结束后如果围堰对永久性建筑的运行有妨碍等，应予以拆除。

（一）围堰的分类

按其所使用的材料，最常见的围堰有土石围堰、混凝土围堰、草土围堰、钢板桩格型围堰等。

按围堰与水流方向的相对位置，围堰可以分为大致与水流方向垂直的横向围堰和大致与水流方向平行的纵向围堰。

按围堰与坝轴线的相对位置，围堰可分为上游围堰和下游围堰。

按导流期间基坑淹没条件，围堰可以分为过水围堰和不过水围堰。过水围堰除需要满足一般围堰的基本要求外，还要满足堰顶过水的专门要求。

按施工分期可以分为一期围堰和二期围堰等。

在实际工程中，为了能充分反映某一围堰的基本特点，常以组合方式对围堰命名，如一期下游横向土石围堰、二期混凝土纵向围堰等。

(二)围堰的基本形式

1. 不过水土石围堰

不过水土石围堰是水利水电工程中应用最广泛的一种围堰形式，其断面与土石坝相仿，通常用土和石渣(或砾石)填筑而成。它能充分利用当地材料或废弃的土石方，构造简单，施工方便，对地形地质条件要求低，可以在动水中、深水中、岩基上或有覆盖层的河床上修建。

2. 混凝土围堰

混凝土围堰的抗冲与抗渗能力强，挡水水头高，断面尺寸较小，易于与永久性混凝土建筑物相连接，必要时还可以过水，因此采用的比较广泛。在国外，采用拱形混凝土围堰的工程较多。近年，国内贵州省的乌江渡、湖南省的凤滩等水利水电工程也采用过拱形混凝土围堰作为横向围堰，但多数还是以重力式围堰做纵向围堰，如我国的三门峡、丹江口、三峡工程的混凝土纵向围堰均为重力式混凝土围堰。

1)拱形混凝土围堰

拱形混凝土围堰由于利用了混凝土抗压强度高的特点，与重力式相比，断面较小，可节省混凝土工程量。一般适用于两岸陡峻、岩石坚实的山区河流，常采用隧洞及允许基坑淹没的导流方案。通常围堰的拱座是在枯水期的水面以上施工的。对围堰的基础处理，当河床的覆盖层较薄时，需进行水下清基；当覆盖层较厚时，则可灌注水泥浆防渗加固。堰身的混凝土浇筑则要进行水下施工，在拱基两侧要回填部分砂砾料以便灌浆，形成阻水帷幕，因此难度较高。

2)重力式混凝土围堰

采用分段围堰法导流时，重力式混凝土围堰往往可兼作第一期和第二期纵向围堰，两侧均能挡水，还能作为永久性建筑物的一部分，如隔墙、导墙等。纵向围堰需抵御高速水流的冲刷，所以一般均修建在岩基上。为保证混凝土的施工质量，一般可将围堰布置在枯水期出露的岩滩上。如果这样还不能保证干地施工，则通常需另修土石低水围堰加以围护。重力式混凝土围堰现在有普遍采用碾压混凝土浇筑的趋势，如三峡工程三期上游的横向围堰及纵向围堰均采用碾压混凝土。

重力式围堰可做成普通的实心式，与非溢流重力坝类似，也可做成空心式，如三门峡工程的纵向围堰。

3. 草土围堰

草土围堰是一种草土混合结构，多种捆草法修筑，是我国人民长期与洪水作斗争的智慧结晶，至今仍用于黄河流域的水利水电工程中。例如，黄河的青铜峡、盐锅峡、八盘峡水电站和汉江的石泉水电站都成功地应用过草土围堰。

草土围堰施工简单，施工速度快，可就地取材，成本低，还具有一定的抗冲、防渗能力，能适应沉陷变形，可用于软弱地基；但草土围堰不能承受较大水头，施工水深及流速也受到限制，草料还易于腐烂，一般水深不宜超过6 m，流速不超过3.5 m/s。草土围堰使用期约为两年。八盘峡工程修建的草土围堰最大高度达17 m，施工水深达11 m，最大流速1.7 m/s，堰高及水深突破了上述范围。

草土围堰适用于岩基或砂砾石基础。如河床大孤石过多，草土体易被架空，形成漏水通道，使用草土围堰时应有相应的防渗措施。细砂或淤泥基础因易被冲刷，稳定性差，不适宜采用。

草土围堰断面一般为梯形，堰顶宽度为水深的 2 ~2.5 倍，若为岩基，可减小至 1.5 倍。

（三）围堰的平面布置

围堰的平面布置是一个很重要的问题。如果围护基坑的范围过大，就会使得围堰工程量大并且增加排水设备容量和排水费用；如果范围过小，又会妨碍主体工程施工，进而影响工期；如果分期导流的围堰外形轮廓不当，还会造成导流不畅，冲刷围堰及其基础，影响主体工程安全施工。

围堰的平面布置主要包括堰内基坑范围确定和围堰轮廓布置两个问题。

堰内基坑范围大小主要取决于主体工程的轮廓及其施工方法。当采用一次拦断的不分期导流时，基坑是由上、下游围堰和河床两岸围成的。当采用分期导流时，基坑是由纵向围堰与上、下游横向围堰围成的。在上述两种情况下，上、下游横向围堰的布置都取决于主体工程的轮廓。通常围堰坡趾距离主体工程轮廓的距离不应小于 20 ~30 m，以便布置排水设施、交通运输道路、堆放材料和模板等。至于基坑开挖边坡的大小，则与地质条件有关。

当纵向围堰不作为永久性建筑物的一部分时，围堰坡趾距离主体工程轮廓的距离，一般不小于 2.0 m，以便布置排水导流系统和堆放模板。如果无此要求，只需留 0.4 ~0.6 m。

在实际工程中，基坑形状和大小往往是很不相同的。有时可以利用地形来减小围堰的高度和长度；有时为照顾个别建筑物施工的需要，将围堰轴线布置成折线形；有时为了避开岸边较大的溪沟，也采用折线布置。为了保证基坑开挖和主体建筑物的正常施工，布置基坑范围应当留有一定富余。

（四）堰顶高程

堰顶高程的确定取决于导流设计流量及围堰的工作条件。

下游横向围堰堰顶高程可按式（5-1）计算：

$$H_d = h_d + \delta \tag{5-1}$$

式中 H_d——下游围堰的顶部高程，m；

h_d——下游水位高程，m，可直接由天然河道水位—流量关系曲线查得；

δ——围堰的安全超高。不过水围堰的可按表 5-3 查得，过水围堰的安全超高为 0.2 ~0.5 m。

表 5-3 不过水围堰堰顶安全超高下限值 （单位：m）

围堰形式	围堰级别	
	Ⅲ	Ⅳ ~ Ⅴ
土石围堰	0.7	0.5
混凝土围堰	0.4	0.3

上游围堰的堰顶高程由式（5-2）确定：

$$H_d = h_d + Z + h_a + \delta \tag{5-2}$$

式中 H_d——上游围堰的顶部高程，m；

Z——上、下游水位差，m；

h_a——波浪高度，可参照永久性建筑物的有关规定和有关专业规范计算，一般情况可以不计，但应适当增加超高。

纵向围堰的堰顶高程应与堰侧水面曲线相适应。通常纵向围堰顶面往往做成阶梯形或倾斜状，其上、下游高程分别与所衔接的横向围堰同高程连接。

（五）围堰防冲措施

一次拦断的不分段围堰法的上、下游横向围堰，应与泄水建筑物进出口保持足够的距离。分段围堰法导流，围堰附近的流速流态与围堰的平面布置密切相关。

当河床是由可冲性覆盖层或软弱破碎岩石所组成时，必须对围堰坡脚及其附近河床进行防护。工程实践中采取的护脚措施主要有抛石、柴排及钢筋混凝土柔性排三种。

1. 抛石护脚

抛石护脚施工简便，使用期较长时，抛石会随着堰脚及其基础的刷深而下沉，每年必须补充抛石，因此所需养护费用较大。抛石护底的范围取决于可能产生的冲刷坑的大小。护脚长度大约为围堰纵向段长度的1/2。纵向围堰外侧防冲护底的长度，根据新安江、富春江等工程的经验，可取为局部冲刷计算深度的2～3倍。经初步估算后，对于较重要的工程，仍应通过模型试验校核。

2. 柴排护脚

柴排护脚的整体性、柔韧性、抗冲性都较好。但是，柴排需要大量柴筋，拆除较困难。沉排流速要求不超过1 m/s，并需由人工配合专用船施工，多用于中、小型工程。

3. 钢筋混凝土柔性排护脚

由于单块混凝土板易失稳而使整个护脚遭受破坏，故可将混凝土板块用钢筋串接成柔性排。当堰脚范围外侧的基础覆盖层被冲刷后，混凝土板块组成的柔性排可逐步随覆盖层冲刷而下沉，进而将堰脚覆盖层封闭，防止堰基进一步淘刷。

四、施工导流

施工导流的方法大体上分为两类：一类是全段围堰法导流（即河床外导流），另一类是分段围堰法导流（即河床内导流）。

（一）全段围堰法导流

全段围堰法导流是在河床主体工程的上、下游各建一道拦河围堰，使上游来水通过预先修筑的临时或永久泄水建筑物（如明渠、隧洞等）泄向下游，主体建筑物在排干的基坑中进行施工，主体工程建成或接近建成时再封堵临时泄水道。这种方法的优点是工作面大，河床内的建筑物在一次性围堰的围护下建造，若能利用水利枢纽中的永久泄水建筑物导流，可大大节约工程投资。

全段围堰法按泄水建筑物的类型不同可分为明渠导流、隧洞导流、涵管导流、渡槽导流等。

1. 明渠导流

为保证主体建筑物干地施工，在地面上挖出明渠使河道安全地泄向下游的导流方式称为明渠导流。

当导流量大，地质条件不适于开挖导流隧洞，河床一侧有较宽的台地或古河道，或者施工期需要通航、过木或排冰时，可以考虑采用明渠导流。

国内外工程实践证明，在导流方案比较过程中，当明渠导流和隧洞导流均可采用时，一般倾向于明渠导流，这是因为明渠开挖可采用大型设备，加快施工进度，对主体工程提前开工有利。

1）导流明渠布置

导流明渠布置分岸坡上和滩地上两种布置形式。

（1）导流明渠轴线的布置。

导流明渠应布置在较宽台地、垭口或古河道一岸；渠身轴线要伸出上、下游围堰外坡脚，水平距离要满足防冲要求，一般为 50～100 m；明渠进出口应与上、下游水流相衔接，与河道主流的交角以 30°为宜；为保证水流畅通，明渠转弯半径应大于 5 倍渠底宽；明渠轴线布置应尽可能缩短明渠长度和避免深挖方。

（2）明渠进出口位置和高程的确定。

明渠进出口力求不冲、不淤和不产生回流，可通过水力学模型试验调整进出口形状和位置，以达到这一目的；进口高程按截流设计选择，出口高程一般由下游消能控制；进出口高程和渠道水流流态应满足施工期通航、过木和排冰要求。在满足上述条件下，尽可能抬高进出口高程，以减少水下开挖量。

2）明渠封堵

导流明渠结构布置应考虑后期封堵要求。当施工期有通航、过木和排冰任务，明渠较宽时，可在明渠内预设闸门墩，以利于后期封堵。当施工期无通航、过木和排冰任务时，应于明渠通水前，将明渠坝段施工到适当高程，并设置导流底孔和坝面口使二者联合泄流。

2. 隧洞导流

为保证主体建筑物干地施工，采用导流隧洞的方式宣泄天然河道水流的导流方式称为隧洞导流。

当河道两岸或一岸地形陡峻、地质条件良好、导流流量不大、坝址河床狭窄时，可考虑采用隧洞导流。

1）导流隧洞的布置

导流隧洞的布置一般应满足以下条件：

（1）隧洞轴线沿线地质条件良好，足以保证隧洞施工和运行的安全。隧洞轴线宜按直线布置，当有转弯时，转弯半径不小于 5 倍洞径（或洞宽），转角不宜大于 60°，弯道首尾应设直线段，长度不应小于 3～5 倍的洞径（或洞宽）；进出口引渠轴线与河流主流方向夹角宜小于 30°。

（2）隧洞间净距、隧洞与永久建筑物间距、洞脸与洞顶围岩厚度均应满足结构和应力要求。

（3）隧洞进出口位置应保证水力学条件良好，并伸出堰外坡脚一定距离，一般距离应大于 50 m，以满足围堰防冲要求。进口高程多由截流控制，出口高程由下游消能控制，洞底按需要设计成缓坡或急坡，避免成反坡。

2）隧洞封堵

导流隧洞设计应考虑后期封堵要求，布置封堵闸门门槽及启闭平台设施。有条件者，导流隧洞应与永久隧洞结合，以利于节省投资（如小浪底工程的三条导流隧洞后期将改建为三条孔板消能泄洪洞）。一般高水头枢纽，导流隧洞只可能与永久隧洞部分相结合，中、低水头则有可能全部相结合。

3. 涵管导流

涵管通常布置在河岸岩滩上，其位置在枯水位以上，这样可在枯水期不修围堰或只修一段围堰而先将涵管筑好，然后修上、下游全段围堰，将河水引经涵管下泄。

涵管一般是钢筋混凝土结构。当有永久涵管可以利用或修建隧洞有困难时，采用涵管导流是合理的。在某些情况下，可在建筑物基岩中开挖沟槽，必要时予以衬砌，然后封上混凝土或钢筋混凝土顶盖，形成涵管。利用这种涵管导流往往可以获得经济可靠的效果。由于涵管的泄水能力较低，所以一般用于导流流量较小的河流上或只用来担负枯水期的导流任务。

为了防止涵管外壁与坝身防渗体之间的渗流，通常在涵管外壁每隔一定距离设置截流环，以延长渗径，降低渗透坡降，减少渗流的破坏作用。此外，必须严格控制涵管外壁防渗体的压实质量。涵管管身的温度缝或沉陷缝中的止水必须认真施工。

（二）分段围堰法导流

分段围堰法也称分期围堰法，是用围堰将建筑物分段分期围护起来进行施工的方法。

分段就是从空间上将河床围护成若干个干地施工的基坑段进行施工。分期就是从时间上将导流过程划分成阶段。导流的分期数和围堰的分段数并不一定相同，因为在同一导流分期中，建筑物可以在一段围堰内施工，也可以同时在不同段围堰内施工。但是段数分得越多，围堰工程量就越大，施工也越复杂；同样，期数分得越多，工期有可能拖得越长。在通常情况下采用二段二期导流法。

分段围堰法导流一般适用于河床宽阔、流量大、施工期较长的工程，尤其在通航河流和冰凌严重的河流上。这种导流方法的费用较低，国内外一些大、中型水利水电工程采用较广。分段围堰法导流，前期由束窄的原河道导流，后期可利用事先修建好的泄水道导流，常见泄水道的类型有底孔、坝体缺口等。

1. 底孔导流

利用设置在混凝土坝体中的永久底孔或临时底孔作为泄水道，是二期导流经常采用的方法。导流时让全部或部分导流流量通过底孔宣泄到下游，保证后期工程的施工。临时底孔在工程接近完工或需要蓄水时要加以封堵。

采用临时底孔时，底孔的尺寸、数目和布置要通过相应的水力学计算确定，其中底孔的尺寸在很大程度上取决于导流的任务（过水、过船、过木和过鱼）及水工建筑物结构特点和封堵用闸门设备的类型。底孔的布置要满足截流、围堰工程以及本身封堵的要求。若底坎高程布置较高，截流时落差就大，围堰也高。但封堵时的水头较低，封堵容易。一般底孔的底坎高程应布置在枯水位之下，以保证枯水期泄水。当底孔数目较多时，可把底孔布置在不同的高程，封堵时从最低高程的底孔堵起，这样可以减小封堵时所承受的水压力。

底孔导流的优点是：挡水建筑物上部的施工可以不受水流的干扰，有利于均衡连续施工，这对修建高坝特别有利。若坝体内设有永久底孔可以用来导流时，更为理想。底孔导流的缺点是：由于坝体内设置了临时底孔，使钢材用量增加；如果封堵质量不好，会削弱坝体的整体性，有可能漏水；在导流过程中，底孔有被漂浮物堵塞的危险；封堵时由于水头较高，安放闸门及止水等均较困难。

2. 坝体缺口导流

在混凝土坝施工过程中，当汛期河水暴涨暴落，其他导流建筑物不足以宣泄全部流量时，为了不影响坝体施工进度，使坝体在涨水时仍能继续施工，可以在未建成的坝体上预留缺口，以便配合其他建筑物宣泄洪峰流量，待洪峰过后，上游水位回落，再继续修筑缺口。所留缺口的宽度和高度取决于导流设计流量、其他建筑物的泄水能力、建筑物的结构特点和施工条件。当采用底坎高程不同的缺口时,为避免高、低缺口单宽流量相差过大,产生高缺口向低缺口的侧向泄流,引起压力分布不均匀,需要适当控制高、低缺口间的高差。根据湖南省柘溪工程的经验,其高差以不超过 4 ~6 m 为宜。

在修建混凝土坝,特别是大体积混凝土坝时,由于这种导流方法比较简单,常被采用。

底孔导流和坝体缺口导流一般只适用于混凝土坝,特别是重力式混凝土坝枢纽。至于土石坝或非重力式混凝土坝枢纽,采用分段围堰法导流,常与隧洞导流、明渠导流等河床外导流方式相结合。

五、导流泄水建筑物的布置

导流建筑物包括泄水建筑物和挡水建筑物。现在着重说明导流泄水建筑物布置与水力计算的有关问题。

(一)导流隧洞

1. 导流隧洞的布置

隧洞的平面布置主要指隧洞路线选择。影响隧洞布置的因素很多,选线时应特别注意地质条件和水力条件,一般可参照以下原则布置:

(1)隧洞轴线沿线地质条件良好,足以保证隧洞施工和运行的安全。应将隧洞布置在完整、新鲜的岩石中,为了防止隧洞沿线可能产生大规模塌方,应避免洞轴线与岩层、断层、破碎带平行,洞轴线与岩石层面的交角最好在 45°以上。

(2)当河岸弯曲时,隧洞宜布置在凸岸,不仅可以缩短隧洞长度,而且水力条件较好。国内外许多工程均采用这种布置。但是也有个别工程的隧洞位于凹岸,使隧洞进口方向与天然水流方向一致。

(3)对于高流速无压隧洞,应尽量避免转弯。有压隧洞和低流速无压隧洞,如果必须转弯,则转弯半径应大于 5 倍洞径(或洞宽),转折角应不大于 60°。在弯道的上下游应设置直线段过渡,直线段长度一般也应大于 5 倍洞径(或洞宽)。

(4)进出口与河床主流流向的交角不宜太大,否则会造成上游进水条件不良,下游河道会产生有害的折冲水流与涌浪。进出口引渠轴线与河流主流方向夹角宜小于 30°。上游进口处的要求可酌情放宽。

(5)当需要采用两条以上的导流隧洞时,可将它们布置在一岸或两岸。一岸双线隧洞间的岩壁厚度一般不应小于开挖洞径的 2 倍。

(6)隧洞进出口距上下游围堰坡脚应有足够的距离,一般要求 50 m 以上,以满足围堰防冲要求。进口高程多由截流控制,出口高程由下游消能控制,洞底按需要设计成缓坡或急坡,避免成反坡。

2. 导流隧洞断面及进出口高程设计

隧洞断面尺寸的大小取决于设计流量、地质和施工条件,洞径应控制在施工技术和结构安全允许范围内,目前国内单洞断面尺寸多在 200 m^2 以下,单洞泄量不超过 2 000 ~2 500 m^3/s。

隧洞断面形式取决于地质条件、隧洞工作状况(有压或无压)及施工条件,常用断面形式有圆形、马蹄形、方圆形。圆形多用于有压洞,马蹄形多用于地质条件不良的无压洞,方圆形有利于截流和施工。

洞身设计中，糙率 n 值的选择是十分重要的问题，糙率的大小直接影响到断面的大小，而衬砌与否、衬砌的材料和施工质量、开挖的方法和质量则是影响糙率大小的因素。一般混凝土衬砌糙率值为 0.014 ~ 0.025；不衬砌隧洞的糙率变化较大，光面爆破时为 0.025 ~ 0.032，一般炮眼爆破时为 0.035 ~ 0.044。设计时根据具体条件，查阅有关手册，选取设计的糙率值。对重要的导流隧洞工程，应通过水工模型试验验证其糙率的合理性。

导流隧洞设计应考虑后期封堵要求，布置封堵闸门门槽及启闭平台设施。有条件者，导流隧洞应与永久隧洞结合，以节省投资（如小浪底工程的三条导流隧洞，后期将改建为三条孔板消能泄洪洞）。一般高水头枢纽，导流隧洞只可能部分地与永久隧洞相结合，中、低水头枢纽则有可能全部地相结合。

隧洞围岩应有足够的厚度，并与永久建筑物有足够的施工间距，以避免受到基坑渗水和爆破开挖的影响。进洞处顶部岩层厚度通常为 1 ~ 3 倍洞径。进洞位置也可通过经济比较确定。

进出口底部高程应考虑洞内流态、截流、放木等要求。一般出口底部高程与河底齐平或略高，有利于洞内排水和防止淤积影响。对于有压隧洞，底坡在 1‰ ~ 3‰者居多，这样有利于施工和排水。无压隧洞的底坡主要取决于过流要求。

（二）导流明渠

1. 导流明渠布置

1）布置形式

导流明渠布置分在岸坡上和滩地上两种布置形式。

2）布置要求

（1）尽量利用有利地形，布置在较宽台地、垭口或古河道一岸，使明渠工程量最小，但伸出上下游围堰外坡脚的水平距离要满足防冲要求，一般为 50 ~ 100 m；尽量避免渠线通过不良地质区段，特别应注意滑坡崩塌体，保证边坡稳定，避免高边坡开挖。在河滩上开挖的明渠，一般需设置外侧墙，其作用与纵向围堰相似。外侧墙必须布置在可靠的地基上，并尽量能使其直接在干地上施工。

（2）明渠轴线应顺直，以使渠内水流顺畅平稳，应避免采用 S 形弯道。明渠进出口应分别与上下游水流相衔接，与河道主流的交角以 30°为宜。为保证水流畅通，明渠转弯半径应大于 5 倍渠底宽。对于软基上的明渠，渠内水面与基坑水面之间最短距离应大于两水面高差的 2.5 ~ 3.0 倍，以免发生渗透破坏。

（3）导流明渠应尽量与永久明渠相结合。当枢纽中的混凝土建筑物采用岸边式布置时，导流明渠常与电站引水渠和尾水渠相结合。

（4）必须考虑明渠挖方的利用。国外有些大型导流明渠，出渣料均用于填筑土石坝。如巴基斯坦的塔贝拉导流明渠、印度的犹凯坝明渠等。

（5）防冲问题。在良好岩石中开挖出的明渠，可能无需衬砌，但应尽量减小糙率。软基上的明渠应有可靠的衬砌防冲措施。有时为了尽量利用较小的过水断面而增大泄流能力，即使是岩基上的明渠，也用混凝土衬砌。出口消能问题也应受到特别重视。

（6）在明渠设计中，应考虑封堵措施。因明渠施工时是在干地上的，同时布置闸墩，方便导流结束时采用下闸封堵方式。国内个别工程对此考虑不周，不仅增加了封堵的难度，而且拖延了工期,影响整个枢纽按时发挥效益,应引以为戒。

2. 明渠进出口位置和高程的确定

进口高程按截流设计选择,出口高程一般由下游消能控制,进出口高程和渠道水流流态应满足施工期通航、过木和排冰要求。在满足上述条件下,尽可能抬高进、出口高程,以减少水下开挖量。其目的在于力求明渠进出口不冲不淤和不产生回流,还可通过水力学模型试验调整进出口形状和位置。

3. 导流明渠断面设计

1)明渠断面尺寸的确定

明渠断面尺寸由设计导流流量控制,并受地形地质和允许抗冲流速影响,应按不同的明渠断面尺寸与围堰的组合,通过综合分析确定。

2)明渠断面形式的选择

明渠断面一般设计成梯形;当渠底为坚硬基岩时,可设计成矩形。有时为满足截流和通航目的,也可设计成复式梯形断面。

3)明渠糙率的确定

明渠糙率大小直接影响明渠的泄水能力,而影响糙率大小的因素有衬砌的材料、开挖的方法、渠底的平整度等,可根据具体情况查阅有关手册确定,对大型明渠工程,应通过模型试验选取糙率。

(三)导流底孔及坝体缺口

1. 导流底孔

早期工程的底孔通常布置在每个坝段内,称跨中布置。例如,三门峡工程,在一个坝段内布置两个宽 3 m、高 8 m 的方形底孔。新安江在一个坝段内布置一个宽 10 m、高 13 m 的门洞形底孔,进口处加设中墩,以减轻封堵闸门重量。另外,国内从柘溪工程开始,相继在凤滩、白山工程中采用骑缝布置(也称跨缝布置),孔口高宽比愈来愈大,钢筋耗用量显著减少。白山导流底孔为满足排冰需要,进口不加中墩,且进口处孔高达 21 m(孔宽 9 m),设计成自动满管流进口。国外也有些工程采用骑缝布置,如非洲的卡里巴,苏联的克拉斯诺雅尔斯克等。巴西的伊太普工程则采用跨中与骑缝相间的混合布置,孔口宽 6.7 m、高 22 m。

导流底孔高程一般比最低下游水位低一些,主要根据通航、过木及截流要求,通过水力计算确定。若为封闭式框架结构,则需要结合基岩开挖高程和框架底板所需厚度综合确定。

2. 坝体预留缺口

缺口宽度与高程主要由水力计算确定。如果缺口位于底孔之上,孔顶板厚度应大于 3 m。各坝块的预留缺口高程可以不同,但缺口高差一般以控制在 4 ~ 6 m 为宜。当坝体采用纵缝分块浇筑法,未进行接缝灌浆过水,且流量大、水头高时,则应校核单个坝块的稳定。在轻型坝上采用缺口泄洪时,应校核支墩的侧向稳定。

(四)导流涵管

对导流涵管的水力学问题,如管线布置、进口体形、出口消能等问题的考虑,均与导流底孔和隧洞相似。但是,涵管与底孔也有很大的不同,涵管被压在土石坝体下面,若因布置不妥或结构处理不善,可能造成管道开裂、渗漏,导致土石坝失事。因此,在布置涵管时,还应注意以下几个问题:

(1)应使涵管坐落在基岩上。若有可能,宜将涵管嵌入新鲜基岩中。大、中型涵管应有一半高度埋入为宜。有些中、小型工程,可先在基岩中开挖明渠,顶部加上盖板形成涵管。苏联的谢列布良电站,其涵管是在岩基中开挖出来的,枯水流量通过涵管下泄,第一次洪水导流是同时利用涵管和管顶明渠下泄,当管顶明渠被土石坝拦堵后,下一次洪水则仅由涵管宣泄。

(2)涵管外壁与大坝防渗土料接触部位应设置截流环,以延长渗径,防止接触渗透破坏。环间距一般可取 10 ~20 m,环高 1 ~2 m,厚 0.5 ~0.8 m。

(3)大型涵管断面也常用方圆形。若上部土荷载较大,顶拱宜采用抛物线形。

第二节　截流施工

在施工导流中,只有截断原河床水流(简称截流),把河水引向导流泄水建筑物下泄,才能在河床中全面开展主体建筑物的施工。截流过程一般为:先在河床的一侧或两侧向河床中填筑截流戗堤,逐步缩窄河床,称为进占。戗堤进占到一定程度,河床束窄,形成流速较大的过水缺口叫龙口。封堵龙口的工作叫合龙。合龙以后,龙口段及戗堤本身仍然漏水,必须在戗堤全线设置防渗措施,这一工作叫闭气。所以,整个截流过程包括戗堤进占、龙口裹头及护底、合龙、闭气等四项工作。截流后,对戗堤进一步加高培厚,修筑成设计围堰。

截流在施工导流中占有重要的地位,如果截流不能按时完成(截流失败,失去了以水文年计算的良好截流时机),就会延误相关建筑物的开工日期,甚至可能拖延工期一年。截流本身在技术上和施工组织上都具有相当的艰巨性和复杂性。为了截流成功,必须充分掌握河流的水文、地形、地质等条件,掌握截流过程中水流的变化规律及其影响,做好周密的施工组织,在狭小的工作面上用较大的施工强度,在较短的时间内完成截流。所以,在施工导流中,常把截流看做一个关键性工作,它是影响施工进度的一个控制项目。

一、截流的基本方法

河道截流有立堵法、平堵法、立平堵法、平立堵法、下闸截流及定向爆破截流等多种方法,但基本方法为立堵法和平堵法两种。

(一)立堵法

立堵法截流是将截流材料从一侧戗堤或两侧戗堤向中间抛投进占,逐渐束窄河床,直至全部拦断。

立堵法截流不需架设浮桥,准备工作比较简单,造价较低。但截流时水力条件较为不利,龙口单宽流量较大,流速也较大,易造成河床冲刷,需抛投单个质量较大的截流材料。由于工作前线狭窄,抛投强度受到限制。立堵法截流适用于大流量、岩基或覆盖层较薄的岩基河床,对于软基河床,应采取护底措施后才能使用。

(二)平堵法

平堵法截流是沿整个龙口宽度全线抛投截流材料,抛投料堆筑体全面上升,直至露出水面。因此,合龙前必须在龙口架设浮桥,由于它是沿龙口全宽均匀地抛投,所以其单宽流量小,流速也较小,需要的单个材料的质量也较轻。沿龙口全宽同时抛投强度较大,施工速度快,但有碍于通航,适用于软基河床,河流架桥方便且对通航影响不大的河流。

（三）综合法

1. 立平堵

为了既发挥平堵水力条件较好的优点，又降低架桥的费用，有的工程采用先立堵、后在栈桥上平堵的方法。

2. 平立堵

对于软基河床，单纯立堵易造成河床冲刷，可采用先平抛护底，再立堵合龙。平抛多利用驳船进行。我国青铜峡、丹江口、大化及葛洲坝和三峡工程在二期大江截流时均采用了该方法，取得了满意的效果。由于护底均为局部性，故这类工程本质上属于立堵法截流。

二、截流日期及截流设计流量

截流年份应结合施工进度的安排来确定。截流年份内截流时段的选择，既要把握截流时机，选择在枯水流量、风险较小的时段进行；又要为后续的基坑工作和主体建筑物施工留有余地，不致影响整个工程的施工进度。在确定截流时段时，应考虑以下要求：

（1）截流以后，需要继续加高围堰，完成排水、清基、基础处理等大量基坑工作，并应把围堰或永久建筑物在汛期到来前抢修到一定高程以上。为了保证这些工作的完成，截流时段应尽量提前。

（2）在通航的河流上进行截流，截流时段最好选择在对航运影响较小的时段内。因为截流过程中，航运必须停止，即使船闸已经修好，但因截流时水位变化较大，亦须停航。

（3）在北方有冰凌的河流上，截流不应在流冰期进行。因为冰凌很容易堵塞河道或导流泄水建筑物，壅高上游水位，给截流带来极大困难。

综上所述，截流时间应根据河流水文特征、气候条件、围堰施工及通航过木等因素综合分析确定。一般多选在枯水期初，流量已有显著下降的时候。严寒地区应尽量避开河道流冰及封冻期。

截流设计流量是指某一确定的截流时间的截流设计流量。一般按频率法确定，根据已选定的截流时段，采用该时段内一定频率的流量作为设计流量，截流设计标准一般可采用截流时段重现期 5 ~ 10 年的月或旬平均流量。除频率法外，也有不少工程采用实测资料分析法。当水文资料系列较长，河道水文特性稳定时，这种方法可应用。

在大型工程截流设计中，通常多以选取一个流量为主，再考虑较大、较小流量出现的可能性，用几个流量进行截流计算和模型试验研究。对于有深槽和浅滩的河道，若分流建筑物布置在浅滩上，对截流的不利条件要特别进行研究。

三、龙口位置和宽度

龙口位置的选择对截流工作顺利与否有密切关系。一般说来，龙口附近应有较宽阔的场地，以便布置截流运输线路和制作、堆放截流材料。它要设置在河床主流部位，方向力求与主流顺直，并选择在耐冲河床上，以免截流时因流速增大，引起过分冲刷。

原则上龙口宽度应尽可能窄些，这样可以减少合龙工程量，缩短截流延续时间，但应以不引起龙口及其下游河床的冲刷为限。

四、截流水力计算

截流水力计算的目的是确定龙口诸水力参数的变化规律。它主要解决两个问题：一是确定截流过程中龙口各水力参数，如单宽流量 q、落差 z 及流速 v 等的变化规律；二是确定截流材料的尺寸或质量及相应的数量等。这样，在截流前，可以有计划、有目的地准备各种尺寸或质量的截流材料及其数量，规划截流现场的场地布置，选择起重、运输设备；在截流时，能预先估计不同龙口宽度的截流参数，何时何处应抛投何种尺寸或质量的截流材料及其方量等。

截流时的水量平衡方程为：

$$Q_0 = Q_1 + Q_2 \tag{5-3}$$

式中 Q_0——截流设计流量，m^3/s；

Q_1——分流建筑物的泄流量，m^3/s；

Q_2——龙口泄流量，可按宽顶堰计算，m^3/s。

随着截流戗堤的进占，龙口逐渐被束窄，因此经分流建筑物和龙口的泄流量是变化的，但二者之和恒等于截流设计流量。变化规律为：开始时，大部分截流设计流量经龙口下泄，随着龙口断面不断被进占的戗堤所束窄，龙口上游水位不断上升，当上游水位高出泄水建筑物以后，经龙口的泄流量就越来越小，经分流建筑物的泄流量则越来越大，龙口合龙闭气后，截流设计流量全部经由泄水建筑物下泄。

第三节　施工排水

在围堰合龙闭气以后，就要考虑排除基坑内的积水，以保持基坑基本干燥状态，利于基坑开挖、地基处理及建筑物的正常施工。

基坑排水工作按照排水时间及性质，一般可分为：①基坑开挖前的初期排水；②基坑开挖及建筑物施工过程中的经常性排水，包括围堰和基坑渗水、降水以及施工弃水量的排除。

按照排水方法不同，有明式排水和人工降低地下水位两种。

一、明式排水

（一）初期排水

初期排水主要包括基坑积水和围堰与基坑渗水两大部分。因为初期排水是在围堰或截流戗堤合龙闭气后立即进行的，枯水期的降雨量很少，一般可不予考虑。除积水和渗水外，有时还需考虑填方和基础中的饱和水。

初期排水渗流量原则上可按有关公式计算。但是，初期排水时的渗流量估算往往很难符合实际。因此，通常不单独估算渗流量，而将其与积水排除流量合并在一起，依靠经验估算初期排水总流量 Q：

$$Q = Q_1 + Q_s = k\frac{V}{T} \tag{5-4}$$

式中 Q_1——积水排除的流量，m^3/s；

Q_s——渗水排除的流量，m^3/s；

V——基坑积水体积，m^3；

T——初期排水时间，s；

k——经验系数，主要与围堰种类、防渗措施、地基情况、排水时间等因素有关，根据国外一些工程的统计，$k=4\sim10$。

基坑积水体积 V 可按基坑积水面积和积水水深计算，这是比较容易的。但是排水时间 T 的确定就比较复杂，排水时间 T 主要受基坑水位下降速度的限制，基坑水位的允许下降速度视围堰种类、地基特性和基坑内水深而定。水位下降太快，则围堰或基坑边坡中动水压力变化过大，容易引起坍坡；水位下降太慢，则影响基坑开挖时间。一般认为，土围堰的基坑水位下降速度应限制在0.5～0.7 m/昼夜，木笼及板桩围堰等应小于1.0～1.5 m/昼夜。初期排水时间，大型基坑一般可采用5～7 d，中型基坑一般不超过3～5 d。

通常，当填方和覆盖层体积不太大时，在初期排水且基础覆盖层尚未开挖时，可以不必计算饱和水的排除。若需计算，可按基坑内覆盖层总体积和孔隙率估算饱和水总水量。

在初期排水过程中，可以通过试抽法进行校核和调整，并为经常性排水计算积累一些必要资料。试抽时如果水位下降很快，则显然是所选择的排水设备容量过大，此时应关闭一部分排水设备，使水位下降速度符合设计规定。试抽时若水位不变，则显然是设备容量过小或有较大渗漏通道存在。此时，应增加排水设备容量或找出渗漏通道予以堵塞，然后进行抽水。还有一种情况是水位降至一定深度后就不再下降，这说明此时排水流量与渗流量相等，据此可估算出需增加的设备容量。

（二）基坑排水

基坑排水要考虑基坑开挖过程中和开挖完成后修建建筑物时的排水系统布置，使排水系统尽可能不影响施工。

基坑开挖过程中的排水系统应以不妨碍开挖和运输工作为原则。一般常将排水干沟布置在基坑中部，以利于两侧出土。随基坑开挖工作的进展，逐渐加深排水干沟和支沟。通常保持干沟深度为1～1.5 m，支沟深度为0.3～0.5 m。集水井多布置在建筑物轮廓线外侧，井底应低于干沟沟底。但是，由于基坑坑底高程不一，有的工程就采用层层设截流沟、分级抽水的办法，即在不同高程上分别布置截水沟、集水井和水泵站，进行分级抽水。

建筑物施工时的排水系统通常都布置在基坑四周。排水沟应布置在建筑物轮廓线外侧，且距离基坑边坡坡脚不少于0.3～0.5 m。排水沟的断面尺寸和底坡大小取决于排水量的大小，一般排水沟底宽不小于0.3 m，沟深不大于1.0 m，底坡不小于0.002。在密实土层中，排水沟可以不用支撑，但在松散土层中，则需用木板或麻袋装石来加固。

为防止降雨时地面径流进入基坑而增加抽水量，通常在基坑外缘边坡上挖截水沟，以拦截地面水。截水沟的断面及底坡应根据流量和土质而定，一般沟宽和沟深不小于0.5 m，底坡不小于0.002，基坑外地面排水系统最好与道路排水系统相结合，以便自流排水。为了降低排水费用，当基坑渗水水质符合饮用水或其他施工用水要求时，可将基坑排水与生活、施工供水相结合。

（三）经常性排水

经常性排水的排水量主要包括围堰和基坑的渗水、降雨、地基岩石冲洗及混凝土养护用废水等。设计中一般考虑两种不同的组合，从中选择较大者，以选择排水设备。一种组合是渗水加降雨，另一种组合是渗水加施工废水。降雨和施工废水不必组合在一起，这是因为二者不会同时出现。

(1)降雨量的确定。

在基坑排水设计中,对降雨量的确定尚无统一的标准。大型工程可采用 20 年一遇 3 d 降雨中最大的连续 6 h 雨量,再减去估计的径流损失值(1 mm/h),作为降雨强度;也有的工程采用日最大降雨强度,基坑内的降雨量可根据上述计算降雨强度和基坑集雨面积求得。

(2)施工废水。

施工废水主要考虑混凝土养护用水,其用水量估算应根据气温条件和混凝土养护的要求而定。一般初估时可按每立方米混凝土每次用水 5 L,每天养护 8 次计算。

(3)渗透流量计算。

通常,基坑渗透总量包括围堰渗透量和基础渗透量两大部分。

在初步估算时,往往不可能获得较详尽而可靠的渗透系数资料,此时可采用更简便的估算方法。当基坑在透水地基上时,可按照表 5-4 所列的参考指标来估算整个基坑的渗透流量。

表 5-4　1 m 水头下 1 m^2 的基坑面积的渗透流量

土类	细砂	中砂	粗砂	砂砾石	有裂缝的岩石
渗透流量(m^2/h)	0.16	0.24	0.30	0.35	0.05 ~ 0.10

二、人工降低地下水位

在经常性排水过程中,为了保持基坑开挖工作始终在干地上进行,常常要多次降低排水沟和集水井的高程,变换水泵站的位置,影响开挖工作的正常进行。此外,在开挖细砂土、砂壤土一类地基时,随着基坑底面的下降,坑底与地下水位的高差愈来愈大,在地下水渗透压力作用下,容易产生边坡脱滑、坑底隆起等事故,甚至危及临近建筑物的安全,给开挖工作带来不良影响。

采用人工降低地下水位,可以改变基坑内的施工条件,防止流砂现象的发生,基坑边坡可以陡些,从而可以大大减少挖方量。人工降低地下水位的基本做法是:在基坑周围钻设一些井,地下水渗入井中后,随即被抽走,使地下水位线降到开挖的基坑底面以下,一般应使地下水位降到基坑底部 0.5 ~ 1.0 m。

人工降低地下水位的方法按排水工作原理可分为管井法和井点法两种。管井法是单纯重力作用排水,适用于渗透系数 K_s = 10 ~ 250 m/d 的土层;井点法还附有真空或电渗排水的作用,适用于 K_s = 0.1 ~ 50 m/d 的土层。

(一)管井法降低地下水位

管井法降低地下水位时,在基坑周围布置一系列管井,管井中放入水泵的吸水管,地下水在重力作用下流入井中,被水泵抽走。管井法降低地下水位时,须先设置管井,管井通常由下沉钢井管制成,在缺乏钢管时也可用木管或预制混凝土管代替。井管的下部安装滤水管节(滤头),有时在井管外还需设置反滤层,地下水从滤水管进入井内,水中的泥沙则沉淀在沉淀管中。滤水管是井管的重要组成部分,其构造对井的出水量和可靠性影响很大。要求它过水能力大,进入的泥沙少,有足够的强度和耐久性。

井管埋设可采用射水法、振动射水法及钻孔法。射水下沉时，先用高压水冲土下沉套管，较深时可配合振动或锤击（振动水冲法），然后在套管中插入井管，最后在套管与井管的间隙中间填反滤层和拔套管，反滤层每填高一次便拔一次套管，逐层上拔，直至完成。

（二）井点法降低地下水位

井点法降低地下水位和管井法不同，它把井管和水泵的吸水管合二为一，简化了井的构造。井点法降低地下水位的设备，根据其降深能力分轻型井点（浅井点）和深井点等。其中最常用的是轻型井点，轻型井点是由井管、集水总管、普通离心式水泵、真空泵和集水箱等设备所组成的一个排水系统。

轻型井点系统中地下水从井管下端的滤水管借真空泵和水泵的抽吸作用流入管内，沿井管上升汇入集水总管，流入集水箱，由水泵排出。轻型井点系统开始工作时，先开动真空泵，排除系统内的空气，待集水井内的水面上升到一定高度后，再启动水泵排水。水泵开始抽水后，为了保持系统内的真空度，仍需真空泵配合水泵工作。这种井点系统也叫真空井点。井点系统排水时，地下水位的下降深度取决于集水箱内的真空度与管路的漏气和水位损失。一般集水箱内真空度为 80 kPa（400 ~ 600 mmHg），相当的吸水高度为 5 ~ 8 m，扣除各种损失后，地下水位的下降深度为 4 ~ 5 m。

当要求地下水位降低的深度超过 4 ~ 5 m 时，可以像管井一样分层布置井点，每层控制范围 3 ~ 4 m，但以不超过 3 层为宜。分层太多，基坑范围内管路纵横，妨碍交通。影响施工，同时也增加挖方量，而且当上层井点发生故障时，下层水泵能力有限，地下水位回升，基坑有被淹没的可能。

布置井点系统时，为了充分发挥设备能力，集水总管、集水管和水泵应尽量接近天然地下水位。当需要几套设备同时工作时，各套总管之间最好接通，并安装开关，以便相互支援。

井管的安设一般用射水法下沉。距孔口 1.0 m 范围内，应用黏土封口，以防漏气。排水工作完成后，可利用杠杆将井管拨出。

深井点与轻型井点不同，它的每一根井管上都装有扬水器（水力扬水器或压气扬水器），因此它不受吸水高度的限制，有较大的降深能力。

深井点有喷射井点和压气扬水井点两种。

喷射井点由集水池、高压水泵、输水干管和喷射井管等组成。通常一台高压水泵能为 30 ~ 35 个井点服务，其最适宜的降水位范围为 5 ~ 18 m。喷射井点的排水效率不高，一般用于渗透系数为 3 ~ 50 m/d、渗流量不大的场合。

压气扬水井点是用压气扬水器进行排水。排水时压缩空气由输气管送来，由喷气装置进入扬水管，于是管内容重较轻的水气混合液在管外水压力的作用下，沿水管上升到地面排走。为达到一定的扬水高度，就必须将扬水管沉入井中有足够的潜没深度，使扬水管内外有足够的压力差。压气扬水井点降低地下水位最大可达 40 m。

第四节　施工度汛

水利水电枢纽施工过程中，中后期的施工导流往往需要由坝体挡水或拦洪。坝体能否可靠拦洪与安全度汛，将影响工程的进度与成败。

一、坝体拦洪的标准

施工期坝体拦洪度汛包括两种情况：一种是坝体高程修筑到无需围堰保护或围堰已失效时的临时挡水度汛；另一种是导流泄水建筑物封堵后，永久泄洪建筑物已初具规模，但尚未具备设计的最大泄洪能力，坝体尚未完建的度汛。这一施工阶段，通常称为水库蓄水阶段或大坝施工期运用阶段。此时，坝体拦洪度汛的洪水重现期标准取决于坝型及坝前拦洪库容。

二、拦洪高程的确定

一般导流泄水建筑物的泄水能力远不及原河道。洪水来临时的泄洪过程如图 5-1 所示。$t_1 \sim t_2$ 时段，进入施工河段的洪水流量大于泄水建筑物的泄量，使部分洪水暂时存蓄在水库中，上游水位抬高，形成一定容积的水库，此时泄水建筑物的泄量随着上游水位的升高而增大，达到洪峰流量 Q_m。到了入库的洪峰流量 Q_m 过后（即 $t_2 \sim t_3$ 时段），入库流量逐渐减少，但入库流量仍大于泄量，蓄水量继续增大，库水位继续上升，泄量 q 也随之增加，直到 t_3 时刻，入流量与泄流量相等时，蓄水容积达到最大值 V_m，相应的上游水位达最高值 H_m，即坝体挡水或拦洪水位，泄水建筑物的泄量也达最大值 q_m，即泄水建筑物的设计流量。t_3 时刻以后，Q 继续减少，库水位逐渐下降，q 也开始减少，但此时库水位较高，泄量 q 仍较大，且大于入流量 Q，使水库存蓄的水量逐渐排出，直到 t_4 时刻，蓄水全部排完，回复到原来的状态。以上便是水库调节洪水的过程。显然，由于水库的这种调节作用，削减了通过泄水建筑物的最大泄量（见图 5-1，由 Q_m 削减为 q_m），但却抬高了坝体上游的水位，因此要确定坝体的挡水或拦洪高程，可以通过调洪计算，求得相应的最大泄量 q_m 与上游最高水位 H_m。上游最高水位 H_m 再加上安全超高便是坝体的挡水或拦洪高程，用公式表示为：

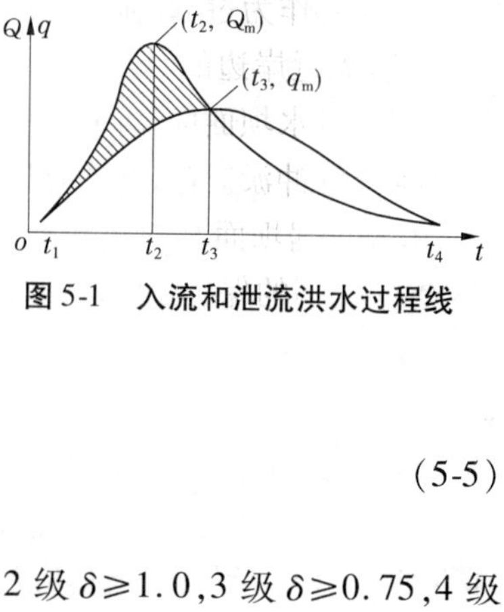

图 5-1　入流和泄流洪水过程线

$$H_f = H_m + \delta \tag{5-5}$$

式中　H_m——拦洪水位，m；

δ——安全超高，m，依据坝的级别而定，1 级 $\delta \geq 1.5$，2 级 $\delta \geq 1.0$，3 级 $\delta \geq 0.75$，4 级 $\delta \geq 0.5$。

三、拦洪度汛措施

如果施工进度表明，汛期到来之前若坝体不可能修筑到拦洪高程，必须考虑其他拦洪度汛措施。尤其当主体建筑物为土坝或堆石坝且坝体填筑又相当高时，更应给予足够的重视，因为一旦坝身过水，就会造成严重的溃坝后果。其他拦洪度汛措施因坝型不同而不同。

（一）混凝土坝的拦洪度汛

混凝土坝体是允许漫洪的，若坝身在汛期前不可能浇筑到拦洪高程，为了避免坝身过水时造成停工，可以在坝面上预留缺口以度汛，待洪水过后再封填缺口，全面上升坝体。另外，如果根据混凝土浇筑进度安排，虽然在汛前坝身可以浇筑到拦洪高程，但一些纵向施工缝尚未灌浆封闭时，可考虑用临时断面挡水。在这种情况下，必须提出充分论证，采取相应措施，以消除应力恶化的影响。如湖南柘溪工程的大头坝为提前挡水就采取了调整纵缝位置、提高初期灌浆高程和改变纵缝形式等措施，以改善坝体的应力状态。

（二）土石坝拦洪度汛措施

土坝、堆石坝一般是不允许过水的。若坝身在汛期前不可能填筑到拦洪高程，一般可以考虑采取降低溢洪道高程、设置临时溢洪道并用临时断面挡水，或经过论证采取临时坝面过水等措施。

1. 采用临时断面挡水

采用临时断面挡水时，应注意以下几点：

（1）临时挡水断面顶部应有足够的宽度，以便在紧急情况下仍有余地抢筑子堰，确保度汛安全。边坡应保证稳定，其安全系数一般应不低于正常设计标准。为防止施工期间由于暴雨冲刷和其他原因而坍坡，必要时应采取简单的防护措施和排水措施。

（2）上游垫层和块石护坡应按设计要求筑到拦洪高程，否则应考虑临时的防护措施。下游坝体部位，为满足临时挡水断面的安全要求，在基础清理完毕后，应按全断面填筑几米后再收坡，必要时应结合设计的反滤排水设施统一安排考虑。

2. 采用临时坝面过水

采用临时坝面过水时，应注意以下几点：

（1）为保证过水坝面下游边坡的抗冲稳定，应加强保护或做成专门的溢流堰，如利用反滤体加固后作为过水坝面溢流堰体等，并应注意堰体下游的防冲保护。

（2）靠近岸边的溢流体的堰顶高程应适当抬高，以减小坝面单宽流量，减轻水流对岸坡的冲刷。过水坝面的顶高程一般应低于溢流堰体顶高程 0.5～2.0 m 或做成反坡式，以避免过水坝面的冲淤。

（3）根据坝面过流条件合理选择坝面保护形式，防止淤积物渗入坝体，特别要注意防渗体、反滤层等的保护。必要时上游设置拦污设施，防止杂物淤积坝面，撞击下游边坡。

第六章　土石坝工程施工

土石坝是指用当地的散粒土、石料或混合料，经过抛填、碾压等方法堆筑成的挡水坝。坝体材料以土和砂砾为主时称为土坝，以石渣、卵石、爆破石料为主时称为石坝。土石坝是历史最为悠久、最为古老的一种坝型。水利水电工程中，拦水坝多数为土石坝。

土石坝可以充分利用当地的材料，几乎所有的土料，只要不含大量的有机物和水溶性盐类，都可用于土石坝。它有利于群众性施工，将重型振动碾应用于石堆的压实，解决了混凝土面板漏水的问题，大型施工机械的广泛应用，施工人数的减少，工期的缩短，使得土石坝成为最广泛应用和发展的坝型。

土石坝工程的基本施工过程是开采、运输和压实。

第一节　坝料规划

一、空间规划

空间规划是指对料场的空间位置、高程做出恰当选择和合理布置。为加快运输速度，提高效率，土石料的运距要尽可能短些。高程要利于重车下坡，避免因料场的位置高，运输坡陡而引起事故。坝的上下游和左右岸都有料场，这样可以上下游和左右岸同时采料，减少施工干扰，保证坝体均衡上升。料场位置要有利于开采设备的放置，保证车辆运输的通畅及地表水和地下水的排水通畅。取料时离建筑物的轮廓线不要太近，不影响枢纽建筑物防渗。在石料场选取时还要与重要建筑物和居民区有一定的防爆、防震安全距离，以减少安全隐患。

二、时间规划

时间规划是指施工时要考虑施工强度和坝体填筑部位的变化，季节对坝前蓄水能力的变化等。先用近料和上游易淹的坝料，后用远料和下游不易淹的坝料。在上坝强度高时用运距近、开采条件好的料场，上坝强度低时用运距远的料场。旱季时要选用含水量大的料场，雨季时要选用含水量小的料场。为满足拦洪度汛和筑坝合龙时大量用料的要求，在料场规划时还要在近处留有大坝合龙用料。

三、质与量规划

质与量规划是指对料场的质量和储料量的合理规划。它是料场规划的最基本的要求，在选择和规划料场时，要对料场进行全面的勘测，包括料场的地质成因、产状、埋藏深度、储量和各种物理力学指标等。料场的总储量要满足坝体总方量的要求，并且用料要满足各阶段施工中的最大用料强度要求。勘探精度要随设计深度的加深而提高。

充分利用建筑物基础开挖时的弃料，减少往外运输的工作量和运输干扰，减少废料堆放场地。考虑弃料的出料、堆料、弃放的位置,避免施工干扰,加快开采和运输的速度。规划时除考虑主料场外,还应考虑备用料场,主料场一般要质量好、储量大,比需要的总方量多1~1.5倍,运距近,有利于常年开采;备用料场要在淹没范围以外,当主料场被淹没或由于其他原因中断使用时,使用备用料场,备用料场的储藏量应为主料场总储藏量的20%~30%。

第二节　土石料采运

对坝料进行完规划后,还需要对土石料进行开采和运输。对土石料开挖一般采用机械施工,挖运机械有挖掘机械、铲运机械、运输机械三类。而运输道路的布置对土石料的运输有重要的作用,下面将详细介绍土石料的开采和运输。

一、土石料的开采

(一)挖掘机械

1.单斗式挖掘机

单斗式挖掘机是只有一个铲土斗的挖掘机械,其工作装置有正向铲、反向铲、拉铲和抓铲四种。

(1)正向铲挖掘机。

电动正向铲挖掘机是单斗挖掘机中最主要的形式,其特点是铲斗前伸向上,强制铲土,挖掘力较大,主要用来挖掘停机面以上的土石方,一般用于开挖无地下水的大型基坑和料堆,适合挖掘Ⅰ~Ⅳ级土或爆破后的岩石渣。

(2)反向铲挖掘机。

电动反向铲挖掘机是正向铲更换工作装置后的工作形式,其特点是铲斗后扒向下,强制挖土。它主要用于挖掘停机面以下的土石方,一般用于开挖小型基坑或地下水位较高的土方,适合挖掘Ⅰ~Ⅲ级土或爆破后的岩石渣,硬土需要先行刨松。

(3)拉铲挖掘机。

电动拉铲挖掘机用于挖掘停机面以下的土方。由于卸料是利用自重和离心力的作用在机身回转过程中进行的,湿黏土也能卸净,因此最适于开挖水下及含水量大的土料。但由于铲斗仅靠自重切入土中,铲土力小,一般只能挖掘Ⅰ~Ⅲ级土,不能开挖硬土。挖掘半径、卸土半径和卸载高度较大,适合直接向弃土区弃土。

(4)抓铲挖掘机。

抓铲挖掘机利用其瓣式铲斗自由下落的冲力切入土中,而后抓取土料提升,回转后卸掉。抓铲挖掘深度较大,适于挖掘窄深基坑或沉井中的水下淤泥及砂卵石等松软土方,也可用于装卸散粒材料。

2.多斗式挖掘机

多斗式挖掘机是一种由若干个挖斗依次连续循环进行挖掘的专用机械,生产效率和机械化程度较高,在大量土方开挖工程中运用。它的生产率从每小时几十立方米到上万立方米,主要用于挖掘不夹杂石块的Ⅰ~Ⅳ级土。多斗式挖掘机按工作装置不同,可分为链斗式和斗轮式两种。链斗式挖掘机是多斗式挖掘机中最常用的形式,主要进行下采式工作。

（二）土石料开挖的综合原则

土石坝施工中，从料场的开采、运输，到坝面的铺料和压实各工序，应力争实现综合机械化。施工组织时应遵循以下原则：

（1）确保主要机械发挥作用。主要机械是指在机械化生产线中起主导作用的机械，充分发挥它的生产效率，有利于加快施工进度，降低工程成本。

（2）根据机械工作特点进行配套组合，充分发挥配套机械作用。连续式开挖机械和连续式运输机械配合；循环式开挖机械和循环式运输机械配合，形成连续生产线。在选择配套机械，确定配套机械的型号、规格和数量时，其生产能力要略大于主要机械的生产能力，以保证主要机械的生产能力。

（3）加强保养，合理布置，提高工效。严格执行机械保养制度，使机械处于最佳状态，合理布置流水作业工作面和运输道路，能极大地提高工效。

（三）挖运方案的选择

坝料的开挖与运输是保证上坝强度的重要环节之一。开挖运输方案主要根据坝体结构布置特点、坝料性质、填筑强度、料场特性、运距远近、可供选择的机械型号等因素，综合分析比较确定。坝料的开挖运输方案主要有以下几种。

1. 挖掘机开挖，自卸汽车运输上坝

正向铲开挖、装车，自卸汽车运输直接上坝，适宜运距小于 10 km。自卸汽车可运各种坝料，通用性好，运输能力高，能直接铺料，转弯半径小，爬坡能力较强，机动灵活，使用管理方便，设备易于获得。

在施工布置上，正向铲一般采用立面开挖，汽车运输道路可布置成循环路线，装料时停在挖掘机一侧的同一平面上，即汽车鱼贯式的装料与行驶，这种布置形式可避免汽车的倒车时间，正向铲采用 60°～90°角侧向卸料，回转角度小，生产率高，能充分发挥正向铲与汽车的效率。

2. 挖掘机开挖，胶带机运输上坝

胶带机的爬坡能力强，架设简易，运输费用较低，与自卸汽车相比可降低费用1/3～1/2，运输能力也较大，适宜运距小于 10 km。胶带机可直接从料场运输上坝；也可与自卸汽车配合，在坝前经漏斗卸入汽车作长距离运输，转运上坝；或与有轨机车配合，用胶带机作短距离运输，转运上坝。

3. 采砂船开挖，机车运输，转胶带机上坝

国内一些大、中型水电工程施工中，广泛采用采砂船开采水下的砂砾料，配合有轨机车运输。当料场集中、运输量大、运距大于 10 km 时，可用有轨机车进行水平运输。有轨机车不能直接上坝，要在坝脚经卸料装置转胶带机运输上坝。

4. 斗轮式挖掘机开挖，胶带机运输，转自卸汽车上坝

当填筑方量大、上坝强度高、料场储量大而集中时，可采用斗轮式挖掘机开挖。斗轮式挖掘机挖料转入移动式胶带机，其后接长距离的固定式胶带机至坝面或坝面附近经自卸汽车运至填筑面。这种布置方案可使挖、装、运连续进行，简化了施工工艺，提高了机械化水平和生产率。

坝料的开挖运输方案很多，但无论采用何种方案，都应结合工程施工的具体条件，组织好挖、装、运、卸的机械化联合作业，提高机械利用率；减少坝料的转运次数；各种坝料的铺筑

方法及设备应尽量一致，减少辅助设施；充分利用地形条件，统筹规划和布置。

二、土石料的运输

（一）运输道路布置原则及要求

（1）运输道路宜自成体系，并尽量与永久道路相结合。运输道路不要穿越居民点或工作区，尽量与公路分离。根据地形条件、枢纽布置、工程量大小、填筑强度、自卸汽车吨位，应用科学的规划方法进行运输网络优化，统筹布置场内施工道路。

（2）连接坝体上下游交通的主要干线，应布置在坝体轮廓线以外。干线与不同高程的上坝道路相连接，应避免穿越坝肩处岸坡。坝面内的道路应结合坝体的分期填筑规划统一布置，在平面与立面上协调好不同高程的进坝道路的连接，使坝面内临时道路的形成与覆盖（或削除）满足坝体填筑要求。

（3）运输道路的标准应符合自卸汽车吨位和行车速度的要求。实践证明，用于高质量标准道路增加的投资，足以用降低的汽车维修费用及提高的生产率来补偿。要求路基坚实，路面平整，靠山坡一侧设置纵向排水沟，顺畅排除雨水和泥水，以避免雨天运输车辆将路面泥水带入坝面，污染坝料。

（4）道路沿线应有较好的照明设施，运输道路应经常维护和保养，及时清除路面上影响运输的杂物，并经常洒水，这样能减少运输车辆的磨损。

（二）上坝道路布置方式

坝料运输道路的布置方式有岸坡式、坝坡式和混合式三种，然后进入坝体轮廓线内，与坝体内临时道路连接，组成到达坝料填筑区的运输体系。

由于单车环形线路比往复双车线路行车效率高、更安全，所以应尽可能采用单车环形线路。一般干线多用双车道，尽量做到会车不减速，坝区及料场多用单车道。岸坡式上坝道路宜布置在地形较为平缓的坡面，以减少开挖工程量。

当两岸陡峻，地质条件较差，沿岸坡修路困难，工程量大时，可在坝下游坡面设计线以外布置临时或永久性的上坝道路，称为坝坡式。其中的临时道路在坝体填筑完成后消除。

在岸坡陡峻的狭窄河谷内，根据地形条件，有的工程用交通洞通向坝区。用竖井卸料以连接不同高程的道路，有时也是可行的。非单纯的岸坡式或坝坡式的上坝道路布置方式，称为混合式。

（三）坝内临时道路布置

（1）堆石体内道路。根据坝体分期填筑的需要，除防渗体、反滤过渡层及相邻的部分堆石体要求平起填筑外，不限制堆石体内设置临时道路，其布置为之字形，道路随着坝体升高而逐步延伸，连接不同高程的两级上坝道路。为了减小上坝道路的长度，临时道路的纵坡一般较陡，为 10% 左右，局部可达 12% ~15% 。

（2）过防渗体道路。心墙、斜墙防渗体应避免重型车辆频繁压过，以免破坏。如果上坝道路布置困难，而运输坝料的车辆必须压过防渗体，应调整防渗体填筑工艺，在防渗体局部布置压过的临时道路。

第三节　土石料压实

一、压实机械

压实机械采用碾压、夯实、振动三种作用力来达到压实的目的。碾压的作用力是静压力，其大小不随作用时间而变化。夯实的作用力为瞬时动力，其大小跟高度有关系。振动的作用力为周期性的重复动力，其大小随时间呈周期性变化，振动周期的长短随振动频率的大小而变化。

常用的压实机械有羊脚碾、振动碾、夯实机械。

（一）羊脚碾

羊脚碾是指碾的滚筒表面设有交错排列的截头圆锥体，状如羊脚。碾压时，羊脚碾的羊脚插入土中，不仅使羊脚端部的土料受到压实，也使侧向土料受到挤压，从而达到均匀压实的效果。

羊脚碾的开行方式有两种：进退错距法和圈转套压法。进退错距法操作简便，碾压、铺土和质检等工序协调，便于分段流水作业，压实质量容易保证。圈转套压法适合于多碾滚组合碾压，其生产效率高，但碾压中转弯套压交接处重压过多，容易超压；当转弯半径小时，容易引起土层扭曲，产生剪力破坏；在转弯的角部容易漏压，质量难以保证。

（二）振动碾

振动碾是一种静压和振动同时作用的压实机械。它是由起振柴油机带动碾滚内的偏心轴旋转，通过连接碾面的隔板，将振动力传至碾滚表面，然后以压力波的形式传到土体内部。非黏性土的颗粒比较粗，在这种小振幅、高频率的振动力的作用下，内摩擦力大大降低，由于颗粒不均匀，受惯性力大小不同而产生相对位移，细粒滑入粗粒空隙而使空隙体积减小，从而使土料达到密实。然而，黏性土颗粒间的黏结力是主要的，且土粒相对比较均匀，在振动作用下，不能取得像非黏性土那样的压实效果。

（三）夯实机械

夯实机械是一种利用冲击能来击实土料的机械，用于夯实砂砾料或黏性土。其适于在碾压机械难于施工的部位压实土料。

（1）强夯机。它是由高架起重机和铸铁块或钢筋混凝土块做成的夯砣组成的。夯砣的质量一般为10～40 t，由起重机提升一定高度后自由下落冲击土层，压实效果好，生产率高，用于杂土填方、软基及水下地层。

（2）挖掘机夯板。夯板一般做成圆形或方形，面积约1 m^2，质量为1～2 t，提升高度为3～4 m。主要优点是压实功能大，生产率高，有利于雨季、冬季施工。但当被夯石块直径大于50 cm时，工效大大降低，压实黏土料时，表层容易发生剪力破坏，目前有逐渐被振动碾取代之势。

二、压实标准

土料压实得越好，物理力学性能指标就越高，坝体填筑质量就越有保证。但对土料过分压实，不仅提高了费用，还会产生剪力破坏。因此，应确定合理的压实标准。现对不同的土质的压实标准概括如下。

(一)黏性土和砾质土

黏性土和砾质土的压实标准,主要以压实干密度和施工含水量这两个指标来控制。

1. 压实干密度确定

压实干密度用击实试验来确定。我国采用南实仪25击(87.95 t·m/m^3)作为标准压实功能,得出一般不少于25~30组最大干密度的平均值$\gamma_{d,\max}$(t/m^3)作为依据,从而确定设计干密度γ_d(t/m^3)。

此法对大多数黏土料是合理的、适用的。但是,土料的塑限含水量、黏粒含量不同,对压实度都有影响,标准压实功能87.95 t·m/m^{3}只是个经验数值,应进行以下修正:

(1)以塑限ω_P(下同)含水量为最优含水量,由试验从压实功能与最大干密度、最优含水量曲线上初步确定压实功能;

(2)考虑沉降控制的要求,即通过选定的干密度满足压缩系数a=0.009 8~0.019 6 cm^2/kg,控制压缩系数;

(3)当天然含水量与塑限含水量接近且易于施工时,选择天然含水量作为最优含水量来确定压实功能。

2. 施工含水量确定

施工含水量是由标准击实条件时的最大干密度确定的,最大干密度对应的最优含水量ω_{OP}(下同)是一个点值,而实际的天然含水量总是在某一个范围内变动。为适应施工的要求,必须围绕最优含水量规定一个范围,即含水量的上下限。

(二)砂土及砂砾石

砂土及砂砾石的压实程度与颗粒级配及压实功能关系密切,一般用相对密度D_r表示,其表达式为:

$$D_r = \frac{e_{\max} - e}{e_{\max} - e_{\min}} \tag{6-1}$$

式中 $e_{\max}$——砂石料的最大孔隙比;

$e_{\min}$——砂石料的最小孔隙比;

e——设计孔隙比。

(三)石渣及堆石体

石渣及堆石体作为坝壳填筑料,压实指标一般用空隙率表示。根据国内外的工程实践经验,碾压式堆石坝坝体压实后空隙率应小于30%,为了防止过大的沉陷,一般规定为22%~28%(压实平均干密度为2.04~2.24 t/m^3)。面板堆石坝上游主堆石区空隙率标准为21%~25%(压实平均干密度为2.24~2.35 t/m^3);用砂砾料填筑的面板坝,砂砾料压实平均空隙率为15%左右。

三、压实试验

坝料填筑必须通过压实试验,确定合适的压实机具、压实方法、压实参数及其他处理措施,并核实设计填筑标准的合理性。试验应在填筑施工开始前一个月完成。

(一)压实参数

压实参数包括机械参数和施工参数两大类。当压实设备型号选定后,机械参数已基本确定。施工参数有铺料厚度、碾压遍数、开行速度、土料含水量、堆石料加水量等。

(二)试验组合

压实试验组合方法有经验确定法、循环法、淘汰法(逐步收敛法)和综合法。一般多采用逐步收敛法。先以室内试验确定的最优含水量进行现场试验,通过设计计算并参照已建类似工程的经验,初选几种压实机械和拟定几组压实参数。先固定其他参数,变动一个参数,通过试验得到该参数的最优值;然后固定此最优参数和其他参数,再变动另一个参数,用试验求得第二个最优参数值。依此类推,通过试验得到每个参数的最优值。最后用这组最优参数再进行一次复核试验。倘若试验结果满足设计、施工的技术经济要求,即可作为现场使用的施工压实参数。

黏性土料压实含水量可分别取 $\omega_1 = \omega_P + 2\%$;$\omega_2 = \omega_P$;$\omega_3 = \omega_P - 2\%$ 三种进行试验。ω_P 为土料的塑限。

(三)试验分析整理

按不同压实遍数 n、不同铺土厚度 h 和不同含水量 ω 进行压实、取样。每一个组合取样数量为:黏土、砂砾石 10 ~ 15 个,砂及砂砾 6 ~ 8 个,堆石料不少于 3 个。分别测定其干密度、含水量、颗粒级配,可作出不同铺土厚度时压实遍数与干密度、含水量曲线。根据上述关系曲线,再作铺土厚度 h、压实遍数 n、最大干密度 ρ_{max}、最优含水量 ω_{OP}关系曲线。

在施工中选择合理的压实方式、铺土厚度及压实遍数,是由综合各种因素试验确定的。有时对同一种土料采用两种压实机具、两种压实遍数是最经济合理的。例如,陕西省石头河工程心墙土料压实,铺土厚度 37 cm,先采用 8.5 t 羊脚碾碾压 6 遍,后用 25 ~ 35 t 气胎碾碾压 4 遍,取得了经济合理的压实效果。

第四节 土料防渗体坝

坝面填筑有铺料、压实、取样检查三道基本工序,对不同的土石料根据强度、级配、湿陷程度不同还有其他处理。

一、铺料

坝基经处理合格后或下层填筑面经压实合格后,即可开始铺料。铺料包括卸料和平料,两道工序相互衔接,紧密配合完成。选择铺料方法主要与上坝运输方法、卸料方式和坝料的类型有关。

(一)自卸汽车卸料、推土机平料

铺料的基本方法有进占法、后退法和混合法三种。

堆石料一般采用进占法铺料,堆石强度为 60 ~ 80 MPa 的中等硬度岩石,施工可操作性好。对于特硬岩(强度 >200 MPa),由于岩块边棱锋利,施工机械的轮胎、链轨节等损坏严重,同时因硬岩堆石料往往级配不良,表面不平整影响振动碾压实质量,因此施工中要采取一定的措施,如在铺层表面增铺一薄层细料,以改善平整度。

级配较好的(如强度 30 MPa 以下的)软岩堆石料、砂砾(卵)石料等,宜用后退法铺料,以减少分离,有利于提高密度。

不管采用何种铺料方法,卸料时要控制好料堆分布密度,使其摊铺后厚度符合设计要求，不要因过厚而不予处理。尤其是以后退法铺料时更需注意。

1. 支撑体料

心墙上下游或斜墙下游的支撑体（简称坝壳）各为独立的作业区，在区内各工序进行流水作业。坝壳一般选用砂砾料或堆石料。由于堆石料往往含有大量的大粒径石料，不仅影响汽车在坝料堆上行驶和卸料，也影响推土机平料，并易损坏推土机履带和汽车轮胎。为此采用进占法卸料，即自卸汽车在铺平的坝面上行驶和卸料，推土机在同一侧随时平料。其优点是：大粒径块石易被推至铺料的前沿下部，细料填入堆石料间空隙，使表面平整，便于车辆行驶。坝壳料的施工要点是防止坝料粗细颗粒分离和使铺层厚度均匀。

2. 反滤料和过渡料

反滤层和过渡层常用砂砾料，铺料方法采用常规的后退法卸料。自卸汽车在压实面上卸料，推土机在松土堆上平料。优点是可以避免平料造成的粗细颗粒分离，汽车行驶方便，可提高铺料效率。要控制上坝料的最大粒径，允许最大粒径不超过铺层厚度的1/3～1/2，当含有特大粒径的石料（如0.5～1.0 m）时，应清除至填筑体以外，以免产生局部松散甚至空洞，造成隐患。砂砾料铺层厚度根据施工前现场碾压试验确定，一般不大于1.0 m。

3. 防渗体土料

心、斜墙防渗体土料主要有黏性土和砾质土等，选择铺料方法主要考虑以下两点：一是坝面平整，铺料层厚均匀，不得超厚；二是对已压实合格土料不过压，防止产生剪力破坏。铺料时应注意以下问题：

（1）采用进占法卸料。即为推土机和汽车都在刚铺平的松土上行进，逐步向前推进。要避免所有的汽车行驶同一条道路，如果中、重型汽车反复多次在压实土层上行驶，会使土体产生弹簧、光面与剪切破坏，严重影响土层间结合质量。

（2）推土机功率必须与自卸汽车载重吨位相配。如果汽车斗容过大，而推土机功率过小（刀片过小），则每一车料要经过推土机多次推运，才能将土料铺散、铺平，在推土机履带的反复碾压下，会将局部表层土压实，甚至出现弹簧土和剪切破坏，造成汽车卸料困难，更严重的是，很易产生平土厚薄不均。

（3）采用后退法定量卸料。汽车在已压实合格的坝面上行驶并卸料，为防止对已压实土料产生过压，一般采用轻型汽车。根据每一填土区的面积，按铺土厚度定出所需的土方量（松方）使得推土机平料均匀，不产生大面积过厚、过薄的现象。

（4）沿坝轴线方向铺料。防渗体填筑面一般较窄，为了防止两侧坝料混入防渗体，杜绝因漏压而形成贯穿上下游的渗流通道，一般不允许车辆穿越防渗体，所以严禁垂直坝轴线方向铺料。特殊部位，如两岸接坡处、溢洪道边墙处以及穿越坝体建筑物等结合部位，当只能垂直坝轴线方向铺料时，在施工过程中，质检人员应现场监视，严禁坝料掺混。

（二）移动式皮带机上坝卸料、推土机平料

皮带机上坝卸料适用于黏性土、砂砾料和砾质土。利用皮带机直接上坝，配合推土机平料，或配合铲运机运料和平料，其优点是不需专门道路，但随着坝体升高需要经常移动皮带机。为防止粗细颗粒分离，推土机采用分层平料，每次铺层厚度为要求的1/3～1/2，推距最好在20 m左右，最大不超过50 m。

（三）铲运机上坝卸料和平料

铲运机是一种能综合完成挖、装、运、卸、平料等工序的施工机械，当料场位于距大坝

800 ~ 1 500 m，散料距离在 300 ~ 600 m 时，是经济有效的。铲运机铺料时，平行于坝轴线依次卸料，从填筑面边缘逐行向内铺料，空机从压实合格面上返回取土区。铺到填筑面中心线（约一半宽度）后，铲运机反向运行，接续已铺土料逐行向填筑面的另一半的外缘铺料，空机从刚铺填好的松土层上返回取土区。

二、压实

（一）非黏性土的压实

非黏性土透水料和半透水料的主要压实机械有振动平碾、气胎碾等。

振动平碾适用于堆石与含有漂石的砂卵石、砂砾石和砾质土的压实。振动碾压实功能大，碾压遍数少（4 ~ 8 遍），压实效果好，生产效率高，应优先选用。气胎碾可用于压实砂、砂砾料、砾质土。

除坝面特殊部位外，碾压方向应沿轴线方向进行。一般均采用进退错距法作业。在碾压遍数较少时，也可采用一次压够后再行错车的方法，即搭接法。铺料厚度、碾压遍数、加水量、振动碾的行驶速度、振动频率和振幅等主要施工参数要严格控制。分段碾压时，相邻两段交接带的碾迹应彼此搭接，垂直碾压方向，搭接宽度应不小于 0.3 ~ 0.5 m，顺碾压方向应不小于 1.0 ~ 1.5 m。

适当加水能提高堆石、砂砾石料的压实效果，减少后期沉降量。但大量加水需增加工序和设施，影响填筑进度。堆石料加水的主要作用，除在颗粒间起润滑作用以便压实外，更重要的是软化石块接触点，压实中搓磨石块尖角和边棱，使堆石体更为密实，以减少坝体后期沉降量。砂砾料在洒水充分饱和条件下，才能达到有效的压实。

堆石、砂砾料的加水量一般依其岩性、细粒含量而异。对于软化系数大、吸水率低（饱和吸水率小于 2%）的硬岩，加水效果不明显，可经对比试验决定是否加水。对于软岩及风化岩石，其填筑含水量必须大于湿陷含水量，最好充分加水，但应视其当时含水量而定。

对砂砾料或细料较多的堆石，宜在碾压前洒水一次，然后边加水、边碾压，力求加水均匀。对含细粒较少的大块堆石，宜在碾压前洒水一次，以冲掉填料层面上的细粒料，改善层间结合。但碾压前洒水，大块石裸露会给振动碾碾压带来不利。对软岩堆石，由于振动碾碾压后表面产生一层岩粉，碾压后也应洒水，尽量冲掉表面岩粉，以利层间结合。

当加水碾压将引起泥化现象时，其加水量应通过试验确定。堆石加水量依其岩性、风化程度而异，一般为填筑量的 10% ~ 25%；砂砾料的加水量宜为填筑量的 10% ~ 20%；对粒径小于 5 mm 含量大于 30% 及含泥量大于 5% 的砂砾石，其加水量宜通过试验确定。

（二）黏性土的压实

黏土心墙料压实机械主要用凸块振动碾，亦有采用气胎碾的。

1. 压实方法

碾压机械压实方法均采用进退错距法，要求的碾压遍数很少时，可采用一次压够遍数、再错距的方法。分段碾压的碾迹搭接宽度：垂直碾压方向的不小于 0.3 ~ 0.5 m，顺延碾压方向的应为 1.0 ~ 1.5 m。碾压方向应沿坝轴方向进行。在特殊部位，如防渗体截水槽内或与岸坡结合处，应用专用设备在划定范围沿接坡方向碾压。碾压行车速度一般取 2 ~ 3 km/h。

2. 坝面土料含水量调整

土料含水量调整应在料场进行，仅在特殊情况下可考虑在坝面作少许调整。

(1)土料加水。当上坝土料的平均含水量与碾压施工含水量相差不大,仅需增加1% ~2%时,可采用在坝面直接洒水。

加水方式分为汽车洒水和管道加水两种。汽车喷雾洒水均匀,施工干扰小,效率高,宜优先采用。管道加水方式多用于施工场面小、施工强度较低的情况。加水后的土料一般应以圆盘耙或犁使其含水均匀。

粗粒残积土在碾压过程中,随着粗粒被破碎,细粒含量不断地增多,压实最优含水量也在提高。碾压开始时比较湿润的土料,随着碾压可能变得干燥,因此碾压过程中要适当地补充洒水。

(2)土料的干燥。当土料的含水量大于施工控制含水量上限的1%以内时,碾压前可用圆盘耙或犁在填筑面进行翻松晾晒。

3. 填土层结合面处理

当使用平碾、气胎碾及轮胎牵引凸块碾等机械碾压时,在坝面将形成光滑的表面。为保证土层之间结合良好,对于中、高坝黏土心墙或窄心墙,铺土前必须将已压实合格面洒水湿润并刨毛深1~2 cm。对于低坝,经试验论证后可以不刨毛,但仍须洒水湿润,严禁在表土干燥状态下在其上铺填新土。

三、结合部位处理

(一)非黏性土结合部位

1. 坝壳与岸坡结合部位的施工

坝壳与岸坡或混凝土建筑物结合部位施工时,汽车卸料及推土机平料易出现大块石集中、架空现象,且局部碾压机械不易碾压。该部位宜采取如下措施:与岸坡结合处2 m宽范围内,可沿岸坡方向碾压。不易压实的边角部位应减薄铺料厚度,用轻型振动碾或平板振动器等压实机具压实。在结合部位可先填1~2 m宽的过渡料,再填堆石料。在结合部位铺料后出现的大块石集中、架空处,应予以换填。

2. 坝壳填料接缝处理

坝壳分期分段填筑时,在坝壳内部形成了横向或纵向接缝。由于接缝处坡面临空,压实机械作业距坡面边缘留有0.5~1.0 m的安全距离,坡面上存在一定厚度的松散或半压实料层。

(二)黏性土结合部位

黏土防渗体与坝基(包括齿槽)、两岸岸坡、溢洪道边墙、坝下埋管及混凝土墙等结合部位的填筑,须采用专用机具、专门工艺进行施工,确保填筑质量。

1. 截水槽回填

当槽内填土厚度在0.5 m以内时,可采用轻型机具(如蛙式夯等)薄层压实;当填土厚度超过0.5 m时,可采用压实试验选定的压实机具和压实参数压实。基槽处理完成后,排除渗水,从低洼处开始填土。不得在有水情况下填筑。

2. 铺盖填筑

铺盖在坝体内与心墙或斜墙连接部分,应与心墙或斜墙同时填筑,坝外铺盖的填筑,应于库内充水前完成。铺盖完成后,应及时铺设保护层。已建成的铺盖上不允许进行打桩、挖坑等作业。

3. 黏土心墙与坝基结合部位填筑

无黏性土坝基铺土前，坝基应洒水压实，然后按设计要求回填反滤料和第一层土料。铺土厚度可适当减薄，土料含水量调节至施工含水量上限，宜用轻型压实机具压实。黏性土或砾质土坝基，应将表面含水量调至施工含水量上限，用与黏土心墙相同的压实参数压实，然后洒水刨毛铺填新土。坚硬岩基或混凝土盖板上，开始几层填料可用轻型碾压机具直接压实，填筑至少0.5 m以上后才允许用凸块碾或重型气胎碾碾压。

4. 黏土心墙与岸坡或混凝土建筑物结合部位填筑

(1)填土前，必须清除混凝土表面或岩面上的杂物。在混凝土或岩面上填土时，应洒水湿润，并边涂刷浓泥浆、边铺土、边夯实，泥浆涂刷高度须与铺土厚度一致，并应与下部涂层衔接，严禁泥浆干后再铺土和压实。

(2)裂隙岩面处填土时，应按设计要求对岩面进行妥善处理，再按先洒水，后边涂刷浓水泥黏土浆或水泥砂浆、边铺土、边压实(砂浆初凝前必须碾压完毕)程序进行。涂层厚度可为5～10 mm。

(3)黏土心墙与岸坡结合部位的填土，其含水量应调至施工含水量上限，选用轻型碾压机具薄层压实，不得使用凸块碾压实，黏土心墙与结合带碾压搭接宽度不应小于1.0 m。局部碾压不到的边角部位可使用小型机具压实。

(4)混凝土墙、坝下埋管两侧及顶部0.5 m范围内填土，必须用小型机具压实，其两侧填土应保持均衡上升。

(5)岸坡、混凝土建筑物与砾质土、掺合土结合处，应填筑宽1～2 m的塑性较高的黏土(黏粒含量和含水量都偏高)过渡，避免直接接触。

(6)应注意因岸坡过缓，结合处碾压造成因侧向位移出现的土料“爬坡、脱空”现象，应采取防止措施。

5. 填土接缝处理要求

斜墙和窄心墙内一般不应留有纵向接缝。均质土坝可设置纵向接缝，宜采用不同高度的斜坡与平台相间形式，平台间高差不宜大于15 m。坝体接缝坡面可使用推土机自上而下削坡，适当留有保护层随坝体填筑上升，逐层清至合格层。结合面削坡合格后，要控制其含水量为施工含水量范围的上限。

第五节　面板堆石坝

一、钢筋混凝土面板的分块和浇筑

(一)钢筋混凝土面板的分块

混凝土防渗面板包括趾板和面板两部分。趾板设伸缩缝，面板设垂直伸缩缝、周边伸缩缝等永久缝和临时水平施工缝。面板要满足强度、抗渗、抗侵蚀、抗冻要求。垂直伸缩缝从底到顶通缝布置，中部受压区，分缝间距一般为12～18 m，两侧受拉区按6～9 m布置。受拉区设两道止水，受压区在底侧设一道止水，水平施工缝不设止水，但竖向钢筋必须相连。

（二）防渗面板混凝土浇筑

1. 趾板施工

趾板施工应在趾基开挖处理完毕，经验收合格后进行，按设计要求进行绑扎钢筋、设置锚筋、预埋灌浆导管、安装止水片及浇筑上游铺盖。混凝土浇筑中，应及时振实，注意止水片与混凝土的结合质量，结合面不平整度小于 5 mm。混凝土浇筑后 28 d 以内，20 m 之内不得进行爆破；20 m 之外的爆破要严格控制装药量。

2. 面板施工

面板施工在趾板施工完毕后进行。考虑到尽量避免堆石体沉陷和位移对面板产生的不利影响，面板在堆石体填筑全部结束后施工。面板混凝土浇筑宜采用无轨滑模，起始三角块宜与主面板块一起浇筑。面板混凝土宜采用跳仓浇筑。滑模应具有安全措施，固定卷扬机的地锚应可靠，滑模应有制动装置。面板钢筋采用现场绑扎或焊接，也可用预制网片现场拼接。混凝土浇筑中，布料要均匀，每层铺料 250 ~ 300 cm。止水片周围需人工布料，防止分离。振捣混凝土时，要垂直插入，至下层混凝土内 5 cm，止水片周围用小振捣器仔细振捣。振动过程中，防止振捣器触及滑模、钢筋、止水片。脱模后的混凝土要及时修整和压面。

浇筑质量检查要求：①趾板浇筑。每浇一块或每 50 ~ 100 m^3 至少有一组抗压强度试件；每 200 m^3 成型一组抗冻、抗渗检验试件。②面板浇筑。每班取一组抗压强度试件，抗渗检验试件每 500 ~ 1 000 m^3 成型一组，抗冻检验试件每 1 000 ~ 3 000 m^3 成型一组，不足以上数量者，也应取一组试件。

二、沥青混凝土面板施工

（一）沥青混凝土施工方法分类

沥青混凝土的施工方法有碾压法、浇筑法、预制装配法和填石振压法四种。碾压法是将热拌沥青混合料摊铺后碾压成型的施工方法，用于土石坝的心墙和斜墙施工；浇筑法是将高温流动性热拌沥青混合材料灌注到防渗部位，一般用于土石坝心墙；预制装配法是把沥青混合料预制成板或块；填石振压法是先将热拌的细粒沥青混合材料摊铺好，填放块石，然后用巨型振动器将块石振入沥青混合料中。

（二）沥青混凝土防渗体的施工特点

（1）施工需专用施工设备和经过施工培训的专业人员完成。防渗体较薄，工程量小，机械化程度高，施工速度快。

（2）高温施工，施工顺序和相互协调要求严格。

（3）防渗体不需分缝分块，但与基础、岸坡及刚性建筑物的连接需谨慎施工。

（4）相对土防渗体而言，沥青混凝土防渗体不因开采土料而破坏植被，利于环保。

（三）沥青混凝土面板施工

1. 沥青混凝土面板施工的准备工作

（1）趾墩和岸墩是保证面板与坝基间可靠连接的重要部位，一定要按设计要求施工。岸墩与基岩连接，一般设有锚筋，并用做基础帷幕及固结灌浆的压盖。其周线应平顺，拐角处应曲线过渡，避免倒坡，以便于和沥青混凝土面板的连接。

（2）与沥青混凝土面板相连接的水泥混凝土趾墩、岸墩及刚性建筑物的表面在沥青混凝土面板铺筑之前必须进行清洁处理，潮湿部位用燃气或喷灯烤干。然后在表面喷涂一层稀释沥青或乳化沥青,待稀释沥青或乳化沥青完全干燥后,再在其上面敷设沥青胶或橡胶沥青胶。沥青胶涂层要平整均匀,不得流淌。若涂层较厚,可分层涂抹。

(3)对于土坝,在整修好的填筑土体或土基表面先喷洒除草剂,然后铺设垫层。堆石坝体表面可直接铺设垫层。垫层料应分层填筑压实,并对坡面进行修整,使坡度、平整度和密实度等符合设计要求。

2. 沥青混合料运输

(1)热拌沥青混合料应采用自卸汽车或保温料罐运输。自卸汽车运输时应防止沥青与车厢黏结。车厢内应保持清洁。从拌和机向自卸汽车上装料时,应防止粗细骨料离析,每卸一斗混合料应挪动一下汽车位置。保温料罐运输时,底部卸料口应根据混合料的配合比和温度设计得略大一些,以保证出料顺畅。一般沥青混合料运输车或料罐运输的运量应比其拌和能力或摊铺速度大。

(2)运料车应采取覆盖篷布等保温、防雨、防污染的措施,夏季运输时间较短时,也可不加覆盖。

(3)沥青混合料运至地点后应检查拌和质量。不符合规定或已经结成团块、已被雨淋湿的混合料不得用于铺筑。

3. 沥青混合料摊铺

土石坝碾压式沥青混凝土面板多采用一级铺筑。当坝坡较长或因拦洪度汛需要设置临时断面时,可采用二级或二级以上铺筑。一级斜坡铺筑长度通常不超过 120 ~ 150 m。当采用多级铺筑时,临时断面顶宽应根据牵引设备的布置及运输车辆交通的要求确定,一般不小于 10 ~ 15 m。

沥青混合料的铺筑方向多采用沿最大坡度方向分成若干条幅,自下而上依次铺筑。当坝体轴线较长时,也有沿水平方向铺筑的,但多用于蓄水池和渠道衬砌工程。

4. 沥青混合料压实

沥青混合料应采用振动碾碾压,此时要在上行时振动、下行时不振动。待摊铺机从摊铺条幅上移出后,用2.5 ~ 8 t 振动碾进行碾压。条幅之间接缝,铺设沥青混合料后应立即进行碾实,以获得最佳的压实效果。在碾压过程中有沥青混合料粘轮现象时,可向碾压轮洒少量水或洒加洗衣粉的水,严禁涂洒柴油。

5. 沥青混凝土面板接缝处理

为提高整体性,接缝边缘通常由摊铺机铺筑成 45°。当接缝处沥青混合料温度较低(<60 ℃)时,对接缝处的松散料应予清除,并用红外线或燃气加热器将接缝处 20 ~ 30 cm 加热到 100 ~ 110 ℃后再铺筑新的条幅进行碾压。有时在接缝处涂刷热沥青,以增强防渗效果。对于防渗层铺筑后发现的薄弱接缝处,仍需用加热器加热并用小型夯实器压实。

第六节　砌石坝施工

砌石坝坝体结构简单,施工方便,可就地取材,工程量较小;坝顶可以溢流,施工导流和度汛问题容易解决,导流费用低,故在中、小型工程中常见此坝型。

砌石坝施工程序为:坝基开挖与处理,石料开采、储存与上坝,胶凝材料的制备与运输,坝体砌筑,施工质量检查和控制。

一、筑坝材料

(一)石料开采、储存与上坝

砌石坝所采用的石料有细料石、粗料石、块石和片石。细料石主要用做坝面石、拱石及栏杆石等,粗料石多用于浆砌石坝,块石用于砌筑重力坝内部,片石则用于填塞空隙。石料必须质地坚硬、新鲜,不得有剥落层或裂纹。

坝址附近应设置储料场,必须对料场位置、石料储量、运距和道路布置作全面规划。在中、小型工程中,主要靠人工进行石料及胶结材料的上坝运输。坝面过高,则使用常用设备运输上坝,如简易缆式起重机、塔式起重机、钢井架提升塔、卷扬道、履带式起重机等。

(二)胶结材料制备

砌石坝的胶结材料主要有水泥砂浆和一、二级配混凝土。胶结材料应具有良好的和易性,以保证砌体质量和砌筑工效。

1. 水泥砂浆

水泥砂浆由水泥、砂、水按一定比例配合而成。水泥砂浆常用的强度等级为 M5.0、M7.5、M10.0、M12.5 四种。对于较高或较重要的浆砌石坝,水泥砂浆的配比应通过试验确定。

2. 细石混凝土

混凝土由水泥、水、砂和石子按一定比例配合而成。细石多采用 5 ~ 20 mm 和 20 ~ 40 mm二级配,配比大致为 1∶1,也可根据料源及试验情况确定。混凝土常用的强度等级分为 10.0 MPa、15.0 MPa、20.0 MPa 三种。为改善胶结材料的性能、降低水泥用量,允许在胶结材料中掺入适量掺合料或外加剂,但必须通过试验确定其最优掺量。

二、坝体砌筑

坝基开挖与处理结束,经验收合格后,进行坝体砌筑。块石砌筑是砌石坝施工的关键工作,砌筑质量直接影响坝体的整体强度和防渗效果,故应根据不同坝型,合理选择砌筑方法,严格控制施工工艺。

(一)拱坝的砌筑

(1)全拱逐层全断面均匀上升砌筑。这种方法是沿坝体全长砌筑,每层面石、腹石同时砌筑,逐层上升。一般采用一顺一丁砌筑法或一顺二丁砌筑法。

(2)全拱逐层上升,面石、腹石分开砌筑。即沿拱圈全长逐层上升,先砌面石,再砌腹石。该方法用于拱圈断面大、坝体较高的拱坝。

(3)全拱逐层上升,面石内填混凝土。即沿拱圈全长先砌内外拱圈面石,形成厢槽,再在槽内浇筑混凝土。这种方法用于拱圈较薄、混凝土防渗体设在中间的拱坝。

(4)分段砌筑,逐层上升。即将拱圈分成若干段,每段先砌四周面石,然后砌筑腹石,逐层上升。这种方法的优点是便于劳动组合,适用于跨度较大的拱坝,但增加了径向通缝。

(二)重力坝的砌筑

重力坝砌筑工作面开阔,通常采用沿坝体全长逐层砌筑、不分段的施工方法。但当坝轴线较长、地基不均匀时,也可根据情况进行分段砌筑,每个施工段逐层均匀上升。若不能保证均匀上升,则要求相邻砌筑面高差不大于 1.5 m,并做成台阶形连接。重力坝砌筑多用上下层错缝，水平通缝法施工。为了减少水平渗漏，可在坝体中间砌筑一水平错缝段。

三、施工质量检查与控制

砌石工程施工应符合《浆砌石坝施工技术规定》(SD 120—84)，检查项目包括原材料、半成品及砌体的质量检查。

(一)浆砌石体的质量检查

砌石工程在施工过程中，要对砌体进行抽样检查。常规的检查项目及检查方法有下列几种。

1. 浆砌石体表观密度检查

浆砌石体的表观密度检查是质量检查中比较关键的地方。浆砌石体表观密度检查有试坑灌砂法与试坑灌水法两种。以灌砂、灌水的手段测定试坑的体积，并根据试坑挖出的浆砌石体各种材料重量，计算出浆砌石体的单位重。

2. 胶结材料的检查

砌石所用的胶结材料应检查其拌和均匀情况，并取样检查其强度。

3. 砌体密实性检查

砌体的密实性是反映砌体砌缝与饱满的程度、衡量砌体砌筑质量的一个重要指标。砌体的密实性以其单位吸水量表示。其值愈小，砌体的密实性愈好。单位吸水量用压水试验进行测定。

(二)砌筑质量的简易检查

1. 在砌筑过程中翻撬检查

对已砌砌体抽样翻起，检查砌体是否符合砌筑工艺要求。

2. 钢钎插扎注水检查

竖向砌缝中的胶结材料初凝后至终凝前，以钢钎沿竖缝插孔，待孔眼成型稳定后向孔中注入清水，观察 5 ~ 10 min，若水面无明显变化，说明砌缝饱满密实；若水迅速漏失，说明砌体不密。

3. 外观检查

砌体应稳定，灰缝应饱满，无通缝；砌体表面应平整，尺寸符合设计要求。

第七章　基础工程施工

水工建筑的地基一般分为岩石地基、土壤地基或砂砾石地基。由于工程地质和水文地质作用的影响，天然地基往往存在一些不同程度、不同形式的缺陷，经过人工处理，使地基具有足够的强度、整体性、抗渗性和耐久性，方能作为水工建筑物的地基。

由于天然地基性状的复杂多样，各种建筑物对地基的要求各有不同。因此，不同的地质条件、不同的建筑物形式，要求用不同的处理措施和方法，对于这些处理方案，这里不作一一介绍，仅从施工的角度，对坝基开挖，岩基、土壤地基、砂砾石地基处理，岩基灌浆进行介绍。

第一节　基坑开挖与地基处理

一、基坑开挖

(一)岩基开挖

岩基开挖就是按照设计要求，将风化、破碎和有缺陷的岩层挖除，使水工建筑物建在完整坚实的岩石面上。开挖的工程量往往很大，从几万立方米到几十万立方米，甚至上千万立方米，需要投入大量的人力、资金和设备，占用很长的工期。因此，选择合理的开挖方法和措施，保证开挖的质量，加快开挖的速度，确保施工的安全，对于加快整个工程的建设具有重要的意义。

岩基开挖前应做好以下工作：

(1)熟悉基本资料。详细分析坝址区的工程地质和水文地质资料，了解岩性，掌握各种地质缺陷的分布及发育情况。

(2)明确水工建筑物设计对地基的具体要求。

(3)熟知工程的施工条件和施工技术水平及装备力量。

(4)与业主、地质、设计、监理等人员共同研究，确定适宜的地基开挖范围、深度和形态。

地基开挖是一个重要的施工环节，为保证开挖的质量、进度和安全，应解决好以下几个方面的问题：

(1)做好基坑排水工作。在围堰闭气后，立即排除基坑积水及围堰渗水，布置好排水系统，配备足够的排水设备，边下挖基坑、边降水，降低和控制水位，确保开挖工作不受水的干扰。

(2)合理安排开挖程序。由于受地形、时间和空间的限制，水工建筑物基坑开挖一般比较集中，工种多，安全问题比较突出。因此，基坑开挖的程序，应本着自上而下、先坡岸后河槽的原则。如果河床很宽，也可考虑部分河床和岸坡平行作业，但应采取有效的安全措施。无论是河床还是岸坡，都要由上而下，分层开挖，逐步下降，如图 7-1 所示。

(3)选定合理的开挖范围和形态。基坑开挖范围主要取决于水工建筑物的平面轮廓，还要满足机械的运行、道路的布置、施工排水、立模与支撑的要求。放宽的范围一般从几米

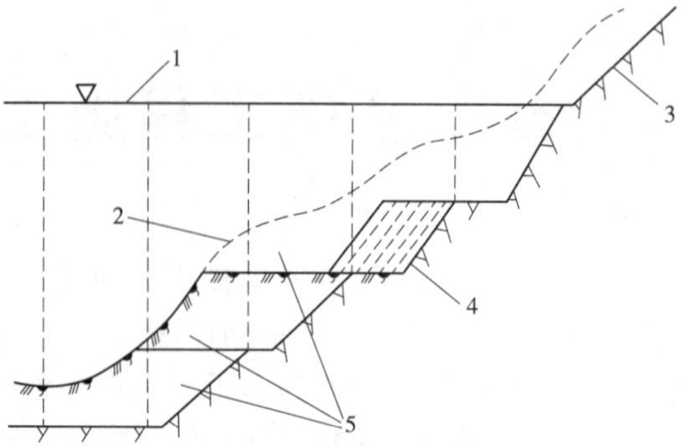

1—坝顶线;2—原地面线;3—安全削坡;4—开挖线;5—开挖层

图 7-1 坝基开挖程序

到十几米不等,由实际情况而定。开挖以后的岩基面,要求尽量平整,并尽可能略向上游倾斜,高差不易太大,以利于水工建筑物的稳定。要避免基岩有尖突部分和应力集中。开挖形态如图 7-2 所示。

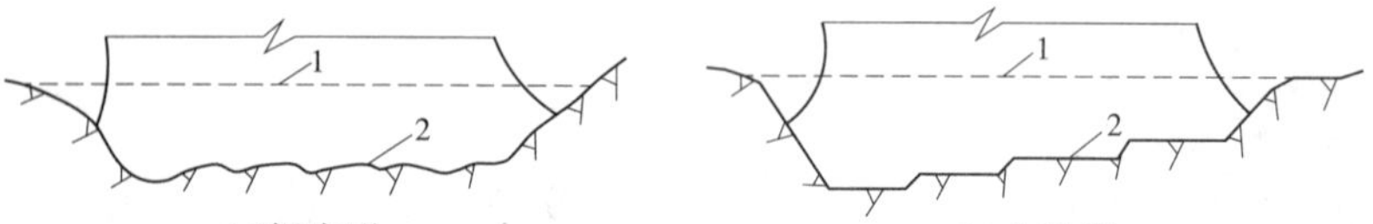

1—原基岩面;2—基岩开挖面

图 7-2 坝基开挖形态

(4)正确选择开挖方法,保证开挖质量。岩基开挖的主要方法是钻孔爆破法。坝基岩石开挖,应采用分层梯段松动爆破;边坡轮廓面开挖,应采用预裂爆破或光面爆破;紧邻水平基建面,应采用预留岩体保护层,并对保护层进行分层爆破。开挖偏差的要求:对节理裂隙不发育、较发育、发育和坚硬、中硬的岩体,水平基准面高程的开挖偏差不应大于 ±20 cm;设计边坡轮廓面的开挖偏差,在一次钻孔深度条件下开挖时,不应大于其开挖高度的 ±2%;在分台阶开挖时,其最下部的一个台阶坡脚位置的偏差,以及整体边坡的平均坡度,均应符合设计要求。

坝基岩石开挖,一般采用延长药包梯段爆破、毫秒分段起爆,最大一段起爆药量不得大于 500 kg。对不具备梯段地形的岩基,应先平行地拉槽毫秒起爆,创造梯段爆破条件。紧邻水平基准面的爆破,应防止爆破队基岩的不利影响,一般采取预留保护层的方法。保护层的开挖是控制基岩质量的关键,其要点是:分层开挖,梯段爆破,控制一次起爆药量,控制爆破震动影响。对于基建面 1.5 m 以上的一层岩石,应采用梯段爆破,炮孔装药直径不应大于 40 mm,手风钻钻孔,一次起爆药量控制在 300 kg 以内;保护层上层开挖,采用梯段爆破,控制药量和装药直径;中层开挖控制装药直径小于 32 mm,采用单孔起爆,距基建面 0.2 m 厚度的岩石应撬挖。边坡预裂爆破或光面爆破的效果应符合以下要求:在开挖轮廓面上,残留炮孔痕迹应均匀分布,对于节理裂隙不发育的岩体,炮孔痕迹保存率应达到 80% 以上;对节理裂隙较发育和发育的岩体,应达到 80% ~50%;对节理裂隙极发育的岩体,应达到 50% ~10%;相邻炮孔间岩面的不平整度,不应大于 15 cm;预裂炮孔和梯段炮孔在同一个爆破网路中时，预裂孔先于梯段孔起爆的时间不得小于75～100 ms。

（二）软基开挖

软基开挖的施工方法与一般土方开挖方法相同，由于地基的施工条件比较特殊，常会遇到下述困难，应采取相应的措施，确保开挖工作的顺利进行。

1. 淤泥

淤泥的特点是颗粒细、水分多、人无法立足，应视情况不同，分别采取措施。

（1）稀淤泥。特点是含水量高，流动性大，此挖彼来，装筐易漏。当稀淤泥较薄、面积较小时，可将干砂倒入，进占挤淤，形成土埂，可在土埂上进行挖运作业；如面积大，要同时填筑多条土埂，分区治理，以防乱流；若淤泥深度大、面积广，可将稀淤泥分区围埂，分别排入附近挖好的深坑内。

（2）烂淤泥。特点是淤泥层较厚，含水量较小，黏稠，锹插难拔，粘锹不易脱离。为避免粘锹，挖前先将锹蘸水，也可用三股钗或五股钗代替铁锹。为解决立足问题，采取一点突破，此法自坑边沿起，集中力量突破一点，一直挖到硬土上，再向四周扩展；或者采用苇排铺路法，即将芦苇扎成捆枕，每三枕用桩连成苇排，铺在烂泥上，人在排上挖运。

（3）夹砂淤泥。特点是淤泥中有一层或几层夹砂层。如果淤泥厚度较大，可采用前面之法挖除；如果淤泥层很薄，先将砂面晾干，能站人时，方可进行，开挖时连同下层淤泥一同挖除，露出新砂面。切勿将夹砂层挖混，造成开挖困难。

2. 流砂

采用明式排水开挖基坑时，由于形成了较大的水力坡降，造成渗流挟带细砂从坑底上冒，或在边坡上形成管涌、流土等现象，即为流砂。流砂现象一般发生在非黏性土中，主要与砂土的含水量、孔隙率、黏粒含量和动水压力的水力坡度有关，在细砂、中砂中经常发生，也可能在粗砂中发生。治理流砂主要是解决好“排”与“封”的问题。“排”即是及时将流砂层中的水排出，降低含水量和水力坡度；“封”即是将开挖区的流砂封闭起来。如坑底翻砂冒水，可在较低的位置挖沉沙池坑，将竹筐或柳条筐沉入坑底，水进筐内而砂被阻于其外，然后将筐内水排走。对于坡面流砂，当土质允许，流砂层又较薄（一般在4～5 m以内）时，可采取开挖方法，一般放坡为1:4～1:8，但这要扩大开挖面积，增加工程量。因此，基坑开挖中，常采取以下措施进行治理。

当挖深不大、面积较小时，可以采取护面措施。做法如下：

（1）砂石护面。在坡面上先铺一层粗砂，再铺一层小石子，各层厚5～8 cm，形成反滤层，坡脚挖排水沟，做同样的反滤层，如图7-3所示，既可防止渗水流出时挟带泥沙，又可防止坡面径流冲刷。

（2）柴枕护面。在坡面上铺设爬坡式柴枕，坡脚设排水沟，沟底及两侧均铺柴枕，以起到滤水拦砂的作用，如图7-4所示，一定距离打桩加固，防止柴枕下坍移动。

当基坑坡面较长、基坑开挖较大时，可采取柴枕拦砂法处理，如图7-5所示。其做法是：在坡面渗水范围的下侧打入木桩，桩内叠铺柴枕。

3. 泉眼治理

泉眼产生是由于基坑排水不畅，致使地下水从局部穿透薄弱土层，流出地面，或地基深层的承压水击穿所致。发生的地点一般在地质钻孔处。如泉眼为清水，只需将流水引向集水井，排出基坑外；如泉眼流出的是浑水，则抛铺粗砂和石子各一层，经过滤变为清水再流出，再引向集水井，排出基坑外；如泉眼位于建筑物底部，先在泉眼上铺设砂石滤层，用插入的铁管将泉水引出混凝土之外，浇筑混凝土，最后用较干的水泥砂浆将排水管堵塞。

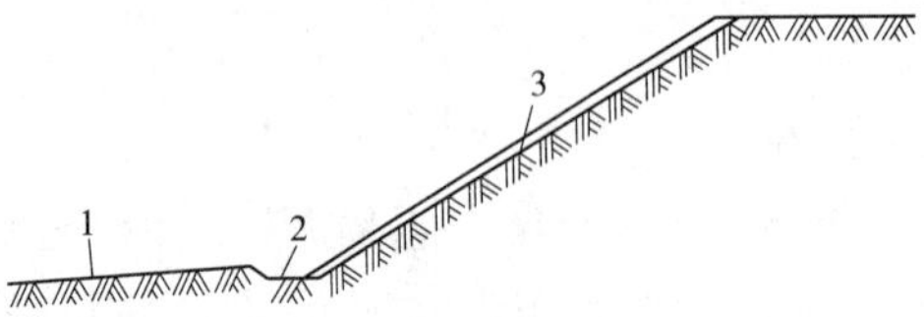

1—水闸基坑；2—排水沟；3—砂石护面

图 7-3　砂石护面

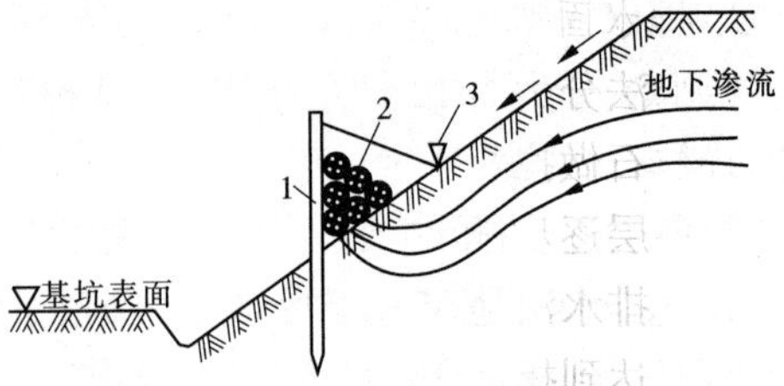

1—木桩；2—柴枕；3—小木桩

图 7-4　柴枕护面

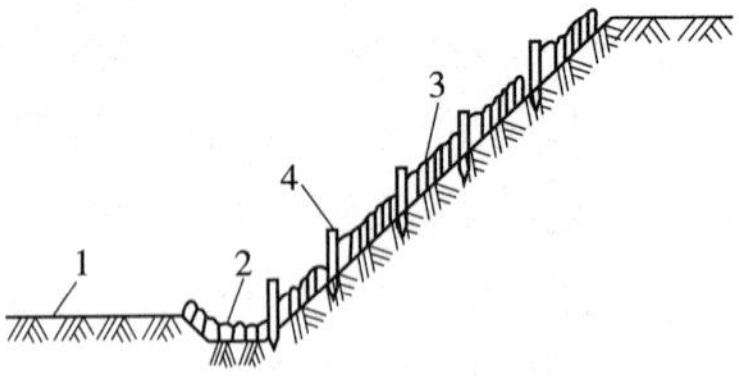

1—水闸基坑；2—排水沟；3—柴枕；4—钎枕桩

图 7-5　柴枕拦砂

二、地基处理

在工程和水文因素的影响下，天然地基会存在一定程度的缺陷，需要对其进行一定的处理使其具有水利工程所需的强度、整体性和抗渗性等，因此需要对地基进行处理。

地基按地层的性质分为两大类，一类是岩基，一类是软基（包括土基和砂砾石地基）。开挖是地基处理中最为常见的方法，其受工期、开挖条件、费用和机械设备性能等客观条件的限制，地基处理还需要根据工程对地基处理的要求，采用更有效的方法。

（一）土基处理

1. 土基加固

1）换填法

换填法是将建筑物基础下的软弱土层或缺陷土层的一部分或全部挖去，然后换填密度大、压缩性低、强度高、水稳性好的天然或人工材料，并分层夯（振、压）实至要求的密实度，达到改善地基应力分布、提高地基稳定性和减少地基沉降的目的。

换填法的处理对象主要是：淤泥、淤泥质土、湿陷性土、膨胀土、冻胀土、杂填土地基。水利工程中常用的垫层材料有：砂砾土、碎（卵）石土、灰土、壤土、中砂、粗砂、矿渣等。近年来，土工合成材料加筋垫层因为良好的处理效果而受到重视并得到广泛的应用。

换土垫层与原土相比，其优点是具有很高的承载力，刚度大、变形小，它可提高地基排水固结的速度，防止季节性冻土的冻胀，清除膨胀土地基的胀缩性及湿陷性土层的湿陷性。灰土垫层还可以使其下土层含水量均衡转移，减小土层的差异性。

根据换填材料的不同，将垫层分为砂石（砂砾、碎卵石）垫层、土垫层（素土、灰土、二灰土垫层）、粉煤灰垫层、矿渣垫层、加筋砂石垫层等。

在不同的工程中，垫层所起的作用也是不相同。如一般水闸、泵房基础下的砂垫层主要起到换土的作用，而在路堤和土坝等工程中，砂垫层主要起排水固结的作用。

2）排水固结法

排水法分为水平排水法和竖直排水法。水平排水法是在软基的表面铺一层粗砂或级配好的砂粒石做排水通道，在垫层上堆土或其他荷载，使孔隙水压力增高，形成水压差，孔隙水通过砂垫层逐步排出，孔隙减小，土被压缩，密度增加，强度提高。

竖直排水法是在软土层中建若干排水井，灌入砂子，形成竖向排水通道，在堆土或外荷载作用下达到排水固结、提高强度的目的。排水距离短，这样就大大缩短排水和固结的时间。砂井直径一般多采用 20 ~ 100 cm，井距采用 1.0 ~ 2.5 m。井深主要取决于土层情况：软土层较薄时，砂井宜贯穿软土层；软土层较厚且夹有砂层时，一般可设在砂层上；软土层较厚又无砂层，或软土层下有承压水时，则不应打穿。

3）强夯法

强夯法是使用吊升设备将重锤起吊至较大高度后，通过其自由落下所产生的巨大冲击能量来对地基产生强大的冲击和振动，从而改善加密和固实地基土壤，使地基土的各方面特性（如密实度、承载力和稳定性）得到很好的提高。

强夯法适用于处理碎石土、砂土及低饱和度的粉土、黏性土、杂填土、湿陷性黄土等各类地基。

强夯法具有设备简单、施工速度快、不添加特殊材料等特点，因此强夯法目前已成为我国最常用的地基处理方法之一。

4）振动水冲法

振动水冲法是用一种类似插入式混凝土振捣器的震冲器，在土层中进行射水振冲造孔，并以碎石或砂砾充填形成碎石桩或砂砾桩，达到加固地基的一种方法。这种方法不仅适用于松砂地基，也可用于黏性土地基。因碎石桩承担了大部分的传递荷载，同时又改善了地基排水条件，加速地基的固结，因而提高了地基的承载能力。一般碎石桩的直径为 0.6 ~ 1.1 m，桩距视地质条件在 1.2 ~ 2.5 m 范围内选择。采用此法应考虑要有充足的水源。

5）混凝土灌注桩

桩基础简称桩基，是提高土基承载能力最有效的方法之一。桩基是由若干个沉入土中的单桩组成的一种深基础，是由基桩和连接于基桩桩顶的承台共同组成的，承台和承台之间再用承台梁相互连接。若承台下只用一根桩（通常为大直径桩）来承受和传递上部结构（通常为柱）的荷载，这样的桩基础称为单桩基础；承台下有 2 根或 2 根以上基桩组成的桩基础为群桩基础。桩基础的作用是将上部结构的荷载，通过上部较软弱地层传递到深部较坚硬的、压缩性较小的土层或岩层。

按桩的传力方式不同，将桩基分为端承桩和摩擦桩。端承桩就是穿过软土层并将建筑物的荷载直接传递给坚硬土层的桩。摩擦桩是将桩沉至软弱土层一定深度，用以挤密软弱土层，提高土层的密实度和承载能力，上部结构的荷载主要由桩身侧面与土之间的摩擦力承受，桩间阻力也承受少量的荷载。

按桩的施工方法，有预制桩和灌注桩两类。预制桩是在工厂或施工现场用不同的建筑材料制成的各种形状的桩，然后用打桩设备将预制好的桩沉入地基土中。沉桩的方法有锤击沉桩、静力压桩、振动沉桩等。灌注桩是在设计桩位先成孔，然后放入钢筋骨架，再浇筑混凝土而成的桩。灌注桩按成孔的方法不同，分为泥浆护壁成孔灌注桩、干作业成孔灌注桩、套管成孔灌注桩、爆扩成孔灌注桩等。

a. 混凝土及钢筋混凝土灌注桩施工

混凝土及钢筋混凝土灌注桩（简称灌注桩），是直接在桩位上成孔，然后利用混凝土或砂石等材料就地灌注而成。与预制桩相比，其优点是施工方便，节约材料，成本低；缺点是操作要求高，稍有疏忽，容易发生缩颈、断桩现象，技术间隔时间较长，不能立即承受荷载等。

b. 挖孔灌注桩

人工挖孔灌注桩是指在桩位上用人工挖直孔，每挖一段即施工一段支护结构，如此反复向下挖至设计深度，然后放下钢筋笼，浇筑混凝土而成桩。

人工挖孔灌注桩设备简单，对施工现场原有建筑物影响小，挖孔时，可直接观察土层变化情况，及时清除沉渣，并可同时开挖若干个桩孔，降低施工成本等。

人工挖孔灌注桩施工，主要应解决孔壁坍塌、施工排水、流砂和管涌等问题。为此，事先应根据地质水文资料，拟订合理的衬圈护壁和施工排水、降水方案。常用护壁方案有：混凝土护圈、沉井护圈和钢套管护圈三种。

(1)混凝土护圈挖孔桩。

混凝土护圈挖孔桩，亦称“倒挂金钟”施工方法，即分段开挖、分段浇筑护圈混凝土，直至设计高程后，再将桩的钢筋骨架放入护圈井筒内，然后浇筑井筒桩基混凝土。

(2)沉井护圈挖孔桩。

沉井护圈挖孔桩，是先在桩位上制作钢筋混凝土井筒，然后在井筒内挖土，井筒靠自重或附加荷载来克服筒壁与土壤之间的摩擦力，使其下沉至设计标高，再在筒内浇筑桩基混凝土。

(3)钢套管护圈挖孔桩。

钢套管护圈挖孔桩，是先在桩位处打入钢套管，直至设计标高，然后将套管内的土挖出后浇筑桩基混凝土。待桩基混凝土浇筑完毕，随即将套管拔出移至另一桩位使用。

钢套管由 12 ~ 16 mm 厚的钢板焊接加工成型，其长度根据设计要求而定。当地质构造有流砂或承压含水层时，采用这种方法施工，可避免产生流砂和管涌现象，能确保施工安全。

挖孔桩施工时：挖孔时应注意井内排水，孔底施工人员必须戴安全帽，孔上必须有人监督防护，护壁应高出地面 200 ~ 300 mm，以防杂物掉入孔内，孔周围应设置安全防护栏杆，孔内照明应用安全电压，潜水泵必须有防漏电装置，设置鼓风机，向孔内输送洁净空气，排出有害气体等。

c. 钻孔灌注桩施工

钻孔灌注桩是先在桩位上用钻孔设备进行钻孔（用螺旋钻机、潜水电钻、冲孔机等冲钻而成，也可利用工具桩或将尖端封闭钢管打入土中，拔出成孔），然后灌注混凝土。

在有地下水、流砂、砂夹层及淤泥等土层中钻孔时，先在测定桩位上埋设护筒，护筒一般由 3 ~ 5 mm 厚钢板做成，其直径比钻头直径大 10 ~ 20 cm，以便钻头提升操作等。护筒的作用有三个：一是起导向作用，使钻头能沿着桩位的垂直方向工作；二是提高孔内泥浆水头，防止塌孔；三是保护孔口，防止孔口破坏。护筒定位应准确，埋置应牢固密实，防止护筒与孔壁间漏水。

钻孔的同时在护筒中灌入密度为 1.1 ~ 1.3 g/cm^3 的黏土泥浆或膨润土泥浆，用以衬护孔壁,避免出现塌孔现象。

泥浆护壁成孔时容易发生斜孔、弯孔、缩孔和塌孔,沿套管周围冒浆等情况,此时要立即停止钻孔,根据不同问题采用相应措施后方可继续施工。

在钻孔到达设计深度后,要用探测器检查桩孔直径、深度和孔底情况,并及时进行清孔。清孔可用压缩空气喷翻泥浆,同时注入清水,被稀释的泥浆便夹杂着沉渣逐渐流出孔外。清孔时应保持护筒中的水位高出地下水位 1.5 m,防止塌孔。清孔后桩底沉渣允许厚度:对摩擦桩不得大于 300 cm,对端成桩不得大于 100 cm。

在钻孔过程中若发现排出的泥浆中不断的有气泡,或护筒内的水位突然下降,这表明有可能是塌孔。这时要加大泥浆的比重,保持孔内的水位。

清孔后应及时下入钢筋骨架,进行水下混凝土浇筑。水下混凝土强度等级不应低于 C20,骨料粒径不应大于 300 mm,混凝土坍落度 16 ~ 22 cm。为了改善混凝土的和易性,可掺入减水剂和粉煤灰等掺合料。水泥强度不低于 32.5 MPa,每 1 m^3 混凝土中水泥用量不少于 350 kg。

混凝土浇到接近桩顶时要随时测量顶部的高度,以免顶部过高或过低造成截桩或补桩。

d. 打拔管灌注桩

打拔管灌注桩,利用与桩的设计尺寸相适应的一根钢管,在端部套上预制的桩靴打入土中,然后将钢筋骨架放入钢管内,再浇筑混凝土,并随灌随将钢管拔出,利用拔管时的振动将混凝土捣实。

沉管时必须将桩尖活瓣合拢。如有水泥或泥浆进入管中,则应将管拔出,用砂回填桩孔后,再重新沉入土中,或在钢管中灌入一部分混凝土后再继续沉入。

拔管速度,一般土层中为 1.2 ~ 1.5 m/min,在软弱土层中不得大于 0.8 ~ 1.0 m/min。在拔管过程中,每拔起 0.5 m 左右,应停 5 ~ 10 s,但保持振动,如此反复进行直到将钢管拔离地面。

根据承载力的要求不同,拔管方法可分别采用单打法、复打法和翻插法。

在淤泥或软土中沉管时,土受到挤压产生空隙水压,拔管后便挤向新灌的混凝土,造成缩颈。此外,当拔管速度过快,管内混凝土量过大时,混凝土的出管扩散性差也会造成缩颈。

e. 旋喷加固法

旋喷加固法是利用旋喷机具建造旋喷桩以提高地基的承载能力,也可以做联锁桩或定向喷射形成连续墙,用于地基防渗。旋喷法适用于砂土、黏性土、淤泥等地基的加固,对砂卵石(最大粒径不大于 20 cm)的防渗也有较好的效果。

f. 混凝土预制桩施工

混凝土预制桩有实心桩和空心桩两种。空心桩由预制厂用离心法生产而成。实心桩大多在现场预制。

预制桩必须提前订货加工,打桩时预制桩强度必须达到设计强度的 100%。由于桩身弯曲过大,强度不足或地下有障碍物等,桩身易断裂,所以在使用时要及时检查。

2. 截渗处理

由于受河道水流和地下水位的影响,河堤、大坝以及建筑物的地基会产生一定程度的渗透变形,严重时将危及建筑物的安全。解决的办法是截断渗流通道,以减少渗透变形。具体处理办法有以下几种。

1)高压喷射灌浆

高压喷射灌浆法是利用钻机把带有特制喷嘴的注浆管钻进土层的预定位置后,用高压泵将水泥浆液通过钻杆下端的喷射装置,以高速喷出,冲击切削土层,使喷流射程内土体破坏,同时钻杆一方面以一定的速度(20 r/min)旋转,另一方面以一定速度(15 ~ 30 cm/min)徐徐提升,使水泥浆与土体充分搅拌混合,胶结硬化后即在地基中形成具有一定强度(0.5 ~ 8.0 MPa)的固结体,从而使地基得到加固。

2)防渗墙

防渗墙是修建在挡水建筑物地基透水地层中的防渗结构,可用于坝基和河堤的防渗加固。防渗墙之所以得到广泛的应用是因为其结构可靠、防渗效果好、施工方便、适应不同地层条件等。根据成墙材料和成墙工法的不同,常见的有水泥土防渗墙和塑性混凝土防渗墙两种。

a. 泥浆和泥浆系统

建造槽孔时,孔内的泥浆有支撑孔壁及悬浮钻渣和冷却钻具的作用。因此,要求泥浆具有良好的物理性能、流变性能、稳定性能和抗水泥污染性能。

确定泥浆的技术指标必须根据具体工程的地质和水文地质条件、成槽方法及使用部位等因素确定。如土坝加固时为了防止泥浆压力作用产生新的裂缝,要选用密度较小的泥浆;在松散地层中,浆液漏失严重,要选用黏度大、静切力高的泥浆。

泥浆系统完备与否直接影响防渗墙造孔的质量。

b. 水泥土防渗墙

水泥土防渗墙是软土地基的一种新的截渗方法,它是用水泥、石灰等材料作为固化剂,通过深层搅拌机械,在地基深处就地将软土和固化剂强制搅拌,固化剂和软土经过一系列物理化学反应后,软土硬化成具有整体性、水稳定性和一定强度的良好地基。深层搅拌桩施工分干法和湿法两类,干法是采用干燥状态的粉体材料作为固化剂,如石灰、水泥、矿渣粉等;湿法是采用水泥浆等浆液材料作为固化剂。下面只介绍湿法施工工艺。

(1)施工机械。

深层搅拌机是进行深层搅拌施工的关键机械,在地基深处就地搅拌需要强有力的工具,目前有中心管喷浆方式和叶片喷浆方式两种。中心管喷浆方式中的水泥浆是从两根搅拌轴之间的另一根管子输出的,当叶片直径在 1 m 以下时也不影响搅拌的均匀性。叶片喷浆方式水泥浆从叶片上的小孔喷出,水泥浆与土体混合较均匀,这比较适合对大直径叶片的连续搅拌。但喷浆管容易被土或其他物体堵塞,故只能使用纯水泥浆,且机械加工较为复杂。

(2)施工程序。

深层搅拌法施工工艺过程如下:

①机械定位。搅拌机自行移至桩位、对中,地面起伏不平时,应进行平整。

②预搅下沉。启动搅拌机电机,放松起重机钢丝绳,使搅拌机沿导向架搅拌切土下沉。如下沉速度太慢,可从输浆系统补给清水以利钻进。

③制备水泥浆。搅拌机下沉时,按设计给定的配合比制备水泥浆,并将制备好的水泥浆倒入集料斗。

④喷浆提升搅拌。搅拌机下沉到设计深度时,开启灰浆泵,将浆液压入地基中,并且边喷浆,边旋转,同时按设计要求的提升速度提升搅拌机。

⑤重复上下搅拌。深层搅拌机提升至设计加固标高时,集料斗中的水泥浆应正好注完,为使软土搅拌均匀,应再次将搅拌机边旋转边沉入土中,至设计加固深度后再将搅拌机提升出地面。

⑥清洗。向集料斗中注入适量清水,开启灰将泵,清除全部管线中残存的水泥浆,并将黏附在搅拌头上的软土清除干净。

⑦移至下一桩位,重复上述步骤,继续施工。

c. 浇筑混凝土

防渗墙混凝土浇筑是在泥浆下进行的,它除了满足一般混凝土的要求外,还要满足下列要求:

(1)混凝土浇筑要连续均衡地上升。由于无法处理混凝土施工缝,所以要连续地注入混凝土,均匀上升直至全槽成墙。

(2)不允许泥浆和混凝土掺混形成泥浆夹层。输送混凝土导管下口要始终埋在混凝土的内部,不要脱空;混凝土只能从先倒入的混凝土内部扩散,混凝土与泥浆只能始终保持一个接触面。

d. 塑性混凝土防渗墙

塑性混凝土防渗墙具有结构可靠,防渗效果好的特点,能适应多种不同的地质条件,修建深度大,施工时几乎不受地下水位的影响。

塑性混凝土防渗墙的基本形式是槽孔型,它是由一段段槽孔套节而成的地下墙,施工分两期进行,先施工的为一期槽孔,后施工的为二期槽孔,一、二期槽孔套接成墙。

塑性防渗墙的施工程序为:造孔前的准备、泥浆固壁造孔、终孔验收和清孔换浆、浇筑防渗墙混凝土、全墙质量验收等。

(1)造孔前的准备工作。

造孔前的准备工作包括测量放线、确定槽孔长度、设置导向槽和辅助作业。

(2)泥浆固壁造孔。

由于土基比较松软,为了防止槽孔坍塌,造孔时应向槽孔内灌注泥浆以维持孔壁稳定。注入槽孔内的泥浆除了有固壁作用外,在造孔过程中,还有悬浮泥土和冷却、润滑钻头的作用,渗入孔壁的泥浆和胶结在孔壁的泥皮,还有防渗作用。造孔用的泥浆可用黏土或膨润土与水按一定比例配制。

(3)终孔验收和清孔换浆。

造孔后应做好终孔验收和清孔换浆工作。造孔完毕后,孔内泥浆特别是孔底泥浆常含有大量的土石渣,影响混凝土的浇筑质量。因此,在浇筑前必须进行清孔换浆,以清除孔底的沉渣。

(4)泥浆下混凝土浇筑。

泥浆下混凝土浇筑特点是:不允许泥浆与混凝土掺混形成泥浆夹层;确保混凝土与不透水地基以及一、二期混凝土之间的良好结合;连续浇筑,一气呵成。

开浇前要在导管内放入一个直径较导管内经略小的导注塞(皮球或木球),通过受料斗向导管内注入适量的水泥砂浆,借水泥砂浆的重力将导注塞压至孔底,并将管内泥浆排出孔外,导注塞同时浮出泥浆液面。然后连续向导管内输送混凝土,保证导管底口埋入混凝土中的深度不小于1 m,但不超过6 m,以防泥浆掺混和埋管。浇筑时应遵循先深后浅的顺序,即从最深的导管开始,由深到浅一个一个导管依次开浇,待全槽混凝土面浇平后,再全槽均衡上升,混凝土面上升速度不应小于2 m/h,相邻导管处混凝土面高差应控制在0.5 m以内。

(二)岩基处理

岩基的一般地质缺陷,经过开挖和灌浆处理后,地基的承载力和防渗性能都可以得到不同程度的改善。但对于一些比较特殊的地质缺陷,如断层破碎带、缓倾角的软弱夹层、层理以及岩溶地区较大的空洞和漏水通道等,如果这些缺陷的埋深较大或延伸较远,采用开挖处理在技术上就不太可能,在经济上也不合算,常须针对工程具体条件,采用一些特殊的处理措施。

1. 断层破碎带的处理

由于地质构造原因形成的破碎带,有断层破碎带和挤压破碎带两种。经过地质错动和挤压,其中的岩块极易破碎,且风化强烈,常夹有泥质充填物。

对于宽度较小或闭合的断层破碎带,如果延伸不深,常采用开挖和回填混凝土的方法进行处理,即将一定深度范围内的断层和破碎风化岩层清理干净,直到新鲜岩基,然后回填混凝土。如果断层破碎带需要处理的深度很大,为了克服深层开挖的困难,可以采用大直径钻头(直径在1 m以上)钻孔,到需要深度再回填混凝土。

对于埋深较大且为陡倾角断层破碎带,在断层出露处回填混凝土,形成混凝土塞(取断层宽度的1.5倍),必要时可沿破碎带开挖斜井和平洞,回填混凝土,与断层相交一定长度,组成抗滑塞群,并有防渗帷幕穿过,组成混合结构。

2. 岩溶处理

岩溶是可溶性岩层长期受地表水或地下水的溶蚀和溶滤作用后产生的一种自然现象。由岩溶现象形成的溶槽、漏斗、溶洞、暗河、岩溶湖、岩溶泉等地质缺陷,削弱基岩的承载能力,形成漏水的通道。处理岩溶的主要目的是防止渗漏,保证蓄水,提高坝基的承载能力,确保大坝的安全稳定。

对坝基表层或较浅的地层可开挖、清除后填充混凝土;对松散的大型溶洞可对洞内进行高压旋喷灌浆,使填充物和浆液混合,连成一体,可提高松散物的承受能力;对裂缝较大的岩溶地段用群孔水气冲洗,高压灌浆对裂缝进行填充。

对岩溶的处理可采取堵、铺、截、围、导、灌等措施。堵就是堵塞漏水的洞眼;铺就是在漏水的地段做铺盖;截就是修筑截水墙;围就是将间歇泉、落水洞等围住,使之与库水隔开;导就是将建筑物下游的泉水导出建筑物以外;灌就是进行固结灌浆和帷幕灌浆。

3. 软弱夹层的处理

软弱夹层是指基岩层面之间或裂隙面中间强度较低、已经泥化或容易泥化的夹层,受到上部结构荷载作用后,很容易产生沉陷变形和滑动变形。软弱夹层的处理方法,视夹层产状和地基的受力条件而定。

对于陡倾角软弱夹层,如果没有与上、下游河水相通,可在断层入口进行开挖,回填混凝土,提高地基的承载力;如果夹层与库水相通,除对坝基范围内的夹层开挖回填混凝土外,还要对夹层入渗部位进行封闭处理;对于坝肩部位的陡倾角软弱夹层,主要是防止不稳定岩石塌滑,进行必要的锚固处理。

对于缓倾角软弱夹层,如果埋藏不深,开挖量不是很大,最好的办法是彻底挖除;如夹层埋藏较深,当夹层上部有足够的支撑岩体能维持基岩稳定时,可只对上游夹层进行挖除,回填混凝土，进行封闭处理。

4. 岩基的锚固

岩基锚固是用预应力锚束对基岩施加预压应力的一种锚固技术，达到加固和改善地基受力条件的目的。

对于缓倾角软弱夹层，当分布较浅、层数较多时，可设置钢筋混凝土桩和预应力锚索进行加固。在基础范围，沿夹层自上而下钻孔或开挖竖井，穿过几层夹层，浇筑钢筋混凝土，形成抗剪桩。在一些工程中采用预应力锚固技术，加固软弱夹层，效果明显。其形式有锚筋和锚索，可对局部及大面积地基进行加固。

在水利水电工程中，利用锚固技术可以解决以下几方面的问题：

(1)高边坡开挖时锚固边坡；

(2)坝基、岸坡抗滑稳定加固；

(3)锚固建筑物，改善受力条件，提高抗震性能；

(4)大型洞室支护加固；

(5)混凝土建筑物的裂缝和缺陷修补锚固；

(6)大坝加高加固。

第二节　岩基灌浆

岩基灌浆是用压力把一定比例的可凝结的浆液通过钻孔或管道压入建筑物或岩层的缝隙中，以提高其强度、整体性和抗渗性能的工程措施。

岩基灌浆的类型，按材料分为水泥灌浆、沥青灌浆和黏土灌浆等，按用途分为固结灌浆、接触灌浆、帷幕灌浆和接缝灌浆等，按灌浆压力分为高压灌浆(灌浆压力大于或等于3 MPa)和低压灌浆(灌浆压力小于3 MPa)。

下面以水泥灌浆为重点，介绍灌浆施工，包括钻孔、冲洗、压水试验、灌浆、封孔和质量检查等工艺。

一、灌浆所需的器械

(一)材料

1. 水泥

灌浆所采用的水泥品种根据灌浆目的和环境水的侵蚀作用而确定。一般情况多用普通硅酸盐水泥或硅酸盐大坝水泥。当在腐蚀性环境下时，要用抗酸水泥。使用矿渣硅酸盐水泥或火山灰质硅酸盐水泥灌浆时，应得到设计许可。

回填灌浆水泥强度等级不低于32.5级，接缝灌浆水泥强度等级不低于52.5级，水泥必须符合质量标准，应严格防潮。

水泥的粗细对浆液溶进裂缝中有很大的影响。水泥越细则灌浆的浆液越容易进入细小的裂缝中，更贴切地将裂缝融合好。帷幕灌浆，对水泥细度的要求为通过80 μm方孔筛(GB 6005—85标准筛)的筛余量不宜大于5%，当缝隙张开度小于0.5 mm时，对水泥细度的要求为通过71 μm方孔筛的筛余量不宜大于2%。

2. 浆液

因为地质和水文条件对地质或裂缝的影响不同，对不同的裂缝程度除用水泥灌浆外，还可使用下列类型浆液：

(1)细水泥浆液。是干磨水泥浆液、湿磨水泥浆液和超细水泥混合的浆液，适用于缝隙张开度小于0.5 mm的灌浆。

(2)膏状浆液。是塑性屈服强度大于20 Pa的混合浆液，适用于大孔隙(如岩溶空洞、岩体宽大裂隙、堆石体等)的灌浆。

(3)稳定浆液。里面掺有少量稳定剂，析水率不大于5%的水泥浆液，适用于遇水后性能易恶化或注入量较大的灌浆。

(4)混合浆液。掺有掺合料的水泥浆液，适用于注入量大或地下水流速较大的灌浆。

(5)化学浆液。当采用以水泥为主要胶结材料的浆液灌注达不到地基预期防渗效果或承载能力时，可采用符合环境保护要求的化学浆液灌注。化学灌浆是用硅酸钠或高分子材料为主剂配制浆液进行灌浆的工程措施。

3. 掺合料

根据灌浆需要，可在水泥浆液中掺入砂、黏性土、粉煤灰或铝粉等减水剂、速凝剂等外加剂。质地坚硬的天然砂或人工砂，其粒径不宜大于2.5 mm，细度模数不宜大于2.0，SO_3含量宜小于1%，含泥量不宜大于3%，有机物含量不宜大于3%。粉煤灰要精选，不宜粗于同时使用的水泥，烧失量宜小于8%，SO_3含量宜小于3%。水玻璃的模数宜为2.4~3.0。

(二)器械

灌浆孔是为使浆液进入灌浆部位而钻设的孔道。需要用钻孔机械进行钻孔。常用钻孔机械有回转冲击式钻机、液压回转冲击式钻机或液压回转式钻机。液压回转式钻机，钻头压削，钻进速度较高，受孔深、孔向、孔径和岩石硬度的限制较少，软硬岩均可，又可以取岩芯，常用来钻几十米甚至百米以上的深孔。

应在分析地层特性、灌浆深度、钻孔孔径和方向、对岩芯的要求、现场施工条件等因素后，选定钻孔机械。一般宜选机体轻便、结构简单、运行可靠、便于拆卸的机械。帷幕灌浆孔宜采用回转式钻机和金刚石钻头或硬质合金钻头钻进；固结灌浆可采用各种适宜的钻机和钻头钻进。

钻孔质量的好坏直接影响灌浆的质量。对于钻孔质量，总的要求是：确保孔位、孔向、孔深符合设计及误差要求，力求孔径上下均一，孔壁平顺，钻孔中产生的粉屑较少。

(1)孔位要统一编号，帷幕灌浆钻孔位置与设计位置的偏差不得大于10 cm。

(2)孔向和孔深是保证灌浆质量的关键。灌浆孔有直孔和倾斜孔两种。孔向的控制比较困难，不要钻孔偏离很远，特别是钻深孔、斜孔，掌握钻孔方向更加困难。对裂缝小于40°的可以打直孔。孔深是钻杆的钻进深度，比较容易控制。一般情况下，孔底最大允许偏差值不超过孔深的2.5%。

(3)孔径与岩石情况和钻孔深度等有密切的关系。均一的孔径和平滑的孔壁能够使得灌浆栓塞卡紧卡牢，更好地保证灌浆的压力和质量。钻孔中产生过多的粉屑，会堵塞孔壁的裂隙，影响灌浆质量。帷幕灌浆孔宜采用较小的孔径。

各灌浆孔都是采用逐步加密的施工顺序：先对第一序孔进行钻孔，灌浆后再依次对第二序孔钻孔。后序灌浆孔可作为前序孔的检查孔。

二、灌浆施工

(一)钻孔冲洗

钻孔以后,要将钻孔孔壁及岩石裂隙冲洗干净,孔内沉积物厚度不得超过 20 cm,这样才能较好地保证灌浆质量。冲洗工作通常分为孔壁冲洗和裂隙冲洗,可采用灌浆泵、泥浆泵或砂浆泵和冲洗管。

1. 孔壁冲洗

将钻杆(或导管)下到孔底,用钻杆前端的大流量压力水,由下而上冲洗,冲至回水清净延续 5 ~ 10 min 止。

2. 裂隙冲洗

有单孔冲洗和群孔冲洗,在卡紧灌浆栓塞后进行。单孔冲洗仅能冲掉钻孔周围很小范围的填充物,适用于裂隙较少的岩层,冲洗方法有高压压水冲洗、高压脉动冲洗和压气扬水冲洗。群孔冲洗适用于岩层破碎,节理裂隙发育以致在钻孔之间互相串通的地层。

(1)高压压水冲洗。利用高压原理将裂隙中的充填物推移、压实,达到回水完全清洁。冲洗水的压力一般为灌浆压力的 80%,待回水清净后,保持流量并稳定 20 min 即可。

(2)高压脉动冲洗。利用高低压的脉冲反复冲洗,高压为灌浆压力的 80%,低压为 0。先用高压冲洗 5 ~ 10 min 后,瞬间将高压变为低压,形成反向脉动水流,将裂隙中的充填物带出,当回水由浑变清后,再将压力变为高压,如此反复冲洗。待回水不再浑浊后,持续冲洗 10 ~ 20 min 后即可。由此可见,压力差越大,冲洗效果越好。

(3)群孔冲洗。对于连通的钻孔组成孔组,轮换地向一个孔或几个孔压进压力水或压缩空气,让其从其余的孔中排出浊水,如此反复交替冲洗,至回水不再浑浊。群孔冲洗时,沿孔深的冲洗段数不宜过多。否则,将会分散冲洗压力和冲洗水的水流量,还会出现水量总在先贯通的裂隙中流动,而其他裂隙冲洗不好的情况。

对于群孔冲洗,可以不分序,而对群孔同时灌浆。不论采用哪一种冲洗方法,都可以在冲洗液中加入适量的化学剂,如碳酸钠(Na_2CO_3)、苛性钠(NaOH)或碳酸氢钠($NaHCO_3$)等,以利于泥质充填物的溶解,提高冲洗效果。加入化学剂的品种和掺量,宜通过试验确定。

(二)压水试验

压水试验是在一定压力下,将水压入钻孔,根据岩层的吸水量(压入水量与压入时间)来确定岩体裂隙内部的结构情况和透水性的一种试验工作。压水试验的目的是测定地层的渗透特性,计算和分析出代表岩层渗透特性的技术参数。

钻孔压水试验应随钻孔的加深自上而下地用单栓塞分段隔离进行。岩石完整、孔壁稳定的孔段,或有必要单独进行试验的孔段,可采用双栓塞分段进行。

试验孔段长度和灌浆段长度一致,一般为 5 m。对于含断层破碎带、裂隙密集带、岩溶洞穴等的孔段,应根据具体情况确定孔段长度。

对于相邻孔段应互相衔接,可少量重叠,但不能漏段。残留岩芯可计入试段长度之内。

依灌浆种类(帷幕灌浆或固结灌浆)、钻孔类型(先导孔或灌浆孔或质量检查孔)、灌浆压力和压水试验方法的不同,按规范规定值选用,但均应小于灌浆压力。

《水利水电工程钻孔压水试验规程》(SL 31—2003)中规定:压水试验应按三级压力($P_1 = 0.3$ MPa,$P_2 = 0.6$ MPa,$P_3 = 1$ MPa)、五个阶段($P_1 \nearrow P_2 \nearrow P_3 \searrow P_4 = P_2 \searrow P_5 = P_1$),由低到高再由高到低进行。

要求在稳定的压力下，每 3 ~5 min 测读一次压入流量。连续 4 次读数中最大值与最小值之差小于最终值的 10%，或最大值与最小值之差小于 1 L/min 时，本阶段试验即可结束，取最终值作为计算值。

压水试验成果以透水率 q 表示，单位为 Lu（吕荣），当试段压力为 1 MPa 时每米试段的压入水流量（L/min）。若试段压力小于 1 MPa，则按直线延伸方式换算。

压水试验成果按公式（7-1）计算

$$q = \frac{Q}{PL} \tag{7-1}$$

式中 Q——压入流量，L/min；

P——试段压力，MPa；

L——试段长度，m。

以压水试验三级压力中的最大压力值（P）及其相应的压入流量（Q）代入公式（7-1），即可求出透水率值（Lu）。

（三）灌浆

1. 灌浆方式

按照灌浆时浆液灌注和流动的特点，灌浆方式有纯压式和循环式两种。

1）纯压式灌浆

纯压式灌浆是将浆液注入到钻孔及岩层缝隙里，不会逆流。这种方法设备简单，灌浆管不在灌浆段内，故不会发生灌浆管在孔内被水泥浆凝住的事故。其缺点是灌浆段内的浆液单纯向岩层内压入，不能循环流动，灌注一段时间后，注入率逐渐减小，浆液易于沉淀，常会堵塞裂隙口，影响灌浆效果。所以，多用于吸浆量大，大裂隙，孔深不超过 12 ~15 m 的情况。化学浆液是稀溶液，不易产生沉淀，可采用纯压式灌浆法。

2）循环式灌浆

循环式灌浆法是将灌浆管下入到灌浆段底部，距离段底不大于 50 cm。一部分浆液被压入岩层缝隙里，另一部分由回浆管路返回拌浆筒中。这样可以促使浆液在灌浆段始终保持循环流动状态，不易产生沉淀。其缺点是长时间灌注浓浆时，回浆管易被凝住。

2. 灌浆方法

一个孔洞可以进行一次性灌浆法或分段式灌浆法两种。

1）一次性灌浆法

当灌浆孔的孔深小于 6 m，岩石较完整时，可采用一次性灌浆法。即将灌浆孔一次钻到设计深度，全孔一次注浆。这种方法施工简便，但效果不是很好。

2）分段式灌浆法

当灌浆孔的孔长大于 6 m 时，可采用分段式灌浆法。分段的长度和顺序不同，对灌浆的质量影响不同。一般帷幕灌浆的分段长度为 5 ~6 m，根据地质条件的好坏可适当增加或降低。把全孔分成若干段灌浆，可分为自上而下、自下而上、综合分段、孔口封闭四种方法，具体如下所述：

（1）自上而下分段灌浆法。自上向下钻一段，灌一段，凝一段，再钻灌下一段，钻、灌、凝交替进行，直至达到设计深度。这种方法的优点是：随着段深的增加，可以逐段增加灌浆压力，提高灌浆质量；由于上部岩层已经灌浆，形成结石，下部岩层灌浆时不易产生岩层抬动和地面冒浆；分段钻灌，分段进行压水试验，压水试验成果比较准确，有利于分析灌浆效果，估算灌浆材料需用量。其缺点是：钻孔与灌浆交替进行，设备搬移影响施工进度，钻孔和灌注的工作反复进行，且只有等每一段凝固以后才能进行下一段，使得施工时间延长。这种方法适于地质条件不良，岩层破碎，竖向节理裂隙发育的情况。

(2)自下而上分段灌浆法。先将孔一次性钻到全深，然后自下而上分段灌浆。这种方法提高了钻机的工作效率，但灌浆压力不能太大。这种方法一般多用在岩层比较完整或上部有足够压重，裂缝较少的情况。

(3)综合分段灌浆法。在实际工程中，通常是上层岩石破碎，下层岩石完整，所以可以采取上部孔段自上而下钻灌，下部孔段自下而上灌浆。

(4)孔口封闭灌浆法。此法是把封闭器放在孔口，采用自上而下的灌浆方法对孔洞进行灌浆的一种方法。此法优点为：孔内不需下入灌浆塞，施工简便，可以节省大量时间和人力；每段灌浆结束后，不需待凝，即可开始下一段的钻进，加快了进度；多次重复灌注，有利于保证灌浆质量；可以使用大的灌浆压力等。由于以上优点，越来越多的工程开始采用这种方法灌浆。但是此种方法也存在一些不足，即孔口管不能回收，浪费钢材和压水试验不够准确等。

孔口封闭灌浆法适用于最大灌浆压力大于3 MPa的帷幕灌浆工程。钻孔孔径宜为60 mm左右。灌浆必须采用循环式自上而下分段灌浆方法。各灌浆段灌浆时必须下入灌浆管，管口距段底不得大于50 cm。

3. 灌浆设备

循环灌浆法的灌浆设备有拌浆筒、灌浆泵、灌浆管、灌浆塞、回浆管、压力表和加水器。

拌浆筒由动力机带动搅拌叶片，拌浆筒上有过滤网。

灌浆泵的性能应与浆液的类型、浆液浓度相适应，容许工作压力应大于最大灌浆压力的1.5倍，并应有足够的排浆量和稳定的工作性能。灌注纯水泥浆液，推荐使用3缸(或2缸)柱塞式灌浆泵；灌注砂浆，应使用砂浆泵；灌注膏状浆液，应使用螺杆泵。

灌浆管采用钢管和胶管，应保证浆液流动畅通，并应能承受1.5倍的最大灌浆压力。

压力表的准确性对于灌浆质量至关重要，灌浆泵和灌浆孔口处均应安设压力表。使用压力宜在压力表最大标值的1/4～1/3之间。压力表与管路之间应设有隔浆装置，防止浆液进入压力表，并应经常进行检定。

灌浆塞应与灌浆方式、方法、灌浆压力和地质条件等相适应，胶塞(球)应具有良好的膨胀性和耐压性能，在最大灌浆压力下能可靠地封闭灌浆孔段，并且易于安装和拆卸。

当灌浆压力大于3 MPa时，应采用下列灌浆设备：高压灌浆泵，其压力摆动范围不超出灌浆压力的20%；耐蚀灌浆阀门；钢丝编织胶管；大量程的压力表，其最大标值宜为最大灌浆压力的2.0～2.5倍；专用高压灌浆塞或孔口封闭器(小口径无塞灌浆用)。

4. 灌浆压力

灌浆压力是指将浆液注入灌浆部位所采用的压力值，它是对灌浆孔的中心点的作用力。灌浆压力是保证和控制灌浆质量，提高灌浆效益的重要因素。灌浆压力与地质条件、孔深和工程目的密切相关，一般多是通过现场灌浆试验确定的。常在设计时通过公式计算或根据经验先行拟订，而后在灌浆过程中调整确定，这是确定灌浆压力的原则。一般情况下(不破坏岩基结构)，压力越大，浆液喷射的距离就越远，灌浆效果就越好。

采用循环式灌浆，压力表应安装在孔口回浆管路上；采用纯压式灌浆，压力表应安装在孔口进浆管路上。压力表指针的摆动范围应小于灌浆压力的20%,压力读数宜读压力表指针摆动的中值。当灌浆压力达到5 MPa及以上时,考虑瞬间高压也会在基岩中引起有害的劈裂,也要读峰值,并应查找原因,加以解决。灌浆应尽快达到设计压力,但注入率大时,为了避免浆液串流过远造成浪费和防止抬动,应分级升压。

(四)灌浆结束标准和封孔

1. 灌浆结束标准

(1)帷幕灌浆。采用自上而下分段灌浆法时,在规定的压力下,当注入率不大于0.4 L/min时,继续灌注60 min;或当注入率不大于1 L/min时,继续灌注90 min,灌浆可以结束。

采用自下而上分段灌浆法时,继续灌注的时间可对应上述注入率,相应地减少为30 min和60 min,灌浆可以结束。

帷幕灌浆采用分段压力灌浆封孔法,因为帷幕灌浆的孔较深,在自上而下灌浆结束后用浓浆自下而上再灌,按正常灌浆结束标准,灌完等待凝固,灌到距孔顶小于5 m的距离,清理孔洞,用水泥砂浆封顶。

(2)固结灌浆。在规定的压力下,当注入率不大于0.4 L/min时,继续灌注30 min,灌浆可以结束。

固结灌浆采用机械压浆封孔法,即灌浆结束后,把胶管伸入底部,用灌浆泵向孔内压入浓浆,直到孔内冒出积水。

2. 灌浆封孔

灌浆封孔是指灌浆结束停歇一定时间后用填充物填实孔口的工作。封孔工作非常重要,规范强调使用机械进行封孔,提出了以下四种封孔方法:

(1)机械压浆封孔法。全孔灌浆结束后,将胶管(或铁管)下到钻孔底部,用灌浆泵或砂浆泵经胶管,向钻孔内泵入水灰比为0.5∶1的浓浆或水泥∶砂∶水为1∶(0.5～1)∶(0.75～1)的砂浆。水泥浆或砂浆由孔底逐渐上升,将孔内余浆或积水顶出,直到孔口冒出浓浆或砂浆。随着水泥浆或砂浆由孔底逐渐上升,将胶管徐徐上提,但胶管管口要保持在浆面以下。

(2)压力灌浆封孔法。全孔灌浆结束后,将灌浆塞塞在孔口,灌入水灰比为0.5∶1的浓浆,灌入压力可根据工程具体情况确定。较深的帷幕灌浆孔可使用0.8～1 MPa的压力,当注入率不大于1 L/min时,继续灌注30 min停止。

(3)置换和压力灌浆封孔法。系上述两种方法的综合。先将孔内余浆置换成为水灰比为0.5∶1的浓浆,而后再将灌浆塞塞在孔口,进行压力灌浆封孔。

采用孔口封闭灌浆法时,应使用这种方法封孔。当最下面一段灌浆结束后,利用原灌浆管灌入水灰比为0.5∶1的浓浆,将孔内余浆全部顶出,直到孔口返出浓浆。而后提升灌浆管,提升过程中,严禁用水冲洗灌浆管,严防地面废浆和污水流入孔内,同时不断地向孔内补入0.5∶1的浓浆(或灌浆管全部提出后再补入也可)。最后,在孔口进行纯压式灌浆封孔1 h,仍用0.5∶1的浓浆,压力可为最大灌浆压力。封孔灌浆结束后,闭浆24 h。

(4)分段压力灌浆封孔法。全孔灌浆结束后,自下而上分段进行灌浆封孔,每段长15～20 m灌注水灰比为0.5∶1的浓浆,灌注压力与该段的灌浆压力相同,当注入率不大于1 L/min时,继续灌注30 min停止,在孔口段延续60 min停止,灌注结束后,闭浆24 h。

采用上述各种方法封孔,若孔内浆液凝固后,灌浆孔上部空余长度大于3 m,应采用机械压浆法继续封孔;灌浆孔上部空余长度小于3 m,可使用更浓的水泥浆或砂浆人工封填密实。

第三节　基础与地基的锚固

一、锚固的优点

将受拉杆件的一端固定于岩(土)体中,另一端与工程结构物相联结,利用锚固结构的抗剪强度和抗拉强度,改善岩土的力学性质,增加抗剪强度,对地基与结构物起到加固作用的技术,统称为锚固技术或锚固法。

锚固技术具有效果可靠、施工干扰小、节省工程量、应用范围广等优点,在国内外得到广泛的应用。在水利水电工程施工中,锚固技术主要应用于以下方面:

(1)高边坡开挖时锚固边坡。

(2)坝基、岸坡抗滑稳定加固。

(3)大型洞室支护加固。

(4)大坝加高加固。

(5)锚固建筑物,改善应力条件,提高抗震性能。

(6)建筑物裂缝、缺陷等的修补和加固。

可供锚固的地基不仅限于岩石,还在软岩、风化层以及砂卵石、软黏土等地基中取得了经验。

二、锚固结构及锚固方法

锚固结构一般由内锚固段(俗称锚根)、自由段(俗称锚束)、外锚固段(俗称锚头)组成整个锚杆。

内锚固段是必须有的,其锚固长度及锚固方式取决于锚杆的极限抗拔能力;锚头设置与否、自由段的长度大小取决于是否要施加预应力及施加的范围,整个锚杆的配置取决于锚杆的设计拉力。

(一)内锚固段

内锚固段即锚杆深入并固定在锚孔底部扩孔段的部分,要求能保证对锚束施加预应力。其按固定方式一般分为黏着式和机械式。

(1)黏着式锚固段。按锚固段的胶结材料是先于锚杆填入还是后于锚杆灌浆,分为填入法和灌浆法。胶结材料有高强水泥砂浆或纯水泥浆、化工树脂等。在天然地层中的锚固方法多以钻孔灌浆为主,称为灌浆锚杆,施工工艺有常压灌浆和高压灌浆、预压灌浆、化学灌浆和许多特殊的锚固灌浆技术(专利)。目前国内多用水泥砂浆灌浆。

(2)机械式锚固段。它是利用特制的三片钢齿状夹板的倒楔作用,将锚固段根部挤固在孔底,称为机械锚杆。

(二)自由段

锚束是承受张拉力,对岩(土)体起加固作用的主体。采用的钢材与钢筋混凝土中的钢筋相同,注意应具有足够大的弹性模量以满足张拉的要求。宜选用高强度钢材,降低锚杆张拉要求的用钢量,但不得在预应力锚束上使用两种不同的金属材料,避免因异种金属长期接触发生化学腐蚀。常用材料可分为两大类:

（1）粗钢筋。我国常用热轧光面钢筋和变形（调质）钢筋。变形钢筋可增强钢筋与砂浆的握裹力。钢筋的直径常用 25 ~ 32 mm，其抗拉强度标准值按国标《混凝土结构设计规范》的规定采用。

（2）锚束。通常由高强钢丝、钢绞线组成。其规格按国标《预应力混凝土用钢丝》（GB 5223—1995）与《预应力混凝土用钢绞丝》（GB 5224—1995）选用。高强钢丝能够密集排列，多用于大吨位锚束，适用于混凝土锚头、镦头锚及组合锚等。钢绞线对于编束、锚固均比较方便，但价格较高，锚具也较贵，多用于中小型锚束。

（三）外锚固段

锚头是实施锚束张拉并予以锁定，以保持锚束预应力的构件，即孔口上的承载体。锚头一般由台座、承压垫板和紧固器三部分组成。因每个工点的情况不同，设计拉力也不同，必须进行具体设计。

（1）台座。预应力承压面与锚束方向不垂直时，用台座调正并固定位置，可以防止应力集中破坏。台座用型钢或钢筋混凝土做成。

（2）承压垫板。在台座与紧固器之间使用承压垫板，能使锚束的集中力均匀分散到台座上。一般采用 20 ~ 40 mm 厚的钢板。

（3）紧固器。张拉后的锚束通过紧固器的紧固作用，与垫板、台座、构筑物贴紧锚固成一体。钢筋的紧固器采用螺母或专用的联结器或压熔杆端等。钢丝或钢绞线的紧固器可使用楔形紧固器（锚圈与锚塞或锚盘与夹片）或组合式锚头装置。

第四节　其他地基处理方法

一、高压喷射（注）灌浆法

高压喷射灌（注）浆法，在我国又称“旋喷法”，是 20 世纪 70 年代初期引进开发的一种新型地基加固技术，迄今已得到广泛的应用。

众所周知，有一种历史悠久的静压注浆法，是用压力将固化剂（水泥类、化学类）注入土体的孔隙中，进行地基加固。这种方法主要适用于砂类土，也可用于黏性土。但在很多情况下，由于土层和土性的原因，其加固效果不好人为控制，尤其是在沉积的分层地基和夹层多的地基中，注浆往往沿着层面流动，还难以渗入细颗粒土的孔隙中，所以经常出现加固效果不明显的情况。

高压喷射注浆法克服了上述注浆法的缺点，将注浆形成高压喷射流，切削土体并与固化剂混合，达到改良土质的目的。

化学注浆法、水泥注浆法主要适用于砂土、砾石，而高压喷射注浆法几乎适用于所有土。

高压喷射注浆法，是利用钻机钻孔法预成孔，或者驱动密封良好的喷射管及特制喷射头振动法成孔，使喷射头下到预定位置。然后将浆液和空气、水，用 15 MPa 以上的高压，通过喷射管由喷射头上的直径约为 2 mm 的横向喷嘴向土中喷射。由于高压细束喷射流有强大的切削能力，因此喷射的浆液边切削土体，边使其余土粒在喷射流束的冲击力、离心力和重力等综合作用下，与浆液搅拌混合，并按一定的浆土比例和质量大小，有规律地重新排列。待浆液凝固以后，在土内就形成一定形状的固结体。

固结体的形状与喷射流移动方向有关,目前常见的注浆方式有:

(1)旋转喷射,垂直提升,简称旋喷,可形成圆柱桩;

(2)定向喷射,垂直提升,简称定喷,可形成板墙;

(3)摆动喷射,垂直提升,简称摆喷,可形成扇形桩。

旋喷多用于长桩,防渗墙的修筑以采用定喷法为好,摆喷可用于桩间防渗。用高压定喷注浆筑墙,形成墙体的平面形状,依不同的定喷方向和喷嘴形式,可以有多种选择。

根据喷射方法的不同,高压喷射注浆法可分为单管喷射法、二重管法、三重管法。

(1)单管喷射法是通过单层喷射嘴,将高压浆液向外喷射。

(2)二重管法是用二层喷射嘴,将高压浆液和压缩空气同时向外喷射。浆液在四周有空气膜的条件下,加固范围扩大,加固直径可达 1 m。

(3)三重管法是一种水、气喷射,浆液灌注的方法。即用三层或三个喷射嘴,将高压水和压缩空气同时向外喷射,切割土体,并借空气的上升力使一部分细小土粒冒出地面;与此同时,另一个喷射嘴将浆液以较低压力喷射到被切割、搅拌的土体中,加固直径可达 2 m。

二重管法和三重管法都是将浆液(或水)和压缩空气同时喷射,既可加大喷射距离,增大切割能力,又可促进废土的排出,提高加固效果。

高压喷射注浆工艺,是一种新的工艺技术。

二、振动水冲加固法

振动水冲加固是利用机械振动和水力冲射加固土体的一种方法,也称为振动水冲法,简称振冲法。振动水冲加固法最早是用来振冲挤密松砂地基,提高承载力,防止液化。后来应用于黏性土地基振冲,以碎石、砂砾置换成桩体,提高承载力,减少沉降。按其加固机理,又分成振冲挤密和振冲置换两个分支。在实际应用中,挤密和置换常联合使用、互相补充,还可以加固垃圾、碎砖瓦和粉煤灰。

(一)施工机具

主要机具是振冲器、控制振冲器的吊机和水泵。振冲器的原理是由水封的电机通过联轴器带动偏心块旋转,产生一定频率和振幅的水平振动。压力水(一般为 0.4 ~ 0.6 MPa,20 ~ 30 m^3/h)经过空心竖轴从振冲器下端喷口喷出,同时产生振动和冲射两种功能。工作时,用吊机吊着振冲器,对准位置,开启电机和水阀,一边振动,一边射水,一边下沉振冲器,直达设计深度,形成振冲孔。必要时,可向孔中投放填料或置换料,再通过振冲而使之密实。

(二)振冲加固原理

振冲挤密和振冲置换加固土体的原理不尽相同。

(1)振冲挤密加固砂层的原理是:①依靠振冲器的强力振动,使饱和砂体发生液化,砂粒重新排列,使孔隙减少而得到加密;②依靠振冲器的水平振动力,通过加填料使砂层挤压加密。

(2)振冲置换加固软弱黏性土层,主要是通过振冲,向振冲孔中投放碎石等坚硬的粗粒料,并经振冲密实,形成多根物理力学性能远优于原土层的碎石桩,桩与原土层一起,构成复合地基。复合地基中的桩体,由于能承担较大荷载而具有应力集中作用,由于桩体的排水性能较好而促进了原土层的排水固结作用,另外,对整个复合土层还起着应力扩散作用。这些作用的综合结果,明显提高了复合地基的承载能力和抗滑稳定能力,降低了它的压缩性。

（三）振冲挤密法施工

振冲挤密加固土体的厚度可达30 m，一般在10 m左右，适用于砂性土、砂、细砾等松软土层。填料可用粗砂、砾石、碎石、矿渣或经破碎的废混凝土等，粒径为0.5～5 cm。对密实度较高的土层，振冲的技术经济效果将显著降低。

振冲孔的间距，视振冲器功率、特性及加固要求而定。使用30 kW振冲器，间距一般为1.8～2.5 m；使用75 kW振冲器，间距可加大到2.5～3.5 m。砂的粒径越细，密实度要求越高，则振冲孔的间距应越小。

振冲孔的布置有等边三角形或矩形两种，根据某水库下游坝基河床覆盖层振冲处理的经验，认为对大面积进行挤密处理，等边三角形布置的挤密效果较好。

振冲挤密工艺，对粉细砂地层，宜采用加填料的振密工艺；对中粗砂地层，可利用中粗砂自行塌陷，不加填料。

在施工过程中，处理好以下问题，有助于提高振冲挤密的质量：

（1）在下沉振冲器时，要适当控制造孔的速度，以保证孔周砂土有足够的振密时间，一般为1～2 m/min。

（2）要注意调节水量和水压，既要保证正常的下沉速度，又要避免大量土料的流失。

（3）要均匀连续投放填料，使土层逐渐振冲挤密。在挤密过程中，将迫使振冲器输出更大的功率以克服挤入填料的阻力，此时，电机的电流将逐渐上升。当电机电流升高到规定的控制值时，可将振冲器上提一段相当于振冲器锥头的距离（一般为30～50 cm），这样，可以使整个土层振密得更加均匀。

（四）振冲置换

振冲置换加固适用于淤泥、黏性土层。振冲置换形成碎石桩所用的桩料、孔的间距和平面布置等问题，与振冲挤密填料的要求相似，故不再赘述。

置换桩制作过程与振冲挤密投放填料的主要区别是采用间歇法投放桩料，其主要原因是在黏性土层的振冲孔中一边振冲一边连续投放桩料，不容易保证桩体的质量。

间歇法投放桩料，需在振冲器到达设计深度以上30～50 cm时，停留1～2 min，借水流冲射使孔内泥浆变稀，称之为清孔，然后将振冲器提出孔口，投入约1 m高的桩料，再将振冲器沉入其中进行振冲，将桩料挤入土层。如果电机电流达不到规定值，则再提出振冲器，添投桩料，直到电流达到规定值。振冲置换所形成的碎石桩直径与地层性质、桩材粒径和振冲器功率等因素有关，一般为0.8～1.2 m。

振冲加固的设备简单，操作方便，工效较高，几分钟就可完成一个孔的造孔和回填工作。在设备条件允许时，还可将若干个振冲器组成一个振冲器组。如在埃及阿斯旺堆石坝砂棱体振冲加密时，由6个振冲器组成一组，一次可振实8 m×12 m的矩形工作面，大大提高了振冲的效率。

三、地基处理方法综述

地基处理，就是为提高地基的承载力、抗渗能力，防止过量或不均匀沉陷，以及处理地基的缺陷而采取的加固、改进措施。地基处理的方法很多，在这里进行综述。首先要说明的是，桩基是建筑中应用得最多的人工复合地基之一。考虑到桩基础已有较完整的理论，其设计方法、施工工艺、现场监测都较成熟，专著很多，在地基处理方法的分类中，一般不包括各种桩基础,也不把它作为一种地基处理方法介绍。另外,考虑到近年来低强度混凝土桩复合地基和钢筋混凝土复合地基技术发展较快,其荷载传递路线和计算理论也可归于复合地基范畴,故在地基处理方法分类时将其纳入,并将其归属加筋部分。

地基处理的分类方法也很多,目前我国水利界尚未统一。按照加固地基的原理进行分类,除了清基开挖法外,建筑界目前将地基处理的方法分为置换法、排水固结法、灌入固化物法、振密或挤密法、加筋法、冷热处理法、托换法、纠倾法共八大类。

(1)置换法。是用物理力学性质较好的岩土材料,置换天然地基中的部分或全部软弱土或不良土,形成双层地基或复合地基,以达到地基处理的目的。除了前面讲过的浇筑混凝土防渗墙法、垂直铺塑防渗墙、振冲置换法(或称振冲碎石桩法),还有振动成模注浆防渗板墙法、换土垫层法、挤淤置换法、褥垫法、强夯置换法,砂石桩(置换)法、石灰桩法和发泡苯乙烯(EPS)超轻质料填土法等。

(2)排水固结法。是通过土体在一定荷载作用下的固结,提高土体强度、减小孔隙比来达到地基处理的目的。当天然地基土渗透系数较小时,需设置竖向排水通道,以加速土体固结。常用的竖向排水通道有普通砂井、袋装砂井和塑料排水带等。按加载形式分类,它主要包括加载预压法、超载预压法、真空预压法、真空预压与堆载预压联合作用法,以及降低地下水位法等,电渗法也属于排水固结。

(3)灌入固化物法。是向岩土的裂隙和孔隙中灌入或拌入水泥或石灰或其他化学固化浆材,在地基中形成增强体,以达到地基处理的目的。除了前面讲过的固结灌浆、帷幕灌浆、砂砾层灌浆(均属渗入性灌浆法)、高压喷射注浆法外,还有深层搅拌法、劈裂灌浆法、压密灌浆法和电动化学灌浆法等,夯实水泥土桩法也可认为是灌入固化物的一种。深层搅拌法又可分为浆液喷射深层搅拌法和粉体喷射深层搅拌法两种,后者又称为粉喷法。

(4)振密或挤密法。是采用振动或挤密的方法使未饱和土密实,以达到地基处理的目的。它主要包括表层原位压实法、强夯法、振冲密实法、挤密砂石桩法、爆破挤密法、土桩或灰土桩法、柱锤冲孔成桩法、夯实水泥土桩法,以及近年发展的一些孔内夯扩桩法等。

(5)加筋法。是在地基中设置强度高、模量大的筋材,以达到地基处理的目的。这里也包括在地基中设置混凝土桩形成复合地基。除了前面讲过的锚固法外,还有加筋土法、树根桩法、低强度混凝土桩复合地基法和钢筋混凝土桩复合地基法等。

(6)冷热处理法。是通过冻结土体或焙烧、加热地基土体改变土体物理力学性质,以达到地基处理的目的。它主要包括冻结法和烧结法两种。

(7)托换法。是指对已有建筑物地基和基础进行处理的加固或改建手段。它主要包括基础加宽托换法、墩式托换法、桩式托换法、地基加固法(包括灌浆托换和其他托换)以及综合托换法等。桩式托换包括静压桩法、树根桩法,以及其他桩式托换法。静压桩法又可分锚杆静压桩法和坑式静压桩法等。

(8)纠倾法。是指对由沉降不均匀造成倾斜的建筑物进行矫正的手段。主要包括加载迫降法、掏土迫降法、黄土浸水迫降法、顶升纠倾法、综合纠倾法等。

第八章　渠系工程施工

渠系建筑物主要包括水闸、渠道、渡槽、涵洞、倒虹吸管等，本章将对这些建筑物施工进行介绍。

第一节　渠道施工

渠道施工包括渠道开挖、渠堤填筑和渠道衬护。其施工特点是工程量大，施工线路长，场地分散。施工工作面宽，可同时组织较多劳力施工，但工种单纯，技术要求较低。

一、渠道开挖

渠道开挖的施工方法有人工开挖、机械开挖和爆破开挖等，由技术条件、土壤种类、渠道纵横断面尺寸、地下水位等因素来决定开挖的方法。渠道开挖的土方多堆在渠道两侧用作渠堤，因此铲运机、推土机等机械得到广泛的利用。对于冻土及岩石渠道，宜采用爆破开挖最有效。田间渠道断面尺寸很小，可采用开沟机开挖。在缺乏机械设备的情况下，则采用人工开挖。

（一）人工开挖渠道

渠道开挖的关键是排水问题。排水应本着上游照顾下游、下游服从上游的原则，即向下游放水的时间和流量应照顾下游的排水条件，同时下游应服从上游的需要。一般下游应先开工，且不得阻碍上游水量的排泄，以保证水流畅通。如需排除降水和地下水，还必须开挖排水沟。渠道开挖时，可根据土质、地下水位、地形条件、开挖深度等选择不同的开挖方法。

1. 龙沟一次到底法

龙沟一次到底法适用于土质较好（如黏性土）、地下水来量小、总挖深 2 ~ 3 m 的渠道。一次将龙沟开挖到设计高程以下 0.3 ~ 0.5 m，然后由龙沟向左右扩大。

2. 分层开挖法

当开挖深度较大、土质较差、龙沟一次开挖到底有困难时，可以根据地形和施工条件分层开挖龙沟，分层挖土。

3. 边坡开挖与削坡

开挖渠道如一次开挖成坡，将影响开挖进度。因此，一般先按设计坡度要求挖成台阶状，其高宽比按设计坡度要求开挖，最后进行削坡。这样施工削坡方量小，但施工时必须严格掌握，台阶平台应水平，高必须与平台垂直，否则会产生较大误差，增加削坡方量。

（二）机械开挖渠道

1. 推土机开挖渠道

采用推土机开挖渠道，其深度一般不宜超过 1.5 ~ 2.0 m，填筑渠堤高度不宜超过 2.0 ~ 3.0 m，其边坡不宜陡于 1∶2。在渠道施工中，推土机还可以平整渠底、清除植土层、修整边坡、压实渠堤等。

2. 铲运机开挖渠道

半挖半填渠道或全挖方渠道就近弃土时，采用铲运机开挖最为有利。需要在纵向调配土方的渠道，如运距不远，也可用铲运机开挖。

铲运机开挖渠道的开行方式有环形和8字形开行两种。

（1）环形开行。当渠道开挖宽度大于铲土长度，而填土或弃土宽度又大于卸土长度时，可采用横向环形开行；反之，则采用纵向环形开行。铲土和填土位置可逐渐错动，以完成所需要的断面。

（2）8字形开行。当工作前线较长，而填挖高差较大时，则应采用8字形开行方式。其进口坡道与挖方轴线间的夹角以40°～60°为宜，夹角过大则转弯不便，夹角过小则加大运距。

采用铲运机工作时，应本着挖近填远、挖远填近的原则施工，即铲土时先从填土区最近的一端开始，先近后远；填土则从铲土区最远的一端开始，先远后近，依次进行。这样不仅创造了下坡铲土的有利条件，还可以在填土区内保持一定长度的自然地面，以便铲运机能高速行驶。

3. 反铲挖掘机开挖渠道

当渠道开挖较深时，采用反铲挖掘机开挖较为理想。该方案有方便快捷、生产率高的特点，在生产实践中应用相当广泛，其布置方式有沟端开挖和沟侧开挖两种。

（三）爆破开挖渠道

开挖岩基渠道和盘山渠道时，宜采用爆破开挖法。开挖程序是先挖平台再挖槽。开挖平台时，一般采用抛掷爆破，尽量将待开挖土体抛向预定地方，形成理想的平台。挖槽爆破时，先采用预裂爆破或预留保护层，再采取浅孔小爆破或人工清边清底。

二、渠堤填筑

筑堤用的土料，以黏土略含砂质为宜。如果用几种透水性不同的土料，应将透水性小的填在迎水坡，透水性大的填在背水坡。土料中不得掺有杂质，并应保持一定的含水量，以利于压实。填方渠道的取土坑与堤脚应保持一定的距离，挖土深度不宜超过2 m，且中间应留有土埂。取土宜先远后近，并留有斜坡道以便运土。半填半挖渠道应尽量利用挖方筑堤，只有在土料不足或土质不适用时，才在取土坑取土。

铺土前应先行清基，并将基面略加平整后进行刨毛，铺土厚度一般为20～30 cm，并应铺平铺匀。每层铺土宽度应略大于设计宽度，以免削坡后断面不足。堤顶应做成坡度为2%～5%的坡面，以利于排水。填筑高度应考虑沉陷，一般可预加5%的沉陷量。对于机械不能填筑到的部位和小型渠道土堤填筑夯实，宜采用人力夯或蛙式打夯机。对砂卵石填堤，在水源充沛时可用水力夯实，否则可选用轮胎碾或振动碾。

三、渠道衬护

渠道衬护的类型有灰土、砌石、混凝土、沥青材料、钢丝网水泥及塑料薄膜等。在选择衬护类型时，应考虑以下原则：防渗效果好，因地制宜，就地取材，施工简易，能提高渠道输水能力和抗冲能力，减小渠道断面尺寸，造价低廉，有一定的耐久性，便于管理养护，维修费用低等。

（一）砌石衬护

在砂砾石地区，坡度大，渗漏性强的渠道，采用浆砌卵石衬护，有利于就地取材，是一种经济的抗冲防渗措施，同时还具有较高的抗磨能力和抗冻性，一般可减少渗漏量 80% ~ 90%。施工时应先按设计要求铺设垫层，然后砌卵石。砌卵石的基本要求是使卵石的长边垂直于边坡，并砌紧、砌平、错缝，坐落在垫层上。为了防止砌面被局部冲毁而扩大，每隔 10 ~ 20 m 距离用较大的卵石砌一道隔墙。渠坡隔墙可砌成平直形，渠底隔墙可砌成拱形，其拱顶迎向水流方向，以加强抗冲能力。隔墙深度可根据渠道可能冲刷深度确定。渠底卵石的砌缝最好垂直于水流方向，这样抗冲效果较好。不论是渠底还是渠坡，砌石缝面必须用水泥砂浆压缝，以保证施工质量。

（二）混凝土衬护

混凝土衬护由于防渗效果好，一般能减少 90% 以上渗漏量，耐久性强，糙率小，强度高，便于管理，适应性强，因而成为一种广泛采用的衬护方法。

渠道混凝土衬砌，目前多采用板型结构，但小型渠道也采用槽型结构。素混凝土板常用于水文地质条件较好的渠段；钢筋混凝土板和预应力钢筋混凝土板则用于地质条件较差和防渗要求较高的重要渠段。混凝土板按其截面形状的不同，又有矩形板、楔形板、肋梁板等不同形式。矩形板适用于无冻胀地区的各种渠道。楔形板、肋形板多用于冻胀地区的各种渠道。

大型渠道的混凝土衬砌多为就地浇筑，渠道在开挖和压实处理以后，先设置排水，铺设垫层，然后浇筑混凝土。渠底采用跳仓法浇筑，但也有依次连续浇筑的。渠坡分块浇筑时，先立两侧模板，然后随混凝土的升高，边浇筑边安设表面模板。如渠坡较缓用表面振动器捣实混凝土时，则不安设表面模板。在浇筑中间块时，应按伸缩缝宽度设立两边的缝子板。缝子板在混凝土凝固以后拆除，以便灌浇沥青油膏等填缝材料。

装配式混凝土衬砌是在预制场制作混凝土板，运至现场安装和灌注填缝材料。预制板的尺寸应与起吊运输设备的能力相适应，装配式衬砌预制板的施工受气候条件影响较小，在已运用的渠道上施工，可减少施工与放水间的矛盾。但装配式衬砌的接缝较多，防渗、抗冻性能差，一般在中、小型渠道中采用。

（三）沥青材料衬护

沥青材料具有良好的不透水性，一般可减少渗漏量 90% 以上，并具有抗碱类腐蚀能力，其抗冲能力则随覆盖层材料而定。沥青材料渠道衬护有沥青薄膜与沥青混凝土两类。

1. 沥青薄膜类防渗

沥青薄膜类防渗按施工方法可分为现场浇筑和装配式两种。现场浇筑又可分为喷洒沥青和沥青砂浆两种。

（1）现场喷洒沥青薄膜施工，首先要将渠床整平、压实、并洒水少许，然后将温度为 200 ℃的软化沥青用喷洒机具，在 354 kPa 压力下均匀地喷洒在渠床上，形成厚 6 ~ 7 mm 的防渗薄膜。各层间需结合良好。喷洒沥青薄膜后，应及时进行质量检查和修补工作。最后在薄膜表面铺设保护层。一般素土保护层的厚度，小型渠道多用 10 ~ 30 cm，大型渠道多用 30 ~ 50 cm。渠道内坡以不陡于 1∶1.75 为宜，以免保护层产生滑动。

（2）沥青砂浆防渗多用于渠底。施工时先将沥青和砂分别加热，然后进行拌和，拌好后保持在 160 ~ 180 ℃，即可进行现场摊铺，然后用大方铣反复烫压，直至出油，再做保护层。

2. 沥青混凝土衬护

沥青混凝土衬护分现场铺筑与预制安装两种施工方法。

(1)现场铺筑与沥青混凝土面板施工相似。

(2)预制安装多采用矩形预制板。施工时为保证运用过程中不被折断,可设垫层,并将表面进行平整。安装时应将接缝错开,顺水流方向,不应留有通缝,并将接缝处理好。

(四)钢丝网水泥衬护

该方法是一种无模化施工。其结构为柔性,适应变形能力强,在渠道衬护中有较好的应用前景。钢丝网水泥衬护的做法是:在平整的基底(渠底或渠坡)上铺小间距的钢丝,然后抹水泥砂浆或喷浆。其操作简单易行。

(五)塑料薄膜衬护

采用塑料薄膜进行渠道防渗,具有效果好、适应性强、重量轻、运输方便、施工速度快和造价较低等优点。用于渠道防渗的塑料薄膜厚度以0.15~0.30 mm为宜。塑料薄膜的铺设方式有表面式和埋藏式两种。表面式是将塑料薄膜铺于渠床表面,薄膜容易老化和遭受破坏。埋藏式是在铺好的塑料薄膜上铺筑土料或砌石作为保护层。由于塑料表面光滑,为保证渠道断面的稳定,避免发生渠坡保护层滑塌,渠床边坡宜采用锯齿形。保护层厚度一般不小于30 cm。塑料薄膜衬护渠道施工大致可分为渠床开挖和修整、塑料薄膜的加工和铺设、保护层的填筑等三个施工过程。薄膜铺设前,应在渠床表面加水湿润,以保证薄膜能紧密地贴在基土上。铺设时,将成卷的薄膜横放在渠床内,一端与已铺好的薄膜进行焊接或搭接,并在接缝处填土压实,此后即可将薄膜展开铺设,然后填筑保护层。铺填保护层时,渠底部分应从一端向另一端进行,渠坡部分则应自下向上逐渐推进,以排除薄膜下的空气。保护层分段填筑完毕后,再将塑料薄膜的边缘固定在顺渠顶开挖的堑壕里,并用土回填压紧。

塑料薄膜的接缝可采用焊接或搭接。搭接时为减少接缝漏水,上游一块塑料薄膜应搭在下游一块之上,搭接长度为50 cm,也可用连接槽搭接。

第二节　装配式渡槽施工

装配式渡槽施工主要包括预制和吊装两个施工过程。

一、构件的预制

(一)槽架的预制

槽架是渡槽的支承构件,槽架预制时选择就近槽址的场地平卧制作。构件多采用地面立模和阴胎成模制作。

(1)地面立模。地面立模制作应在平整场地后将地面夯实整平,按槽架外形放样定位,用1∶3∶8的水泥、黏土、砂浆抹面,厚约1 cm,压抹光滑作为底模,立上侧模后就地浇制,在底模上架立槽架构件的侧面模板,并在底模及侧面模板上预涂废机油或肥皂液制作的隔离剂,然后架设钢筋骨架(钢筋骨架应先在工厂绑扎好),浇筑混凝土并捣固成型。一两天后即可拆除侧面模板,并洒水养护。拆模后,当强度达到70%时,即可移出存放以便重复利用场地。

(2)阴胎成模。阴胎成模制作是采用砌砖或夯实土料制作的阴胎,与构件接触的部分均用水泥黏土砂浆抹面并涂上脱模隔离剂。构件养护到一定强度后即可把模型挖开，清除构件表面的灰土，便可进行吊装。高度在 15 m 以上的排架，如受起重设备能力的限制，可以分段预制。吊装时，分段定位，用焊接固定接头，待槽身就位后，再浇二期混凝土。阴胎成模制作可以节省模板，但生产效率低，制件外观质量差。

（二）槽身的预制

模板架立好后，将钢筋骨架运往预制现场施工。对于反置槽身，需先布置架立筋或放置混凝土小垫块，用以承托主筋，并借以控制主筋的位置与尺寸。然后立横向主筋，布置纵向钢筋。在纵横向钢筋相交处用铅丝绑扎或点焊。为了便于预制后直接吊装，整体槽身预制宜在两排架之间或排架一侧进行。槽身的方向可以垂直或平行于渡槽的纵向轴线，根据吊装设备和方法而定。要避免因预制位置选择不当，而在起吊时发生摆动或冲击现象。

U 形薄壳梁式槽身的预制有正置和反置两种浇筑方式。正置浇筑是槽口向上，优点是内模板拆除方便、吊装时不需翻身，但底部混凝土不易捣实，适用于大型渡槽或槽身不便翻身的工地。反置浇筑是槽口向下，优点是捣实较易，质量容易保证，且拆模快、用料少等，缺点是增加了翻身的工序。

矩形槽身的预制可以整体预制也可分块预制。中小型工程，槽身预制可采用砖土材料制模。矩形槽身的整体预制与 U 形槽身基本相同。但矩形槽身的预制可分块进行，通常可分成三块或两块浇制。分块预制的优点是吊装重量轻，预制方便；缺点是接头处需用水泥砂浆填充，多一道工序，并且影响渡槽的整体性和防渗性能。分块预制适用于吊装设备的起重能力不够大或槽身重量大的大中型渡槽的施工。

二、梁式渡槽的吊装

装配式渡槽的吊装工作是渡槽施工中的主要环节，必须根据渡槽的形式、尺寸、构件重量、吊装设备能力、地形和自然条件、施工队伍的素质以及进度要求等因素，进行具体分析比较，选定快速简便、经济合理和安全可靠的吊装方案。

构件吊装的设备有绳索、吊具、滑车及滑车组、倒链及千斤顶、牵引设备、锚碇、扒杆、简易缆索以及常用起重机械等吊装机组。由于材料来源的限制或设备规格不合要求等情况，则应对已有材料、设备进行必要的技术鉴定，检查和试验，认为安全可靠才能使用，以免造成安全事故。

（一）槽架的吊装

槽架下部结构有支柱、横梁和整体排架等。支柱和排架的吊装通常有垂直起吊插装和就地转起立装两种。垂直起吊插装是用吊装机械将整个槽架滑行、竖直吊离地面，插入基础预留的杯形孔穴中，先用木楔（或钢楔）临时固定，校正标高和平面位置后，再填充混凝土做永久固定。就地转起立装法是在两支柱间的横梁仍用起重设备吊装。吊装次序由下而上，将横梁先放置在临时固定于支柱上的三角撑铁上。位置校正无误后，即焊接梁与柱连系钢筋，并浇二期混凝土，使支柱与横梁成为整体。这种方法比较省力，但基础孔穴一侧需要有缺口，并预埋铰圈，槽架预制时，必须对准基础孔穴缺口，槽架脚处亦应预埋铰圈。槽架吊装，随着采用不同的机械（如独脚扒杆、人字扒杆等）和不同的机械数量（如一台、二台、三台等），可以有不同的吊装方法，实际工程中应结合具体情况拟订恰当的方案。

(二)槽身的吊装

装配式渡槽槽身的吊装,基本上可分为两类,即起重设备架立于地面上吊装及起重设备架立于槽墩或槽身上吊装。

起重设备立于地面进行吊装,工作比较方便,起重设备的组装和拆除比较容易;但起重设备的高度大,且易受地形限制。因此,这种吊装方法只适用于起重设备的高度不大和地势比较平坦的工程。

槽身重量和起吊高度不大时,采用两台或四台独脚扒杆抬吊。当槽身起吊到空中后,用副滑车组将枕头梁吊装在排架顶上。这种方法起重扒杆移行费时,吊装速度较慢。

龙门架抬吊的顶部设有横梁和轨道,并装有行车。操作上使四台卷扬机提升速度相同,并用带蝴蝶铰的吊具,使槽身四吊点受力均匀,槽身铅直起吊,平移就位。为使行车易于平移,横梁轨道顶面要有一定坡度,以便行车在自重作用下能顺坡下滑,从而使槽身平移在排架顶上降落就位。采用此法吊装渡槽者较多。

起重设备架立于地面进行槽身吊装,还可采用悬臂扒杆、摇臂扒杆以及简易缆索吊装等方式,悬臂扒杆、摇臂扒杆的吊装方式的基本特点与独脚扒杆立于地面进行吊装的方式类似,实际使用中可结合各类扒杆的性能和工程具体情况加以考虑选用。

起重设备架立于槽架或槽身上进行吊装,不受地形条件限制,起重设备的高度不大,故得到了广泛的使用,但起重设备的组装和拆除需在高空进行,有些吊装方法还会使已架立的槽架承受较大的偏心荷载,必须对槽架结构进行加强。

T 型钢架抬吊槽梁法,为了使槽梁能平移,就位在钢架顶部设置横梁和平移小车,钢架用螺栓连接,以便重复使用。此桁架包括前端导架,中段起重架和后端平衡架三部分。桁架首尾的摇臂扒杆用来安装和拆除行走用的滚轮托架。为了使槽身在起吊时能错开牛腿,槽身的预制位置偏离渡槽中心线一个距离,并在槽底两端各留一缺口。当槽身上升高出牛腿后,再由平行装置移动到支承位置,平移装置由安装在底盘上的胶木滑道和螺杆驱动装置所组成。钢架是沿临时安放在现浇短槽身顶部的滚轮托架向前移动的,在钢架首部用牵引绳拉紧并控制前进方向,同时收紧推拖索,钢架便向前移动。

缆索吊装也是对吊装机械进行吊装的一种方法。当渡槽横跨峡谷、两岸地形陡峻、谷底较深,由于扒杆长度难以达到要求吊装高度,并且构件无法在河谷内制作时,一般常采用缆索吊装。缆索吊装的控制长度大,受地形限制小,可适应于平原和深山峡谷地区,机动性较强,全部设备拆卸、搬运和组装都比较方便,并可以沿建筑物轴线设置缆索,适用于长条形建筑物的吊装。但是,对于分布面积较小,布置比较集中的建筑物,不如扒杆吊装方便;同时,缆索吊装需要较多的高空作业,具有一定的危险性。

第三节　涵洞施工

这里重点介绍钢筋混凝土管涵的预制与安装施工方法。

一、钢筋混凝土管的预制

钢筋混凝土圆管的预制方法,有震动制管器法、悬辊制管法、离心法或立式挤压法。

(一)震动制管器法

震动制管器是由可拆装的钢外模与附有震动器的钢内模组成的。外模由两片厚为5 mm左右的钢板半圆筒拼制,半圆筒用带楔的销栓连接。内模为一整圆筒,下口直径较上口直径稍小,以便取出内模。

用震动制管器制管时,将震动制管器直接放在铺有油毡纸或塑料薄膜的地坪上施工。模板与混凝土接触的表面涂有润滑剂,钢筋笼放在内外模间固定后,先震动10 s左右使模型密贴地坪,以防漏浆。每节涵管分5层灌注,每层灌好铲平后开动震动器,震至混凝土冒浆为止,再灌次1层,最后1层震动冒浆后,抹平顶面,冒浆后2~3 min即关闭震动器。固定销在灌注中逐渐抽出,先抽下边,后抽上边。停震抹平后,用链滑车吊起内模。起吊时应垂直,刚起吊时应辅以震动(震动2~3次,每次1 s左右),使内膜与混凝土脱离。内模吊起20 cm,即不得再震动。外模在灌注5~10 min后拆开,拆后混凝土表面缺陷应及时修整。

震动制管器制管混凝土要求和易性要好,坍落度一般应小于1 cm,含砂率45%~48%,5 mm以上大粒径尽量减少,平均粒径0.37~0.4 mm,每立方米混凝土用水量为150~160 kg,水泥以硅酸盐水泥或普通硅酸盐水泥为好。

(二)悬辊制管法

悬辊制管法是利用悬辊制管机的悬辊,带动套在悬辊上的钢模一起转动,再利用钢模旋转时产生的离心力,使投入钢模内的混凝土拌和物均匀地附着在钢模的内壁上,随着投料量的增加,混凝土管壁逐渐增厚,当超过模口时,模口便离开悬辊,此时管内壁混凝土便与旋转的悬辊直接接触,钢模依靠悬辊与混凝土之间的摩擦力继续旋转,同时悬辊又对管壁混凝土进行反复辊压,因此促使管壁混凝土能在较短时间内达到要求的密实度和获得光洁的内表面。

悬辊法制管的主要设备为悬辊制管机、钢模和吊装设备。悬辊制管机由机架、传动变速机构、悬辊、门架、料斗、喂料机等组成。

悬辊法制管需用干硬性混凝土,水灰比一般为0.30~0.36。在制管时无游离水分析出,场地较清洁,生产效率比离心法高,其缺点是需带模养护,钢模用量多,所以该制管方法适用于预制工厂。

二、管节安装

管节安装可根据地形及设备条件采用下列方法。

(一)涵洞管节滚动安装法

管节在垫板上滚动至安装位置前,转动90°使其与涵管方向一致,略偏一侧。在管节后端用木橇棍拨动至设计位置。

(二)滚木安装法

先将管节沿基础滚至安装位置前1 m处,使与涵管方向一致。把薄铁板放在管节前的基础上,摆上圆滚木6根,在管节两端放入半圆形承托木架,以杉木杆插入管内,用力将前端撬起,垫入圆滚木,再滚动管节至安装位置,将管节侧向推开,取出滚木及铁板,再滚回来并以撬棍仔细调整。

(三)压绳下管法

当涵洞基坑较深,需沿基坑边坡侧向将管滚入基坑时,可采用压绳下管法,下管前,应在涵管基坑外埋设木桩。在管两端各套一根长绳，绳一端紧固于桩上，另一端在桩上缠两圈后，绳端分别用两组人或两盘绞车拉紧。下管时由专人指挥，两端徐徐松绳，管子渐渐滚入基坑内。再用滚动安装法或滚木安装法将管节安放于设计位置。

（四）吊车安装法

使用汽车或履带吊车安装管节甚为方便。

三、钢筋混凝土管涵施工注意事项

(1)管座混凝土应与管身紧密相贴，使圆管受力均匀，圆管的基底应夯填密实。

(2)管节接头采用对头拼接，接缝应不大于 1 cm，并用沥青麻絮或其他具有弹性的不透水材料填塞。

(3)所有管节接缝和沉降缝均应密实不透水。

(4)各管壁厚度不一致时，应在内壁取平。

第四节　倒虹吸管施工

这里仅介绍现浇钢筋混凝土倒虹吸管的施工方法。

现浇钢筋混凝土倒虹吸管施工程序一般为：放样、清基和地基处理、管模板的制作与安装、管钢筋的制作与安装、管道接头止水施工、混凝土浇筑、混凝土养护与拆模。

一、管模板的制作与安装

在清基和地基处理之后，即可进行管模板的制作与安装。

（一）刚性弧形管座

现浇刚性弧形管座模板由内模、外模组成，制作与安装较为复杂，内模要根据倒虹吸管直径进行设计，经加工厂制作完成后运到现场进行安装，内模采用木模时，为了节约木材，可采用钢模。

当管径较大时，管座事先做好，在浇捣管底混凝土时，则需在内模底部开置活动口，以便进料浇捣。若为了避免在内模底部开口，也可采用管座分次施工的办法，即先做好底部范围（中心角约 80°）的小弧座，以作为外模的一部分，待管底混凝土浇到一定程度时，即边砌小弧座旁的浆砌管座边浇混凝土，直到砌完整个管座。

外模是在装好两侧梯形桁架后，边浇筑混凝土边装外模的。许多管道在浇筑顶部混凝土时，为便于进料，总是在顶部（圆心角 80°左右）不装外模，致使混凝土振捣时水泥浆向两侧流淌，同时由于混凝土自重力作用，在初凝期间，即向两侧下沉，因而使管顶混凝土成为全管质量的薄弱带，在施工中应引起注意。

外模安装时，还应注意两侧梯形桁架立筋布置，必须通过计算，以避免拉伸值超过允许范围，否则会导致管身混凝土松动，甚至在顶部出现纵向裂缝。

（二）两点式及中空式刚性管座

两点式及中空式刚性管座均事先砌好管座，在基座底部挖空处可用土模代替外模，施工时，对底部回填土要仔细夯实，以防止在浇筑过程中，土壤产生压缩变形而导致混凝土开裂，当管道浇筑完毕投入运行时，由于底部土模压缩模量远小于刚性基础的弹性模量，因而基本处于卸荷状态,全部垂直荷载实际上由刚性管座承受。中空式管座为使管壁与管座接触面密合,也可采用混凝土预制块做外模。若用于敷设带有喇叭形承口的预应力管,则不需再做底部土模。

二、钢筋的安装

内模安装完成后,即可穿绕内环筋,其次是内纵筋、架立筋、外纵筋、外环筋,钢筋间距可根据设计尺寸,预先在纵筋及环筋上分别用红色油漆放好样。钢筋排好后可按照上述顺序,依次进行绑扎。一般情况下,倒虹吸管的受力钢筋应尽可能采用电焊。为确保钢筋保护层厚度,应在钢筋上放置砂浆垫块。

三、管道接头止水

管道接头止水主要采用金属片止水和塑料带止水。

(一)止水片的安装

金属止水片或塑料止水带加工好后,擦洗干净,套在安装好的内模上,周围以架立钢筋固定位置,使其不致因浇筑混凝土而变位。浇筑混凝土时,此处应由专人负责,止水带周围混凝土必须密实均匀。混凝土浇完后,要使止水带的中线对准管道接头缝中线。

(二)沥青止水的施工方法

接头止水中有一层是沥青止水层,若采用灌注的方法,则不好施工,这时可以将沥青先做成凝固的软块,待第一节管道浇好后至第二节管模安装前,先将预制好的沥青软块沿着已浇好管道的端壁从下至上一块一块粘贴,直至贴完一周,沥青软块应适当做厚一些,以便溶化后能填满缝隙。

软块制作过程是:溶化沥青使其成液态,将溶化的沥青倒入模内并抹平,随即将盛满沥青溶液的模子浸入冷水之中,沥青即降温而凝固成软状预制块。

四、混凝土的浇筑

(一)倒虹吸管混凝土材料要求

倒虹吸管混凝土对抗拉、抗渗要求,比一般结构的混凝土要严格。要求混凝土的水灰比应控制在0.5以下,坍落度要求:机械振捣时为4~6 cm,人工振捣时不大于6~9 cm。含砂率常用值为30%~38%,以采用偏低值为宜。为满足抗拉强度和抗渗性要求,可按照水工混凝土施工规范规定,掺用适量的减水剂、引气剂等外加剂。

(二)倒虹吸管混凝土浇筑顺序

浇筑前应对浇筑仓进行全面检查,验收合格后方可进行浇筑。为了便于整个管道施工,浇筑时应编排好顺序,可按每次间隔一节进行浇筑编排。例如:先浇筑$1^{\#}$、$3^{\#}$、$5^{\#}$等部位的管,再浇筑$2^{\#}$、$4^{\#}$、$6^{\#}$部位的管。

(三)倒虹吸管混凝土浇筑方式

常见的倒虹吸管有卧式和立式两种,在卧式中,又可分平卧或斜卧,平卧大都是管道通过水平或缓坡地段所采用的一种方式,斜卧多用于进出口山坡陡峻地区,对于立式管道则多采用预制管安装。

1. 平卧式浇筑

此浇筑有两种方法：一种是浇筑层与管轴线平行，一般由中间向两端发展，以避免仓中积水，从而增大混凝土的水灰比。这种浇捣方式的缺点是混凝土浇筑缝皆与管轴线平行，刚好和水压产生的拉力方向垂直。一旦发生冷缝，管道最易沿浇筑层（冷缝）产生纵向裂缝。为克服这一缺点，可采用斜向分层浇筑，以避免浇筑缝与水压产生的拉力正交，当斜度较大时，浇筑缝的长度可缩短，浇筑缝的间隙时间也可缩短，但这样浇筑的混凝土都呈斜向增高，使砂浆和粗骨料分布不均匀，加上振捣器都是斜向振捣，不如竖向振捣能保证质量。因此，施工时应严格控制水灰比和混凝土的和易性。

2. 斜卧式浇筑

进出口山坡上常有斜卧式管道，混凝土浇筑时应由低处开始逐渐向高处浇筑，使每层混凝土浇筑层保持水平。不论采用哪种浇筑方式，要做好浇筑前的施工组织工作，确保浇筑层的间歇时间不超过规范允许值。应注意两侧或周围进料均匀，快慢一致。否则，将产生模板位移，导致管壁厚薄不一，而严重影响管道质量。

五、混凝土的养护与拆模

（一）养护

倒虹吸管的养护比一般混凝土的要求严格，养护要做到“早”、“勤”、“足”。“早”就是混凝土初凝后，应及时洒水，用帘、麻袋等覆盖（在夏季混凝土浇筑后 2 ~ 3 h）；“勤”就是昼夜不间断地进行洒水；“足”是指养护时间要保证，压力管道至少养护 21 d。当气温低于5 ℃时，不得洒水，并做好已浇筑混凝土的保温工作。

（二）拆模

拆模时间根据气温不同和模板承重情况而定。管座（若为混凝土）、模板与管道外模为非承重模板可适当早拆，以利于养护和模板周转。管道内模为承重模板，不宜早拆，一般要求管壁混凝土强度达到设计强度值 70% 以上，方可拆除。

第九章　水利工程施工管理

第一节　施工管理组织机构

施工管理组织机构的建立与健全是施工管理成功的关键,没有一个完整和完善的组织机构,项目工程的施工质量、进度、安全、成本就难以保证。

一、项目部组织机构

(1)项目部领导。

项目部领导包括项目经理,分管工程(安全、质量、进度)、人力资源、财务、材料设备等副经理。项目总工(或技术负责人)。人员不一定要多,但是责任要分配到人。

(2)管理部门

管理部门包括工程科(含安全、质量、成本、施工等)、财务器材科(含财务、材料、设备等)、人资办公科(含保卫、人力资源、办公室、后勤等)等部门。

(3)施工队(班组)。

施工队(班组)包括各种专业施工队、混凝土、木工、钢筋、起重、机械、电工、架子工等班组及负责人。

二、项目部安全(质量)管理机构

(1)安全(质量)第一责任人。安全(质量)第一责任人为项目经理。

(2)安全(质量)领导小组。组长:项目经理;副组长:分管安全(质量)副经理;成员:项目总工、各部门负责人、各班组班组长。

(3)专职安全(质量)管理机构(工程科)。专职安全(质量)管理机构(工程科)包括机构负责人和专业安全员。

(4)安全(质量)员。安全(质量)员为各班组兼职安全员、特殊工种。

工程施工时所有标书中的人员在没有更换的情况下要到岗,到岗人员包括:项目经理、技术负责人、施工员、质检员、安全员等五大员。对于实行 AB 岗的项目,A 岗人员要在约定的阶段到岗履责;B 岗人员要常驻工地。

第二节　水利工程施工前管理

施工前管理是水利工程管理的重要组成部分,水利工程施工前项目经理要参与的管理主要包括:

一、投标文件的编制和工程成本的合理预测

在投标阶段,项目负责人要参与投标文件的编制。

(1)根据现场情况确定投入项目施工的人员、选用的施工方法、项目所用设备、该项目所能达到的进度、质量、安全目标等,为编制技术标做好准备。

(2)根据所选择的施工方法、选用的材料、设备等对项目成本进行预测,为编制投标报价做好准备。

二、承包合同的洽谈和签订合理周密的施工合同

项目中标后,项目负责人要参与项目施工合同的洽谈,了解合同条件,特别是度汛工期及特殊地质条件及。

对于属于内部承包的项目,还要测算项目施工成本,对内部承包合同条款要进行研究,确保合同能顺利履约。

第三节 水利工程施工中管理

一、开工前管理工作

施工前准备工作的基本任务是为拟建工程的施工建立必要的技术和物资条件,统筹安排施工力量和施工现场。施工准备工作也是施工企业搞好目标管理,推进技术经济承包的重要依据。因此认真做好施工准备工作,对发挥企业优势、合理供应资源、加快施工速度提高工程质量、降低工程成本增加企业效益等具有重要的意思。

(一)组织精干的项目管理班子

这是项目经理管好项目的基本条件,也是项目成功的组织保证;要配备好项目安全、质量、施工、财务、材料、设备、技术等管理人员。

(二)制定项目阶段性目标和项目总体控制计划

项目总目标包括:成本目标、质量目标、安全目标、环保目标、进度目标、技术进步目标等。目标一经确定,项目经理的职责之一就是将总目标分解,划分出主要工作内容和工作量,确定项目阶段性目标的实现标志如形象进度控制点等。

(三)认真做好图纸会审

在图纸会审时,对于结构复杂、施工难度高的项目,要从方便施工、有利于加快工程进度、确保质量和降低资源消耗且增加工程效益几方面考虑,并提出修改意见;

(四)优化施工组织设计

施工方案的优化是工程成本有效管理的主要途径,编制时应在技术标的基础上,做好优化细化工作。

(五)督促相关人员做好各项工作

包括技术准备(图纸会审、技术交底、施工方案制定)、材料准备(材料试验、采购合同签订)、设备准备、人员班组准备等工作。

(六)提交完整的现场试验室设置并报批

施工单位应于工程开工前,提交一份满足工程需要的完整的现场试验室设置计划报监理机构和业主单位审批,其内容包括现场实验室资质、试验设备及检定情况、试验项目、试验机构设置和人员配备等情况。

（七）建立健全各项规章制度

工地各项规章制度是否建立健全，直接影响其各项施工活动的顺利进行，其内容包括：工程质量检查与验收制度、工程技术档案管理制度、建筑材料的检查验收报验制度、岗位责任制度、技术交底制度、安全操作制度、机具保养制度等。

（八）搞好“三通一平”及临时设施布设

（1）“三通一平”为路通、水通、电通和场地平整。

（2）临时设施布置是按照施工总平面布置图布设生产、办公、生活、储物等临时用房，并设置混凝土拌合场、砂石料场、排水系统等。

二、施工过程管理工作

（一）成本管理工作

1. 搞好劳务成本管理工作，签证工作和严格劳务费用审核

项目经理应主动督促管理人员将发生变化的工程项目和单价上报监理工程师和业主，及时办理签证手续，以便于工程项目成本调整。劳务费结算是项目成本管理的关键环节，在已签订的劳务合同基础上，严格审核劳务分包工程量及零工结账单，从一线施工、材料部门到核算部门层层把关，防止超结多结现象，减少项目不合理的开支。

2. 加强材料成本管理

（1）要在保证质量的前提下，坚持从“廉”采购。

（2）必须根据施工程序及工程进度，周密安排分阶段的材料计划，用好用活流动资金，在确保作业连续性的同时降低存储成本。

（3）加强现场管理，合理堆放，减少搬运和损耗。

（4）严格执行材料消耗定额，对周转材料及大宗材料，如模板、架杆、方木、水泥、钢材、砂石料等要限额领料。

（5）对各种材料，坚持余料回收，废物利用。

（二）进度管理

要审核周、月、季度、阶段性、年及工程总季度计划，并在过程中进行检查修正，确保合同目标的实现。

（三）安全管理

按照国家相关法律法规及制度要求进行安全管理，要组织安全检查，配备安全管理所需资源，及时消除安全隐患。

（四）资源管理

要根据工程进度要求，配备所需的设备、人员、材料等。

第四节　水利工程施工后期管理

一、竣工验收资料的准备和加强竣工结算管理

合同条款对工程竣验收有十分明确的界定，以完工交付验收截止期作为衡量工期履约或违约的基本原则。因此，要做好工程验收资料的收集、整理、汇总，以确保完工交付竣工资

料的完整性、可靠性。在竣工结算阶段，项目部有关施工、材料部门必须积极配合预算部门，将有关资料汇总、递交至预算部门，预算部门将中标预算、目标成本、材料实耗量、人工费发生额进行分析、比较，查寻结算的漏项，以确保结算的正确性、完整性。同时，可根据已签证的施工工艺（方法），争取合理的签证或变更项目价格，以弥补原有定额偏低的缺陷。

二、加强资料管理和加强应收账款的管理

施工中保存好各种与合同有关的资料，如施工日记、来往文件、气象资料、会议纪要、备忘录、工程声像资料等。对于业主变更设计图纸、增减工作量的，在补充合同中争取获得补偿。工程竣工以后，要及时进行结算，以明确债权债务关系。项目部要落实专人与业主加强联系，力争尽快回收资金。对一些不能在短期内偿清债务的单位，通过协商签订还款计划，明确还款时间，制定违约责任，以增强对债务单位的约束力。对一些收回资金可能性较小的应收账款，可采取卜利清收等办法，以减轻成本损失。

第十章　水利工程造价管理

第一节　水利工程分类

水利工程按工程性质划分为二大类，具体划分如下：

- 水利工程
  - 枢纽工程
    - 水库
    - 水电站
    - 其他大型独立建筑物
  - 引水工程及河道工程
    - 供水工程
    - 灌溉工程
    - 河湖整治工程
    - 堤防工程

第二节　水利工程部分项目组成

一、第一部分　建筑工程

（一）枢纽工程

建筑工程枢纽工程是指水利枢纽建筑物（含引水工程中的水源工程）和其他大型独立建筑物，包括挡水工程、泄洪工程、引水工程、发电厂工程、升压变电站工程、航运工程、鱼道工程、交通工程、房屋建筑工程和其他建筑工程。其中，挡水工程等前七项为主体建筑工程。

（1）挡水工程。包括挡水的各类坝（闸）工程。

（2）泄洪工程。包括溢洪道、泄洪洞、冲砂孔（洞）、放空洞等工程。

（3）引水工程。包括发电引水明渠、进水口、隧洞、调压井、高压管道等工程。

（4）发电厂工程。包括地面、地下各类发电厂工程。

（5）升压变电站工程。包括升压变电站、开关站等工程。

（6）航运工程。包括上下游引航道、船闸、升船机等工程。

（7）鱼道工程。根据枢纽建筑物布置情况，可独立列项。与拦河坝相结合的，也可作为拦河坝工程的组成部分。

（8）交通工程。包括上坝、进厂、对外等场内外永久公路、桥涵、铁路、码头等交通工程。

（9）房屋建筑工程。包括为生产运行服务的永久性辅助生产建筑、仓库、办公、生活及文化福利等房屋建筑和室外工程。

（10）其他建筑工程。包括内外部观测工程，动力线路（厂坝区），照明线路，通信线路，厂坝区及生活区供水、供热、排水等公用设施工程，厂坝区环境建设工程，水情自动测报工程及其他。

（二）引水工程及河道工程

建筑工程引水工程及河道工程是指供水、灌溉、河湖整治、堤防修建与加固工程。包括供水、灌溉渠（管）道、河湖整治与堤防工程、建筑物工程（水源工程除外）。

(1)供水、灌溉渠（管）道、河湖整治与堤防工程。包括渠（管）道工程、清淤疏浚工程、堤防修建与加固工程等。

(2)建筑物工程。包括泵站、水闸、隧洞工程、渡槽、倒虹吸、跌水、小水电站、排水沟（涵）、调蓄水库工程等。

(3)交通工程。指永久性公路、铁路、桥梁、码头等工程。

(4)房屋建筑工程。包括为生产运行服务的永久性辅助生产建筑、仓库、办公、生活及文化福利等房屋建筑和室外工程。

(5)供电设施工程。指为工程生产运行供电需要架设的输电线路及变配电设施工程。

(6)其他建筑工程。包括内外部观测工程，照明线路，通信线路，厂坝（闸、泵站）区及生活区供水、供热、排水等公用设施工程，

工程沿线或建筑物周围环境建设工程，水情自动测报工程及其他。

二、第二部分　机电设备及安装工程

（一）枢纽工程

机电设备及安装工程枢纽工程是指构成枢纽工程固定资产的全部机电设备及安装工程。本部分由发电设备及安装工程、升压变电设备及安装工程和公用设备及安装工程三项组成。

(1)发电设备及安装工程。包括水轮机、发电机、主阀、起重机、水力机械辅助设备、电气设备等设备及安装工程。

(2)升压变电设备及安装工程。包括主变压器、高压电气设备、一次拉线等设备及安装工程。

(3)公用设备及安装工程。包括通信设备，通风采暖设备，机修设备，计算机监控系统，管理自动化系统，全厂接地及保护网，电梯，坝区馈电设备，厂坝区及生活区供水、排水、供热设备，水文、泥沙监测设备，水情自动测报系统设备，外部观测设备，消防设备，交通设备等设备及安装工程。

（二）引水工程及河道工程

机电设备及安装工程引水工程及河道工程是指构成该工程固定资产的全部机电设备及安装工程。本部分一般由泵站设备及安装工程、小水电站设备及安装工程、供变电工程和公用设备及安装工程四项组成。

(1)泵站设备及安装工程。包括水泵、电动机、主阀、起重设备、水力机械辅助设备、电气设备等设备及安装工程。

(2)小水电站设备及安装工程。其组成内容可参照枢纽工程的发电设备及安装工程和升压变电设备及安装工程。

(3)供变电工程。包括供电、变配电设备及安装工程。

(4)公用设备及安装工程。包括通信设备，通风采暖设备，机修设备，计算机监控系统，管理自动化系统，全厂接地及保护网，坝（闸、泵站）区馈电设备，厂坝（闸、泵站）区供水、排

水、供热设备，水文、泥沙监测设备，水情自动测报系统设备，外部观测设备，消防设备，交通设备等设备及安装工程。

三、第三部分　金属结构设备及安装工程

金属结构设备及安装工程是指构成枢纽工程和其他水利工程固定资产的全部金属结构设备及安装工程。其包括闸门、启闭机、拦污栅、升船机等设备及安装工程，压力钢管制作及安装工程和其他金属结构设备及安装工程。

金属结构设备及安装工程项目要与建筑工程项目相对应。

四、第四部分　施工临时工程

施工临时工程是指为辅助主体工程施工所必须修建的生产和生活用临时性工程。本部分组成内容如下所述。

(1)导流工程。包括导流明渠、导流洞、施工围堰、蓄水期下游断流补偿设施、金属结构设备及安装工程等。

(2)施工交通工程。包括施工现场内外为工程建设服务的临时交通工程，如公路、铁路、桥梁、施工支洞、码头、转运站等。

(3)施工场外供电工程。包括从现有电网向施工现场供电的高压输电线路(枢纽工程：35 kV 及以上等级；引水工程及河道工程：10 kV 及以上等级)和施工变(配)电设施(场内除外)工程。

(4)施工房屋建筑工程。指工程在建设过程中建造的临时房屋，包括施工仓库、办公及生活、文化福利建筑及所需的配套设施工程。

(5)其他施工临时工程。指除施工导流、施工交通、施工场外供电、施工房屋建筑、缆机平台以外的施工临时工程。主要包括施工供水(大型泵房及干管)、砂石料系统、混凝土拌和浇筑系统、大型机械安装拆卸、防汛、防冰、施工排水、施工通信、施工临时支护设施(含隧洞临时钢支撑)等工程。

五、第五部分　独立费用

本部分由建设管理费、生产准备费、科研勘测设计费、建设及施工场地征用费和其他五项组成。

(1)建设管理费。包括项目建设管理费、工程建设监理费和联合试运转费。

(2)生产准备费。包括生产及管理单位提前进厂费、生产职工培训费、管理用具购置费、备品备件购置费、工器具及生产家具购置费。

(3)科研勘测设计费。包括工程科学研究试验费和工程勘测设计费。

(4)建设及施工场地征用费。包括永久和临时征地所发生的费用。

(5)其他。包括定额编制管理费、工程质量监督费、工程保险费、其他税费。

第三节　水利建筑工程费用项目构成

水利工程费用组成内容如下：

- 建设项目费用
  - 工程费
    - 建筑及安装工程费
    - 设备费
  - 独立费用
  - 预备费
  - 建设期融资利息

一、建筑及安装工程费

建筑及安装工程费由直接工程费、间接费、企业利润、税金组成。

(一)直接工程费

直接工程费是指建筑安装工程施工过程中直接消耗在工程项目上的活劳动和物化劳动,由直接费、其他直接费、现场经费组成。

其他直接费包括冬雨季施工增加费、夜间施工增加费、特殊地区施工增加费和其他。

现场经费包括临时设施费和现场管理费。

1. 直接费

直接费包括人工费、材料费、施工机械使用费。

1)人工费

人工费是指直接从事建筑安装工程施工的生产工人开支的各项费用,主要包括以下内容。

(1)基本工资:由岗位工资和年功工资以及年应工作天数内非作业天数的工资组成。

①岗位工资:指按照职工所在岗位各项劳动要素测评结果确定的工资。

②年功工资:指按照职工工作年限确定的工资,随工作年限增加而逐年累加。

③生产工人年应工作天数以内非作业天数的工资,包括职工开会学习、培训期间的工资,调动工作、探亲、休假期间的工资,因气候影响的停工工资,女工哺乳期间的工资,病假在6个月以内的工资及产、婚、丧假期的工资。

(2)辅助工资:指在基本工资之外,以其他形式支付给职工的工资性收入,包括根据国家有关规定属于工资性质的各种津贴,主要包括地区津贴、施工津贴、夜餐津贴、节日加班津贴等。

(3)工资附加费:指按照国家规定提取的职工福利基金、工会经费、养老保险费、医疗保险费、工伤保险费、职工失业保险基金和住房公积金。

2)材料费

材料费是指用于建筑安装工程项目上的消耗性材料、装置性材料和周转性材料摊销费,包括定额工作内容规定应计入的未计价材料和计价材料。

材料预算价格一般包括材料原价、包装费、运杂费、运输保险费和采购及保管费五项。

(1)材料原价:指材料指定交货地点的价格。

(2)包装费:指材料在运输和保管过程中的包装费和包装材料的折旧摊销费。

(3)运杂费:指材料从指定交货地点至工地仓库或相当于工地仓库(材料堆放场)所发生的全部费用。包括运输费、装卸费、调车费及其他杂费。

(4)运输保险费:指材料在运输途中的保险费。

(5)材料采购及保管费:指材料在采购、供应和保管过程中所发生的各项费用。主要包括材料的采购、供应和保管部门工作人员的基本工资、辅助工资、工资附加费、教育经费、办公费、差旅交通费及工具用具使用费;仓库、转运站等设施的检修费、固定资产折旧费、技术安全措施费和材料检验费;材料在运输、保管过程中发生的损耗等。

3)施工机械使用费

施工机械使用费是指消耗在建筑安装工程项目上的机械磨损、维修和动力燃料费用等。包括折旧费、修理及替换设备费、安装拆卸费、机上人工费和动力燃料费等。

(1)折旧费:指施工机械在规定使用年限内回收原值的台时折旧摊销费用。

(2)修理及替换设备费。

修理费是指施工机械使用过程中,为了使机械保持正常功能而进行修理所需的摊销费用和机械正常运转及日常保养所需的润滑油料、擦拭用品的费用,以及保管机械所需的费用。

替换设备费是指施工机械正常运转时所耗用的替换设备及随机使用的工具附具等摊销费用。

(3)安装拆卸费:指施工机械进出工地的安装、拆卸、试运转和场内转移及辅助设施的摊销费用。部分大型施工机械的安装拆卸费不在其施工机械使用费中计列,包含在其他施工临时工程中。

(4)机上人工费:指施工机械使用时机上操作人员人工费用。

(5)动力燃料费:指施工机械正常运转时所耗用的风、水、电、油和煤等费用。

2.其他直接费

1)冬雨季施工增加费

冬雨季施工增加费是指在冬雨季施工期间为保证工程质量和安全生产所需增加的费用。包括增加施工工序,增设防雨、保温、排水等设施增耗的动力、燃料、材料以及因人工、机械效率降低而增加的费用。

2)夜间施工增加费

夜间施工增加费是指施工场地和公用施工道路的照明费用。

3)特殊地区施工增加费

特殊地区施工增加费是指在高海拔和原始森林等特殊地区施工而增加的费用。

4)其他

其他包括施工工具用具使用费、检验试验费、工程定位复测、工程点交、竣工场地清理、工程项目及设备仪表移交生产前的维护观察费等。其中,施工工具用具使用费是指施工生产所需,但不属于固定资产的生产工具,检验、试验用具等的购置、摊销和维护费。检验试验费是指对建筑材料、构件和建筑安装物进行一般鉴定、检查所发生的费用,包括自设实验室所耗用的材料和化学药品费用,以及技术革新和研究试验费,不包括新结构、新材料的试验费和建设单位要求对具有出厂合格证明的材料进行试验、对构件进行破坏性试验,以及其他特殊要求检验试验的费用。

3. 现场经费

1) 临时设施费

临时设施费是指施工企业为进行建筑安装工程施工所必需的但又未被划入施工临时工程的临时建筑物、构筑物和各种临时设施的建设、维修、拆除、摊销等费用。如:供风、供水(支线)、供电(场内)、夜间照明、供热系统及通信支线,土石料场,简易砂石料加工系统,小型混凝土拌和浇筑系统,木工、钢筋、机修等辅助加工厂,混凝土预制构件厂,场内施工排水,场地平整、道路养护及其他小型临时设施。

2) 现场管理费

(1) 现场管理人员的基本工资、辅助工资、工资附加费和劳动保护费。

(2) 办公费:指现场办公用具、印刷、邮电、书报、会议、水、电、烧水和集体取暖(包括现场临时宿舍取暖)用燃料等费用。

(3) 差旅交通费;指现场职工因公出差期间的差旅费、误餐补助费,职工探亲路费,劳动力招募费,职工离退休、退职一次性路费,工伤人员就医路费,工地转移费以及现场职工使用的交通工具、运行费、养路费及牌照费。

(4) 固定资产使用费:指现场管理使用的属于固定资产的设备、仪器等的折旧、大修理、维修费或租赁费等。

(5) 工具用具使用费:指现场管理使用的不属于固定资产的工具、器具、家具、交通工具和检验、试验、测绘、消防用具等的购置、维修和摊销费。

(6) 保险费:指施工管理用财产、车辆保险费,高空、井下、洞内、水下、水上作业等特殊工种安全保险费等。

(7) 其他费用。

(二) 间接费

间接费是指施工企业为建筑安装工程施工而进行组织与经营管理所发生的各项费用。它构成产品成本,由企业管理费、财务费用和其他费用组成。

1. 企业管理费

企业管理费是指施工企业为组织施工生产经营活动所发生的费用,包括以下内容。

(1) 管理人员基本工资、辅助工资、工资附加费和劳动保护费。

(2) 差旅交通费:是指施工企业管理人员因公出差、工作调动的差旅费、误餐补助费,职工探亲路费,劳动力招募费,离退休职工一次性路费及交通工具油料、燃料、牌照、养路费等。

(3) 办公费:是指企业办公用具、印刷、邮电、书报、会议、水电、燃煤(气)等费用。

(4) 固定资产折旧、修理费:是指企业属于固定资产的房屋、设备、仪器等折旧及维修等费用。

(5) 工具用具使用费:是指企业管理使用不属于固定资产的工具、用具、家具、交通工具、检验、试验、消防等的摊销及维修费用。

(6) 职工教育经费:是指企业为职工学习先进技术和提高文化水平按职工工资总额计提的费用。

(7) 劳动保护费:是指企业按照国家有关部门规定标准发放给职工的劳动保护用品的购置费、修理费、保健费、防暑降温费、高空作业及进洞津贴、技术安全措施费以及洗澡用水、饮用水的燃料费等。

(8)保险费:是指企业财产保险、管理用车辆等保险费用。

(9)税金;是指企业按规定交纳的房产税、管理用车辆使用税、印花税等。

(10)其他:包括技术转让费、设计收费标准中未包括的应由施工企业承担的部分施工辅助工程设计费、投标报价费、工程图纸资料费及工程摄影费、技术开发费、业务招待费、绿化费、公证费、法律顾问费、审计费、咨询费等。

2. 财务费用

财务费用是指施工企业为筹集资金而发生的各项费用,包括企业经营期间发生的短期融资利息净支出、汇兑净损失、金融机构手续费,企业筹集资金发生的其他财务费用,以及投标和承包工程发生的保函手续费等。

3. 其他费用

其他费用是指企业定额测定费及施工企业进退场补贴费。

(三)企业利润

企业利润是指按规定应计入建筑、安装工程费用中的利润。

(四)税金

税金是指国家对施工企业承担建筑、安装工程作业收入所征收的营业税、城市维护建设税和教育费附加。

三、设备费

设备费包括设备原价、运杂费、运输保险费和采购及保管费。

(一)设备原价

(1)国产设备,其原价指出厂价。

(2)进口设备,以到岸价和进口征收的税金、手续费、商检费及港口费等各项费用之和为原价。

(3)大型机组分瓣运至工地后的拼装费用,应包括在设备原价内。

(二)运杂费

运杂费是指设备由厂家运至工地安装现场所发生的一切运杂费用,包括运输费、调车费、装卸费、包装绑扎费、大型变压器充氮费及可能发生的其他杂费。

(三)运输保险费

运输保险费是指设备在运输过程中的保险费用。

(四)采购及保管费

采购及保管费是指建设单位和施工企业在负责设备的采购、保管过程中发生的各项费用。主要包括:

(1)采购保管部门工作人员的基本工资、辅助工资、工资附加费、劳动保护费、教育经费、办公费、差旅交通费、工具用具使用费等。

(2)仓库、转运站等设施的运行费、维修费、固定资产折旧费、技术安全措施费和设备的检验、试验费等。

四、独立费用

独立费用由建设管理费、生产准备费、科研勘测设计费、建设及施工场地征用费和其他五项组成。

(一)建设管理费

建设管理费是指建设单位在工程项目筹建和建设期间进行管理工作所需的费用。包括项目建设管理费、工程建设监理费和联合试运转费。

1. 项目建设管理费

项目建设管理费包括建设单位开办费和建设单位经常费。

1)建设单位开办费

建设单位开办费是指新组建的工程建设单位,为开展工作所必须购置的办公及生活设施、交通工具等,以及其他用于开办工作的费用。

2)建设单位经常费

建设单位经常费包括建设单位人员经常费和工程管理经常费。

(1)建设单位人员经常费:指建设单位从批准组建之日起至完成该工程建设管理任务之日止,需开支的经常费用。主要包括工作人员的基本工资、辅助工资、工资附加费、劳动保护费、教育经费、办公费、差旅交通费、会议费、交通车辆使用费、技术图书资料费、固定资产折旧费、零星固定资产购置费、低值易耗品摊销费、工具用具使用费、修理费、水电费、采暖费等。

(2)工程管理经常费:指建设单位从筹建到竣工期间所发生的各种管理费用。包括该工程建设过程中用于资金筹措、召开董事(股东)会议、视察工程建设所发生的会议和差旅等费用;建设单位为解决工程建设涉及的技术、经济、法律等问题需要进行咨询所发生的费用;建设单位进行项目管理所发生的土地使用税、房产税、合同公证费、审计费、招标业务费等;施工期所需的水情、水文、泥沙、气象监测费和报汛费;工程验收费和由主管部门主持对工程设计进行审查、安全进行鉴定等费用;在工程建设过程中,必须派驻工地的公安、消防部门的补贴费以及其他属于工程管理性质开支的费用。

2. 工程建设监理费

工程建设监理费是指在工程建设过程中聘任监理单位,对工程的质量、进度、安全和投资进行监理所发生的全部费用。包括监理单位为保证监理工作正常开展而必须购置的交通工具、办公及生活设备、检验试验设备以及监理人员的基本工资、辅助工资、工资附加费、劳动保护费、教育经费、办公费、差旅交通费、会议费、技术图书资料费、固定资产折旧费、零星固定资产购置费、低值易耗品摊销费、工具用具使用费、修理费、水电费、采暖费等。

3. 联合试运转费

联合试运转费是指水利工程的发电机组、水泵等安装完毕,在竣工验收前,进行整套设备带负荷联合试运转期间所需的各项费用。主要包括联合试运转期间所消耗燃料、动力、材料及机构使用费,工具用具购置费,施工单位参加联合试运转人员的工资等。

(二)生产准备费

生产准备费是指水利建设项目的生产、管理单位为准备正常的生产运行或管理发生的费用。包括生产及管理单位提前进厂费、生产职工培训费、管理用具购置费、备品备件购置费和工器具及生产家具购置费。

1. 生产及管理单位提前进厂费

生产及管理单位提前进厂费是指在工程完工之前,生产、管理单位有一部分工人、技术人员和管理人员提前进厂进行生产筹图示工作所需的各项费用。内容包括提前进厂人员的基本工资、辅助工资、工资附加费、劳动保护费、教育经费、办公费、差旅交通费、会议费、技术图书资料费、零星固定资产购置费、低值易耗品摊销费、工具用具使用费、修理费、水电费、采暖费等,以及其他属于生产筹建设期间应开支的费用。

2. 生产职工培训费

生产职工培训费是指工程在竣工验收之前,生产及管理单位为保证生产、管理工作能顺利进行,需对工人、技术人员和管理人员进行培训所发生的费用。内容包括基本工资、辅助工资、工资附加费、劳动保护费、差旅交通费等,以及其他属于职工培训应开支的费用。

3. 管理用具购置费

管理用具购置费是指为保证新建项目的正常生产和管理所必须购置的办公和生活用具等费用。包括办公室、会议室、资料档案室、阅览室、文娱室、医务室等公用设施需要配置的家具器具。

4. 备品备件购置费

备品备件购置费是指工程在投产运行初期,由于易损件损耗和可能发生的事故,所必须准备的备品备件和专用材料的购置费,不包括设备价格中配备的备品备件。

5. 工器具及生产家具购置费

工器具及生产家具购置费是指按设计规定,为保证初期生产正常运行所必须购置的不属于固定资产标准的生产工具、器具、仪表、生产家具等的购置费,不包括设备价格中已包括的专用工具。

(三)科研勘测设计费

科研勘测设计费是指为工程建设所需的科研、勘测和设计等费用,包括工程科学研究试验费和工程勘测设计费。

(1)工程科学研究试验费是指在工程建设过程中,为解决工程技术问题,而进行必要的科学研究试验所需的费用。

(2)工程勘测设计费是指工程从项目建设书开始至以后各设计阶段发生的勘测费、设计费。

(四)建设及施工场地征用费

建设及施工场地征用费是指根据设计确定的永久、临时工程征地和管理单位用地所发生的片地补偿费用应缴纳的耕地占用税等。主要包括征用场地上的林木、作物的赔偿,建筑物迁建及居民迁移费等。

(五)其他

1. 定额编制管理费

定额编制管理费是指为水利工程定额的测定、编制、管理等所需的费用。该项费用交由定额管理机构安排使用。

2. 工程质量监督费

工程质量监督费是指为保证工程质量而进行的检测、监督、检查工作等费用。

3. 工程保险费

工程保险费是指工程建设期间,为使工程能在遭受水灾、火灾等自然灾害和意外事故造成损失后得到经济补偿,而对建设、设备及安装工程保险所发生的保险费用。

4. 其他税费

其他税费是指按国家规定应缴纳的与工程建设有关的税费。

五、预备费及建设期融资利息

(一)预备费

1. 基本预备费

基本预备费是指主要为解决在工程施工过程中,经上级批准的设计变更和国家政策性变动的投资及为解决意外事故而采取的措施所增加的工程项目和费用。

2. 价差预备费

价差预备费是指主要为解决在工程项目建设过程中,因人工工资、材料和设备价格上涨以及费用标准调整而增加的投资。

(二)建设期融资利息

根据国家财政金融政策规定,工程在建设期内需偿还并应计入工程投资的融资利息。

第四节　成本控制的依据、步骤、方法及施工成本分析方法

一、掌握施工成本控制的依据

(一)工程承包合同

施工成本控制要以工程承包合同为依据,围绕降低工程成本这个目标,从预算收入和实际成本两方面,努力挖掘增收节支潜力,以求获得最大的经济效益。

(二)施工成本计划

施工成本计划是根据施工项目的具体情况制定的施工成本控制方案,既包括预定的具体成本控制目标,又包括实现控制目标的措施和规划,是施工成本控制的指导文件。

(三)进度报告

进度报告提供了每一时刻工程实际完成量、工程施工成本实际支付情况等重要信息。施工成本控制工作正是通过实际情况与施工成本计划相比较,找出二者之间的差别,分析偏差产生的原因,从而采取措施改进以后的工作。此外,进度报告还有助于管理者及时发现工程实施中存在的问题,并在事态还未造成重大损失之前采取有效措施,尽量避免损失。

(四)工程变更

在项目的实施过程中,由于各方面的原因,工程变更是很难避免的。工程变更一般包括设计变更、进度计划变更、施工条件变更、技术规范与标准变更、施工次序变更、工程数量变更等。一旦出现变更,工程量、工期、成本都必将发生变化,从而使得施工成本控制工作变得更加复杂和困难。因此,施工成本管理人员就应当通过对变更要求当中各类数据的计算、分析,随时掌握变更情况,包括已发生工程量、将要发生工程量、工期是否拖延、支付情况等重要信息,判断变更以及变更可能带来的索赔额度等。

除上述几种施工成本控制工作的主要依据外,有关施工组织设计、分包合同等也都是施工成本控制的依据。

二、掌握施工成本控制的步骤

在确定了施工成本计划之后，必须定期地进行施工成本计划值与实际值的比较，当实际值偏离计划值时，分析产生偏差的原因，采取适当的纠偏措施，以确保施工成本控制目标的实现。其步骤如下。

（一）比较

按照某种确定的方式将施工成本计划值与实际值逐项进行比较，以发现施工成本是否已超支。

（二）分析

在比较的基础上，对比较的结果进行分析，以确定偏差的严重性及偏差产生的原因。这一步是施工成本控制工作的核心，其主要目的在于找出产生偏差的原因，从而采取有针对性的措施，减少或避免相同原因的再次发生或减少由此造成的损失。

（三）预测

按照完成情况估计完成项目所需的总费用。

（四）纠偏

当工程项目的实际施工成本出现了偏差时，应当根据工程的具体情况、偏差分析和预测的结果，采取适当的措施，以期达到使施工成本偏差尽可能小的目的。纠偏是施工成本控制中最具实质性的一步。只有通过纠偏，才能最终达到有效控制施工成本的目的。

对偏差原因进行分析的目的是有针对性地采取纠偏措施，从而实现成本的动态控制和主动控制。纠偏首先要确定纠偏的主要对象，偏差原因有些是无法避免和控制的，如客观原因，充其量只能对其中少数原因做到防患于未然，力求减少该原因所产生的经济损失。在确定了纠偏的主要对象之后，就需要采取有针对性的纠偏措施。纠偏可采用组织措施、经济措施、技术措施和合同措施等。

（五）检查

检查是指对工程的进展进行跟踪和检查，及时了解工程进展状况以及纠偏措施的执行情况和效果，为今后的工作积累经验。

三、掌握施工成本控制的方法

施工阶段是控制建设工程项目成本发生的主要阶段，它通过确定成本目标并按计划成本进行施工资源配置，对施工现场发生的各种成本费用进行有效控制，其具体的控制方法如下。

（一）人工费的控制

人工费的控制实行"量价分离"的方法，将作业用工及零星用工按定额工日的一定比例综合确定用工数量与单价，通过劳务合同进行控制。

（二）材料费的控制

材料费控制同样按照"量价分离"原则，控制材料用量和材料价格。

1. 材料用量的控制

在保证符合设计要求和质量标准的前提下，合理使用材料，通过定额管理、计量管理等手段有效控制材料物资的消耗，具体方法如下。

1）定额控制

对于有消耗定额的材料，以消耗定额为依据，实行限额发料制度。在规定限额内分期分批领用，超过限额领用的材料，必须先查明原因，经过一定审批手续方可领料。

2）指标控制

对于没有消耗定额的材料，则实行计划管理和按指标控制的办法。根据以往项目的实际耗用情况，结合具体施工项目的内容和要求，制定领用材料指标，据以控制发料。超过指标的材料，必须经过一定的审批手续方可领用。

3）计量控制

准确做好材料物资的收发计量检查和投料计量检查。

4）包干控制

在材料使用过程中，对部分小型及零星材料（如钢钉、钢丝等）根据工程量计算出所需材料量，将其折算成费用，由作业者包干控制。

2. 材料价格的控制

材料价格主要由材料采购部门控制。由于材料价格是由买价、运杂费、运输中的合理损耗等所组成，因此控制材料价格，主要是通过掌握市场信息，应用招标和询价等方式控制材料、设备的采购价格。

施工项目的材料物资，包括构成工程实体的主要材料和结构件，以及有助于工程实体形成的周转使用材料和低值易耗品。从价值角度看，材料物资的价值，占建筑安装工程造价的60%～70%以上，其重要程度自然是不言而喻。由于材料物资的供应渠道和管理方式各不相同，所以控制的内容和所采取的控制方法也将有所不同。

（三）施工机械使用费的控制

合理选择和使用施工机械设备对成本控制具有十分重要的意义，尤其是高层建筑施工，据某些工程实例统计，高层建筑地面以上部分的总费用中，垂直运输机械费用占6%～10%。由于不同的起重运输机械各有不同的用途和特点，因此在选择起重运输机械时，首先应根据工程特点和施工条件确定采取何种不同起重运输机械的组合方式。在确定采用何种组合方式时，首先应满足施工需要，同时还要考虑到费用的高低和综合经济效益。

施工机械使用费主要由台班数量和台班单价两方面决定，主要从以下几个方面有效控制施工机械使用费的支出：

（1）合理安排施工生产，加强设备租赁计划管理，减少因安排不当引起的设备闲置；

（2）加强机械设备的调度工作，尽量避免窝工，提高现场设备利用率；

（3）加强现场设备的维修保养，避免因不正当使用造成机械设备的停置；

（4）做好机上人员与辅助生产人员的协调与配合，提高施工机械台班产量。

（四）施工分包费用的控制

分包工程价格高低必然对项目经理部的施工项目成本产生一定的影响，因此施工项目成本控制的重要工作之一是对分包价格的控制。项目经理部应在确定施工方案的初期就要确定需要分包的工程范围。决定分包范围的因素主要是施工项目的专业性和项目规模。对分包费用的控制，主要是要做好分包工程的询价、订立平等互利的分包合同、建立稳定的分包关系网络、加强施工验收和分包结算等工作。

四、掌握施工成本分析的方法

(一)施工成本分析的依据

施工成本分析,就是根据会计核算、业务核算和统计核算提供的资料,对施工成本的形成过程和影响成本升降的因素进行分析,以寻求进一步降低成本的途径。此外,通过成本分析,可从账簿、报表反映的成本现象看清成本的实质,从而增强项目成本的透明度和可控性,为加强成本控制,实现项目成本目标创造条件。

1. 会计核算

会计核算主要是价值核算。会计是对一定单位的经济业务进行计量、记录、分析和检查,做出预测,参与决策,实行监督,旨在实现最优经济效益的一种管理活动。它通过设置账户、复式记账、填制和审核凭证、登记账簿、成本计算、财产清查和编制会计报表等一系列有组织有系统的方法,来记录企业的一切生产经营活动,然后据以提出一些用货币来反映的有关各种综合性经济指标的数据。资产、负债、所有者权益、营业收入、成本、利润等会计六要素指标,主要是通过会计来核算。由于会计记录具有连续性、系统性、综合性等特点,所以它是施工成本分析的重要依据。

2. 业务核算

业务核算是各业务部门根据业务工作的需要而建立的核算制度,它包括原始记录和计算登记表,如单位工程及分部分项工程进度登记,质量登记,工效、定额计算登记,物资消耗定额记录,测试记录等。业务核算的范围比会计、统计核算要广,会计和统计核算一般是对已经发生的经济活动进行核算,而业务核算,不但可以对已经发生的,而且还可以对尚未发生或正在发生的经济活动进行核算,看是否可以做,是否有经济效果。它的特点是,对个别的经济业务进行单项核算。例如各种技术措施、新工艺等项目,可以核算已经完成的项目是否达到原定的目的,取得预期的效果,也可以对准备采取措施的项目进行核算和审查,看是否有效果,值不值得采纳,随时都可以进行。业务核算的目的,在于迅速取得资料,在经济活动中及时采取措施进行调整。

3. 统计核算

统计核算是利用会计核算资料和业务核算资料,把企业生产经营活动客观现状的大量数据,按统计方法加以系统整理,表明其规律性。它的计量尺度比会计宽,可以用货币计算,也可以用实物或劳动量计量。它通过全面调查和抽样调查等特有的方法,不仅能提供绝对数指标,还能提供相对数和平均数指标,可以计算当前的实际水平,确定变动速度,可以预测发展的趋势。

(二)施工成本的核算方法

1. 成本分析的基本方法

施工成本分析的基本方法包括:比较法、因素分析法、差额计算法、比率法等。

1)比较法

比较法,又称"指标对比分析法",就是通过技术经济指标的对比,检查目标的完成情况,分析产生差异的原因,进而挖掘内部潜力的方法。这种方法,具有通俗易懂、简单易行、便于掌握的特点,因而得到了广泛的应用,但在应用时必须注意各技术经济指标的可比性。比较法的应用,通常有以下几种形式。

(1)实际指标与目标指标对比。

将实际指标与目标指标对比,以此检查目标完成情况,分析影响目标完成的积极因素和消极因素,以便及时采取措施,保证成本目标的实现。在进行实际指标与目标指标对比时,还应注意目标本身有无问题。如果目标本身出现问题,则应调整目标,重新正确评价实际工作的成绩。

(2)本期实际指标与上期实际指标对比。

通过本期实际指标与上期实际指标对比,可以看出各项技术经济指标的变动情况,反映施工管理水平的提高程度。

(3)与本行业平均水平、先进水平对比。

通过这种对比,可以反映本项目的技术管理和经济管理与行业的平均水平和先进水平的差距,进而采取措施赶超先进水平。

2)因素分析法

因素分析法又称连环置换法。这种方法可用来分析各种因素对成本的影响程度。在进行分析时,首先要假定众多因素中的一个因素发生了变化,而其他因素则不变,然后逐个替换,分别比较其计算结果,以确定各个因素的变化对成本的影响程度。因素分析法的计算步骤如下:

(1)确定分析对象,并计算出实际与目标数的差异;

(2)确定该指标是由哪几个因素组成的,并按其相互关系进行排序(排序规则是:先实物量,后价值量;先绝对值,后相对值);

(3)以目标数为基础,将各因素的目标数相乘,作为分析替代的基数;

(4)将各个因素的实际数按照上面的排列顺序进行替换计算,并将替换后的实际数保留下来;

(5)将每次替换计算所得的结果,与前一次的计算结果相比较,两者的差异即为该因素对成本的影响程度;

(6)、各个因素的影响程度之和,应与分析对象的总差异相等。

【例 10-1】 商品混凝土目标成本为 443 040 元,实际成本为 473 697 元,比目标成本增加 30 657 元,资料如表 10-1 所示。

表 10-1 商品混凝土目标成本与实际成本对比表

项目	单位	目标	实际	差额
产量	m^3	600	630	+30
单价	元	710	730	+20
损耗量	%	4	3	-1
成本	元	443 040	473 697	+30 657

分析成本的原因

(1)分析对象是商品混凝土的成本,实际成本与目标成本的差额为 30 657 元.该指标是由产量、单价、损耗率三个因素组成的,排序见表 6-1。

(2)以目标数 443 040 元(=600×710×1.04)为分析替代的基础。

第一次替代产量因素，以630替代600，有：

630×710×1.04=465 192(元)

第二次替代单价因素，以730替代710，并保留上次替代后的值，有：

630×730×1.04=478 296(元)

第三次替代损耗率因素，以1.03替代1.04，并保留上两次替代后的值，有：

630×730×1.03=473 697(元)

(3)计算差额：

第一次替代与目标数的差额=465 192－443 040=22 152(元)

第二次替代与第一次替代的差额=478 296－465 192=13 104(元)

第三次替代与第二次替代的差额=473 697－478 296=－4 599(元)

(4)产量增加使成本增加了22 152元，单价提高使成本增加了13 104元，而损耗率下降使成本减少了4 599元。

(5)各因素的影响程度之和=22 152+13 104－4 599=30 657(元)，与实际成本与目标成本的总差额相等。

为了使用方便，企业也可以通过运用因素分析表来求出各因素变动对实际成本的影响程度，其具体形式见表10-2。

表10-2　商品混凝土成本变动因素分析表

顺序	连环替代计算	差异(元)	因素分析
目标数	600×710×1.04		
第一次替代	630×710×1.04	22 152	由于产量增加30 m^3，成本增加22 152元
第二次替代	630×730×1.04	13 104	由于单价提高20元，成本增加13 104元
第三次替代	630×730×1.03	－4 599	由于耗损率下降1%，成本减少4599元
合计	22 152+13 104－4 599=30 657	30 657	

3)差额计算法

差额计算法是因素分析法的一种简化形式，它利用各个因素的目标值与实际值的差额来计算其对成本的影响程度。

4)比率法

比率法是指用两个以上的指标的比例进行分析的方法。它的基本特点是：先把对比分析的数值变成相对数，再观察其相互之间的关系。常用的比率法有以下几种。

(1)相关比率法。

由于项目经济活动的各个方面是相互联系，相互依存，又相互影响的，因而可以将两个性质不同而又相关的指标加以对比，求出比率，并以此来考察经营成果的好坏。例如：产值和工资是两个不同的概念，但它们的关系又是投入与产出的关系。在一般情况下，都希望以最少的工资支出完成最大的产值。因此，用产值工资率指标来考核人工费的支出水平，就很能说明问题。

(2)构成比率法。

构成比率法又称比重分析法或结构对比分析法。通过构成比率，可以考察成本总量的构成情况及各成本项目占成本总量的比重，同时也可看出量、本、利的比例关系（即预算成本、实际成本和降低成本的比例关系），从而为寻求降低成本的途径指明方向。

（3）动态比率法。

动态比率法就是将同类指标不同时期的数值进行对比，求出比率，以分析该项指标的发展方向和发展速度。动态比率的计算，通常采用基期指数和环比指数两种方法。

2. 综合成本的分析方法

所谓综合成本，是指涉及多种生产要素，并受多种因素影响的成本费用，如分部分项工程成本、月（季）度成本、年度成本等。由于这些成本都是随着项目施工的进展而逐步形成的，与生产经营有着密切的关系，因此做好上述成本的分析工作，无疑将促进项目的生产经营管理，提高项目的经济效益。

1）分部分项工程成本分析

分部分项工程成本分析是施工项目成本分析的基础。分部分项工程成本分析的对象为已完成分部分项工程。分析的方法是：进行预算成本、目标成本和实际成本的“三算”对比，分别计算实际偏差和目标偏差，分析偏差产生的原因，为今后的分部分项工程成本寻求节约途径。

分部分项工程成本分析的资料来源是：预算成本来自投标报价成本，目标成本来自施工预算，实际成本来自施工任务单的实际工程量、实耗人工和限额领料单的实耗材料。

由于施工项目包括很多分部分项工程，不可能也没有必要对每一个分部分项工程都进行成本分析。特别是一些工程量小、成本费用微不足道的零星工程。但是，对于那些主要分部分项工程则必须进行成本分析，而且要做到从开工到竣工进行系统的成本分析。这是一项很有意义的工作，因为通过主要分部分项工程成本的系统分析，可以基本上了解项目成本形成的全过程，为竣工成本分析和今后的项目成本管理提供一份宝贵的参考资料。

分部分项工程成本分析表的格式见表10-3。

表10-3　分部分项工程成本分析

工料名称	规格	单位	单价	预算成本		计划成本		实际成本		实际与预算比较		实际与计划比较	
				数量	金额	数量	金额	数量	金额	数量	金额	数量	金额
合计													
实际与预算比较%（预算=100）													
实际与计划比较%（计划=100）													
节超													
原因说明													

编制单位：　　　　　　　　　　成本员：　　　　　　　　　　填表日期：

2)月(季)度成本分析

月(季)度成本分析是施工项目定期的、经常性的中间成本分析。对于具有一次性特点的施工项目来说,有着特别重要的意义。因为通过月(季)度成本分析,可以及时发现问题,以便按照成本目标指定的方向进行监督和控制,保证项目成本目标的实现。

月(季)度成本分析的依据是当月(季)的成本报表,分析的方法通常有以下几种。

(1)通过实际成本与预算成本的对比,分析当月(季)的成本降低水平;通过累计实际成本与累计预算成本的对比,分析累计的成本降低水平,预测实现项目成本目标的前景。

(2)通过实际成本与目标成本的对比,分析目标成本的落实情况,以及目标管理中的问题和不足,进而采取措施,加强成本管理,保证成本目标的落实。

(3)通过对各成本项目的成本分析,可以了解成本总量的构成比例和成本管理的薄弱环节。例如:在成本分析中,发现人工费、机械费和间接费等项目大幅度超支,就应该对这些费用的收支配比关系认真研究,并采取对应的增收节支措施,防止今后再超支。如果是属于规定的"政策性"亏损,则应从控制支出着手,把超支额压缩到最低限度。

(4)通过主要技术经济指标的实际与目标对比,分析产量、工期、质量、"三材"节约率、机械利用率等对成本的影响。

(5)通过对技术组织措施执行效果的分析,寻求更加有效的节约途径。

(6)分析其他有利条件和不利条件对成本的影响。

3)年度成本分析

企业成本要求一年结算一次,不得将本年成本转入下一年度。而项目成本则以项目的寿命周期为结算期,要求从开工到竣工到保修期结束连续计算,最后结算出成本总量及其盈亏。由于项目的施工周期一般较长,除进行月(季)度成本核算和分析外,还要进行年度成本的核算和分析。这不仅是为了满足企业汇编年度成本报表的需要,同时也是项目成本管理的需要。因为通过年度成本的综合分析,可以总结一年来成本管理的成绩和不足,为今后的成本管理提供经验和教训,从而可对项目成本进行更有效的管理。

年度成本分析的依据是年度成本报表。年度成本分析的内容,除月(季)度成本分析的六个方面外,重点是针对下一年度的施工进展情况规划切实可行的成本管理措施,以保证施工项目成本目标的实现。

4)竣工成本的综合分析

凡是有几个单位工程而且是单独进行成本核算(即成本核算对象)的施工项目,其竣工成本分析应以各单位工程竣工成本分析资料为基础,再加上项目经理部的经营效益(如资金调度、对外分包等所产生的效益)进行综合分析。如果施工项目只有一个成本核算对象(单位工程),就以该成本核算对象的竣工成本资料作为成本分析的依据。

单位工程竣工成本分析,应包括以下三方面内容:

(1)竣工成本分析;

(2)主要资源节超对比分析;

(4)主要技术节约措施及经济效果分析。

通过以上分析,可以全面了解单位工程的成本构成和降低成本的来源,对今后同类工程的成本管理很有参考价值。

第五节　工程变更价款的确定方法、索赔费用的组成、工程费用结算方法

一、掌握工程变更价款的确定方法

由于建设工程项目周期长、涉及的关系复杂、受自然条件和客观因素的影响大，导致项目的实际施工情况与招标投标时的情况不一致，出现工程变更。工程变更包括工程量变更、工程项目的变更（如发包人提出增加或者删减原项目内容）、进度计划的变更、施工条件的变更等。如果按照变更的起因划分，变更的种类有很多，如：发包人的变更指令（包括发包人对工程有了新的要求、发包人修改项目计划、发包人削减预算、发包人对项目进度有了新的要求等）；由于设计错误，必须对设计图纸作修改；工程环境变化；由于产生了新的技术和知识，有必要改变原设计、实施方案或实施计划；法律法规或者政府对建设工程项目有了新的要求等。由于工程更所引起的工程量的变化、工程延误等，都有可能使项目成本超出原来的预算成本，需要重新调整合同价款。

（一）《建设工程施工合同（示范文本）》约定的工程变更价款的确定方法

《建设工程施工合同（示范文本）》约定的工程变更价款的确定方法如下：

（1）合同中已有适用于变更工程的价格，按合同已有的价格变更合同价款；

（2）合同中只有类似于变更工程的价格，可以参照类似价格变更合同价款；

（3）合同中没有适用或类似于变更工程的价格，由承包人或发包人提出适当的变更价格，经对方确认后执行。

如双方不能达成一致意见，双方可提请工程所在地工程造价管理机构进行咨询或按合同约定的争议或纠纷解决程序办理。因此，在变更后合同价款的确定上，首先应当考虑使用合同中已有的能够适用或者能够参照适用的，其原因在于在合同中已经订立的价格（一般是通过招标投标）是较为公平合理的，因此应当尽量采用。

采用合同中工程量清单的单价或价格有几种情况：一是直接套用，即从工程量清单上直接拿来使用；二是间接套用，即依据工程量清单，通过换算后采用；三是部分套用，即依据工程量清单，取其价格中的某一部分使用。

【例 10-2】　某合同钻孔桩的工程情况是，直径为 1.0 m 的共计长 1 501 m；直径为 1.2 m的共计长 8 178 m；直径为 1.3 m 的共计长 2 017 m。原合同规定选择直径为 1.0 m 的钻孔桩做静载破坏试验。显然，如果选择直径为 1.2 m 的钻孔桩做静载破坏试验对工程更具有代表性和指导意义，因此监理工程师决定变更。但在原工程量清单中仅有直径为 1.0 m的钻孔桩的静载破坏试验的价格，没有直接或其他可套用的价格供参考。经过认真分析，监理工程师认为，钻孔桩做静载破坏试验的费用主要是由两部分构成，一部分为试验费用，另一部分为桩本身的费用，而试验方法及设备并未因试验桩直径的改变而发生变化。因此，可认为试验费用没有增减，费用的增减主要由钻孔桩直径变化而引起的桩本身的费用的变化。直径为 1.2 m 的普通钻孔桩的单价在工程量清单中就可以找到，且地理位置和施工条件相近。因此，采用直径为 1.2 m 的钻孔桩做静载破坏试验的费用为：直径为 1.0 m 静载破坏试验费 + 直径为 1.2 m 的钻孔桩的清单价格。

【例 10-3】 某合同路堤土方工程完成后，发现原设计在排水方面考虑不周，为此发包人同意在适当位置增设排水管涵。在工程量清单上有 100 多道类似管涵，但承包人不同意直接从中选择适合的作为参考依据。理由是变更设计提出时间较晚，其土方已经完成并准备开始路面施工，新增工程不但打乱了其进度计划，而且二次开挖土方难度较大，特别是重新开挖用石灰土处理过的路堤，与开挖天然表土不能等同。监理工程师认为承包人的意见可以接受，不宜直接套用清单中的管涵价格。经与承包人协商，决定采用工程量清单上的几何尺寸、地理位置等条件相近的管涵价格作为新增工程的基本单价，但对其中的“土方开挖”一项在原报价基础上按某个系数予以适当提高，提高的费用叠加在基本单价上，构成新增工程价格。

(二) FIDIC 施工合同条件下工程变更价款的确定方法

1. 工程变更价款确定的一般原则

承包人按照工程师的变更指令实施变更工作后，往往会涉及对变更工程价款的确定问题。变更工程的价格或费率往往是双方协商时的焦点。计算变更工程应采用的费率或价格，可分为三种情况：

(1) 变更工作在工程量表中有同种工作内容的单价，应以该费率计算变更工程费用。

(2) 工程量表中虽然列有同类工作的单价或价格，但对具体变更工作而言已不适用，则应在原单价和价格的基础上制定合理的新单价或价格。

(3) 变更工作的内容在工程量表中没有同类工作的费率和价格，应按照与合同单价水平相一致的原则，确定新的费率或价格。

2. 工程变更采用新费率或价格的情况

FIDIC 施工合同条件(1999 年第一版)约定：在以下情况下宜对有关工作内容采用新的费率或价格。

1) 第一种情况

(1) 如果此项工作实际测量的工程量比工程量表或其他报表中规定的工程量的变动大于 10%；

(2) 工程量的变化与该项工作规定的费率的乘积超过了中标的合同金额的 0.01%；

(3) 此工程量的变化直接造成该项工作单位成本的变动超过 1%；

(4) 此项工作不是合同中规定的“固定费率项目”。

2) 第二种情况

(1) 此工作是根据变更与调整的指示进行的；

(2) 合同没有规定此项工作的费率或价格；

(3) 由于该项工作与合同中的任何工作没有类似的性质或不在类似的条件下进行，故没有一个规定的费率或价格适用。

每种新的费率或价格应考虑以上描述的有关事项对合同中相关费率或价格加以合理调整后得出。如果没有相关的费率或价格可供推算新的费率或价格，应根据实施该工作的合理成本和合理利润，并考虑其他相关事项后得出。

(三) 建设工程工程量清单计价规范规定的工程变更价款的确定方法

关于工程价款的调整，《建设工程工程量清单计价规范》(GB 50500—2008) 有如下规定。

(1)在发、承包双方履行合同的过程中，当国家的法律、法规、规章及政策发生变化，国家建设主管部门或其他授权的工程造价管理机构据此发布工程造价调整文件，工程价款应当进行调整。

(2)若因施工中出现施工图纸(含设计变更)与工程量清单项目特征描述不一致时，发、承包双方应按新的项目特征，即实际施工的项目特征重新确定相应工程量清单项目的综合单价。

(3)若因分部分项工程量清单漏项或非承包人原因引起的工程变更，造成增加新的工程量清单项目时，其对应的综合单价按下列方法确定：

①合同中已有适用的综合单价，按合同中已有的综合单价确定；

②合同中有类似的综合单价，参照类似的综合单价确定；

③合同中没有适用或类似的综合单价，由承包人提出综合单价，经发包人确认后执行。

(4)若因分部分项工程量清单漏项或非承包人原因的工程变更，需要增加新的分部分项工程量清单项目，引起措施项目发生变化，造成施工组织设计或施工方案变更，则：

①原措施费中已有的措施项目，按原有措施费的组价方法调整；

②原措施费中没有的措施项目，由承包人根据措施项目变更情况，提出适当的措施费变更，经发包人确认后调整。

(5)在合同履行过程中，若因非承包人原因引起的工程量增减与招标文件中提供的工程量有偏差，该偏差对工程量清单项目的综合单价产生影响，则是否调整综合单价以及如何调整应在合同中约定。若合同未作约定，按以下原则办理：

①当工程量清单项目工程量的变化幅度在10%以内时，其综合单价不做调整，执行原有的综合单价。

②当工程量清单项目工程量的变化幅度在10%以外，且其影响分部分项工程费超过0.1%时，其综合单价及对应的措施费均应予以调整。调整的方法是由承包人对增加的工程量或减少后剩余的工程量提出新的综合单价和措施项目费，经发包人确认后调整。

【例10-4】 某独立土方工程，招标文件中估计工程量为100万m^3，合同中约定：土方工程单价为5元/m^3，当实际工程量超过估计工程量20%时，调整单价，单价调为4元/m^3。工程结束时实际完成土方工程量为130万m^3，则土方工程款为多少万元？

解 合同约定范围内(20%以内)的工程款为：

$100\times(1+20\%)\times5=120\times5=600$(万元)

超过20%之后部分工程量的工程款为：

$(130-120)\times4=40$(万元)

则土方工程款合计$=600+40=640$(万元)

二、掌握索赔费用的组成

(一)索赔费用的组成

索赔费用的主要组成部分，同工程款的计价内容相似。按我国现行规定(参见《建标[2003]206号建筑安装工程费用项目组成》)，建安工程合同价包括直接费、间接费、利润和税金。我国的这种规定同国际上通行的做法还不完全一致。在国际工程中，一般承包商可索赔的具体费用内容如图10-1所示。

从原则上说，承包商有索赔权利的工程成本增加，都是可以索赔的费用。但是，对于不同原因引起的索赔，承包商可索赔的具体费用内容是不完全一样的。哪些内容可索赔，要按照各项费用的特点、条件进行分析论证。

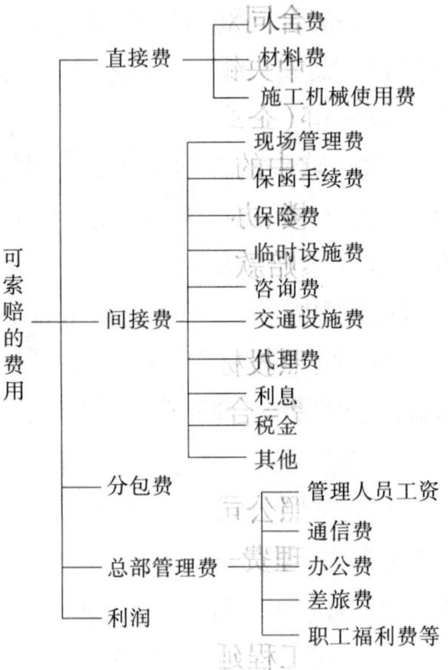

图 10-1

1. 人工费

人工费包括施工人员的基本工资、工资性质的津贴、加班费、奖金以及法定的安全福利等费用。对于索赔费用中的人工费部分而言，人工费是指完成合同之外的工作所花费的人工费用；由于非承包商责任的工效降低所增加的人工费用；超过法定工作时间加班劳动；法定人工费增长以及非承包商责任工程延期导致的人员窝工费和工资上涨费等。

2. 材料费

材料费的索赔包括：由于索赔事项材料实际用量超过计划用量而增加的材料；由于可索赔费用的组成客观原因材料价格大幅度上涨；由于非承包商责任工程延期导致的材料价格上涨和超期储存费用。材料费中应包括运输费\仓储费，以及合理的损耗费用。

如果由于承包商管理不善，造成材料损坏失效则不能列入索赔计价。承包商应该建立健全物资管理制度，记录建筑材料的进货日期和价格，建立领料耗用制度，以便索赔时能准确地分离出索赔事项所引起的材料额外耗用量。为了证明材料单价的上涨，承包商应提供可靠的订货单、采购单，或官方公布的材料价格调整指数。

3. 施工机械使用费

施工机械使用费的索赔包括：由于完成额外工作增加的机械使用费；非承包商责任工效降低增加的机械使用费；由于业主或监理工程师原因导致机械停工的窝工费。窝工费的计算，如系租赁设备，一般按实际租金和调进调出费的分摊计算；如系承包商自有设备，一般按台班折旧费计算，而不能按台班费计算，因台班费中包括了设备使用费。

4. 分包费用

分包费用索赔指的是分包商的索赔费，一般也包括人工、材料、机械使用费的索赔。分包商的索赔应如数列入总承包商的索赔款总额以内。

5. 现场管理费

索赔款中的现场管理费是指承包商完成额外工程、索赔事项工作以及工期延长期间的现场管理费，包括管理人员工资、办公、通讯、交通费等。

6. 利息

在索赔款额的计算中，经常包括利息。利息的索赔通常发生于下列情况：拖期付款的利息；错误扣款的利息。至于具体利率应是多少，在实践中可采用不同的标准，主要有这样几种规定：

（1）按当时的银行贷款利率；

（2）按当时的银行透支利率；

(3)按合同双方协议的利率；

(4)按中央银行贴现率加三个百分点。

7. 总部(企业)管理费

索赔款中的总部管理费主要指的是工程延期期间所增加的管理费。包括总部职工工资、办公大楼、办公用品、财务管理、通讯设施以及总部领导人员赴工地检查指导工作等开支。这项索赔款的计算，目前没有统一的方法。在国际工程施工索赔中总部管理费的计算有以下几种：

(1)按照投标书中总部管理费的比例(3% ~8%)计算。

总部管理费 = 合同中总部管理费比率(%)×(直接费索赔款额十现场管理费索赔款额等) (10-1)

(2)按照公司总部统一规定的管理费比率计算

总部管理费一公司管理费比率(%)×(直接费索赔款额十现场管理费索赔款额等) (10-2)

(3)以工程延期的总天数为基础，计算总部管理费的索赔额，计算步骤如下：

对某一工程提取的管理费 = 同期内公司的总管理费×该工程的合同额/同期内公司的总合同额 (10-3)

该工程的每日管理费 = 该工程向总部上缴的管理费/合同实施天数 (10-4)

索赔的总部管理费 = 该工程的每日管理费×工程延期的天数 (10-5)

8. 利润

一般来说，由于工程范围的变更、文件有缺陷或技术性错误、业主未能提供现场等引起的索赔，承包商可以列入利润。但对于工程暂停的索赔，由于利润通常是包括在每项实施工程内容的价格之内的，而延长工期并未影响削减某些项目的实施，也未导致利润减少。所以，一般监理工程师很难同意在工程暂停的费用索赔中加进利润损失。

索赔利润的款额计算通常是与原报价单中的利润百分率保持一致。

(二)索赔费用的计算方法

索赔费用的计算方法有实际费用法、总费用法和修正的总费用法。

1. 实际费用法

实际费用法是计算工程索赔时最常用的一种方法。这种方法的计算原则是以承包商为某项索赔工作所支付的实际开支为依据，向业主要求费用补偿。

用实际费用法计算时，在直接费的额外费用部分的基础上，再加上应得的间接费和利润，即是承包商应得的索赔金额。由于实际费用法所依据的是实际发生的成本记录或单据，所以在施工过程中，系统而准确地积累记录资料是非常重要的。

2. 总费用法

总费用法就是当发生多次索赔事件以后，重新计算该工程的实际总费用，实际总费用减去投标报价时的估算总费用，即为索赔金额，即

索赔金额 = 实际总费用一投标报价估算总费用 (10-6)

不少人对采用该方法计算索赔费用持批评态度，因为实际发生的总费用中可能包括了承包商的原因，如施工组织不善而增加的费用；同时投标报价估算的总费用也可能为了中标而过低，所以这种方法只有在难以采用实际费用法时才应用。

3. 修正的总费用法

修正的总费用法是对总费用法的改进，即在总费用计算的原则上，去掉一些不合理的因素，使其更合理。修正的内容如下：

(1)将计算索赔款的时段局限于受到外界影响的时间，而不是整个施工期；

(2)只计算受影响时段内的某项工作所受影响的损失，而不是计算该时段内所有施工工作所受的损失；

(3)与该项工作无关的费用不列入总费用中；

(4)对投标报价费用重新进行核算，按受影响时段内该项工作的实际单价进行核算，乘以实际完成的该项工作的工程量，得出调整后的报价费用。

按修正后的总费用计算索赔金额的公式如下：

$$索赔金额=某项工作调整后的实际总费用—该项工作的报价费用 \tag{10-7}$$

修正的总费用法与总费用法相比，有了实质性的改进，它的准确程度已接近于实际费用法。

【例 10-5】 某高速公路项目由于业主高架桥修改设计，监理工程师下令承包商工程暂停一个月。试分析在这种情况下，承包商可索赔哪些费用？

解 可索赔如下费用：

(1)人工费：对于不可辞退的工人，索赔人工窝工费，应按人工工日成本计算；对于可以辞退的工人，可索赔人工上涨费。

(2)材料费：可索赔超期储存费用或材料价格上涨费。

(3)施工机械使用费：可索赔机械窝工费或机械台班上涨费。自有机械窝工费一般按台班折旧费索赔；租赁机械一般按实际租金和调进调出的分摊费计算。

(4)分包费用：是指由于工程暂停分包商向总包索赔的费用。总包向业主索赔应包括分包商向总包索赔的费用。

(5)现场管理费：由于全面停工，可索赔增加的工地管理费。可按日计算，也可按直接成本的百分比计算。

(6)保险费：可索赔延期一个月的保险费，按保险公司保险费率计算。

(7)保函手续费：可索赔延期一个月的保函手续费，按银行规定的保函手续费率计算。

(8)利息：可索赔延期一个月增加的利息支出，按合同约定的利率计算。

(9)总部管理费：由于全面停工，可索赔延期增加的总部管理费，，可按总部规定的百分比计算。如果工程只是部分停工，监理工程师可能不同意总部管理费的索赔。

三、掌握建筑安装工程费用的结算方法

(一)建筑安装工程费用的主要结算方式

建筑安装工程费用的结算可以根据不同情况采取多种方式。

(1)按月结算，即先预付部分工程款，在施工过程中按月结算工程进度款，竣工后进行竣工结算。

(2)竣工后一次结算，建设项目或单项工程全部建筑安装工程建设期在 12 个月以内，或者工程承包合同价值在 100 万元以下的，可以实行工程价款每月月中预支，竣工后一次结算。

(3)分段结算,即当年开工,当年不能竣工的单项工程或单位工程按照工程形象进度,划分不同阶段进行结算。分段结算可以按月预支工程款。

(4)结算双方约定的其他结算方式。

实行竣工后一次结算和分段结算的工程,当年结算的工程款应与分年度的工作量一致,年终不另清算。

(二)建筑安装工程费用的按月结算方式

1. 工程预付款

工程预付款是建设工程施工合同订立后由发包人按照合同约定,在正式开工前预先支付给承包人的工程款。它是施工准备和所需要材料、结构件等流动资金的主要来源,国内习惯上又称为预付备料款。工程预付款的具体事宜由发承包双方根据建设行政主管部门的规定,结合工程款、建设工期和包工包料情况在合同中约定。在《建设工程施工合同(示范文本)》中,对有关工程预付款作了如下约定:实行工程预付款的,双方应当在专用条款内约定发包人向承包人预付工程款的时间和数额,开工后按约定的时间和比例逐次扣回。预付时间应不迟于约定的开工日期前 7 d。发包人不按约定预付,承包人在约定预付时间 7 d 向发包人发出要求预付的通知,发包人收到通知后仍不能按要求预付,承包人可在发出通知后 7 d 停止施工,发包人应从约定应付之日起向承包人支付应付款的贷款利息,并承担违约责任。

工程预付款额度,各地区、各部门的规定不完全相同,主要是保证施工所需材料和构件的正常储备。一般是根据施工工期、建安工作量、主要材料和构件费用占建安工作量的比例以及材料储备周期等因素经测算来确定。发包人根据工程的特点、工期长短、市场行情、供求规律等因素,招标时在合同条件中约定工程预付款的百分比。

2. 工程预付款的扣回

发包人支付给承包人的工程预付款其性质是预支。随着工程进度的推进,拨付的工程进度款数额不断增加,工程所需主要材料、构件的用量逐渐减少,原已支付的预付款应以抵扣的方式予以陆续扣回,扣款的方法有以下几种。

(1)发包人和承包人通过洽商用合同的形式予以确定,可采用等比率或等额扣款的方式。也可针对工程实际情况具体处理,如有些工程工期较短、造价较低,就无需分期扣还;有些工期较长,如跨年度工程,其预付款的占用时间很长,根据需要可以少扣或不扣。

(2)从未施工工程尚需的主要材料及构件的价值相当于工程预付款数额时扣起,从每次中间结算工程价款中,按材料及构件比重扣抵工程价款,至竣工之前全部扣清。因此,确定起扣点是工程预付款起扣的关键。确定工程预付款起扣点的依据是:未完施工工程所需主要材料和构件的费用等于工程预付款的数额。

工程预付款起扣点可按下式计算

$$T = P - M/N \tag{10-8}$$

式中 T——起扣点,即工程预付款开始扣回的累计完成工程金额;

P——承包工程合同总额;

M——工程预付款数额;

N——主要材料,构件所古比重。

3. 工程进度款

1) 工程进度款的计算

工程进度款的计算主要涉及两个方面:一是工程量的计量(参见《建设工程工程量清单计价规范》(GB 50500—2003));二是单价的计算方法。

单价的计算方法主要根据由发包人和承包人事先约定的工程价格的计价方法决定。

(1)采用可调工料单价法计算工程进度款。

当采用可调工料单价法计算工程进度款时,在确定已完工程量后,可按以下步骤计算工程进度款:

①根据已完工程量的项目名称、分项编号、单价得出合价;

②将本月所完全部项目合价相加,得出直接工程费小计;

③按规定计算措施费、间接费、利润;

④按规定计算主材差价或差价系数;

⑤按规定计算税金;

⑥累计本月应收工程进度款。

(2)采用全费用综合单价法计算工程进度款。

采用全费用综合单价法计算工程进度款比用可调工料单价法更方便、简单,工程量得到确认后,只要将工程量与综合单价相乘得出合价,再累加即可完成本月工程进度款的计算工作。

2) 工程进度款的支付

《建设工程施工合同(示范文本)》关于工程款的支付也作出了相应的约定:在确认计量结果后 14 d 内,发包人应向承包人支付工程款(进度款)。发包人超过约定的支付时间不支付工程款(进度款),承包人可向发包人发出要求付款的通知,发包人接到承包人通知后仍不能按要求付款,可与承包人协商签订延期付款协议,经承包人同意后可延期支付。协议应明确延期支付的时间和从计量结果确认后第 15 天起计算应付款的贷款利息。发包人不按合同约定支付工程款(进度款),双方又未达成延期付款协议,导致施工无法进行,承包人可停止施工,由发包人承担违约责任。

4. 竣工结算

工程竣工验收报告经发包人认可后 28 d 内,承包人向发包人递交竣工结算报告及完整的结算资料,双方按照协议书约定的合同价款及专用条款约定的合同价款调整内容,进行工程竣工结算。专业监理工程师审核承包人报送的竣工结算报表;总监理工程师审定竣工结算报表;与发包人、承包人协商一致后,签发竣工结算文件和最终的工程款支付证书。

发包人收到承包人递交的竣工结算报告结算资料后 28 d 内进行核实,给予确认或者提出修改意见。发包人确认竣工结算报告后通知经办银行向承包人支付竣工结算价款。承包人收到竣工结算价款后 14 d 内将竣工工程交付发包人。

发包人收到竣工结算报告及结算资料后 28 d 内无正当理由不支付工程竣工结算价款,从第 29 天起按承包人同期向银行贷款利率支付拖欠工程价款的利息,并承担违约责任。

发包人收到竣工结算报告及结算资料后 28 d 内不支付工程竣工结算价款,承包人可以催告发包人支付结算价款。发包人在收到竣工结算报告及结算资料后 56 d 内仍不支付的,承包人可以与发包人协议将该工程折价,也可以由承包人申请人民法院将该工程依法拍卖,承包人就该工程折价或者拍卖的价款优先受偿。

工程竣工验收报告经发包人认可后28 d内,承包人未能向发包人递交竣工结算报告及完整的结算资料,造成工程竣工结算不能正常进行或工程竣工结算价款不能及时支付,发包人要求交付工程的,承包人应当交付;发包人不要求交付工程的,承包人承担保管责任。

(三)建筑安装工程费用的动态结算

建安工程费用的动态结算就是要把各种动态因素渗透到结算过程中,使结算大体能反映实际的消耗费用。(略)

第六节　工程量清单计价、工程量计算规则、工程费用计算程序

一、工程量清单计价

(一)总则

(1)为规范水利工程工程量清单计价行为,统一水利工程工程量清单的编制和计价方法,根据《中华人民共和国招标投标法》、建设部和国家质量监督检验检疫总局《建设工程工程量清单计价规范》(GB 50500—2003),制定《水利工程工程量清单计价规范》(GB 50501—2007)。

(2)《水利工程工程量清单计价规范》(GB 50501—2007)适用于水利枢纽、水力发电、引(调)水、供水、灌溉、河湖整治、堤防等新建、扩建、改建、加固工程的招标投标工程量清单编制和计价活动。

(3)全部使用国有资金投资或以国有资金投资为主的水利工程应执行《水利工程工程量清单计价规范》(GB 50501—2007)。

(4)水利工程工程量清单计价活动应遵循客观、公正、公平的原则。

(5)水利工程工程量清单计价活动除应遵循《水利工程工程量清单计价规范》(GB 50501—2007)外,还应符合国家有关法律、法规及标准、规范的规定。

(6)《水利工程工程量清单计价规范》(GB 50501—2007)的附录A、附录B应作为编制水利工程工程量清单的依据,与正文具有同等效力。附录A为水利建筑工程工程量清单项目及计算规则,适用于水利建筑工程。附录B为水利安装工程工程量清单项目及计算规则,适用于水利安装工程。

(二)术语

1.工程量清单

工程量清单是表现招标工程的建筑工程项目、安装工程项目、措施项目、其他项目的名称和相应数量的明细清单。

2.项目编码

项目编码采用十二位阿拉伯数字表示(由左至右计位)。一至九位为统一编码,其中,一、二位为水利工程顺序码,三、四位为专业工程顺序码,五、六位为分类工程顺序码,七、八、九位为分项工程顺序码,十至十二位为清单项目名称顺序码。

3. 工程单价

完成工程量清单中一个质量合格的规定计量单位项目所需的直接费(包括人工费、材料费、机械使用费和季节、夜间、高原、风沙等原因增加的直接费)、施工管理费、企业利润和税金,并考虑风险因素。

4. 措施项目

为完成工程项目施工,发生于该工程施工前和施工过程中招标人不要求列示工程量的施工措施项目。

5. 其他项目

为完成工程项目施工,发生于该工程施工过程中招标人要求计列的费用项目。

6. 零星工作项目(或称"计日工")

完成招标人提出的零星工作项目所需的人工、材料、机械单价。

7. 预留金(或称"暂定金额")

招标人为暂定项目和可能发生的合同变更而预留的金额。

8. 企业定额

施工企业是根据本企业的施工技术、生产效率和管理水平制定的,供本企业使用的,生产一个质量合格的规定计量单位项目所需的人工、材料和机械台时(班)消耗量。

(三)工程量清单编制

1. 一般规定

(1)工程量清单应由具有编制招标文件能力的招标人,或受其委托具有相应资质的中介机构进行编制。

(2)工程量清单应作为招标文件的组成部分。

(3)工程量清单应由分类分项工程量清单、措施项目清单、其他项目清单和零星工作项目清单组成。

2. 分类分项工程量清单

(1)分类分项工程量清单应包括序号、项目编码、项目名称、计量单位、工程数量、主要技术条款编码和备注。

(2)分类分项工程量清单应根据《水利工程工程量清单计价规范》(GB 50501—2007)附录 A 和附录 B 规定的项目编码、项目名称、项目主要特征、计量单位、工程量计算规则、主要工作内容和一般适用范围进行编制。

(3)分类分项工程量清单的项目编码,一至九位应按《水利工程工程量清单计价规范》(GB 50501—2007)附录 A 和附录 B 的规定设置;十至十二位应根据招标工程的工程量清单项目名称由编制人设置,水利建筑工程工程量清单项目自 001 起顺序编码,水利安装工程工程量清单项目自 000 起顺序编码。

(4)分类分项工程量清单的项目名称应按下列规定确定:

①项目名称应按《水利工程工程量清单计价规范》(GB 50501—2007)附录 A 和附录 B 的项目名称及项目主要特征并结合招标工程的实际确定。

②编制工程量清单,出现《水利工程工程量清单计价规范》(GB 50501—2007)附录 A、附录 B 中未包括的项目时,编制人可作补充。

(5)分类分项工程量清单的计量单位应按《水利工程工程量清单计价规范》(GB

50501—2007)附录 A 和附录 B 中规定的计量单位确定。

(6)工程数量应按下列规定进行计算:

①工程数量应按《水利工程工程量清单计价规范》(GB 50501—2007)附录 A 和附录 B 中规定的工程量计算规则和相关条款说明计算。

②工程数量的有效位数应遵守下列规定:

以"立方米"、"平方米"、"米"、"公斤"、"个"、"项"、"根"、"块"、"台"、"组"、"面"、"只"、"相"、"站"、"孔"、"束"为单位的,应取整数;以"吨"、"公里"为单位的,应保留小数点后 2 位数字,第 3 位数字 4 舍 5 入。

3. 措施项目清单

(1)措施项目清单,应根据招标工程的具体情况,参照表 10-4 中项目列项。

表 10-4　措施项目一览表

序号	项目名称
1	环境保护
2	文明施工
3	安全防护措施
4	小型临时工程
5	施工企业进退场费
6	大型施工设备安拆费
	……

(2)编制措施项目清单,出现表 10-4 未列项目时,根据招标工程的规模、涵盖的内容等具体情况,编制人可作补充。

4. 其他项目清单

其他项目清单,暂列预留金一项,根据招标工程具体情况,编制人可作补充。

5. 零星工作项目清单

零星工作项目清单,编制人应根据招标工程具体情况,对工程实施过程中可能发生的变更或新增加的零星项目,列出人工(按工种)、材料(按名称和型号规格)、机械(按名称和型号规格)的计量单位,并随工程量清单发至投标人。

(四)工程量清单计价

(1)实行工程量清单计价招标投标的水利工程,其招标标底、投标报价的编制,合同价款的确定与调整,以及工程价款的结算,均应按本规范执行。

(2)工程量清单计价应包括按招标文件规定完成工程量清单所列项目的全部费用,包括分类分项工程费、措施项目费和其他项目费。

(3)分类分项工程量清单计价应采用工程单价计价。

(4)分类分项工程量清单的工程单价,应根据《水利工程工程量清单计价规范》(GB 50501—2007)规定的工程单价组成内容,按招标设计文件、图纸、附录 A 的"主要工作内容"确定,除另有规定外,对有效工程量以外的超挖、超填工程量,施工附加量,加工、运输损耗量等,所消耗的人工、材料和机械费用,均应摊入相应有效工程量的工程单价之内。

(5)措施项目清单的金额,应根据招标文件的要求以及工程的施工方案,以每一项措施项目为单位，按项计价。

(6)其他项目清单由招标人按估算金额确定。

(7)零星工作项目清单的单价由投标人确定。

(8)按照招标文件的规定，根据招标项目涵盖的内容，投标人一般应编制以下基础单价，作为编制分类分项工程单价的依据：

①人工费单价；

②主要材料预算价格；

③电、风、水单价；

④砂石料单价；

⑤块石、料石单价；

⑥混凝土配合比材料费；

⑦施工机械台时(班)费。

(9)招标工程如设标底，标底应根据招标文件中的工程量清单和有关要求，施工现场情况，合理的施工方案，工程单价组成内容，社会平均生产力水平，按市场价格进行编制。

(10)、投标报价应根据招标文件中的工程量清单和有关要求，施工现场情况，以及拟定的施工方案，依据企业定额，按市场价格进行编制。

(11)、工程量清单的合同结算工程量，除另有约定外，应按《水利工程工程量清单计价规范》(GB 50501—2007)及合同文件约定的有效工程量进行计算。合同履行过程中需要变更工程单价时，按《水利工程工程量清单计价规范》(GB 50501—2007)和合同约定的变更处理程序办理。

(五)工程量清单及其计价格式

1. 工程量清单格式

(1)工程量清单应采用统一格式。

(2)工程量清单格式应由下列内容组成：

①封面。

②总说明。

③分类分项工程量清单。

④措施项目清单。

⑤其他项目清单。

⑥零星工作项目清单。

⑦其他辅助表格：招标人供应材料价格表、招标人提供施工设备表、招标人提供施工设施表。

(3)工程量清单格式的填写应符合下列规定：

①工程量清单应由招标人编制。

②工程量清单中的任何内容不得随意删除或涂改。

③工程量清单中所有要求盖章、签字的地方，必须由规定的单位和人员盖章、签字(其中法定代表人也可由其授权委托的代理人签字、盖章)。

(4)总说明填写：

①招标工程概况；

②工程招标范围；

③招标人供应的材料、施工设备、施工设施简要说明；

④其他需要说明的问题。

(5)分类分项工程量清单填写：

①项目编码，按《水利工程工程量清单计价规范》(GB 50501—2007)规定填写，水利建筑工程工程量清单项目中，以×××表示的十至十二位由编制人自001起顺序编码；水利安装工程工程量清单项目中，十至十二位由编制人自000起顺序编码。

②项目名称，根据招标项目规模和范围，《水利工程工程量清单计价规范》(GB 50501—2007)附录A和附录B的项目名称，参照行业有关规定，并结合工程实际情况设置。

③计量单位的选用和工程量的计算应符合《水利工程工程量清单计价规范》(GB 50501—2007)附录A和附录B的规定。

④主要技术条款编码，按招标文件中相应技术条款的编码填写。

(6)措施项目清单填写。

按招标文件确定的措施项目名称填写。凡能列出工程数量的措施项目，均应列入分类分项工程量清单。

(7)其他项目清单填写。

按招标文件确定的其他项目名称、金额填写。

(8)零星工作项目清单填写。

①名称及型号规格，人工按工种，材料按名称和型号规格，机械按名称和型号规格，分别填写。

②计量单位，人工以工日或工时，材料以吨、立方米等，机械以台时或台班，分别填写。

(9)招标人供应材料价格表填写。

按表中材料名称、型号规格、计量单位和供应价填写，并在供应条件和备注栏内说明材料供应的边界条件。

(10)招标人提供施工设备表填写。

按表中设备名称、型号规格、设备状况、设备所在地点、计量单位、数量和折旧费填写，并在备注栏内说明对投标人使用施工设备的要求。

(11)招标人提供施工设施表填写。

按表中项目名称、计量单位和数量填写，并在备注栏内说明对投标人使用施工设施的要求。

2. 工程量清单计价格式

(1)工程量清单计价应采用统一格式，填写工程量清单报价表。

(2)工程量清单报价表应由下列内容组成：

①封面。

②投标总价。

③工程项目总价表。

④分类分项工程量清单计价表。

⑤措施项目清单计价表。

⑥其他项目清单计价表。

⑦零星工作项目计价表。

⑧工程单价汇总表。

⑨工程单价费(税)率汇总表。

⑩投标人生产电、风、水、砂石基础单价汇总表。

⑪投标人生产混凝土配合比材料费表。

⑫招标人供应材料价格汇总表。

⑬投标人自行采购主要材料预算价格汇总表。

⑭招标人提供施工机械台时(班)费汇总表。

⑮投标人自备施工机械台时(班)费汇总表。

⑯总价项目分类分项工程分解表(表式同分类分项工程量清单计价表)。

⑰工程单价计算表。

(3)工程量清单报价表的填写应符合下列规定:

①工程量清单报价表的内容应由投标人填写。

②投标人不得随意增加、删除或涂改招标人提供的工程量清单中的任何内容。

③工程量清单报价表中所有要求盖章、签字的地方,必须由规定的单位和人员盖章、签字(其中法定代表人也可由其授权委托的代理人签字、盖章)。

④投标金额(价格)均应以币表示。

⑤投标总价应按工程项目总价表合计金额填写。

⑥工程项目总价表填写:表中一、二级项目名称按招标人提供的招标项目工程量清单中的相应名称填写,并按分类分项工程量清单计价表中相应项目合计金额填写。

⑦分类分项工程量清单计价表填写:表中的序号、项目编码、项目名称、计量单位、工程数量、主要技术条款编码,按招标人提供的分类分项工程量清单中的相应内容填写。表中列明的所有需要填写的单价和合价,投标人均应填写;未填写的单价和合价,视为此项费用已包含在工程量清单的其他单价和合价中。

⑧措施项目清单计价表填写:表中的序号、项目名称,按招标人提供的措施项目清单中的相应内容填写,并填写相应措施项目的金额和合计金额。

⑨其他项目清单计价表填写:表中的序号、项目名称、金额,按招标人提供的其他项目清单中的相应内容填写。

⑩零星工作项目计价表填写:表中的序号、人工、材料、机械的名称、型号规格以及计量单位,按招标人提供的零星工作项目清单中的相应内容填写,并填写相应项目单价。

⑪辅助表格填写要求如下:

工程单价汇总表,按工程单价计算表中的相应内容、价格(费率)填写。

工程单价费(税)率汇总表,按工程单价计算表中的相应费(税)率填写。

投标人生产电、风、水、砂石基础单价汇总表,按基础单价分析计算成果的相应内容、价格填写,并附相应基础单价的分析计算书。

投标人生产混凝土配合比材料费表,按表中工程部位、混凝土和水泥强度等级、级配、水灰比、坍落度、相应材料用量和单价填写,填写的单价必须与工程单价计算表中采用的相应混凝土材料单价一致。

招标人供应材料价格汇总表,按招标人供应的材料名称、型号规格、计量单位和供应价填写，并填写经分析计算后的相应材料预算价格，填写的预算价格必须与工程单价计算表中采用的相应材料预算价格一致。

投标人自行采购主要材料预算价格汇总表，按表中的序号、材料名称、型号规格、计量单位和预算价填写，填写的预算价必须与工程单价计算表中采用的相应材料预算价格一致。

招标人提供施工机械台时（班）费汇总表，按招标人提供的机械名称、型号规格和招标人收取的台时（班）折旧费填写；投标人填写的台时（班）费用合计金额必须与工程单价计算表中相应的施工机械台时（班）费单价一致。

投标人自备施工机械台时（班）费汇总表，按表中的序号、机械名称、型号规格、一类费用和二类费用填写，填写的台时（班）费合计金额必须与工程单价计算表中相应的施工机械台时（班）费单价一致。

工程单价计算表，按表中的施工方法、序号、名称、型号规格、计量单位、数量、单价、合价填写，填写的人工、材料和机械等基础价格，必须与基础材料单价汇总表、主要材料预算价格汇总表及施工机械台时（班）费汇总表中的单价相一致，填写的施工管理费、企业利润和税金等费（税）率必须与工程单价费（税）率汇总表中的费（税）率相一致。凡投标金额小于投标总报价万分之五及以下的工程项目，投标人可不编报工程单价计算表。

总价项目一般不再分设分类分项工程项目，若招标人要求投标人填写总价项目分类分项工程分解表，其表式同分类分项工程量清单计价表。

工程量清单计价格式应随招标文件发至投标人。

二、水利工程投标报价编制程序

（一）研究招标文件

（1）熟悉招标文件的要求。了解工程特征、自然条件；熟悉施工图纸复算工程量、工程技术标准要求；工期与质量要求；商务方面要求，尤其注意对报价的要求；其他特别要求。

（2）勘察投标环境。通过对施工现场及周围环境的考察，获取编制报价所需要的资料。如：交通状况、水电供应情况、施工场地情况等。调查生产要素市场的价格，设备采购或租赁渠道，分包人和协作加工状况，当地劳动力市场状况，税收规定等。

（3）认真提交答疑问题。投标人既要慎重对待提交内容又要有较好的响应性。

（4）熟悉施工方案。施工方案是编制报价的基础，投标报价中主体工程的单价、临时工程的总价离不开施工方案。

（二）分析计算单价

（1）基础单价计算：是计算工程单价的依据，包括人工预算单价、材料预算价格、电水风价格、砂石料单价和施工机械台时费等。

（2）建筑、安装工程单价分析计算：在基础单价的基础上，根据清单项目要求及施工方案施工方法，按照现行的定额和费用标准编制。

（3）措施项目费用计算：根据工程规模、工期和工程现场状况等采用费率计算，或根据施工方案设计计算工程量后，分析项目单价汇总计算。

（三）汇总投标报价

（1）填报工程量清单：按照招标工程量清单填入单价并汇总计算。

（2）审核、编写说明，签字盖章，装订成册。

第十一章　水利工程施工成本管理

第一节　施工成本管理的基本任务

一、施工项目成本的概念

施工项目成本是指建筑施工企业完成单位施工项目所发生的全部生产费用的总和，包括：完成该项目所发生的人工费、材料费、施工机械费、措施项目费、管理费。但是不包括利润和税金，也不包括构成施工项目价值的一切非生产性支出。

二、施工项目成本的主要形式

（一）直接成本和间接成本

按照生产费用计入成本的方法可分为直接成本和间接成本。直接成本是指直接用于并能够直接计入施工项目的费用，比如人工工资、材料费用等。间接成本是指不能够直接计入施工项目的费用，只能按照一定的计算基数和一定的比例分配计入施工项目的费用，比如管理费、规费等，如表 11-1 所示。

表 11-1　施工项目成本

直接成本	直接工程费	人工费
		材料费
		施工机械使用费
	措施费	环境保护费、文明施工费、安全施工费
		临时设施费、夜间施工费、二次搬运费
		大型机械设备进出场及安装费
		混凝土、钢筋混凝土模板及支架费
		脚手架费、已完成工程及设备保护费、施工排水及降水费
间接成本	规费	工程排污费、工程定额测定费、住房公积金
		社会保障费，包括：养老、失业、医疗保险费
		危险作业意外伤害保险费
	企业管理费	管理人员工资、办公费、差旅交通费、工会经费
		固定资产使用费、工具用具使用费、劳动保险费
		职工教育经费、财产保险费、财务费
		税金，包括：房产税、车船使用税、土地使用税、印花税

（二）固定成本和变动成本

按照生产费用与产量的关系可分为固定成本和变动成本。固定成本是指在一定期间和一定工程量的范围内，成本的数量不会随工程量的变动而变动。比如折旧费、大修费等。变动成本是指成本的发生会随工程量的变化而变动的费用。比如人工费、材料费等。

（三）预算成本、计划成本和实际成本

按照控制的目标，从发生的时间可分为预算成本、计划成本和实际成本。

预算成本是根据施工图结合国家或地区的预算定额及施工技术等条件计算出的工程费用。它是确定工程造价的依据，也是施工企业投标的依据，同时也是编制计划成本和考核实际成本的依据。它反映的是一定范围内的平均水平。

计划成本是施工项目经理在施工前，根据施工项目成本管理目的，结合施工项目的实际管理水平编制的计算成本。它有利于加强项目成本管理、建立健全施工项成本责任制，控制成本消耗，提高经济效益。它反映的是企业的平均先进水平。

实际成本是施工项目在报告期内通过会计核算计算出的项目的实际消耗。

三、施工项目成本管理的基本内容

施工项目成本管理包括成本预测和决策、成本计划编制、成本计划实施、成本核算、成本检查、成本分析以及成本考核。成本计划的编制与实施是关键的环节。因此，进行施工项目成本管理的过程中，必须具体研究每一项内容的有效工作方式和关键控制措施，从而取得施工项目整体的成本控制效果。

（一）施工项目成本预测

施工项目成本预测是根据一定的成本信息结合施工项目的具体情况，采取一定的方法对施工项目成本可能发生或发展的趋势作出的判断和推测。成本决策则是在预测的基础上确定出降低成本的方案，并从可选的方案中选择最佳的成本方案。

成本预测的方法有定性预测法和定量预测法

1. 定性预测法

定性预测是指具有一定经验的人员或有关专家依据自己的经验和能力水平对成本未来发展的态势或性质作出分析和判断。该方法受人为因素影响很大，并且不能量化。具体包括：专家会议法、专家调查法（特尔菲法）、主管概率预测法。

2. 定量预测法

定量预测法是指根据收集的比较完备的历史数据，运用一定的方法计算分析，以此来判断成本变化的情况。此法受历史数据的影响较大，可以量化。具体包括：移动平均法、指数滑移法、回归预测法

【例 11-1】 某项目部的固定成本为 150 万元，单位建筑面积的变动成本为 380 元/m^2，单位销售价格为 480 元/m^2，试预测保本承包规模和保本承包收入。

解：

$$保本承包规模 = 固定成本 \div (单位售价 - 单位变动成本) = 1\,500\,000/(480-380) = 15\,000(m^2)$$

$$保本承包收入 = 单位售价 \times 固定成本 \div (单位售价—单位变动成本) = 480 \times 1\,500\,000 \div (480-380) = 7\,200\,000(元)$$

（二）施工项目成本计划

计划管理是一切管理活动的首要环节，施工项目成本计划是在预测和决策的基础上对成本的实施作出计划性的安排和布置，是施工项目降低成本的指导性文件。

制定施工项目成本计划应遵循以下原则：

（1）从实际出发。根据国家的方针政策，从企业的实际情况出发，充分挖掘企业内部潜力，使降低成本指标切实可行。

（2）与其他目标计划相结合。制定工程项目成本计划必须与其他各项计划如施工方案、生产进度、财务计划等密切结合。一方面，工程项目成本计划要根据项目的生产、技术组织措施、劳动工资、材料供应等计划来编制；另一方面，工程项目成本计划又影响着其他各种计划指标适应降低成本指标的要求。

（3）采用先进的经济技术定额的原则。根据施工的具体特点有针对地采取切实可行的技术组织措施来保证。

（4）统一领导、分级管理。在项目经理的领导下，以财务和计划部门为中心，发动全体职工共同总结降低成本的经验，找出降低成本的正确途径。

（5）弹性原则。应留有充分的余地，保持目标成本的一定弹性，在制定期内，项目经理部内外技术经济状况和供销条件会发生一些未预料的变化，尤其是供应材料，市场价格千变万化，给目标的制定带来了一定的困难，因而在制定目标时应充分考虑这些情况，使成本计划保持一定的适应能力。

（三）施工项目成本控制

成本控制包括事前控制、事中控制和事后控制，成本计划属于事前控制，此处所讲的控制是指项目在施工过程中，通过一定的方法和技术措施，加强对各种影响成本的因素进行管理，将施工中所发生的各种消耗和支出尽量控制在成本计划内，属于事中控制。

1. 工程前期的成本控制（事前控制）

成本的事前控制是通过成本的预测和决策，落实降低成本措施，编制目标成本计划而层层展开的。其中分为工程投标阶段和施工准备阶段。

2. 实施期间成本控制（事中控制）

实施期间成本控制的任务是建立成本管理体系；项目经理部应将各项费用指标进行分解，以确定各个部门的成本指标；加强成本的控制。事中控制要依合同造价为依据，从预算成本和实际成本两方面控制项目成本。实际成本控制应包括对主要工料的数量和单价、分包成本和各项费用等影响成本的主要因素进行控制。其中主要是加强施工任务单和限额领料单的管理；将施工任务单和限额领料单的结算资料与施工预算进行核对，计算分部分项工程成本差异，分析差异原因，采取相应的纠偏措施；做好月度成本原始资料的收集和整理核算；在月度成本核算的基础上，实行责任成本核算。经常检查对外经济合同履行情况；定期检查各责任部门和责任者的成本控制情况，检查责、权、利的落实情况。

3. 竣工验收阶段的成本控制（事后控制）

事后控制主要是重视竣工验收工作，对照合同价的变化，将实际成本与目标成本之间的差距加以分析，进一步挖掘降低成本的潜力。其中主要是安排时间，完成工程竣工扫尾工程，把时间降到最低；重视竣工验收工作，顺利交付使用；及时办理工程结算；在工程保修期间，应有项目经理指定保修工作者，并责成保修工作者提交保修计划；将实际成本与计划成本进行比较，计算成本差异，明确是节约还是浪费；分析成本节约或超支的原因和责任归属。

（四）施工项目成本核算

施工项目成本核算是指项目产生过程所发生的各种费用进行核算。它包括两个基本的环节：一是归集费用，计算成本实际发生额；二是采取一定的方法，计算施工项目的总成本和单位成本。

1. 施工项目成本核算的对象

（）一个单位工程由几个施工单位共同施工，各单位都应以同一单位工程作为成本核算对象。

（2）规模大、工期长的单位工程可以划分为若干部位，以分部位的工程作为成本的核算对象

（3）同一建设项目，由同一施工单位施工，并在同一施工地点，属于同一结构类型，开竣工时间相近的若干单位工程可以合并作为一个成本核算对象。

（4）改、扩建的零星工程可以将开竣工时间相近属于同一个建设项目的各单位工程合并成一个成本核算对象。

（5）土方工程、打桩工程可以根据实际情况，以一个单位工程为成本核算对象。

2. 工程项目成本核算的基本框架

工程项目成本核算的基本框架如表 11-2 所示。

表 11-2　工程项目成本核算的基本框架

人工费核算	内包人工费
	外包人工费
材料费核算	编制材料消耗汇总表
周转材料费核算	实行内部租赁制
	项目经理部与出租方按月结算租赁费
	周转材料进出时，加强计量验收制度
	租用周转材料的进退场费，按照实际发生数，由调入方负担
	对 U 型卡、脚手架等零件，在竣工验收时进行清点，按实际情况计入成本
	实行租赁制周转材料不再分配负担周转材料差价
结构件费核算	按照单位工程使用对象编制结构耗用月报表
	结构单价以项目经理部与外加工单位签订合同为准
	结构件耗用的品种和数量应与施工产值相对应
	结构件的高进高出价差核算同材料费的高进高出价差核算一致
	如发生结构件的一般价差，可计入当月项目成本
	部位分项分包，按照企业通常采用的类似结构件管理核算方法
	在结构件外加工和部位分项分包施工过程中，尽量获取转嫁压价让利风险所产生的利益

续表 11-2

机械使用费核算	机械设备实行内部租赁制
	租赁费根据机械使用台班、停用台班和内部租赁价计算,计入项目成本
	机械进出场费,按规定由承租项目承担
	各类大中小型机械,其租赁费全额计入项目机械成本
	结算原始凭证由项目指定人签证开班和停班数,据以结算费用
	向外单位租赁机械,按当月租赁费用金额计入项目机械成本
其他直接费核算	材料二次搬运费
	临时设施摊销费
	生产工具用具使用费
	除上述外其他直接费均按实际发生的有效结算凭证计入项目成本
施工间接费核算	要求以项目经理部为单位编制工资单和奖金单列支工作人员薪金
	劳务公司所提供的炊事人员、服务、警卫人员提供承包服务费计入施工间接费
	内部银行的存贷利息,计入"内部利息"
	施工间接费,现在项目"施工间接费"总账归集,再按一定分配标准计收益成本入核算对象"工程施工—间接成本"
分包工程成本核算	包清工工程,纳入"人工费—外包人工费"内核算
	部分分项分包工程,纳入结构件费内核算
	双包工程
	机械作业分包工程
	项目经理部应增设"分建成本"项目,核算双包工程、机械作业分包工程成本状况

(五)施工项目成本分析

施工项目成本分析就是在成本核算的基础上采取一定的方法,对所发生的成本进行比较分析,检查成本发生的合理性,找出成本的变动规律,寻求降低成本的途径。主要有对比分析法、连环替代法、差额计算法和挣值法

1. 比较法

比较法是通过实际完成成本与计划成本或承包成本进行对比,找出差异,分析原因以便改进。这种方法简单易行,但注意比较指标的内容要保持一致。

2. 连环替代法

连环替代法可用来分析各种因素对成本形成的影响,某工程的材料成本资料见表 11-3、表 11-4 所示。分析的顺序是:先绝对量指标,后相对量指标;先实物量指标,后货币量指标。

表 11-3　材料成本情况表

项目	单位	计划	实际	差异	差异率
工程量	m^3	100	110	+10	+10.0
单位材料消耗量	kg	320	310	-10	-3.1
材料单价	元/kg	40	42	+2.0	+5.0
材料成本	元	1 280 000	1 432 200	+152 200	+12.0

表 11-4　材料成本影响因素分析法

计算顺序	替换因素	影响成本的变动因素			成本	与前一次差异	差异原因
		工程量	单位材料消耗量	单价			
①换基数		100	320	40.0	128 0000		
②一次替换	工程量	110	320	40.0	1 408 000	128 000	工程量增加
③二次替换	单耗量	110	310	40.0	1 364 000	-44 000	单位耗量节约
④三次替换	单价	110	310	42.0	1 432 200	68 200	单价提高
合计						15 200	

3. *差额计算法*

差额计算法是因素分析法的简化，仍按上例计算。

由于工程量增加使成本增加：$(110-100)\times320\times40=128\ 000$（元）

由于单位耗量节约使成本降低：

$$(310-320)\times110\times40=-44\ 000（元）$$

由于单价提高使成本增加：

$(42-40)\times110\times310=68\ 200$（元）

4. *挣值法*

挣值法主要用来分析成本目标实施与期望之间的差异，是一种偏差分析方法，其分析过程如下：

(1)明确三个关键变量：项目计划完成工作的预算成本（$BCWS$ = 计划工作量 × 预算定额）；项目已完成工作的实际成本（$ACWP$）；项目已完成的预算成本（$BCWP$ = 已完成工作量 × 该工作量的预算定额）。

(2)两种偏差的计算。

项目成本偏差　　$C_V=BCWP-ACWP$

当 $C_V>0$ 时，表明项目实施处于节支状态；当 $C_V<0$ 时，表明项目处于超支状态。

项目进度偏差　　$S_V=BCWP-BCWS$

当 $S_V>0$ 时，表明项目实施超过进度计划；当 $S_V<0$ 时，表明项目实施落后于计划进度。

(3)两个指数变量

计划完工指数　　$SCI=BCWP/BCWS$

当 $SCI>1$ 时，表明项目实际完成的工作量超过计划工作量；当 $SCI<1$ 时，表明项目实际完成的工作量少于计划工作量。

成本绩效指数　　$CPI=ACWP/BCWP$

当 $CPI>1$ 时，表明实际成本多于计划成本，资金使用率较低；当 $CPI<1$ 时，表明实际成本少于计划成本，资金使用率较高。

(六)成本考核

成本考核就是在施工项目竣工后，对项目成本的负责人，考核其成本完成情况，以做到有奖有罚，避免“吃大锅饭”，以提高职工的劳动积极性。

(1)施工项目成本考核的目的是通过衡量项目成本降低的实际成果，对成本指标完成情况进行总结和评价。

(2)施工项目成本考核应分层进行,企业对项目经理部进行成本管理考核,项目经理部对项目部内部各作业队进行成本管理考核;

(3)施工项目成本考核的内容是:既要对计划目标成本的完成情况进行考核,又要对成本管理工作业绩进行考核。

(4)施工项目成本考核的要求:

①企业对项目经理部考核的时候,以责任目标成本为依据。

②项目经理部以控制过程为考核重点。

③成本考核要与进度、质量、安全指标的完成情况相联系。

④应形成考核文件,为对责任人进行奖罚提供依据。

第二节　施工成本控制的基本方法

施工项目成本控制过程中,因为一些因素的影响,会发生一定的偏差,所以应采取相应的措施、方法进行纠偏。

一、施工项目成本控制的原则

施工项目成本控制应遵循以下原则:

(1)以收定支的原则;

(2)全面控制的原则;

(3)动态性原则;

(4)目标管理原则;

(5)例外性原则;

(6)责、权、利、效相结合的原则。

二、施工项目成本控制的依据

施工项目成本控制的依据如下:

(1)工程承包合同;

(2)施工进度计划;

(3)施工项目成本计划;

(4)各种变更资料。

三、施工项目成本控制步骤

(1)比较施工项目成本计划与实际的差值,确定是节约还是超支。

(2)分析节约还是超支的原因。

(3)预测整个项目的施工成本,为决策提供依据。

(4)施工项目成本计划在执行的过程中出现偏差,采取相应的措施加以纠正。

(5)检查成本完成情况,为今后的工作积累经验。

四、施工项目成本控制的手段

（一）计划控制

计划控制即用计划的手段对施工项目成本进行控制。施工项目成本预测和决策为成本计划的编制提供依据。编制成本计划首先要设计降低成本技术组织措施，然后编制降低成本计划，将承包成本额降低而形成计划成本成为施工过程中成本控制的标准。

成本计划编制方法有以下两种。

1. 常用方法

成本降低额 = 两算对比差额 + 技术措施节约额

2. 计划成本法

（1）施工预算法：计划成本 = 施工预算成本 - 技术措施节约额

（2）技术措施法：计划成本 = 施工图预算成本 - 技术措施节约额

（3）成本习性法：计划成本 = 施工项目变动成本 + 施工项目固定成本

（4）按实计算法：施工项目部以该项目的施工图预算的各种消耗量为依据，结合成本计划降低目标，由各职能部门结合本部门的实际情况，分别计算各部门的计划成本，最后汇总项目的总计划成本。

（二）预算控制

预算控制是在施工前根据一定的标准（如定额）或者要求（如利润）计算的买卖（交易）价格，在市场经济中也可以叫做估算或承包价格。它作为一种收入的最高限额，减去与预期利润，便是工程预算成本数额，也可以用来作为成本控制的标准。用预算控制成本可分为两种类型：一是包干预算，即一次性包死预算总额，不论中间有何变化，成本总额不予调整。二是弹性预算，即先确定包干总额，但是可根据工程的变化进行商洽，作出相应的变动，我国目前大部分是弹性预算控制。

（三）会计控制

会计控制是指以会计方法为手段，以记录实际发生的经济业务及证明经济业务的合法凭证为依据，对成本的支出进行核算与监督，从而发挥成本控制作用。会计控制方法系统性强、严格、具体、计算准确、政策性强，是理想的也是必须的成本控制方法。

（四）制度控制

制度是对例行活动应遵循的方法、程序、要求及标准作出的规定。成本的控制制度就是通过制定成本管理的制度，对成本控制作出具体的规定，作为行动的准则，约束管理人员和工人，达到控制成本的目的。如成本管理责任制度、技术组织措施制度、成本管理制度、定额管理制度、材料管理制度、劳动工资管理制度、固定资产管理制度等，都与成本控制关系非常密切。

在施工项目成本管理中，上述手段是同时进行，综合使用的，不应孤立地使用某一种成本控制手段。

五、施工项目成本的常用控制方法

（一）偏差分析法

施工项目成本偏差 = 已完工程实际成本 - 已完工程计划成本

分析:结果为正数,表示施工项目成本超支,否则为节约。

该方法为事后控制的一种方法,也可以说是成本分析的一种方法。

(二)以施工图预算控制成本

施工过程中的各种消耗量,包括人工工日、材料消耗、机械台班消耗量的控制依据,施工图预算所确定的消耗量为标准,人工单价、材料价格、机械台班单价按照承包合同所确定的单价为控制标准。用此法,要认真分析企业实际的管理水平与定额水平之间的差异,否则达不到成本控制的目的。

1. 人工费控制

项目经理与施工作业队签订劳动合同时,应该将人工费单价定的低一些,其余的部分可以用于定额外人工费和关键工序的奖励费。这样人工费就不会超支,而且还留有余地,以备关键工序之需。

2. 材料费的控制

按"量价分离"方法计算工程造价的条件下,水泥、钢材、木材的价格以市场价格而定,实行高进高出,地方材料的预算价格为:基准价×(1+材差系数)。由于材料价格随市场价格变动频繁,所以项目材料管理人员必须经常关注材料市场价格的变动,并累及详细的市场信息。

3. 周转设备使用费的控制

施工图预算中的周转设备使用费等于耗用数乘以市场价格,而实际发生的周转设备使用费等于企业内部的租赁价格,或摊销率,由于两者计算方法不同,只能以周转设备预算费用的总量来控制实际发生的周转设备使用费的总量。

4. 施工机械使用费的控制

施工图预算中的机械使用费等于工程量乘以定额台班单价。由于施工项目的特殊性,实际的机械使用率不可能达到预算定额的取定水平;加上机械的折旧率又有较大的滞后性,往往使施工图预算的施工机械使用费小于实际发生的机械使用费。在这种情况下,就可以以施工图预算的机械使用费和增加的机械费补贴来控制机械费的支出。

5. 构件加工费和分包工程费的控制

在市场经济条件下,混凝土构件、金属构件、木制品和成型钢筋的加工,以及相关的打桩、吊装、安装、装饰和其他专项工程的分包,都要以经济合同来明确双方的权利和义务。签订这些合同的时候绝不允许合同金额超过施工图预算。

(三)以施工预算控制成本消耗

施工过程中的各种消耗量,包括人工工日、材料消耗、机械台班消耗量的控制依据,施工图预算所确定的消耗量为标准,人工单价、材料价格、机械台班单价按照承包合同所确定的单价为控制标准。该方法由于所选的定额是企业定额,它反映企业的实际情况,控制标准相对能够结合企业的实际,比较切实可行。

(1)项目开工以前,编制整个工程项目的施工预算,作为指导和管理施工的依据。

(2)产班组的任务安排,必须签发施工任务单和限额领料单,并向生产班组进行技术交底。

(3)任务单和限额领料单的执行过程中,要求生产班组根据实际的工程量和实耗人工、实耗材料做好原始记录,作为施工任务单和限额领料单结算的依据。

(4)根据回收的施工任务单和限额领料单进行结算,并按照结算内容支付报酬。

第三节　施工成本降低的措施

降低施工项目成本的途径,应该是既开源又节流,只开源不节流或者说只节流不开源,都不可能达到降低成本的目的。其主要是控制各种消耗和单价,其次是增加收入。

一、加强图纸会审,减少设计浪费

施工单位应该在满足用户的要求和保证工程质量的前提下,联系项目施工的主客观条件,对设计图纸进行认真会审,并提出积极的修改意见,在取得用户和设计单位的同意后,修改设计图纸,同时办理增减账。

二、加强合同预算管理,增加工程预算收入

深入研究招标文件、合同文件、正确编写施工图预算;把合同规定的"开口"项目作为增加预算收入的重要方面;根据工程变更资料及时办理增减账。因此,项目承包方应就工程变更对既定施工方法、机械设备使用、材料供应、劳动力调配和工期目标影响程度,以及实施变更内容所需要的各种资料进行合理估价,及时办理增减账手续,并通过工程结算从建设单位取得补偿。

三、制定先进合理的施工方案,减少不必要的窝工等损失

施工方案不同,工期就不同,所需的机械也不同,因而发生的费用也不同。因此,制定施工方案要以合同工期和上级要求为依据,联系项目规模、性质、复杂程度、现场条件、装备情况、人员素质等因素综合考虑。

四、落实技术措施,组织均衡施工,保证施工质量,加快施工进度

(1)根据施工具体实际情况,合理规划施工现场平面布置(包括机械布置、材料、构件的堆放场地,车辆进出施工现场的运输道路,临时设施搭建数量和标准等),为文明施工、减少浪费创造条件。

(2)严格执行技术规范和以预防为主的方针,确保工程质量,减少零星工程的修补,消灭质量事故,不断降低质量成本。

(3)根据工程设计特点和要求,运用自身的技术优势,采用有效的技术组织措施,实行经济与技术相结合的道路。

(4)严格执行安全施工操作规程,减少一般安全事故,确保安全生产,将事故损失降到最低。

五、降低材料因为量差和价差所产生的材料成本

(1)材料采购和构件加工,要求选用质优、价廉、运距短的供应单位。对到场的材料、构件要正确计量、认真验收,如遇到不合格产品或用量不足要进行索赔,切实做到降低材料、构件的采购成本,减少采购加工过程中的管理损耗。

(2)根据项目施工的进度计划,及时组织材料、构件的供应,保证项目施工顺利进行,防止因停工造成的损失。在构件生产过程中,要按照施工顺序组织配套供应,以免因规格不齐造成施工间隙,浪费时间,浪费人力。

(3)在施工过程中,严格按照限额领料制度,控制材料消耗,同时,还要做好余料回收和利用,为考核材料的实际消耗水平提供正确的数据。

(4)根据施工需要,合理安排材料储备,减少资金占用率,提高资金利用效率。

六、提高机械的利用效果

(1)根据工程特点和施工方案,合理选择机械的型号、规格和数量。

(2)根据施工需要,合理安排机械施工,充分发挥机械的效能,减少机械使用成本。

(3)严格执行机械维修和养护制度,加强平时的机械维修保养,保证机械完好和在施工过程中运转良好。

七、重视人的因素,加强激励职能的利用,调动职工的积极性

(1)对关键工序施工的关键班组要实行重奖。

(2)对材料操作损耗特别大的工序,可由生产班组直接承包。

(3)实行钢模零件和脚手架螺栓有偿回收。

(4)实行班组"落手清"承包。

第四节　工程价款结算与索赔

一、工程价款的结算

(一)预付工程款

预付工程款是指施工合同签订后工程开工前,发包方预先支付给承包方的工程价款(该款项一般用于准备材料,所以又称工程备料款)。预付工程款不得超过合同金额的30%。

(二)工程进度款

工程进度款是指在施工过程中,根据合同约定按照工程形象进度,划分不同阶段支付的工程款。

(三)竣工结算

竣工结算是指工程竣工后,根据施工合同、招投标文件、竣工资料、现场签证等,编制的工程结算总造价的文件。根据竣工结算文件,承包方与发包方办理竣工总结算。

(四)工程尾款

工程尾款是指工程竣工结算时,保留的工程质量保证(保修)金,待工程交付使用质保期满后清算的款项。

二、结算办法

根据中华人民共和国财政部、住房和城乡建设部2004年颁布的"建设工程价款结算暂

行办法”(财建(2004)369 号)规定,工程结算办法如下所述。

(一)预付工程款

(1)包工包料工程的预付款按合同约定拨付,原则上预付比例不低于合同金额的 10%,不高于合同金额的 30%,对重大工程项目,按年度工程计划逐年预付。

(2)在具备施工条件的前提下,发包人应在双方签订合同后的一个月内或不迟于约定的开工日期前的 7 d 内预付工程款,发包人不按约定支付,承包人应在预付时间到期后 10 d 内向发包人发出要求预付的通知,发包人收到通知后仍不按要求预付,承包人发出通知 14 d 后停止施工,发包人应从约定应付之日起向承包人支付应付款利息,并承担违约责任。

(3)预付的工程款必须在合同中预定抵扣方式,并在工程进度款中进行抵扣。

(4)凡是没有签订合同或是不具备施工条件的工程,发包人不得预付工程款,不得以预付款的名义转移资金。

(二)工程进度款

(1)按月结算与支付,即实行按月支付进度款,竣工后清算的方法。合同工期在两年以上的工程,在年终进行工程盘点,办理年度结算。

(2)分段结算与支付,即当年开工、当年不能竣工的工程按照工程形象进度,划分不同的阶段支付工程进度款。具体划分在合同中明确。

(三)工程进度款支付

(1)根据工程计量结果,承包人向发包人提出支付工程进度款申请,14 d 内,发包人应按不低于工程价款的 60%,不高于工程价款的 90% 向承包人支付工程进度款。按约定的时间发包人应扣回的预付款,与工程进度款同期结算抵扣。

一般情况下,预付工程款是在剩余工程款中的材料费等于预付工程款时开始抵扣即“起扣点”。

(2)发包人超过约定的支付时间不支付工程进度款,承包人应及时向发包人发出要求付款的通知,发包人收到承包人通知后仍不能按照要求付款,可与承包人协商签订延期付款的协议,经承包人同意后可延期付款,协议应明确延期支付的时间和从工程计量结果确认后第 15 天起计算应付款的利息。

(3)发包人不按合同约定支付工程进度款,双方又未达成延期付款的协议,导致施工无法进行,承包人可停止施工,由发包人承担违约责任。

三、竣工结算

工程竣工后,双方应按照合同价款及合同价款的调整内容以及索赔事项,进行工程竣工结算。

(一)工程竣工结算的方式

工程竣工结算分为单位工程竣工结算、单项工程竣工结算和建设项目竣工总结算。

(二)工程竣工结算的审编

单位工程竣工结算由承包人编制,发包人审查;若是实行总承包的工程,由具体承包人编制,在总承包人审查的基础上,发包人审查。

单项工程竣工结算或者建设项目竣工总结算由总承包人编制,发包人可直接进行审查,也可以委托具有相关资质的工程造价机构进行审查。政府投资项目,由同级财政部门审查。

单项工程竣工结算或建设项目竣工总结算经发承包人签字盖章后有效。

(三)工程竣工结算审查期限

单项工程竣工后,承包人应在提交竣工验收报告的同时,向发包人递交竣工结算报告及完整的结算资料,发包人按以下规定时限进行核对并提交审查意见:

(1)500 万元以下,从接到竣工结算报告和完整的竣工结算资料之日起 20 d。

(2)500 ~2 000 万元,从接到竣工结算报告和完整的竣工结算资料之日起 30 d。

(3)2 000 ~5 000 万元,从接到竣工结算报告和完整的竣工结算资料之日起 45 d。

(4)5 000 万元以上,从接到竣工结算报告和完整的竣工结算资料之日起 60 d。

建设项目竣工总结在最后一个单项工程竣工结算审查确认后 15 d 内汇总,送发包人后 30 d 内审查完毕。

(四)合同外零星项目工程价款结算

发包人要求承包人完成合同意外零星项目,承包人应在接受发包人要求的 7 d 内就用工数量和单价、机械台班数量和单价、使用材料金额等向发包人提出施工签证,发包人签证后施工,如发包人未签证,承包人施工后发生争议的,责任由承包人自负。

(五)工程尾款

发包人根据确认的竣工结算报告向承包人支付竣工结算款,保留 5% 左右的质量保证金,待工程交付使用一年质保期到期后清算,质保期内如有反修,发生费用应在质量保证金中扣除。

四、工程索赔

(一)索赔的原因

1. 业主违约

业主违约常表现为业主或其委托人未能按合同约定为承包商提供施工的必要条件,或未能在约定的时间内支付工程款,有时也可能是监理工程师的不适当决定和苛刻的检查等。

2. 合同缺陷

合同文件规定不严谨甚至矛盾、有遗漏或错误等。由于合同缺陷对于合同双反来说是不应该的,除非某一方存在恶意而另一方又太马虎。

3. 施工条件变化

施工条件的变化对工程造价和工期影响较大。

4. 工程变更

施工中发现设计问题、改变质量等级或施工顺序、指令增加新的工作、变更建筑材料、暂停或加快施工等常常是工程变更。

5. 工期拖延

施工中由于天气、水文地质等因素的影响常常出现工期拖延。

6. 监理工程师的指令

监理工程师的指令可能造成工程成本增加或工期延长。

7. 国家政策以及法律、法规变更

对直接影响工程造价的政策以及法律、法规的变更,合同双方应约定办法处理。

（二）索赔的程序

（1）索赔意向通知书。

（2）递交索赔报告。

（3）监理工程师审查索赔报告。

（4）监理工程师与承包商协商补偿。

（5）监理工程师索赔处理决定。

（6）业主审查索赔处理。

（7）承包商对最终索赔处理态度。

（三）索赔价款结算

发包人未能按合同约定履行自己的各项义务或发生错误，给另一方造成经济损失的，由受损方按合同约定条款提出索赔，索赔金额按合同约定支付。

第十二章　水利工程建设技术管理

第一节　施工组织设计的编制、审批、论证

施工组织设计管理是项目施工管理的重要手段，是提高工程施工质量、保证施工安全的重要基础性工作，是抓好成本管理的有效途径之一，我们要抓好施工组织设计管理工作，编制出体现项目综合管理水平的施工组织设计。施工组织设计管理是项目施工管理的重要手段，是提高工程施工质量、保证施工安全的重要基础性工作，是抓好成本管理的有效途径之一。

一、有关施工组织设计的标准、规范及规定

《水利水电工程施工组织设计规范》(SL 303—2004)；

《建筑施工组织设计规范》(GB/T 50502—2009)；

《建筑工程施工质量验收统一标准》(GB 50300—2001)附录A"施工现场质量管理检查记录"中对施工组织设计、施工方案及审批进行了要求。

关于施工组织设计的编制、审批、论证，《建筑施工组织设计规范》(GB/T 50502—2009)规定：

(1)施工组织设计应由项目负责人主持编制，可根据需要分阶段编制和审批。

(2)施工组织总设计应由总承包单位技术负责人审批；单位工程施工组织设计应由施工单位技术负责人或技术负责人授权的技术人员审批；施工方案应由项目技术负责人审批；重点、难点分部(分项)工程和专项工程施工方案应由施工单位技术部门组织相关专家评审，施工单位技术负责人批准。

(3)由专业承包单位施工的分部(分项)工程或专项工程的施工方案，应由专业承包单位技术负责人或技术负责人授权的技术人员审批；有总承包单位时，应由总承包单位项目技术负责人核准备案。

二、施工组织设计编制的内容

在工程投标和施工阶段，编制的施工组织设计主要内容为：

(1)编制依据；

(2)工程概况；

(3)施工部署(进度、质量、安全、环境和成本等目标，项目管理组织机构，重点和难点简要分析)；

(4)施工进度计划；

(5)主要施工方法；

(6)资源配置计划(人、财、机)；

(7)施工现场平面布置(临时设施及总平面布置图);
(8)主要施工管理措施(质量、安全、环境、成本和季节性施工)。

三、施工组织设计的编制依据

(1)与工程建设有关的法律、法规、规章和文件。
(2)国家现行有关标准和技术经济指标。
(3)工程所在地区行政主管部门的批准文件,建设单位对施工的要求。
(4)工程施工合同或招标文件。
(5)工程设计文件。
(6)工程所在地区和河流的现场条件,工程地质及水文地质、气象等自然条件。
(7)与工程有关的生产物资及水、电等资源供应情况。
(8)企业的生产能力、机具设备状态、技术水平等。

四、施工组织设计的编制程序

(1)分析原始资料及工地临时供水、供电等施工条件。
(2)确定施工场地和道路、堆场、加工场、仓库及其他临时设施可能的布置情况。
(3)考虑自然条件对施工可能带来的影响和必须采取的技术措施。
(4)确定施工技术措施的各项参数。
(5)确定材料、机械设备供应和运输方式。
(6)根据水文及现场条件初步拟定施工导流方案。
(7)研究主体工程施工方案,确定施工顺序,初步编制整个工程的进度计划。
(8)优化和确定施工方案,修正进度计划。
(9)根据修正进度计划确定材料、劳动力、机械设备需要量及供应计划。
(10)确定施工现场的总平面布置。

第二节　专项方案的编制、审批、论证

一、需要编制专项方案的工程范围及编制要求

《建设工程安全生产管理条例》中的有关规定如下:施工单位应当在施工组织设计中编制安全技术措施和施工现场临时用电方案,对下列达到一定规模的危险性较大的分部分项工程编制专项施工方案,并附具安全验算结果,经施工单位技术负责人、总监理工程师签字后实施。由专职安全生产管理人员进行现场监督:
(1)基坑支护与降水工程;
(2)土方开挖工程;
(3)模板工程;
(4)起重吊装工程;
(5)脚手架工程;
(6)拆除、爆破工程;

(7)国务院建设行政主管部门或者其他有关部门规定的其他危险性较大的工程。

对前款所列工程中涉及深基坑、地下暗挖工程、高大模板工程的专项施工方案,施工单位还应当组织专家进行论证、审查。

《危险性较大的分部分项工程安全管理办法》(建质[2009]87号)中的有关规定如下:本办法所称危险性较大的分部分项工程是指建筑工程在施工过程中存在的、可能导致作业人员群死群伤或造成重大不良社会影响的分部分项工程。

危险性较大的分部分项工程安全专项施工方案,是指施工单位在编制施工组织(总)设计的基础上,针对危险性较大的分部分项工程单独编制的安全技术措施文件。

施工单位应当在危险性较大的分部分项工程施工前编制专项方案;对于超过一定规模的危险性较大的分部分项工程,施工单位应当组织专家对专项方案进行论证。

建筑工程实行施工总承包的,专项方案应当由施工总承包单位组织编制。其中,起重机械安装拆卸工程、深基坑工程、附着式升降脚手架等专业工程实行分包的,其专项方案可由专业承包单位组织编制。

二、专项方案的编制内容

(1)工程概况:危险性较大的分部分项工程概况、施工平面布置、施工要求和技术保证条件。

(2)编制依据:相关法律、法规、规范性文件、标准、规范及图纸(国标图集)、施工组织设计等。

(3)施工计划:包括施工进度计划、材料与设备计划。

(4)施工工艺技术:技术参数、工艺流程、施工方法、检查验收等。

(5)施工安全保证措施:组织保障、技术措施、应急预案、监测监控等。

(6)劳动力计划:专职安全生产管理人员、特种作业人员等。

(7)计算书及相关图纸。

三、专项方案的审批、论证

《危险性较大的分部分项工程安全管理办法》(建质[2009]87号)中的有关规定如下:专项方案应当由施工单位技术部门组织本单位施工技术、安全、质量等部门的专业技术人员进行审核。经审核合格的,由施工单位技术负责人签字。实行施工总承包的,专项方案应当由总承包单位技术负责人及相关专业承包单位技术负责人签字。不需专家论证的专项方案,经施工单位审核合格后报监理单位,由项目总监理工程师审核签字。

超过一定规模的危险性较大的分部分项工程专项方案应当由施工单位组织召开专家论证会。实行施工总承包的,由施工总承包单位组织召开专家论证会。

第三节　图纸会审、技术交底

一、图纸会审

图纸会审是指工程各参建单位(建设、监理、施工、设备供应等)在收到设计院施工图纸后，对图纸全面细致的熟悉、审查，查出图纸中存在的问题及不合理情况，并提交设计院处理的一项重要活动。

图纸审查的重点内容如下：

(1)施工图设计与设备以及特殊材料的技术要求是否一致。

(2)设计与施工主要技术方案是否相适应。

(3)图纸表达深度能否满足施工需要。

(4)构件加工要求和划分是否符合施工能力。

(5)各专业之间的设计是否协调。

(6)设计采用的新工艺、新材料、新技术、新设备在施工技术、机具和物资供应上有无困难。

(7)施工图之间和总分图之间、总分尺寸之间有无矛盾。

(8)能否满足生产运行对安全经济的要求和检修作业的合理需要。

(9)设备布置及构件尺寸能否满足其运输及吊装要求。

(10)设计能否满足设备和系统的启动调试要求。

(11)材料表中给出的数量和材质以及尺寸与图面表示是否相符。

(12)图纸审查应在单位工程开工前完成。

二、技术交底

(一)设计技术交底

为了使参与工程建设的各方了解工程设计的主导思想和要求、采用的设计规范，对主要建筑材料、构配件和设备的要求，所采用的新技术、新工艺、新材料、新设备的要求以及施工中应特别注意的事项，掌握工程关键部分的技术要求，保证工程质量，设计单位必须依据国家设计技术管理的有关规定，对提交的施工图纸，进行系统的设计技术交底。同时，也为了减少图纸中的差错、遗漏、矛盾，将图纸中的质量隐患与问题消灭在施工之前，使设计施工图纸更符合施工现场的具体要求，避免返工浪费。

(二)施工技术交底

施工技术交底是在某一单位工程开工前，或一个分项工程施工前，由主管技术领导(技术负责人)向参与施工的人员进行的技术性交待，其目的是使施工人员对工程特点、技术质量要求、施工方法与措施和安全等方面有一个较详细的了解，做到心中有数，以便于科学地组织施工，保证施工顺利进行，避免技术质量等事故的发生。各项技术交底记录也是工程技术档案资料中不可缺少的部分。

(三)施工技术交底的主要内容

施工技术交底有以下主要内容：

(1)设计技术交底中有关内容；

(2)施工范围、工程量、工作量和施工进度要求；

(3)施工图纸的解说；

(4)施工方案措施；

(5)操作工艺和保证质量安全的措施；

(6)工艺质量标准和评定办法；

(7)技术检验和检查验收要求；

(8)增产节约指标和措施；

(9)技术记录内容和要求；

(10)其他施工注意事项。

《建设工程安全生产管理条例》条规定：建设工程施工前，施工单位负责项目管理的技术人员应当对有关安全施工的技术要求向施工作业班组、作业人员作出详细说明，并由双方签字确认。

第四节　主要工序施工方法及新技术、新材料、新工艺种类

一、主要工序施工方法

水利工程的主要工序有：施工导流、土石方开挖、地基与基础处理、土石坝和堤防填筑、混凝土与钢筋混凝土施工、机电设备与金属结构安装。

二、新技术、新材料、新工艺种类

为了提高生产力，降低成本，减轻工人的操作强度，提高施工质量，应大力推广和采用新技术、新材料、新工艺。

住建部2010年10项新技术中与中小型水利工程有关的如下所述。

(一)地基基础技术

1. 土工合成材料应用技术

1)主要技术内容

土工合成材料是一种新型的岩土工程材料，大致分为土工织物、土工膜、特种土工合成材料和复合型土工合成材料四大类。特种土工合成材料又包括土工垫、土工网、土工格栅、土工格室、土工模袋和土工泡沫塑料等。复合型土工合成材料则是由上述有关材料复合而成的。土工合成材料具有过滤、排水、隔离、加筋、防渗和防护等六大功能及作用。目前，国内已经广泛应用于建筑或土木工程的各个领域，并且已成功地研究、开发出了成套的应用技术，大致包括：

(1)土工织物滤层应用技术；

(2)土工合成材料加筋垫层应用技术；

(3)土工合成材料加筋挡土墙、陡坡及码头岸壁应用技术；

(4)土工织物软体排应用技术；

(5)土工织物充填袋应用技术；

(6)模袋混凝土应用技术；

(7)塑料排水板应用技术；

(8)土工膜防渗墙和防渗铺盖应用技术；

(9)软式透水管和土工合成材料排水盲沟应用技术；

(10)土工织物治理路基和路面病害应用技术；

(11)土工合成材料三维网垫边坡防护应用技术等；

(12)土工膜密封防漏应用技术(软基加固、垃圾场、水库、液体库等)。

2)技术指标

技术指标符合现行国家标准《土工合成材料应用技术规范》GB 50290 及相关标准要求。土工合成材料应用在各类工程不仅能很好地解决传统材料和传统工艺难以解决的技术问题,而且均取得了显著的经济效益,工程造价大多可降低 15% 以上。

3)适用范围

土工合成材料应用技术的适用范围十分广泛。可在所有涉及岩土工程领域的各种建筑工程或土木工程中应用。

2. 非开挖埋管技术

1)主要技术内容

顶管法:直接在松软土层或富水松软地层中敷设中小型管道的一种施工方法。施工时无须挖槽,可避免为疏干和固结土体而采用降低地下水位等辅助措施,从而大大加快施工进度。短距离、小管径类地下管线工程施工,广泛采用顶管法。近几十年,中继接力顶进技术的出现使顶管法已发展成为可长距离顶进的施工方法。顶管法施工包括的主要设备有:顶进设备、顶管机头、中继环、工程管及吸泥设备。设计的主要内容是顶力计算;施工技术主要包括顶管工作坑的开挖、穿墙管及穿墙技术、顶进与纠偏技术、陀螺仪激光导向技术、局部气压与冲泥技术及触变泥浆减阻技术。

2)技术指标

顶管法的技术指标应符合《给水排水管道工程施工及验收规范》GB 50268、《顶进施工法用钢筋混凝土排水管》JC/T 640 的规定。

3)适用范围

顶管法适用于直接在松软土层或富水松软地层中敷设中、小型管道。如取水泵房引水管等。

(二)混凝土技术

1. 纤维混凝土

纤维混凝土是指掺加短钢纤维或合成纤维作为增强材料的混凝土,钢纤维的掺入能显著提高混凝土的抗拉强度、抗弯强度、抗疲劳特性及耐久性;合成纤维的掺入可提高混凝土的韧性,特别是可以阻断混凝土内部毛细管通道,因而减少混凝土暴露面的水分蒸发,可大大减少混凝土塑性裂缝和干缩裂缝。

1)主要技术内容

(1)原材料。

①水泥:钢纤维混凝土应采用普通硅酸盐水泥和硅酸盐水泥;合成纤维混凝土优先采用普通硅酸盐水泥和硅酸盐水泥,根据工程需要,选择其他品种水泥。

②骨料:钢纤维混凝土不得使用海砂,粗骨料最大粒径不宜大于钢纤维长度的 2/3;喷射钢纤维混凝土的骨料最大粒径不宜大于 10 mm。

③纤维:纤维的长度、长径比、表面性状、截面性能和力学性能等应符合国家有关标准的规定,并根据工程特点和制备混凝土的性能选择不同的纤维。

(2)配合比。

纤维混凝土的配合比设计应注意以下几点：

①钢纤维混凝土中的纤维体积率不宜小于0.35%，当采用抗拉强度不低于1 000 MPa的高强异形钢纤维时，钢纤维体积率不宜小于0.25%；各类工程钢纤维混凝土的钢纤维体积率选择范围应参照国家有关标准。控制混凝土早期收缩裂缝的合成纤维体积率宜为0.06% ~0.12%。

②纤维混凝土的最大胶凝材料用量不宜超过550 kg/m^3；喷射钢纤维混凝土的胶凝材料用量不宜小于380 kg/m^3。

(3)混凝土制备。

纤维混凝土的搅拌应采用强制式搅拌机；宜先将纤维与水泥、矿物掺合料和粗细骨料投入搅拌机干拌60 ~90 s，而后再加水和外加剂搅拌120 ~180 s，纤维体积率较高或强度等级不低于C50的纤维混凝土宜取搅拌时间范围上限。当混凝土中钢纤维体积率超过1.5%或合成纤维体积率超过0.2%时，宜延长搅拌时间。

2)主要技术指标

(1)纤维要选择合适的掺量，合成纤维会使混凝土强度降低，在同时满足抗裂性能和力学性能的前提下确定掺量，一般积率不超过0.12%。

(2)钢纤维或合成纤维掺量过多时，都会使坍落度损失增加，选择合适的掺量和调整配合比，使纤维的掺入对混凝土工作性不产生负面的影响。

(3)纤维混凝土的轴心抗压强度、受压和受拉弹性模量、剪变模量、泊松比、线膨胀系数以及合成纤维轴心抗拉强度标准值和设计值可按《混凝土结构设计规范》GB 50010的规定采用。纤维体积率大于0.15%的合成纤维混凝土的上述指标应经试验确定。

3)适用范围

纤维混凝土适用于对抗裂、抗渗、抗冲击和耐磨有较高要求的工程。

2.清水混凝土模板技术

清水混凝土模板是按照清水混凝土技术要求进行设计加工，满足清水混凝土质量要求和表面装饰效果的模板。

1)主要技术内容

(1)清水混凝土模板特点。

①清水混凝土工程是直接利用混凝土成型后的自然质感作为饰面效果的混凝土工程。清水混凝土分为普通清水混凝土、饰面清水混凝土和装饰清水混凝土。清水混凝土表面质量的最终效果取决于清水混凝土模板的设计、加工、安装和节点细部处理。

②模板表面的特征：平整度、光洁度、拼缝、孔眼、线条、装饰图案及各种污染物均拓印到混凝土表面上。因此，根据清水混凝土的饰面要求和质量要求，清水混凝土模板更重视模板选型、模板分块、面板分割、对拉螺栓的排列和模板表面平整度。

(2)清水混凝土模板设计。

①模板设计前应对清水混凝土工程进行全面深化设计，妥善解决好对饰面效果产生影响的关键问题，如：明缝、蝉缝、对拉螺栓孔眼、施工缝的处理、后浇带的处理等。

②模板体系选择：选取能够满足清水混凝土外观质量要求的模板体系，具有足够的强度、刚度和稳定性；模板体系要求拼缝严密、规格尺寸准确、便于组装和拆除，能确保周转使用次数要求。

③模板分块原则:在起重荷载允许的范围内,根据蝉缝、明缝分布设计分块,同时兼顾分块的定型化、整体化、模数化、通用化。

④面板分割原则:应按照模板蝉缝和明缝位置分割,必须保证蝉缝和明缝水平交圈、竖向垂直。

⑤对拉螺栓孔眼排布:应达到规律性和对称性的装饰效果,同时还应满足受力要求。

⑥节点处理:根据工程设计要求和工程特点合理设计模板节点。

(3)清水混凝土模板施工特点。

模板安装时遵循先内侧、后外侧,先横墙、后纵墙,先角模、后墙模的原则。吊装时注意对面板保护,保证明缝、禅缝的垂直度及交圈。模板配件紧固要用力均匀,保证相邻模板配件受力大小一致,避免模板产生不均匀变形。

2)技术指标

(1)饰面清水混凝土模板表面平整度:2 mm。

(2)普通清水混凝土模板表面平整度:3 mm。

(3)饰面清水混凝土相邻面板拼缝高低差:≤0.5 mm。

(4)相邻面板拼缝间隙:≤0.8 mm。

(5)饰面清水混凝土模板安装截面尺寸:±3 mm。

(6)饰面清水混凝土模板安装垂直度(层高不大于5 m):3 mm。

3)适用范围

水闸闸墩、水闸排架柱、箱涵内墙、泵站外露面、桥梁桥墩等外露面、筒仓、高耸构筑物等。

3.基坑施工封闭降水技术

1)主要技术内容

基坑施工封闭降水技术是指采用基坑侧壁帷幕或基坑侧壁帷幕+基坑底封底的截水措施,阻截基坑侧壁及基坑底面的地下水流入基坑,同时采取降水措施抽取或引渗基坑开挖范围内的现存地下水的降水方法。

在我国南方沿海地区宜采取地下连续墙或护坡桩+搅拌桩止水帷幕的地下水封闭措施。北方内陆地区宜采取护坡桩+旋喷桩止水帷幕的地下水封闭措施。河流阶地地区宜采用双排或三排搅拌桩对基坑进行封闭同时兼做支护的地下水封闭措施。

2)技术指标

(1)封闭深度:宜采用悬挂式竖向截水和水平封底相结合,在没有水平封底措施的情况下要求侧壁帷幕(连续墙、搅拌桩、旋喷桩等)插入基坑下卧不透水土层一定深度,深度情况应满足下式计算:

$$L = 0.2h_w - 0.5b$$

式中 L——帷幕插入不透水层的深度;

h_w——作用水头;

b——帷幕厚度。

(2)截水帷幕厚度:满足抗渗要求,渗透系数宜小于1.0×10^{-6} cm/s。

(3)基坑内井深度:可采用疏干井和降水井,若采用降水井,井深度不宜超过截水帷幕深度;若采用疏干井,井深应插入下层强透水层。

(4)结构安全性：截水帷幕必须在有安全的基坑支护措施下配合使用（如注浆法），或者帷幕本身经计算能同时满足基坑支护的要求（如地下连续墙）。

3）适用范围

本技术适用于有地下水存在的所有非岩石地层的基坑工程。

4.植生混凝土技术

1）主要技术内容

植生混凝土是以多孔混凝土为基本构架，内部是一定比例的连通孔隙，为混凝土表面的绿色植物提供根部生长、吸取养分的空间，是一种植物能直接在其中生长的生态友好型混凝土。其基本构造由多孔混凝土、保水填充材料、表面土等组成。主要技术内容可分为多空混凝土的制备技术、内部碱环境的改造技术及植物生长基质的配制技术、植生喷灌系统、植生混凝土的施工技术等。

2）技术指标

(1)护堤植生混凝土。

主要材料组成：碎石或碎卵石、普通硅酸盐水泥、矿物掺合料（硅粉、粉煤灰、矿粉）、水、高效减水剂。

护堤植生混凝土主要是利用模具制成的包含有大孔的混凝土模块拼接而成的，模块含有的大孔供植物生长；或是采用大骨料制成的大孔混凝土，形成的大孔供植物生长；强度范围在10 MPa以上；混凝土密度1 800～2 100 kg/m^3；混凝土空隙率不小于15%，必要时可达30%。

(2)屋面植生混凝土材料组成：轻质骨料、普通硅酸盐水泥、硅粉或粉煤灰、水、植物种植基。主要是利用多孔的轻骨料混凝土作为保水和根系生长基材，表面敷以植物生长腐殖质材料；混凝土强度5～15 MPa之间；屋顶植生混凝土密度700～1 100 kg/m^3；屋顶植生混凝土空隙率18%～25%。

(3)墙面植生混凝土材料组成：天然矿物废渣（单一粒径5～8 mm）普通硅酸盐水泥、矿物掺合料、水、高效减水剂。主要是利用混凝土内部形成庞大的毛细管网络，作为为植物提供水分和养分的基材；混凝土强度5～15 MPa之间；墙面植生混凝土密度1 000～1 400 kg/m^3；混凝土空隙率15%～22%。

3）适用范围

植生混凝土适用于屋顶绿化、市政工程坡面机构以及河流两岸护坡等表面的绿化与保护。

第五节 水利工程试验管理

施工单位对本工程的原材料及中间产品的检测试验工作由施工单位的工地实验室自行完成，监理机构对原材料及中间产品进行的抽样检测委托有相应资质的实验室完成，按照规范要求数量的10%～20%独立抽检。

一、基本要求

(1)凡用于永久工程的原材料（业主供应的除外），承建单位应在采购前将拟选生产厂家和产品的有关资料报送监理机构,经审批后方可采购。

(2)承建单位对原材料应严格按规范、标准和合同要求、按检测内容和检测频率及时取样送交实验室检测,并将检测结果进行整理分析,试验结果以月报形式报送监理审核。

二、工程原材料进场验收质量控制

(1)建立进场原材料质量报批和监理认证制度。

(2)承建单位应按进场材料报验单填报,并附上厂家质量证明、出厂检验单和实验室抽检试验报告(水泥按 3 d 强度报批)报送监理,经监理认证并核定该批材料的审批号后返回一份,承建单位在收件后方准出库,并要求在发料凭证上注明审批号,以便监理验收及质量跟踪

三、原材料试验要求

(一)水泥

(1)运到工地的每批水泥都应附出厂检验合格证,承建单位按每 400 t 同品种、同强度等级的水泥为一批进行抽检(不足也为一批),样品质量不应少于 14 kg,并分为二等份,一份用于自行试验,另一份密封保存 3 个月。

(2)水泥检测内容应包括强度、凝结时间、安定性、水化热(中、低热水泥),必要时应增做比重、细度、含碱量、三氧化硫、氧化镁等项目的检测。

(3)监理工程师有权要求承建单位进行指定取样、增加取样数,或自行取样复检。

(二)粉煤灰

(1)每批粉煤灰都应附有出厂检验合格证,承建单位应按同品种的粉煤灰每 200 t 为一批(不足 200 t 也作为一批)进行取样检验,样品质量 10 ~ 15 kg,分成二等份:一份用于自行试验;另一份需密封保存半年。

(2)粉煤灰检测内容包括:细度、烧失量、需水量比、含水量、三氧化硫,必要时应增做比重、容重、含碱量等项目检测。

(3)监理工程师有权要求承建单位进行指定取样、增加取样数,或自行取样复检。

(三)外加剂

(1)承建单位在使用外加剂前必须将每一种外加剂的名称、来源、样品及提供鉴定外加剂品质的其他资料,以及掺量试验成果报告提交监理,征得同意后方可实施。

(2)运到工地的外加剂都应附有检验合格证和出厂检验单,承建单位应按减水剂每 5 t 为一取样单位,引气剂每 0. 2 t 为一取样单位,取样、检验。样品同样分为二等份:一份用于自行试验,另一份密封保存半年。

(3)外加剂检测内容包括:固形物含量、溶液 pH 值、减水率、缓凝时间、强度比、泌水率、密度(液态外加剂),必要时增做氯离子含量、泡沫性能、表面张力、溶解性、还原糖分(木钙减水剂)、硫酸钠含量(早强剂)。

(4)监理工程师有权要求承建单位进行指定取样、增加取样数,或自行取样复检。

(四)粗细骨料

(1)用于工程的砂石料,承建单位必须出具由承建单位实验室出具的检验合格证。细骨料以 400 m^3 或 600 t 为一个取样报批单位,检测项目包括颗粒级配、细度模数、人工砂石

粉含量、含水率。细骨料全指标检测每月进行1～2次。

(2)粗骨料以2 000 t(碎石)为一个取样报批单位,检测项目包括颗粒级配、超逊径、针片状颗粒含量。粗骨料全指标检测每月进行1～2次。

(3)监理工程师有权要求承建单位进行指定取样、增加取样数,或自行取样复检。

(五)施工用水

混凝土拌和及养护用水应符合水质标准要求,并每季度检测一次,在水源改变或对水质有怀疑时,应随时进行检验。

(六)钢筋和钢绞线

(1)热轧钢筋验收检测内容包括外观检查、屈服点、极限抗拉强度、伸长率、冷弯试验等检测,并以同一牌号、同一炉(批)号、同一截面尺寸的钢筋为一批,每批质量不大于60 t,不足者也作为取样单位。

(2)对钢号不明的钢筋进行试验,其抽样数量不得少于6组。

(3)预应力混凝土用钢绞线的必检项目为:外观检查、破坏强度、伸长率、松驰试验、弹性模量。每批以同一牌号、同一规格、同一生产工艺,质量不大于60 t为一取样单位,不足者也视作一取样单位。每批中选取3盘进行外观检查与力学性能检验。

四、混凝土配合比的设计试验

(1)各种类型结构物的混凝土配合比必须通过试验选定,其试验方法应按《水工混凝土试验规程》有关规定执行。混凝土配合比至少应具有3 d、7天、14 d、28 d或可能更长龄期的试验或推算资料。

(2)混凝土配合比试验前28天,承建单位应将各种配合比试验的配料及其拌和、制模和养护等配合比试验计划一式4份报送监理机构。

(3)在混凝土配合比试验前至少72 h承建单位应书面通知监理工程师,以使得在材料取样、试验、实验室配料与混凝土拌和、取样、制模、养护及所有龄期测试时监理工程师可以赶到现场。

(4)承建单位必须使用现场原材料进行混凝土配合比设计与试验,确定混凝土单位用水量、砂率、外加剂用量。试验所使用的原材料,应事先得到监理工程师的审核认可。

(5)经试验确定的施工配合比,其各项性能指标必须满足设计要求。混凝土施工配合比及试验成果报告,应在混凝土浇筑前28 d前报监理工程师审批,未经审批的配合比不得使用。

(6)施工过程中,承建单位需改变监理批准的混凝土配合比,必须重新得到监理机构的批准。

第十三章 水利工程质量管理

第一节 水利工程质量管理规定

水利工程质量管理规定，具体内容如下。

1997年12月21日水利部发布

第一章 总 则

第一条 根据国务院《质量振兴纲要(1996年—2010年)》和有关规定，为了加强对水利工程的质量管理，保证工程质量，制定本规定。

第二条 凡在中华人民共和国境内从事水利工程建设活动的单位(包括项目法人(建设单位)、监理、设计、施工等单位)或个人，必须遵守本规定。

第三条 本规定所称水利工程是指由国家投资、中央和地方合资、地方投资以及其他投资方式兴建的防洪、除涝灌溉、水力发电、供水、围垦等(包括配套与附属工程)各类水利工程。

第四条 本规定所称水利工程质量是指在国家和水利行业现行的有关法律、法规、技术标准和批准的设计文件及工程合同中，对兴建的水利工程的安全、适用、经济、美观等特性的综合要求。

第五条 水利部负责全国水利工程质量管理工作。各流域机构受水利部的委托负责本流域由流域机构管辖的水利工程的质量管理工作，指导地方水行政主管部门的质量管理工作。各省、自治区、直辖市水行政主管部门负责本行政区域内水利工程质量管理工作。

第六条 水利工程质量实行项目法人(建设单位)负责、监理单位控制、施工单位保证和政府监督相结合的质量管理体制。

水利工程质量由项目法人(建设单位)负全面责任。监理、施工、设计单位按照合同及有关规定对各自承担的工作负责。质量监督机构履行政府部门监督职能，不代替项目法人(建设单位)、监理、设计、施工单位的质量管理工作。水利工程建设各方均有责任和权利向有关部门和质量监督机构反映工程质量问题。

第七条 水利工程项目法人(建设单位)、监理、设计、施工等单位的负责人，对本单位的质量工作负领导责任。各单位在工程现场的项目负责人对本单位在工程现场的质量工作负直接领导责任。各单位的工程技术负责人对质量工作负技术责任。具体工作人员为直接责任人。

第八条水利工程建设各单位要积极推行全面质量管理，采用先进的质量管理模式和管理手段，推广先进的科学技术和施工工艺，依靠科技进步和加强管理，努力创建优质工程，不断提高工程质量。

各级水行政主管部门要对提高工程质量做出贡献的单位和个人实行奖励。

第九条 水利工程建设各单位要加强质量法制教育，增强质量法制观念，把提高劳动者的素质作为提高质量的重要环节，加强对管理人员和职工的质量意识和质量管理知识的教育，建立和完善质量管理的激励机制，积极开展群众性质量管理和合理化建议活动。

第二章 工程质量监督管理

第十条 政府对水利工程的质量实行监督的制度。

水利工程按照分级管理的原则由相应水行政主管部门授权的质量监督机构实施质量监督。

第十一条 水利工程质量监督机构，必须按照水利部有关规定设立，经省级以上水行政主管部门资质审查合格，方可承担水利工程的质量监督工作。

各级水利工程质量监督机构，必须建立健全质量监督工作机制，完善监督手段，增强质量监督的权威性和有效性。

各级水利工程质量监督机构，要加强对贯彻执行国家和水利部有关质量法规、规范情况的检查，坚决查处有法不依、执法不严、违法不究以及滥用职权的行为。

第十二条 水利部水利工程质量监督机构负责对流域机构、省级水利工程质量监督机构和水利工程质量检测单位进行统一规划、管理和资质审查。

各省、自治区、直辖市设立的水利工程质量监督机构负责本行政区域内省级以下水利工程质量监督机构和水利工程质量检测单位统一规划管理和资质审查。

第十三条 水利工程质量监督机构负责监督设计、监理、施工单位在其资质等级允许范围内从事水利工程建设的质量工作；负责检查、督促建设、监理、设计、施工单位建立健全质量体系。

水利工程质量监督机构，按照国家和水利行业有关工程建设法规、技术标准和设计文件实施工程质量监督，对施工现场影响工程质量的行为进行监督检查。

第十四条 水利工程质量监督实施以抽查为主的监督方式，运用法律和行政手段，做好监督抽查后的处理工作。工程竣工验收时，质量监督机构应对工程质量等级进行核定。未经质量核定或核定不合格的工程，施工单位不得交验，工程主管部门不能验收，工程不得投入使用。

第十五条 根据需要，质量监督机构可委托经计量认证合格的检测单位，对水利工程有关部位以及所采用的建筑材料和工程设备进行抽样检测。

水利部水利工程质量监督机构认定的水利工程质量检测机构出具的数据是全国水利系统的最终检测。

各省级水利工程质量监督机构认定的水利工程质量检测机构所出具的检测数据是本行政区域内水利系统的最高检测。

第三章 项目法人(建设单位)质量管理

第十六条 项目法人(建设单位)应根据国家和水利部有关规定依法设立，主动接受水利工程质量监督机构对其质量体系的监督检查。

第十七条 项目法人(建设单位)应根据工程规模和工程特点，按照水利部有关规定，通过资质审查招标选择勘测设计、施工、监理单位并实行合同管理。

在合同文件中,必须有工程质量条款,明确图纸、资料、工程、材料、设备等的质量标准及合同双方的质量责任。

第十八条 项目法人(建设单位)要加强工程质量管理,建立健全施工质量检查体系,根据工程特点建立质量管理机构和质量管理制度。

第十九条 项目法人(建设单位)在工程开工前,应按规定向水利工程质量监督机构办理工程质量监督手续。在工程施工过程中,应主动接受质量监督机构对工程质量的监督检查。

第二十条 项目法人(建设单位)应组织设计和施工单位进行设计交底;施工中应对工程质量进行检查,工程完工后,应及时组织有关单位进行工程质量验收、签证。

第四章 监理单位质量管理

第二十一条 监理单位必须持有水利部颁发的监理单位资格等级证书,依照核定的监理范围承担相应水利工程的监理任务。监理单位必须接受水利工程质量监督机构对其监理资格质量检查体系及质量监理工作的监督检查。

第二十二条 监理单位必须严格执行国家法律、水利行业法规、技术标准,严格履行监理合同。

第二十三条 监理单位根据所承担的监理任务向水利工程施工现场派出相应的监理机构,人员配备必须满足项目要求。监理工程师上岗必须持有水利部颁发的监理工程师岗位证书,一般监理人员上岗要经过岗前培训。

第二十四条 监理单位应根据监理合同参与招标工作,从保证工程质量全面履行工程承建合同出发,签发施工图纸;审查施工单位的施工组织设计和技术措施;指导监督合同中有关质量标准、要求的实施;参加工程质量检查、工程质量事故调查处理和工程验收工作。

第五章 设计单位质量管理

第二十五条 设计单位必须按其资质等级及业务范围承担勘测设计任务,并应主动接受水利工程质量监督机构对其资质等级及质量体系的监督检查。

第二十六条 设计单位必须建立健全设计质量保证体系,加强设计过程质量控制,健全设计文件的审核、会签批准制度,做好设计文件的技术交底工作。

第二十七条 设计文件必须符合下列基本要求:

(一)设计文件应当符合国家、水利行业有关工程建设法规、工程勘测设计技术规程、标准和合同的要求。

(二)设计依据的基本资料应完整、准确、可靠,设计论证充分,计算成果可靠。

(三)设计文件的深度应满足相应设计阶段有关规定要求,设计质量必须满足工程质量、安全需要,并符合设计规范的要求。

第二十八条 设计单位应按合同规定及时提供设计文件及施工图纸,在施工过程中要随时掌握施工现场情况,优化设计,解决有关设计问题。对大中型工程,设计单位应按合同规定在施工现场设立设计代表机构或派驻设计代表。

第二十九条 设计单位应按水利部有关规定在阶段验收、单位工程验收和竣工验收中,对施工质量是否满足设计要求提出评价意见。

第六章　施工单位质量管理

第三十条　施工单位必须按其资质等级和业务范围承揽工程施工任务，接受水利工程质量监督机构对其资质和质量保证体系的监督检查。

第三十一条　施工单位必须依据国家、水利行业有关工程建设法规、技术规程、技术标准的规定以及设计文件和施工合同的要求进行施工，并对其施工的工程质量负责。

第三十二条　施工单位不得将其承接的水利建设项目的主体工程进行转包。对工程的分包，分包单位必须具备相应资质等级，并对其分包工程的施工质量向总包单位负责，总包单位对全部工程质量向项目法人（建设单位）负责。工程分包必须经过项目法人（建设单位）的认可。

第三十三条　施工单位要推行全面质量管理，建立健全质量保证体系，制定和完善岗位质量规范、质量责任及考核办法，落实质量责任制。在施工过程中要加强质量检验工作，认真执行"三检制"，切实做好工程质量的全过程控制。

第三十四条　工程发生质量事故，施工单位必须按照有关规定向监理单位、项目法人（建设单位）及有关部门报告，并保护好现场，接受工程质量事故调查，认真进行事故处理。

第三十五条　竣工工程质量必须符合国家和水利行业现行的工程标准及设计文件要求，并应向项目法人（建设单位）提交完整的技术档案、试验成果及有关资料。

第七章　建筑材料、设备采购的质量管理和工程保修

第三十六条　建筑材料和工程设备的质量由采购单位承担相应责任。凡进入施工现场的建筑材料和工程设备均应按有关规定进行检验。经检验不合格的产品不得用于工程。

第三十七条　建筑材料和工程设备的采购单位具有按合同规定自主采购的权利，其他单位或个人不得干预。

第三十八条　建筑材料或工程设备应当符合下列要求：

（一）有产品质量检验合格证明；

（二）有中文标明的产品名称、生产厂名和厂址；

（三）产品包装和商标式样符合国家有关规定和标准要求；

（四）工程设备应有产品详细的使用说明书，电气设备还应附有线路图；

（五）实施生产许可证或实行质量认证的产品，应当具有相应的许可证或认证证书。

第三十九条　水利工程保修期从工程移交证书写明的工程完工日起一般不少于一年。有特殊要求的工程，其保修期限在合同中规定。

工程质量出现永久性缺陷的，承担责任的期限不受以上保修期限制。

第四十条　水利工程在规定的保修期内，出现工程质量问题，一般由原施工单位承担保修，所需费用由责任方承担。

第八章　罚　则

第四十一条　水利工程发生重大工程质量事故，应严肃处理。对责任单位予以通报批评、降低资质等级或收缴资质证书；对责任人给予行政纪律处分，构成犯罪的，移交司法机关进行处理。

第四十二条 因水利工程质量事故造成人身伤亡及财产损失的,责任单位应按有关规定,给予受损方经济赔偿。

第四十三条 项目法人(建设单位)有下列行为之一的,由其主管部门予以通报批评或其他纪律处理。

(一)未按规定选择相应资质等级的勘测设计、施工、监理单位的;

(二)未按规定办理工程质量监督手续的;

(三)未按规定及时进行已完工程验收就进行下一阶段施工和未经竣工或阶段验收,而将工程交付使用的;

(四)发生重大工程质量事故没有按有关规定及时向有关部门报告的。

第四十四条 勘测设计、施工、监理单位有下列行为之一的,根据情节轻重,予以通报批评、降低资质等级直至收缴资质证书,经济处理按合同规定办理,触犯法律的,按国家有关法律处理:

(一)无证或超越资质等级承接任务的;

(二)不接受水利工程质量监督机构监督的;

(三)设计文件不符合本规定第二十七条要求的;

(四)竣工交付使用的工程不符合本规定第三十五条要求的;

(五)未按规定实行质量保修的;

(六)使用未经检验或检验不合格的建筑材料和工程设备,或在工程施工中粗制滥造、偷工减料、伪造记录的;

(七)发生重大工程质量事故没有及时按有关规定向有关部门报告的;

(八)经水利工程质量监督机构核定工程质量等级为不合格或工程需加固或拆除的。

第四十五条 检测单位伪造检验数据或伪造检验结论的,根据情节轻重,予以通报批评、降低资质等级直至收缴资质证书。因伪造行为造成严重后果的,按国家有关规定处理。

第四十六条 对不认真履行水利工程质量监督职责的质量监督机构,由相应水行政主管部门或其上一级水利工程质量监督机构给予通报批评、撤换负责人或撤销授权并进行机构改组。

从事工程质量监督的工作人员执法不严,违法不究或者滥用职权、贪污受贿,由其所在单位或上级主管部门给予行政处分,构成犯罪的,依法追究刑事责任。

第九章 附 则

第四十七条 本规定由水利部负责解释。第四十八条本规定自发布之日起施行。

第二节 水利工程质量监督管理规定

第一章 总 则

第一条 根据《质量振兴纲要(1996 年~2010 年)》和《中华人民共和国水法》,为加强水行政主管部门对水利工程质量的监督管理,保证工程质量,确保工程安全,发挥投资效益,制订本规定。

第二条 水行政主管部门主管水利工程质量监督工作。水利工程质量监督机构是水行政主管部门对水利工程质量进行监督管理的专职机构,对水利工程质量进行强制性的监督管理。

第三条 在我国境内新建、扩建、改建、加固各类水利水电工程和城镇供水、滩涂围垦等工程(以下简称水利工程)及其技术改造,包括配套与附属工程,均必须由水利工程质量监督机构负责质量监督。工程建设、监理、设计和施工单位在工程建设阶段,必须接受质量监督机构的监督。

第四条 工程质量监督的依据:

(一)国家有关的法律、法规;

(二)水利水电行业有关技术规程、规范,质量标准;

(三)经批准的设计文件等。

第五条 工程竣工验收前,必须经质量监督机构对工程质量进行等级核验。未经工程质量等级核验或者核验不合格的工程,不得交付使用。

工程在申报优秀设计、优秀施工、优质工程项目时,必须有相应质量监督机构签署的工程质量评定意见。

第二章 机构与人员

第六条 水利部主管全国水利工程质量监督工作,水利工程质量监督机构按总站、中心站、站三级设置。

(一)水利部设置全国水利工程质量监督总站,办事机构设在建设司。水利水电规划设计管理局设置水利工程设计质量监督分站,各流域机构设置流域水利工程质量监督分站作为总站的派出机构。

(二)各省、自治区、直辖市水利(水电)厅(局),新疆生产建设兵团水利局设置水利工程质量监督中心站。

(三)各地(市)水利(水电)局设置水利工程质量监督站。各级质量监督机构隶属于同级水行政主管部门,业务上接受上一级质量监督机构的指导。

第七条 水利工程质量监督项目站(组),是相应质量监督机构的派出单位。

第八条 各级质量监督机构的站长一般应由同级水行政主管部门主管工程建设的领导兼任,有条件的可配备相应级别的专职副站长。各级质量监督机构的正副站长由其主管部门任命,并报上一级质量监督机构备案。

第九条 各级质量监督机构应配备一定数量的专职质量监督员。质量监督员的数量由同级水行政主管部门根据工作需要和专业配套的原则确定。

第十条 水利工程质量监督员必须具备以下条件:

(一)取得工程师职称,或具有大专以上学历并有五年以上从事水利水电工程设计、施工、监理、咨询或建设管理工作的经历。

(二)坚持原则,秉公办事,认真执法,责任心强。

(三)经过培训并通过考核取得“水利工程质量监督员证”。

第十一条 质量监督机构可聘任符合条件的工程技术人员作为工程项目的兼职质量监督员。为保证质量监督工作的公正性、权威性,凡从事该工程监理、设计、施工、设备制造的人员不得担任该工程的兼职质量监督员。

第十二条 各质量监督分站、中心站、地(市)站和质量监督员必须经上一级质量监督机构考核、认证,取得合格证书后,方可从事质量监督工作。质量监督机构资质每四年复核一次,质量监督员证有效期为四年。

第十三条 "水利工程质量监督机构合格证书"和"水利工程质量监督员证"由水利部统一印制。

第三章 机构职责

第十四条 全国水利工程质量监督总站的主要职责:

(一)贯彻执行国家和水利部有关工程建设质量管理的方针、政策。

(二)制订水利工程质量监督、检测有关规定和办法,并监督实施。

(三)归口管理全国水利工程的质量监督工作,指导各分站、中心站的质量监督工作。

(四)对部直属重点工程组织实施质量监督。参加工程的阶段验收和竣工验收。

(五)监督有争议的重大工程质量事故的处理。

(六)掌握全国水利工程质量动态。组织交流全国水利工程质量监督工作经验,组织培训质量监督人员。开展全国水利工程质量检查活动。

第十五条 水利工程设计质量监督分站受总站委托承担的主要任务:

(一)归口管理全国水利工程的设计质量监督工作。

(二)负责设计全面质量管理工作。

(三)掌握全国水利工程的设计质量动态,定期向总站报告设计质量监督情况。

第十六条 各流域水利工程质量监督分站的主要职责:

(一)对本流域内下列工程项目实施质量监督:

1. 总站委托监督的部属水利工程。

2. 中央与地方合资项目,监督方式由分站和中心站协商确定。

3. 省(自治区、直辖市)界及国际边界河流上的水利工程。

(二)监督受监督水利工程质量事故的处理。

(三)参加受监督水利工程的阶段验收和竣工验收。

(四)掌握本流域内水利工程质量动态,及时上报质量监督工作中发现的重大问题,开展水利工程质量检查活动,组织交流本流域内的质量监督工作经验。

第十七条 各省、自治区、直辖市,新疆生产建设兵团水利工程质量监督中心站的职责:

(一)贯彻执行国家、水利部和省、自治区、直辖市有关工程建设质量管理的方针、政策。

(二)管理辖区内水利工程的质量监督工作;指导本省、自治区、直辖市的市(地)质量监督站工作。

(三)对辖区内除第十四条、第十六条规定以外的水利工程实施质量监督;协助配合由部总站和流域分站组织监督的水利工程的质量监督工作。

(四)参加受监督水利工程的阶段验收和竣工验收。

(五)监督受监督水利工程质量事故的处理。

(六)掌握辖区内水利工程质量动态和质量监督工作情况,定期向总站报告,同时抄送流域分站;组织培训质量监督人员,开展水利工程质量检查活动,组织交流质量监督工作经验。

第十八条 市(地)水利工程质量监督站的职责,由各中心站根据本规定制订。

第四章 质量监督

第十九条 水利工程建设项目质量监督方式以抽查为主。大型水利工程应建立质量监督项目站,中、小型水利工程可根据需要建立质量监督项目站(组),或进行巡回监督。

第二十条 从工程开工前办理质量监督手续始,到工程竣工验收委员会同意工程交付使用止,为水利工程建设项目的质量监督期(含合同质量保修期)。

第二十一条 项目法人(或建设单位)应在工程开工前到相应的水利工程质量监督机构办理监督手续,签订《水利工程质量监督书》,并按规定缴纳质量监督费,同时提交以下材料:

(一)工程项目建设审批文件;

(二)项目法人(或建设单位)与监理、设计、施工单位签订的合同(或协议)副本;

(三)建设、监理、设计、施工等单位的基本情况和工程质量管理组织情况等资料。

第二十二条 质量监督机构根据受监督工程的规模、重要性等,制订质量监督计划,确定质量监督的组织形式。在工程施工中,根据本规定对工程项目实施质量监督。

第二十三条 工程质量监督的主要内容为:

(一)对监理、设计、施工和有关产品制作单位的资质进行复核。

(二)对建设、监理单位的质量检查体系和施工单位的质量保证体系以及设计单位现场服务等实施监督检查。

(三)对工程项目的单位工程、分部工程、单元工程的划分进行监督检查。

(四)监督检查技术规程、规范和质量标准的执行情况。

(五)检查施工单位和建设、监理单位对工程质量检验和质量评定情况。

(六)在工程竣工验收前,对工程质量进行等级核定,编制工程质量评定报告,并向工程竣工验收委员会提出工程质量等级的建议。

第二十四条 工程质量监督权限如下:

(一)对监理、设计、施工等单位的资质等级、经营范围进行核查,发现越级承包工程等不符合规定要求的,责成建设单位限期改正,并向水行政主管部门报告。

(二)质量监督人员需持“水利工程质量监督员证”进入施工现场执行质量监督。对工程有关部位进行检查,调阅建设、监理单位和施工单位的检测试验成果、检查记录和施工记录。

(三)对违反技术规程、规范、质量标准或设计文件的施工单位,通知建设、监理单位采取纠正措施。问题严重时,可向水行政主管部门提出整顿的建议。

(四)对使用未经检验或检验不合格的建筑材料、构配件及设备等,责成建设单位采取措施纠正。

(五)提请有关部门奖励先进质量管理单位及个人。

(六)提请有关部门或司法机关追究造成重大工程质量事故的单位和个人的行政、经济、刑事责任。

第五章　质量检测

第二十五条　工程质量检测是工程质量监督和质量检查的重要手段。水利工程质量检测单位，必须取得省级以上计量认证合格证书，并经水利工程质量监督机构授权，方可从事水利工程质量检测工作，检测人员必须持证上岗。

第二十六条　质量监督机构根据工作需要，可委托水利工程质量检测单位承担以下主要任务：

（一）核查受监督工程参建单位的试验室装备、人员资质、试验方法及成果等。

（二）根据需要对工程质量进行抽样检测，提出检测报告。

（三）参与工程质量事故分析和研究处理方案。

（四）质量监督机构委托的其他任务。

第二十七条　质量检测单位所出具的检测鉴定报告必须实事求是，数据准确可靠，并对出具的数据和报告负法律责任。

第二十八条　工程质量检测实行有偿服务，检测费用由委托方支付。收费标准按有关规定确定。在处理工程质量争端时，发生的一切费用由责任方支付。

第六章　工程质量监督费

第二十九条　项目法人（或建设单位）应向质量监督机构缴纳工程质量监督费。工程质量监督费属事业性收费。工程质量监督收费，根据国家计委等部门的有关文件规定，收费标准按水利工程所在地域确定。原则上，大城市按受监工程建筑安装工作量的 0.15%，中等城市按受监工程建筑安装工作量的 0.20%，小城市按受监工程建筑安装工作量的 0.25% 收取。城区以外的水利工程可比照小城市的收费标准适当提高。

第三十条　工程质量监督费由工程建设单位负责缴纳。大中型工程在办理监督手续时，应确定缴纳计划，每年按年度投资计划，年初一次结清年度工程质量监督费。中小型水利工程在办理质量监督手续时交纳工程质量监督费的 50%，余额由质量监督部门根据工程进度收缴。

水利工程在工程竣工验收前必须缴清全部的工程质量监督费。

第三十一条　质量监督费应用于质量监督工作的正常经费开支，不得挪作它用。其使用范围主要为：工程质量监督、检测开支以及必要的差旅费开支等。

第七章　奖惩

第三十二条　项目法人（或建设单位）未按第二十一条规定要求办理质量监督手续的，水行政主管部门依据《中华人民共和国行政处罚法》对建设单位进行处罚，并责令限期改正或按有关规定处理。

第三十三条　质量检测单位伪造检测数据、检测结论的，视情节轻重，报上级水行政主管部门对责任单位和责任人按有关规定进行处罚，构成犯罪的由司法机关依法追究其刑事责任。

第三十四条　质量监督员滥用职权、玩忽职守、徇私舞弊的，由质量监督机构提交水行政主管部门视情节轻重，给予行政处分，构成犯罪的由司法机关依法追究其刑事责任。

第三十五条 对在工程质量管理和质量监督工作中做出突出成绩的单位和个人，由质量监督部门或报请水行政主管部门给予表彰和奖励。

第八章 附 则

第三十六条 各水利工程质量监督中心站可根据本规定制订实施细则，并报全国水利工程质量监督总站核备。

第三十七条 本规定由水利部负责解释。

第三十八条 本规定自发布之日起施行，原《水利基本建设工程质量监督暂行规定》同时废止。

第三节 工程质量管理的基本概念

水利水电工程项目的施工阶段是根据设计图纸和设计文件的要求，通过工程参建各方及其技术人员的劳动形成工程实体的阶段。这个阶段的质量控制无疑是极其重要的，其中心任务是通过建立健全有效的工程质量监督体系，确保工程质量达到合同规定的标准和等级要求。为此，在水利水电工程项目建设中，建立了质量管理的三个体系，即施工单位的质量保证体系、建设（监理）单位的质量检查体系和政府部门的质量监督体系。

一、工程项目质量和质量控制的概念

（一）工程项目质量

质量是反映实体满足明确或隐含需要能力的特性之总和。工程项目质量是国家现行的有关法律、法规、技术标准、设计文件及工程承包合同对工程的安全、适用、经济、美观等特征的综合要求。

从功能和使用价值来看，工程项目质量体现在适用性、可靠性、经济性、外观质量与环境协调等方面。由于工程项目是依据项目法人的需求而兴建的，故各工程项目的功能和使用价值的质量应满足于不同项目法人的需求，并无一个统一的标准。

从工程项目质量的形成过程来看，工程项目质量包括工程建设各个阶段的质量，即可行性研究质量、工程决策质量、工程设计质量、工程施工质量、工程竣工验收质量。

工程项目质量具有两个方面的含义：一是指工程产品的特征性能，即工程产品质量；二是指参与工程建设各方面的工作水平、组织管理等，即工作质量。工作质量包括社会工作质量和生产过程工作质量。社会工作质量主要是指社会调查、市场预测、维修服务等。生产过程工作质量主要包括管理工作质量、技术工作质量、后勤工作质量等，最终将反映在工序质量上，而工序质量的好坏，直接受人、原材料、机具设备、工艺及环境等五方面因素的影响。因此，工程项目质量的好坏是各环节、各方面工作质量的综合反映，而不是单纯靠质量检验查出来的。

（二）工程项目质量控制

质量控制是指为达到质量要求所采取的作业技术和活动，工程项目质量控制，实际上就是对工程在可行性研究、勘测设计、施工准备、建设实施、后期运行等各阶段、各环节、各因素的全过程、全方位的质量监督控制。工程项目质量有个产生、形成和实现的过程，控制这个

过程中的各环节，以满足工程合同、设计文件、技术规范规定的质量标准。在我国的工程项目建设中，工程项目质量控制按其实施者的不同，包括如下三个方面。

1. 项目法人的质量控制

项目法人方面的质量控制，主要是委托监理单位依据国家的法律、规范、标准和工程建设的合同文件，对工程建设进行监督和管理。其特点是外部的、横向的、不间断的控制。

2. 政府方面的质量控制

政府方面的质量控制是通过政府的质量监督机构来实现的，其目的在于维护社会公共利益，保证技术性法规和标准的贯彻执行。其特点是外部的、纵向的、定期或不定期的抽查。

3. 承包人方面的质量控制

承包人主要是通过建立健全质量保证体系，加强工序质量管理，严格施行"三检制"（即初检、复检、终检），避免返工，提高生产效率等方式来进行质量控制。其特点是内部的、自身的、连续的控制。

二、工程项目质量的特点

由于建筑产品位置固定、生产流动性、项目单件性、生产一次性、受自然条件影响大等特点，决定了工程项目质量具有以下特点。

（一）影响因素多

影响工程质量的因素是多方面的，如人的因素、机械因素、材料因素、方法因素、环境因素等均直接或间接地影响着工程质量。尤其是水利水电工程项目主体工程的建设，一般由多家承包单位共同完成，故其质量形式较为复杂，影响因素多。

（二）质量波动大

由于工程建设周期长，在建设过程中易受到系统因素及偶然因素的影响，使产品质量产生波动。

（三）质量变异大

由于影响工程质量的因素较多，任何因素的变异，均会引起工程项目的质量变异。

（四）质量具有隐蔽性

由于工程项目实施过程中，工序交接多，中间产品多，隐蔽工程多，取样数量受到各种因素、条件的限制，使产生错误判断的概率增大。

（五）终检局限性大

由于建筑产品位置固定等自身特点，使质量检验时不能解体、拆卸，所以在工程项目终检验收时难以发现工程内在的、隐蔽的质量缺陷。

此外，质量、进度和投资目标三者之间既对立又统一的关系，使工程质量受到投资、进度的制约。因此，应针对工程质量的特点，严格控制质量，并将质量控制贯穿于项目建设的全过程。

三、工程项目质量控制的原则

在工程项目建设过程中，对其质量进行控制应遵循以下几项原则。

（一）质量第一原则

"百年大计，质量第一"，工程建设与国民经济的发展和人民生活的改善息息相关。质量的好坏，直接关系到国家繁荣富强，关系到人民生命财产的安全，关系到子孙幸福，所以必须树立强烈的“质量第一”的思想。

要确立质量第一的原则，必须弄清并且摆正质量和数量、质量和进度之间的关系。不符合质量要求的工程，数量和进度都将失去意义，也没有任何使用价值，而且数量越多，进度越快，国家和人民遭受的损失也将越大。因此，好中求多，好中求快，好中求省，才是符合质量管理所要求的质量水平。

（二）预防为主原则

对于工程项目的质量，我们长期以来采取事后检验的方法，认为严格检查，就能保证质量，实际上这是远远不够的。应该从消极防守的事后检验变为积极预防的事先管理。因为好的建筑产品是好的设计、好的施工所产生的，不是检查出来的。必须在项目管理的全过程中，事先采取各种措施，消灭种种不符合质量要求的因素，以保证建筑产品质量。如果各质量因素（人、机、料、法、环）预先得到保证，工程项目的质量就有了可靠的前提条件。

（三）为用户服务原则

建设工程项目，是为了满足用户的要求，尤其要满足用户对质量的要求。真正好的质量是用户完全满意的质量。进行质量控制，就是要把为用户服务的原则，作为工程项目管理的出发点，贯穿到各项工作中去。同时，要在项目内部树立“下道工序就是用户”的思想。各个部门、各种工作、各种人员都有个前、后的工作顺序，在自己这道工序的工作一定要保证质量，凡达不到质量要求不能交给下道工序，一定要使“下道工序”这个用户感到满意。

（四）用数据说话原则

质量控制必须建立在有效的数据基础之上，必须依靠能够确切反映客观实际的数字和资料，否则就谈不上科学的管理。一切用数据说话，就需要用数理统计方法，对工程实体或工作对象进行科学的分析和整理，从而研究工程质量的波动情况，寻求影响工程质量的主次原因，采取改进质量的有效措施，掌握保证和提高工程质量的客观规律。

在很多情况下，我们评定工程质量，虽然也按规范标准进行检测计量，也有一些数据，但是这些数据往往不完整，不系统，没有按数理统计要求积累数据，抽样选点，所以难以汇总分析，有时只能统计加估计，抓不住质量问题，既不能完全表达工程的内在质量状态，也不能有针对性地进行质量教育，提高企业素质。所以，必须树立起“用数据说话”的意识，从积累的大量数据中，找出控制质量的规律性，以保证工程项目的优质建设 .

四、工程项目质量控制的任务

工程项目质量控制的任务就是根椐国家现行的有关法规、技术标准和工程合同规定的工程建设各阶段质量目标实施全过程的监督管理。由于工程建设各阶段的质量目标不同，因此需要分别确定各阶段的质量控制对象和任务。

（一）工程项目决策阶段质量控制的任务

（1）审核可行性研究报告是否符合国民经济发展的长远规划、国家经济建设的方针政策。

（2）审核可行性研究报告是否符合工程项目建议书或业主的要求。

（3）审核可行性研究报告是否具有可靠的基础资料和数据。

（4）审核可行性研究报告是否符合技术经济方面的规范标准和定额等指标。

(5)审核可行性研究报告的内容、深度和计算指标是否达到标准要求。

(二)工程项目设计阶段质量控制的任务

(1)审查设计基础资料的正确性和完整性。

(2)编制设计招标文件,组织设计方案竞赛。

(3)审查设计方案的先进性和合理性,确定最佳设计方案。

(4)督促设计单位完善质量保证体系,建立内部专业交底及专业会签制度。

(5)进行设计质量跟踪检查,控制设计图纸的质量。在初步设计和技术设计阶段,主要检查生产工艺及设备的选型,总平面布置,建筑与设施的布置,采用的设计标准和主要技术参数;在施工图设计阶段,主要检查计算是否有错误,选用的材料和做法是否合理,标注的各部分设计标高和尺寸是否有错误,各专业设计之间是否有矛盾等。

(三)工程项目施工阶段质量控制的任务

施工阶段质量控制是工程项目全过程质量控制的关键环节。根据工程质量形成的时间,施工阶段的质量控制又可分为质量的事前控制、事中控制和事后控制,其中事前控制为重点控制。

1. 事前控制

(1)审查承包商及分包商的技术资质。

(2)协助承建商完善质量体系,包括完善计量及质量检测技术和手段等,同时对承包商的实验室资质进行考核。

(3)督促承包商完善现场质量管理制度,包括现场会议制度、现场质量检验制度、质量统计报表制度和质量事故报告及处理制度等。

(4)与当地质量监督站联系,争取其配合、支持和帮助。

(5)组织设计交底和图纸会审,对某些工程部位应下达质量要求标准。

(6)审查承包商提交的施工组织设计,保证工程质量具有可靠的技术措施。审核工程中采用的新材料、新结构、新工艺、新技术的技术鉴定书;对工程质量有重大影响的施工机械、设备,应审核其技术性能报告。

(7)对工程所需原材料、构配件的质量进行检查与控制。

(8)对永久性生产设备或装置,应按审批同意的设计图纸组织采购或订货,到场后进行检查验收。

(9)对施工场地进行检查验收。检查施工场地的测量标桩、建筑物的定位放线以及高程水准点,重要工程还应复核,落实现场障碍物的清理、拆除等。

(10)把好开工关。对现场各项准备工作检查合格后,方可发开工令;停工的工程,未发复工令者不得复工。

2. 事中控制

(1)督促承包商完善工序控制措施。工程质量是在工序中产生的,工序控制对工程质量起着决定性的作用。应把影响工序质量的因素都纳入控制状态中,建立质量管理点,及时检查和审核承包商提交的质量统计分析资料和质量控制图表。

(2)严格工序交接检查。主要工作作业包括隐蔽作业需按有关验收规定经检查验收后,方可进行下一工序的施工。

(3)重要的工程部位或专业工程(如混凝土工程)要做试验或技术复核。

(4)审查质量事故处理方案,并对处理效果进行检查。

(5)对完成的分项分部工程,按相应的质量评定标准和办法进行检查验收。

(6)审核设计变更和图纸修改。

(7)按合同行使质量监督权和质量否决权。

(8)组织定期或不定期的质量现场会议,及时分析、通报工程质量状况。

3. 事后控制

(1)审核承包商提供的质量检验报告及有关技术性文性。

(2)审核承包商提交的竣工图。

(3)组织联动试车。

(4)按规定的质量评定标准和办法,进行检查验收。

(5)组织项目竣工总验收。

(6)整理有关工程项目质量的技术文件,并编目、建档。

(四)工程项目保修阶段质量控制的任务

(1)审核承包商的工程保修书。

(2)检查、鉴定工程质量状况和工程使用情况。

(3)对出现的质量缺陷,确定责任者。

(4)督促承包商修复缺陷。

(5)在保修期结束后,检查工程保修状况,移交保修资料。

五、工程项目质量影响因素的控制

在工程项目建设的各个阶段,对工程项目质量影响的主要因素就是“人、机、料、法、环”等五大方面。为此,应对这五个方面的因素进行严格的控制,以确保工程项目建设的质量。

(一)对“人”的因素的控制

人是工程质量的控制者,也是工程质量的“制造者”。工程质量的好与坏,与人的因素是密不可分的。控制人的因素,即调动人的积极性、避免人的失误等,是控制工程质量的关键因素。

1. 领导者的素质

领导者是具有决策权力的人,其整体素质是提高工作质量和工程质量的关键,因此在对承包商进行资质认证和选择时一定要考核领导者的素质。

2. 人的理论和技术水平

人的理论水平和技术水平是人的综合素质的表现,它直接影响工程项目质量,尤其是技术复杂,操作难度大,要求精度高,工艺新的工程对人员素质要求更高,否则,工程质量就很难保证。

3. 人的生理缺陷

根据工程施工的特点和环境,应严格控制人的生理缺陷,如高血压、心脏病的人,不能从事高空作业和水下作业;反应迟钝、应变能力差的人,不能操作快速运行、动作复杂的机械设备等,否则,将影响工程质量,引起安全事故。

4. 人的心理行为

影响人的心理行为因素很多,而人的心理因素如疑虑、畏惧、抑郁等很容易使人产生愤怒、怨恨等情绪，使人的注意力转移，由此引发质量、安全事故。所以，在审核企业的资质水平时，要注意企业职工的凝聚力如何，职工的情绪如何，这也是选择企业的一条标准。

5. 人的错误行为

人的错误行为是指人在工作场地或工作中吸烟、打盹、错视、错听、误判断、误动作等，这些都会影响工程质量或造成质量事故。所以，在有危险的工作场所，应严格禁止吸烟、嬉戏等。

6. 人的违纪违章

人的违纪违章是指人的粗心大意、注意力不集中、不履行安全措施等不良行为，会对工程质量造成损害，甚至引起工程质量事故。所以，在使用人的问题上，应从思想素质、业务素质和身体素质等方面严格控制。

(二)对材料、构配件的质量控制

1. 材料质量控制的要点

(1)掌握材料信息，优选供货厂家。应掌握材料信息，优先选有信誉的厂家供货，对主要材料、构配件在订货前，必须经监理工程师论证同意后，才可订货。

(2)合理组织材料供应。应协助承包商合理地组织材料采购、加工、运输、储备。尽量加快材料周转，按质、按量、如期满足工程建设需要。

(3)合理地使用材料，减少材料损失。

(4)加强材料检查验收。用于工程上的主要建筑材料，进场时必须具备正式的出厂合格证和材质化验单。否则，应作补检。工程中所有各种构配件，必须具有厂家批号和出厂合格证。

凡是标志不清或质量有问题的材料，对质量保证资料有怀疑或与合同规定不相符的一般材料，应进行一定比例的材料试验，并需要追踪检验。对于进口的材料和设备以及重要工程或关键施工部位所用材料，则应进行全部检验。

(5)重视材料的使用认证，以防错用或使用不当。

2. 材料质量控制的内容

1)材料质量的标准

材料质量的标准是用以衡量材料标准的尺度，并作为验收、检验材料质量的依据。其具体的材料标准指标可参见相关材料手册。

2)材料质量的检验、试验

材料质量的检验目的是通过一系列的检测手段，将取得的材料数据与材料的质量标准相比较，用以判断材料质量的可靠性。

(1)材料质量的检验方法。

①书面检验。

书面检验是通过对提供的材料质量保证资料、试验报告等进行审核，取得认可方能使用。

②外观检验。

外观检验是对材料从品种、规格、标志、外形尺寸等进行直观检查，看有无质量问题。

③理化检验。

理化检验是借助试验设备和仪器对材料样品的化学成分、机械性能等进行科学的鉴定。

④无损检验。

无损检验是在不破坏材料样品的前提下,利用超声波、X射线、表面探伤仪等进行检测。

(2)材料质量检验程度。

材料质量检验程度分为免检、抽检和全部检查三种。

①免检。

免检就是免去质量检验工序。对有足够质量保证的一般材料,以及实践证明质量长期稳定而且质量保证资料齐全的材料,可予以免检。

②抽检。

抽检是按随机抽样的方法对材料抽样检验。如对材料的性能不清楚,对质量保证资料有怀疑,或对成批生产的构配件,均应按一定比例进行抽样检验。

③全检。

对进口的材料、设备和重要工程部位的材料,以及贵重的材料,应进行全部检验,以确保材料和工程质量。

(3)材料质量检验项目。

材料检验项目一般可分为一般检验项目和其他检验项目。

(4)材料质量检验的取样。

材料质量检验的取样必须具有代表性,也就是所取样品的质量应能代表该批材料的质量。在采取试样时,必须按规定的部位、数量及采选的操作要求进行。

(5)材料抽样检验的判断。

抽样检验是对一批产品(个数为 m)根据一次抽取 n 个样品进行检验,用其结果来判断该批产品是否合格。

3)材料的选择和使用要求

材料的选择不当和使用不正确,会严重影响工程质量或造成工程质量事故。因此,在施工过程中,必须针对工程项目的特点和环境要求及材料的性能、质量标准、适用范围等多方面综合考察,慎重选择和使用材料。

(三)对方法的控制

对方法的控制主要是指对施工方案的控制,也包括对整个工程项目建设期内所采用的技术方案、工艺流程、组织措施、检测手段、施工组织设计等的控制。对一个工程项目而言,施工方案恰当与否,直接关系到工程项目质量,关系到工程项目的成败,所以应重视对方法的控制。这里说的方法控制,在工程施工的不同阶段,其侧重点也不相同,但都是围绕确保工程项目质量这个纲。

(四)对施工机械设备的控制

施工机械设备是工程建设不可缺少的设施,目前,工程建设的施工进度和施工质量都与施工机械关系密切。因此,在施工阶段,必须对施工机械的性能、选型和使用操作等方面进行控制。

1.机械设备的选型

机械设备的选型应因地制宜,按照技术先进、经济合理、生产适用、性能可靠、使用安全、操作和维修方便等原则来选择施工机械。

2. 机械设备的主要性能参数

机械设备的性能参数是选择机械设备的主要依据，为满足施工的需要，在参数选择上可适当留有余地，但不能选择超出需要很多的机械设备，否则，容易造成经济上的不合理。机械设备的性能参数很多，要综合各参数，确定合适的施工机械设备。在这方面，要结合机械施工方案，择优选择机械设备，要严格把关，对不符合需要和有安全隐患的机械，不准进场。

3. 机械设备的使用、操作要求

合理使用机械设备，正确地进行操行，是保证工程项目施工质量的重要环节，应贯彻“人机固定”的原则，实行定机、定人、定岗位的制度。操作人员必须认真执行各项规章制度，严格遵守操作规程，防止出现安全质量事故。

(五)对环境因素的控制

影响工程项目质量的环境因素很多，有工程技术环境、工程管理环境、劳动环境等。环境因素对工程质量的影响复杂而且多变，因此应根据工程特点和具体条件，对影响工程质量的环境因素严格控制。

第四节　质量体系建立与运行

一、施工阶段的质量控制

(一)质量控制的依据

施工阶段的质量管理及质量控制的依据，大体上可分为两类，即共同性依据及专门技术法规性依据。

共同性依据是指那些适用于工程项目施工阶段与质量控制有关的，具有普遍指导意义和必须遵守的基本文件。主要有工程承包合同文件，设计文件，国家和行业现行的有关质量管理方面的法律、法规文件。

工程承包合同中分别规定了参与施工建设的各方在质量控制方面的权利和义务，并据此对工程质量进行监督和控制。

有关质量检验与控制的专门技术法规性依据是指针对不同行业、不同的质量控制对象而制定的技术法规性的文件，主要包括：

(1)已批准的施工组织设计。它是承包单位进行施工准备和指导现场施工的规划性、指导性文件，详细规定了工程施工的现场布置，人员设备的配置，作业要求，施工工序和工艺，技术保证措施，质量检查方法和技术标准等，是进行质量控制的重要依据。

(2)合同中引用的国家和行业的现行施工操作技术规范、施工工艺规程及验收规范。它是维护正常施工的准则，与工程质量密切相关，必须严格遵守执行。

(3)合同中引用的有关原材料、半成品、配件方面的质量依据。如水泥、钢材、骨料等有关产品技术标准；水泥、骨料、钢材等有关检验、取样、方法的技术标准；有关材料验收、包装、标志的技术标准。

(4)制造厂提供的设备安装说明书和有关技术标准。这是施工安装承包人进行设备安装必须遵循的重要技术文件，也是进行检查和控制质量的依据。

(二)质量控制的方法

施工过程中的质量控制方法主要有旁站检查、测量、试验等。

1. 旁站检查

旁站是指有关管理人员对重要工序(质量控制点)的施工所进行的现场监督和检查,以避免质量事故的发生。旁站也是驻地监理人员的一种主要现场检查形式。根据工程施工难度及复杂性,可采用全过程旁站、部分时间旁站两种方式。对容易产生缺陷的部位,或产生了缺陷难以补救的部位,以及隐蔽工程,应加强旁站检查。

在旁站检查中,必须检查承包人在施工中所用的设备、材料及混合料是否符合已批准的文件要求,检查施工方案、施工工艺是否符合相应的技术规范。

2. 测量

测量是对建筑物的尺寸控制的重要手段。应对施工放样及高程控制进行核查,不合格者不准开工。对模板工程、已完工程的几何尺寸、高程、宽度、厚度、坡度等质量指标,按规定要求进行测量验收,不符合规定要求的需进行返工。测量记录,均要事先经工程师审核签字后方可使用。

3. 试验

试验是工程师确定各种材料和建筑物内在质量是否合格的重要方法。所有工程使用的材料,都必须事先经过材料试验,质量必须满足产品标准,并经工程师检查批准后,方可使用。材料试验包括水源、粗骨料、沥青、土工织物等各种原材料,不同等级混凝土的配合比试验,外购材料及成品质量证明和必要的试验鉴定,仪器设备的校调试验,加工后的成品强度及耐用性检验,工程检查等。没有试验数据的工程不予验收。

(三)工序质量监控

1. 工序质量监控的内容

工序质量控制主要包括对工序活动条件的监控和对工序活动效果的监控。

1)工序活动条件的监控

所谓工序活动条件监控,就是指对影响工程生产因素进行的控制。工序活动条件的控制是工序质量控制的手段。尽管在开工前对生产活动条件已进行了初步控制,但在工序活动中有的条件还会发生变化,使其基本性能达不到检验指标,这正是生产过程产生质量不稳定的重要原因。因此,只有对工序活动条件进行控制,才能达到对工程或产品的质量性能特性指标的控制。工序活动条件包括的因素较多,要通过分析,分清影响工序质量的主要因素,抓住主要矛盾,逐渐予以调节,以达到质量控制的目的。

2)工序活动效果的监控

工序活动效果的监控主要反映在对工序产品质量性能的特征指标的控制上。通过对工序活动的产品采取一定的检测手段进行检验,根据检验结果分析、判断该工序活动的质量效果,从而实现对工序质量的控制,其步骤如下:首先是工序活动前的控制,主要要求人、材料、机械、方法或工艺、环境能满足要求;然后采用必要的手段和工具,对抽出的工序子样进行质量检验;应用质量统计分析工具(如直方图、控制图、排列图等)对检验所得的数据进行分析,找出这些质量数据所遵循的规律。根据质量数据分布规律的结果,判断质量是否正常;若出现异常情况,寻找原因,找出影响工序质量的因素,尤其是那些主要因素,采取对策和措施进行调整;再重复前面的步骤,检查调整效果,直到满足要求,这样便可达到控制工序质量的目的。

2. 工序质量监控实施要点

对工序活动质量监控，首先应确定质量控制计划，它是以完善的质量监控体系和质量检查制度为基础。一方面，工序质量控制计划要明确规定质量监控的工作程序、流程和质量检查制度；另一方面，需进行工序分析，在影响工序质量的因素中，找出对工序质量产生影响的重要因素，进行主动的、预防性的重点控制。例如，在振捣混凝土这一工序中，振捣的插点和振捣时间是影响质量的主要因素，为此，应加强现场监督并要求施工单位严格予以控制。

同时，在整个施工活动中，应采取连续的动态跟踪控制，通过对工序产品的抽样检验，判定其产品质量波动状态，若工序活动处于异常状态，则应查出影响质量的原因，采取措施排除系统性因素的干扰，使工序活动恢复到正常状态，从而保证工序活动及其产品质量。此外，为确保工程质量，应在工序活动过程中设置质量控制点，进行预控。

3. 质量控制点的设置

质量控制点的设置是进行工序质量预防控制的有效措施。质量控制点是指为保证工程质量而必须控制的重点工序、关键部位、薄弱环节。应在施工前，全面、合理地选择质量控制点，并对设置质量控制点的情况及拟采取的控制措施进行审核。必要时，应对质量控制实施过程进行跟踪检查或旁站监督，以确保质量控制点的施工质量。

设置质量控制点的对象，主要有以下几方面：

(1)关键的分项工程。如大体积混凝土工程，土石坝工程的坝体填筑，隧洞开挖工程等。

(2)关键的工程部位。如混凝土面板堆石坝面板趾板及周边缝的接缝，土基上水闸的地基基础，预制框架结构的梁板节点，关键设备的设备基础等。

(3)薄弱环节。指经常发生或容易发生质量问题的环节，或承包人无法把握的环节，或采用新工艺(材料)施工的环节等。

(4)关键工序。如钢筋混凝土工程的混凝土振捣，灌注桩钻孔，隧洞开挖的钻孔布置、方向、深度、用药量和填塞等。

(5)关键工序的关键质量特性。如混凝土的强度、耐久性，土石坝的干容重、黏性土的含水率等。

(6)关键质量特性的关键因素。如冬季混凝土强度的关键因素是环境(养护温度)，支模的关键因素是支撑方法，泵送混凝土输送质量的关键因素是机械，墙体垂直度的关键因素是人等。

控制点的设置应准确有效，因此究竟选择哪些作为控制点，需要由有经验的质量控制人员进行选择。一般可根据工程性质和特点来确定，表 13-1 列举出某些分部分项工程的质量控制点，可供参考。

4. 见证点、停止点的概念

在工程项目实施控制中，通常是由承包人在分项工程施工前制定施工计划时，就选定设置控制点，并在相应的质量计划中进一步明确哪些是见证点，哪些是停止点。所谓“见证点”和“停止点”是国际上对于重要程度不同及监督控制要求不同的质量控制对象的一种区分方式。见证点监督也称为 W 点监督。凡是被列为见证点的质量控制对象，在规定的控制

表 13-1　质量控制点的设置

分部分项工程		质量控制点
建筑物定位		标准轴线桩、定位轴线、标高
地基开挖及清理		开挖部位的位置、轮廓尺寸、标高；岩石地基钻爆过程中的钻孔、装药量、起爆方式；开挖清理后的建基面；断层、破碎带、软弱夹层、岩熔的处理；渗水的处理
基础处理	基础灌浆 帷幕灌浆	造孔工艺、孔位、孔斜；岩芯获得率；洗孔及压水情况；灌浆情况；灌浆压力、结束标准、封孔
基础处理	基础排水	造孔、洗孔工艺；孔口、孔口设施的安装工艺
基础处理	锚桩孔	造孔工艺锚桩材料质量、规格、焊接；孔内回填
混凝土生产	砂石料生产	毛料开采、筛分、运输、堆存；砂石料质量（杂质含量、细度模数、超逊径、级配）、含水率、骨料降温措施
混凝土生产	混凝土拌和	原材料的品种、配合比、称量精度；混凝土拌和时间、温度均匀性；拌和物的坍落度；温控措施（骨料冷却、加冰、加冰水）、外加剂比例
混凝土浇筑	建基面清理	岩基面清理（冲洗、积水处理）
混凝土浇筑	模板、预埋件	位置、尺寸、标高、平整性、稳定性、刚度、内部清理；预埋件型号、规格、埋设位置、安装稳定性、保护措施
混凝土浇筑	钢筋	钢筋品种、规格、尺寸、搭接长度、钢筋焊接、根数、位置
混凝土浇筑	浇筑	浇筑层厚度、平仓、振捣、浇筑间歇时间、积水和泌水情况、埋设件保护、混凝土养护、混凝土表面平整度、麻面、蜂窝、露筋、裂缝、混凝土密实性、强度
土石料填筑	土石料	土料的黏粒含量、含水率、砾质土的粗粒含量、最大粒径、石料的粒径、级配、坚硬度、抗冻性
土石料填筑	土料填筑	防渗体与岩石面或混凝土面的结合处理、防渗体与砾质土、黏土地基的结合处理、填筑体的位置、轮廓尺寸、铺土厚度、铺填边线、土层接面处理、土料碾压、压实干密度
土石料填筑	石料砌筑	砌筑体位置、轮廓尺寸、石块重量、尺寸、表面顺直度、砌筑工艺、砌体密实度、砂浆配比、强度
土石料填筑	砌石护坡	石块尺寸、强度、抗冻性、砌石厚度、砌筑方法、砌石孔隙率、垫层级配、厚度、空隙率

点施工前，施工单位应提前 24 h 通知监理人员在约定的时间内到现场进行见证并实施监督。如监理人员未按约定到场，施工单位有权对该点进行相应的操作和施工。停止点也称为待检查点或 H 点，它的重要性高于见证点，是针对那些由于施工过程或工序施工质量不易或不能通过其后的检验和试验而充分得到论证的“特殊过程”或“特殊工序”而言的。凡被列入停止点的控制点，要求必须在该控制点来临之前 24 h 通知监理人员到场实验监控，如监理人员未能在约定时间内到达现场，施工单位应停止该控制点的施工，并按合同规定等待监理方，未经认可不能超过该点继续施工，如水闸闸墩混凝土结构在钢筋架立后，混凝土浇筑之前，可设置停止点。

在施工过程中，应加强旁站和现场巡查的监督检查；严格实施隐蔽式工程工序间交接检查验收、工程施工预检等检查监督;严格执行对成品保护的质量检查。只有这样才能及早发现问题,及时纠正,防患于未然,确保工程质量,避免导致工程质量事故。

为了对施工期间的各分部、分项工程的各工序质量实施严密、细致和有效的监督、控制,应认真地填写跟踪档案,即施工和安装记录。

(四)施工合同条件下的工程质量控制

工程施工是使业主及工程设计意图最终实现并形成工程实体的阶段,也是最终形成工程产品质量和工程项目使用价值的重要阶段。由此可见,施工阶段的质量控制不但是工程师的核心工作内容,也是工程项目质量控制的重点。

1. 质量检查(验)的职责和权力

施工质量检查(验)是建设各方质量控制必不可少的一项工作,它可以起到监督、控制质量,及时纠正错误,避免事故扩大,消除隐患等作用。

1)承包商质量检查(验)的职责

(1)提交质量保证计划措施报告。保证工程施工质量是承包商的基本义务。承包商应按 ISO9000 系列标准建立和健全所承包工程的质量保障计划,在组织上和制度上落实质量管理工作,以确保工程质量。

承包商质量检查(验)职责。根据合同规定和工程师的指示,承包商应对工程使用的材料和工程设备以及工程的所有部位及其施工工艺进行全过程的质量自检,并作质量检查(验)记录,定期向工程师提交工程质量报告。同时,承包商应建立一套全部工程的质量记录和报表,以便于工程师复核检验和日后发现质量问题时查找原因。当合同发生争议时,质量记录和报表还是重要的当时记录。

自检是检验的一种形式,它是由承包商自己来进行的。在合同环境下,承包商的自检包括:班组的"初检";施工队的"复检";公司的"终检"。自检的目的不仅在于判定被检验实体的质量特性是否符合合同要求,更为重要的是用于对过程的控制。因此,承包商的自检是质量检查(验)的基础,是控制质量的关键。为此,工程师有权拒绝对那些"三检"资料不完善或无"三检"资料的过程(工序)进行检验。

2)工程师的质量检查(验)权力

按照我国有关法律、法规的规定:工程师在不妨碍承包商正常作业的情况下,可以随时对作业质量进行检查(验)。这表明工程师有权对全部工程的所有部位及其任何一项工艺、材料和工程设备进行检查和检验,并具有质量否决权。具体内容包括:

(1)复核材料和工程设备的质量及承包商提交的检查结果。

(2)对建筑物开工前的定位定线进行复核签证,未经工程师签认不得开工。

(3)对隐蔽工程和工程的隐蔽部位进行覆盖前的检查(验),上道工序质量不合格的不得进入下一工序施工。

(4)对正在施工中的工程在现场进行质量跟踪检查(验),发现问题及时纠正等。

这里需要指出,承包商要求工程师进行检查(验)的意向,以及工程师要进行检查(验)的意向均应提前 24 h 通知对方。

2. 材料、工程设备的检查和检验

《水利水电土建工程施工合同条件》通用条款及技术条款规定,材料和工程设备的采购分两种情况:承包商负责采购的材料和工程设备。业主负责采购的工程设备,承包商负责采购的材料。

对材料和工程设备进行检查和检验时应区别对待以上两种情况。

1)材料和工程设备的检验和交货验收

对承包商采购的材料和工程设备,其产品质量承包商应对业主负责。材料和工程设备的检验和交货验收由承包商负责实施,并承担所需费用,具体做法:承包商会同工程师进行检验和交货验收,查验材质证明和产品合格证书。此外,承包商还应按合同规定进行材料的抽样检验和工程设备的检验测试,并将检验结果提交给工程师。工程师参加交货验收不能减轻或免除承包商在检验和验收中应负的责任。

对业主采购的工程设备,为了简化验交手续和重复装运,业主应将其采购的工程设备由生产厂家直接移交给承包商。为此,业主和承包商在合同规定的交货地点(如生产厂家、工地或其他合适的地方)共同进行交货验收,由业主正式移交给承包商。在交货验收过程中,业主采购的工程设备检验及测试由承包商负责,业主不必再配备检验及测试用的设备和人员,但承包商必须将其检验结果提交工程师,并由工程师复核签认检验结果。

2)工程师检查或检验

工程师和承包商应商定对工程所用的材料和工程设备进行检查和检验的具体时间和地点。通常情况下,工程师应到场参加检查或检验,如果在商定时间内工程师未到场参加检查或检验,且工程师无其他指示(如延期检查或检验),承包商可自行检查或检验,并立即将检查或检验结果提交给工程师。除合同另有规定外,工程师应在事后确认承包商提交的检查或检验结果。

对于承包商未按合同规定检查或检验材料和工程设备,工程师指示承包商按合同规定补做检查或检验。此时,承包商应无条件地按工程师的指示和合同规定补做检查或检验,并应承担检查或检验所需的费用和可能带来的工期延误责任。

3)额外检验和重新检验

(1)额外检验。

在合同履行过程中,如果工程师需要增加合同中未作规定的检查和检验项目,工程师有权指示承包商增加额外检验,承包商应遵照执行,但应由业主承担额外检验的费用和工期延误责任。

(2)重新检验。

在任何情况下,如果工程师对以往的检验结果有疑问,有权指示承包商进行再次检验即重新检验,承包商必须执行工程师指示,不得拒绝。“以往检验结果”是指已按合同规定要求得到工程师的同意,如果承包商的检验结果未得到工程师同意,则工程师指示承包商进行的检验不能称为重新检验,应为合同内检测。

重新检验带来的费用增加和工期延误责任的承担视重新检验结果而定。如果重新检验结果证明这些材料、工程设备、工序不符合合同要求,则应由承包商承担重新检验的全部费用和工期延误责任;如果重新检验结果证明这些材料、工程设备、工序符合合同要求,则应由业主承担重新检验的费用和工期延误责任。

当承包商未按合同规定进行检查或检验,并且不执行工程师有关补做检查或检验指示和重新检验的指示时,工程师为了及时发现可能的质量隐患,减少可能造成的损失,可以指派自己的人员或委托其他人进行检查或检验,以保证质量。此时,不论检查或检验结果如何，工程师因采取上述检查或检验补救措施而造成的工期延误和增加的费用均应由承包商承担。

4）不合格工程、材料和工程设备

（1）禁止使用不合格材料和工程设备。

工程使用的一切材料、工程设备均应满足合同规定的等级、质量标准和技术特性。工程师在工程质量的检查或检验中发现承包商使用了不合格材料或工程设备时，可以随时发出指示，要求承包商立即改正，并禁止在工程中继续使用这些不合格的材料和工程设备。

如果承包商使用了不合格材料和工程设备，其造成的后果应由承包商承担责任，承包商应无条件地按工程师指示进行补救。业主提供的工程设备经验收不合格的应由业主承担相应责任。

（2）不合格工程、材料和工程设备的处理。

①如果工程师的检查或检验结果表明承包商提供的材料或工程设备不符合合同要求，工程师可以拒绝接收，并立即通知承包商。此时，承包商除立即停止使用外，应与工程师共同研究补救措施。如果在使用过程中发现不合格材料，工程师应视具体情况，下达运出现场或降级使用的指示。

②如果检查或检验结果表明业主提供的工程设备不符合合同要求，承包商有权拒绝接收，并要求业主予以更换。

③如果因承包商使用了不合格材料和工程设备造成了工程损害，工程师可以随时发出指示，要求承包商立即采取措施进行补救，直至彻底清除工程的不合格部位及不合格材料和工程设备。

④如果承包商无故拖延或拒绝执行工程师的有关指示，则业主有权委托其他承包商执行该项指示。由此而造成的工期延误和增加的费用由承包商承担。

3. 隐蔽工程

隐蔽工程和工程隐蔽部位是指已完成的工作面经覆盖后将无法事后查看的任何工程部位和基础。由于隐蔽工程和工程隐蔽部位的特殊性及重要性，因此没有工程师的批准，工程的任何部分均不得覆盖或使之无法查看。

对于将被覆盖的部位和基础在进行下一道工序之前，首先由承包商进行自检（“三检”），确认符合合同要求后，再通知工程师进行检查，工程师不得无故缺席或拖延，承包商通知时应考虑到工程师有足够的检查时间。工程师应按通知约定的时间到场进行检查，确认质量符合合同规定要求，并在检查记录上签字后，才能允许承包商进入下一道工序，进行覆盖。承包商在取得工程师的检查签证之前，不得以任何理由进行覆盖，否则，承包商应承担因补检而增加的费用和工期延误责任。如果由于工程师未及时到场检查，承包商因等待或延期检查而造成工期延误则承包商有权要求延长工期和赔偿其停工、窝工等损失。

4. 放线

1）施工控制网

工程师应在合同规定的期限内向承包商提供测量基准点、基准线和水准点及其书面资料。业主和工程师应对测量点、基准线和水准点的正确性负责。

承包商应在合同规定期限内完成测设自己的施工控制网，并将施工控制网资料报送工程师审批。承包商应对施工控制网的正确性负责。此外，承包商还应负责保管全部测量基准和控制网点。工程完工后,应将施工控制网点完好地移交给业主。

工程师为了监理工作的需要,可以使用承包商的施工控制网,并不为此另行支付费用。此时,承包商应及时提供必要的协助,不得以任何理由加以拒绝。

2)施工测量

承包商应负责整个施工过程中的全部施工测量放线工作,包括地形测量、放样测量、断面测量、支付收方测量和验收测量等,并应自行配置合格的人员、仪器、设备和其他物品。

承包商在施测前,应将施工测量措施报告报送工程师审批。

工程师应按合同规定对承包商的测量数据和放样成果进行检查。工程师认为必要时还可指示承包商在工程师的监督下进行抽样复测,并修正复测中发现的错误。

5. 完工和保修

1)完工验收

完工验收指承包商基本完成合同中规定的工程项目后,移交给业主接收前的交工验收,不是国家或业主对整个项目的验收。基本完成是指不一定要合同规定的工程项目全部完成,有些不影响工程使用的尾工项目,经工程师批准,可待验收后在保修期中去完成。

(1)完工验收申请报告。当工程具备了下列条件,并经工程师确认时,承包商即可向业主和工程师提交完工验收申请报告,并附上完工资料:

①除工程师同意可列入保修期完成的项目外,已完成了合同规定的全部工程项目。

②已按合同规定备齐了完工资料,包括:工程实施概况和大事记,已完工程(含工程设备)清单,永久工程完工图,列入保修期完成的项目清单,未完成的缺陷修复清单,施工期观测资料,各类施工文件、施工原始记录等。

③已编制了在保修期内实施的项目清单和未修复的缺陷项目清单以及相应的施工措施计划。

(2)工程师审核。

工程师在接到承包商完工验收申请报告后的28 d内进行审核并作出决定,或者提请业主进行工程验收,或者通知承包商在验收前尚应完成的工作和对申请报告的异议,承包商应在完成工作后或修改报告后重新提交完工验收申请报告。

(3)完工验收和移交证书。

业主在接到工程师提请进行工程验收的通知后,应在收到完工验收申请报告后56 d内组织工程验收,并在验收通过后向承包商颁发移交证书。移交证书上应注明由业主、承包商、工程师协商核定的工程实际完工日期。此日期是计算承包商完工工期的依据,也是工程保修期的开始。从颁交证书之日起,照管工程的责任即应由业主承担,且在此后14 d内,业主应将保留金总额的50%退还给承包商。

(4)分阶段验收和施工期运行。

水利水电工程中分阶段验收有两种情况。第一种情况是在全部工程验收前,某些单位工程,如船闸、隧洞等已完工,经业主同意可先行单独进行验收,通过后颁发单位工程移交证书,由业主先接管该单位工程。第二种情况是业主根据合同进度计划的安排,需提前使用尚未全部建成的工程,如大坝工程达到某一特定高程可以满足初期发电时,可对该部分工程进行验收,以满足初期发电要求。验收通过应签发临时移交证书。工程未完成部分仍由承包商继续施工。对通过验收的部分工程由于在施工期运行而使承包商增加了修复缺陷的费用，业主应给予适当的补偿。

(5)业主拖延验收。

如业主在收到承包商完工验收申请报告后，不及时进行验收，或在验收通过后无故不颁发移交证书，则业主应从承包商发出完工验收申请报告 56 d 后的次日起承担照管工程的费用。

2)工程保修

(1)保修期(FIDIC 条款中称为缺陷通知期)。

工程移交前，虽然已通过验收，但是还未经过运行的考验，而且还可能有一些尾工项目和修补缺陷项目未完成，所以还必须有一段期间用来检验工程的正常运行，这就是保修期。水利水电土建工程保修期一般为一年，从移交证书中注明的全部工程完工日期开始起算。在全部工程完工验收前，业主已提前验收的单位工程或部分工程，若未投入正常运行，其保修期仍按全部工程完工日期起算；若验收后投入正常运行，其保修期应从该单位工程或部分工程移交证书上注明的完工日期起算。

(2)保修责任。

①保修期内，承包商应负责修复完工资料中未完成的缺陷修复清单所列的全部项目。

②保修期内如发现新的缺陷和损坏，或原修复的缺陷又遭损坏，承包商应负责修复。至于修复费用由谁承担，需视缺陷和损坏的原因而定，由于承包商施工中的隐患或其他承包商原因所造成，应由承包商承担；若由于业主使用不当或业主其他原因所致，则由业主承担。

保修责任终止证书(F1DIC 条款中称为履约证书)。在全部工程保修期满，且承包商不遗留任何尾工项目和缺陷修补项目，业主或授权工程师应在 28 d 内向承包商颁发保修责任终止证书。

保修责任终止证书的颁发，表明承包商已履行了保修期的义务，工程师对其满意，也表明了承包商已按合同规定完成了全部工程的施工任务，业主接受了整个工程项目。但此时合同双方的财务账目尚未结清，可能有些争议还未解决，故并不意味合同已履行结束。

3)清理现场与撤离

圆满完成清场工作是承包商进行文明施工的一个重要标志。一般而言，在工程移交证书颁发前，承包商应按合同规定的工作内容对工地进行彻底清理，以便业主使用已完成的工程。经业主同意后也可留下部分清场工作在保修期满前完成。

承包商应按下列工作内容对工地进行彻底清理，并需经工程师检验合格为止：

(1)工程范围内残留的垃圾已全部焚毁\掩埋或清除出场。

(2)临时工程已按合同规定拆除，场地已按合同要求清理和平整。

(3)承包商设备和剩余的建筑材料已按计划撤离工地，废弃的施工设备和材料亦已清除。

(4)施工区内的永久道路和永久建筑物周围的排水沟道，均已按合同图纸要求和工程师指示进行疏通和修整。

(5)主体工程建筑物附近及其上、下游河道中的施工堆积场，已按工程师的指示予以清理。

此外，在全部工程的移交证书颁发后 42 d 内，除了经工程师同意，由于保修期工作需要留下部分承包商人员、施工设备和临时工程外，承包商的队伍应撤离工地，并做好环境恢复工作。

二、全面质量管理的基本概念

全面质量管理(Total Quality Management,简称TQM)是企业管理的中心环节,是企业管理的纲,它和企业的经营目标是一致的。这就是要求将企业的生产经营管理和质量管理有机地结合起来。

(一)全面质量管理的基本概念

全面质量管理是以组织全员参与为基础的质量管理模式,它代表了质量管理的最新阶段,最早起源于美国,菲根堡姆指出:全面质量管理是为了能够在最经济的水平上,并充分考虑到满足用户的要求的条件下进行市场研究、设计、生产和服务,把企业内各部门研制质量,维持质量和提高质量的活动构成为一体的一种有效体系。他的理论经过世界各国的继承和发展,得到了进一步的扩展和深化。1994版ISO9000族标准中对全面质量管理的定义为:一个组织以质量为中心,以全员参与为基础,目的在于通过让顾客满意和本组织所有成员及社会受益而达到长期成功的管理途径。

(二)全面质量管理的基本要求

1.全过程的管理

任何一个工程(和产品)的质量,都有一个产生、形成和实现的过程;整个过程是由多个相互联系、相互影响的环节所组成的,每一环节都或重或轻地影响着最终的质量状况。因此,要搞好工程质量管理,必须把形成质量的全过程和有关因素控制起来,形成一个综合的管理体系,做到以防为主,防检结合,重在提高。

2.全员的质量管理

工程(产品)的质量是企业各方面、各部门、各环节工作质量的反映。每一环节,每一个人的工作质量都会不同程度地影响着工程(产品)最终质量。工程质量人人有责,只有人人都关心工程的质量,做好本职工作,才能生产出好质量的工程。

3.全企业的质量管理

全企业的质量管理一方面要求企业各管理层次都要有明确的质量管理内容,各层次的侧重点要突出,每个部门应有自己的质量计划、质量目标和对策,层层控制;另一方面就是要把分散在各部门的质量职能发挥出来。如水利水电工程中的“三检制”,就充分反映这一观点。

4.多方法的管理

影响工程质量的因素越来越复杂:既有物质的因素,又有人为的因素;既有技术因素,又有管理因素;既有内部因素,又有企业外部因素。要搞好工程质量,就必须把这些影响因素控制起来,分析它们对工程质量的不同影响。灵活运用各种现代化管理方法来解决工程质量问题。

(三)全面质量管理的基本指导思想

1.质量第一、以质量求生存

任何产品都必须达到所要求的质量水平,否则就没有或未实现其使用价值,从而给消费者、给社会带来损失。从这个意义上讲,质量必须是第一位的。贯彻“质量第一”就要求企业全员,尤其是领导层,要有强烈的质量意识;要求企业在确定质量目标时,首先应根据用户或市场的需求，科学地确定质量目标，并安排人力、物力、财力予以保证。当质量与数量、社会效益与企业效益、长远利益与眼前利益发生矛盾时，应把质量、社会效益和长远利益放在首位。

“质量第一”并非“质量至上”。质量不能脱离当前的市场水准，也不能不问成本一味地讲求质量。应该重视质量成本的分析，把质量与成本加以统一，确定最适合的质量。

2. 用户至上

在全面质量管理中，这是一个十分重要的指导思想。“用户至上”就是要树立以用户为中心，为用户服务的思想。要使产品质量和服务质量尽可能满足用户的要求。产品质量的好坏最终应以用户的满意程度为标准。这里，所谓用户是广义的，不仅指产品出厂后的直接用户，而且指在企业内部，下道工序是上道工序的用户。如混凝土工程，模板工程的质量直接影响混凝土浇筑这一下道关键工序的质量。每道工序的质量不仅影响下道工序质量，也会影响工程进度和费用。

3. 质量是设计、制造出来的，而不是检验出来的

在生产过程中，检验是重要的，它可以起到不允许不合格品出厂的把关作用，同时还可以将检验信息反馈到有关部门。但影响产品质量好坏的真正原因并不在检验，而主要在于设计和制造。设计质量是先天性的，在设计的时候就已经决定了质量的等级和水平；而制造只是实现设计质量，是符合性质的。二者不可偏废，都应重视。

4. 强调用数据说话

这就是要求在全面质量管理工作中具有科学的工作作风，在研究问题时不能满足于一知半解和表面，对问题不仅有定性分析还尽量有定量分析，做到心中有“数”，这样才可以避免主观盲目性。

在全面质量管理中广泛地采用了各种统计方法和工具，其中用得最多的有“七种工具”，即因果图、排列图、直方图、相关图、控制图、分层法和调查表。常用的数理统计方法有回归分析、方差分析、多元分析、实验分析、时间序列分析等。

5. 突出人的积极因素

从某种意义上讲，在开展质量管理活动过程中，人的因素是最积极、最重要的因素。与质量检验阶段和统计质量控制阶段相比较，全面质量管理阶段格外强调调动人的积极因素的重要性。这是因为现代化生产多为大规模系统，环节众多，联系密切复杂，远非单纯靠质量检验或统计方法就能奏效的。必须调动人的积极因素，加强质量意识，发挥人的主观能动性，以确保产品和服务的质量。全面质量管理的特点之一就是全体人员参加的管理。“质量第一，人人有责”。

要提高质量意识，调动人的积极因素，一靠教育，二靠规范，需要通过教育培训和考核，同时还要依靠有关质量的立法以及必要的行政手段等各种激励及处罚措施。

（四）全面质量管理的工作原则

1. 预防原则

在企业的质量管理工作中，要认真贯彻预防为主的原则，凡事要防患于未然。在产品制造阶段应该采用科学方法对生产过程进行控制，尽量把不合格品消灭在发生之前。在产品的检验阶段，不论是对最终产品或是在制品，都要把质量信息及时反馈并认真处理。

2. 经济原则

全面质量管理强调质量,但无论质量保证的水平或预防不合格的深度都是没有止境的,必须考虑经济性,建立合理的经济界限,这就是所谓经济原则。因此,在产品设计制定质量标准时,在生产过程进行质量控制时,在选择质量检验方式为抽样检验或全数检验时等场合,都必须考虑其经济效益。

3. 协作原则

协作是大生产的必然要求。生产和管理分工越细,就越要求协作。一个具体单位的质量问题往往涉及到许多部门,如无良好的协作是很难解决的。因此,强调协作是全面质量管理的一条重要原则,也反映了系统科学全局观点的要求。

4. 按照 PDCA 循环组织活动

PDCA 循环是质量体系活动所应遵循的科学工作程序,周而复始,内外嵌套,循环不已,以求质量不断提高。

(五)全面质量管理的运转方式

质量保证体系运转方式是按照计划(P)、执行(D)、检查(C)、处理(A)的管理循环进行的。它包括四个阶段和八个工作步骤。

1. 四个阶段

1)计划阶段

按使用者要求,根据具体生产技术条件,找出生产中存在的问题及其原因,拟定生产对策和措施计划。

2)执行阶段

按预定对策和生产措施计划,组织实施。

3)检查阶段

对生产成品进行必要的检查和测试,即把执行的工作结果与预定目标对比,检查执行过程中出现的情况和问题。

4)处理阶段

把经过检查发现的各种问题及用户意见进行处理。凡符合计划要求的予以肯定,成文标准化。对不符合设计要求和不能解决的问题,转入下一循环以进一步研究解决。

2. 八个步骤

(1)分析现状,找出问题,不能凭印象和表面作判断。结论要用数据表示。

(2)分析各种影响因素,要把可能因素一一加以分析。

(3)找出主要影响因素,要努力找出主要因素进行解剖,才能改进工作,提高产品质量。

(4)研究对策,针对主要因素拟定措施,制定计划,确定目标。

以上属 P 阶段工作内容。

(5)执行措施为 D 阶段的工作内容。

(6)检查工作成果,对执行情况进行检查,找出经验教训,为 C 阶段的工作内容。

(7)巩固措施,制定标准,把成熟的措施订成标准(规程、细则)形成制度。

(8)遗留问题转入下一个循环。

以上(7)和(8)为 A 阶段的工作内容。PDCA 管理循环的工作程序如图 13-1 所示。

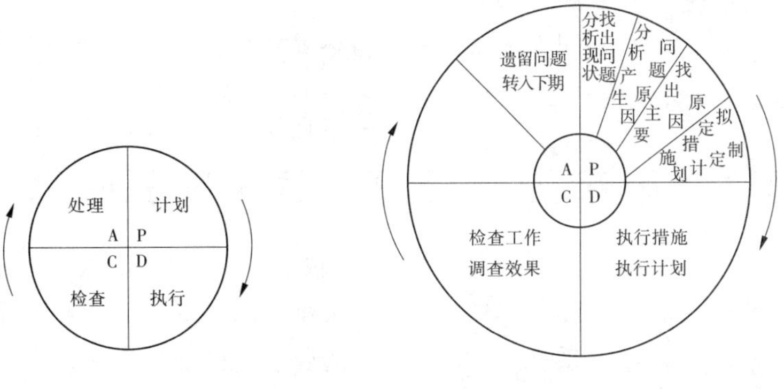

图 13-1　PDCA 管理循环的工作程序

3. PDCA 循环的特点

(1)四个阶段缺一不可,先后次序不能颠倒。就好像一只转动的车轮,在解决质量问题中滚动前进逐步使产品质量提高。

(2)企业的内部 PDCA 循环各级都有,整个企业是一个大循环,企业各部门又有自己的循环,如图 13-2 所示。大循环是小循环的依据,小循环又是大循环的具体和逐级贯彻落实的体现。

(3)PDCA 循环不是在原地转动,而是在转动中前进。每个循环结束,质量便提高一步。图 13-3 为循环上升示意图,它表明每一个 PDCA 循环都不是在原地周而复始地转动,而是像爬楼梯那样,每转一个循环都有新的目标和内容。因而就意味前进了一步,从原有水平上升到了新的水平,每经过一次循环,也就解决了一批问题,质量水平就有新的提高。

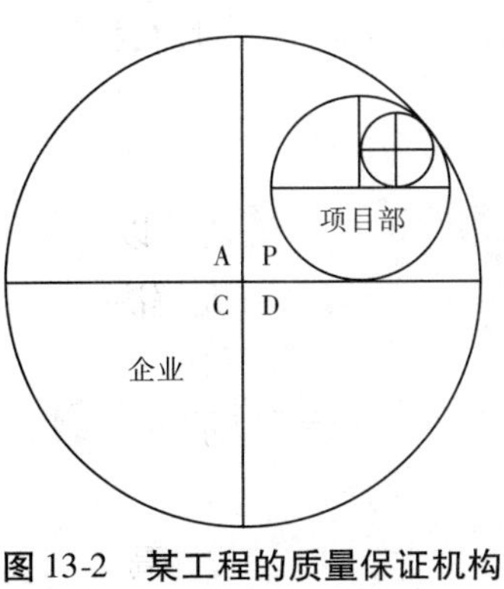

图 13-2　某工程的质量保证机构

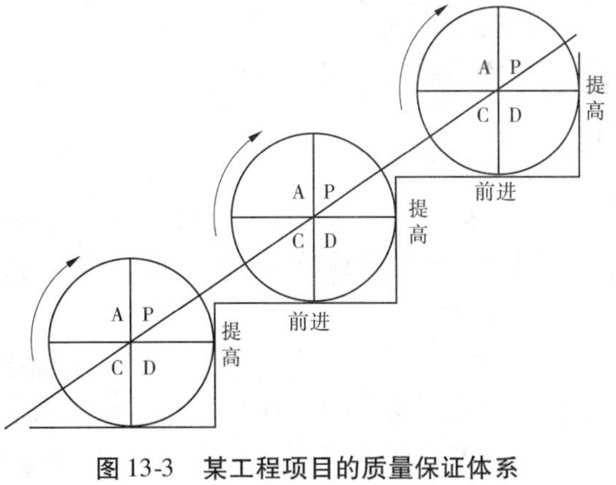

图 13-3　某工程项目的质量保证体系

(4)A 阶段是一个循环的关键,这一阶段(处理阶段)的目的在于总结经验,巩固成果,纠正错误,以利于下一个管理循环。为此必须把成功和经验纳入标准,定为规程,使之标准化、制度化,以便在下一个循环中遵照办理,使质量水平逐步提高。

必须指出,质量的好坏反映了人们质量意识的强弱,也反映了人们对提高产品质量意义的认识水平。有了较强的质量意识,还应使全体人员对全面质量管理的基本思想和方法有所了解。这就需要开展全面质量管理,必须加强质量教育的培训工作,贯彻执行质量责任制并形成制度,持之以恒,才能使工程施工质量水平不断提高。

（六）质量保证体系的建立和运转

工程项目在实施过程中，要建立质量保证机构和质量保证体系，图 13-2 和图 13-3 即为某工程项目的质量保证机构和质量保证体系。

第五节　工程质量统计与分析

一、质量数据

利用质量数据和统计分析方法进行项目质量控制，是控制工程质量的重要手段。通常，通过收集和整理质量数据，进行统计分析比较，找出生产过程的质量规律，判断工程产品质量状况，发现存在的质量问题，找出引起质量问题的原因，并及时采取措施，预防和纠正质量事故，使工程质量始终处于受控状态。

质量数据是用以描述工程质量特征性能的数据。它是进行质量控制的基础，没有质量数据，就不可能有现代化的科学的质量控制。

（一）质量数据的类型

质量数据按其自身特征，可分为计量值数据和计数值数据；按其收集目的可分为控制性数据和验收性数据。

1. 计量值数据

计量值数据是可以连续取值的连续型数据。如长度、重量、面积、标高等质量特征，一般都是可以用量测工具或仪器等量测，一般都带有小数。

2. 计数值数据

计数值数据是不连续的离散型数据。如不合格品数、不合格的构件数等，这些反映质量状况的数据是不能用量测器具来度量的，采用计数的办法，只能出现 0、1、2 等非负数的整数。

3. 控制性数据

控制性数据一般是以工序作为研究对象，是为分析、预测施工过程是否处于稳定状态，而定期随机地抽样检验获得的质量数据。

4. 验收性数据

验收性数据是以工程的最终实体内容为研究对象，以分析、判断其质量是否达到技术标准或用户的要求，而采取随机抽样检验而获取的质量数据。

（二）质理数据的波动及其原因

在工程施工过程中常可看到在相同的设备、原材料、工艺及操作人员条件下，生产的同一种产品的质量不同，反映在质量数据上，即具有波动性，其影响因素有偶然性因素和系统性因素两大类。偶然性因素引起的质量数据波动属于正常波动，偶然因素是无法或难以控制的因素，所造成的质量数据的波动量不大，没有倾向性，作用是随机的，工程质量只有偶然因素影响时，生产才处于稳定状态。由系统因素造成的质量数据波动属于异常波动，系统因素是可控制、易消除的因素，这类因素不经常发生，但具有明显的倾向性，对工程质量的影响较大。

质量控制的目的就是要找出出现异常波动的原因，即系统性因素是什么，并加以排除，使质量只受随机性因素的影响。

(三)质量数据的收集

质量数据的收集总的要求应当是随机地抽样,即整批数据中每一个数据都有被抽到的同样机会。常用的方法有随机法、系统抽样法、二次抽样法和分层抽样法。

(四)样本数据特征

为了进行统计分析和运用特征数据对质量进行控制,经常要使用许多统计特征数据。统计特征数据主要有均值、中位数、极值、极差、标准偏差、变异系数,其中均值、中位数表示数据集中的位置;极差、标准偏差、变异系数表示数据的波动情况,即分散程度。

二、质量控制的统计方法简介

通过对质量数据的收集、整理和统计分析,找出质量的变化规律和存在的质量问题,提出进一步的改进措施,这种运用数学工具进行质量控制的方法是所有涉及质量管理的人员所必须掌握的,它可以使质量控制工作定量化和规范化。下面介绍几种在质量控制中常用的数学工具及方法。

(一)直方图法

1. 直方图的用途

直方图又称频率分布直方图,它们将产品质量频率的分布状态用直方图形来表示,根据直方图形的分布形状和与公差界限的距离来观察、探索质量分布规律,分析和判断整个生产过程是否正常。

利用直方图可以制定质量标准,确定公差范围,可以判明质量分布情况是否符合标准的要求。

2. 直方图的分析

直方图有以下几种分布形式,见图13-4。

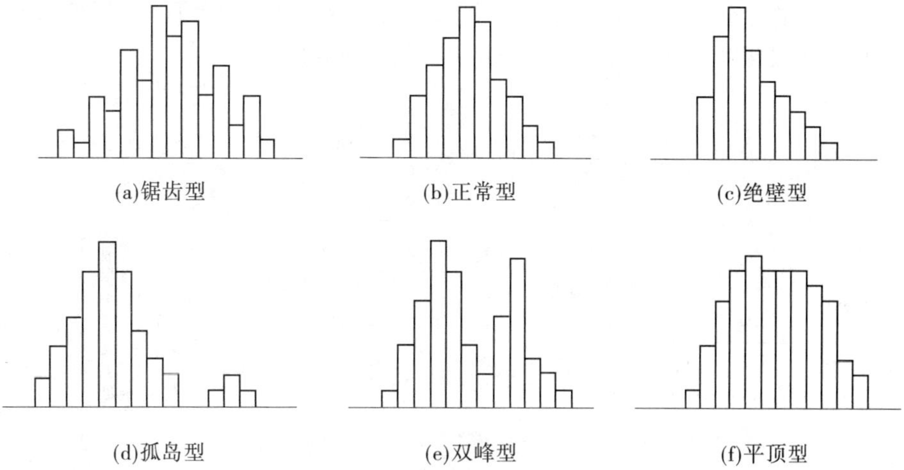

图13-4　直方图类型

(1)正常对称型。说明生产过程正常,质量稳定,如图13-4(b)所示。

(2)锯齿型。原因一般是分组不当或组距确定不当,如图13-4(a)所示。

(3)孤岛型。原因一般是材质发生变化或他人临时替班所造成,如图13-4(d)所示。

(4)绝壁型。一般是剔除下限以下的数据造成的,如图 13-4(e)所示。

(5)双峰型。把两种不同的设备或工艺的数据混在一起造成的,如图 13-4(e)所示。

(6)平峰型。生产过程中有缓慢变化的因素起主导作用,如图 13-4(f)所示。

3. 注意事项

(1)直方图属于静态的,不能反映质量的动态变化。

(2)画直方图时,数据不能太少,一般应大于 50 个数据,否则画出的直方图难以正确反映总体的分布状态。

(3)直方图出现异常时,应注意将收集的数据分层,然后画直方图。

(4)直方图呈正态分布时,可求平均值和标准差。

(二)排列图法

排列图法又称巴雷特法、主次排列图法,是分析影响质量主要问题的有效方法,将众多的因素进行排列,主要因素就一目了然,如图 13-5 所示。

排列图法是由一个横坐标、两个纵坐标、几个长方形和一条曲线组成的。左侧的纵坐标是频数或件数,右侧纵坐标是累计频率,横轴则是项目或因素,按项目频数大小顺序在横轴上自左而右画长方形,其高度为频数,再根据右侧的纵坐标,画出累计频率曲线,该曲线也称巴雷特曲线。

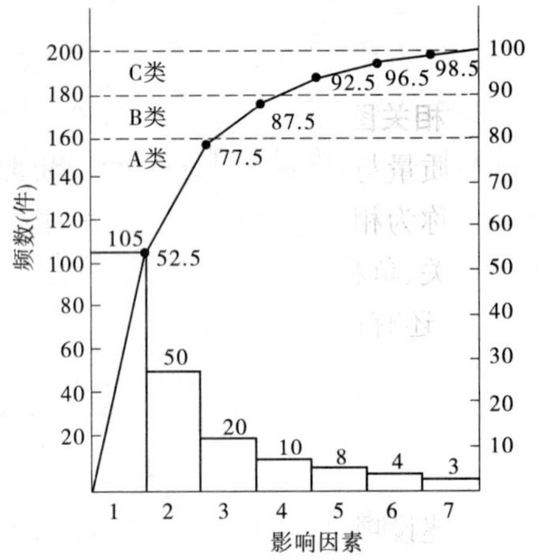

图 13-5　排列图

(三)因果分析图法

因果分析图也叫鱼刺图、树枝图,这是一种逐步深入研究和讨论质量问题的图示方法。在工程建设过程中,任何一种质量问题的产生,一般都是多种原因造成的,这些原因有大有小,把这些原因按照大小顺序分别用主干、大枝、中枝、小枝来表示,这样,就可一目了然地观察出导致质量问题的原因,并以此为据,制定相应对策,如图 13-6 所示。

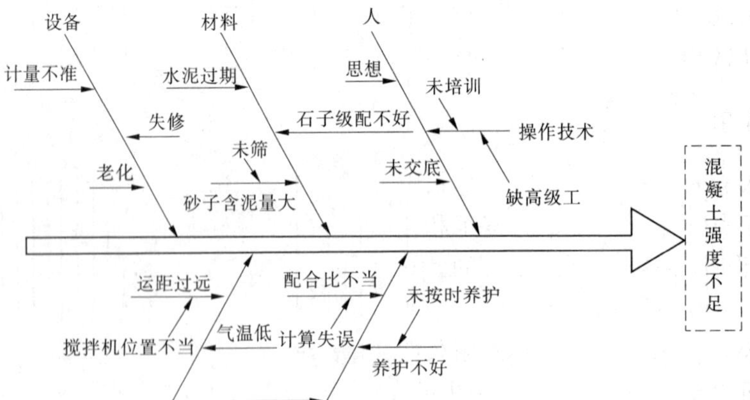

图 13-6　因果分析图

（四）管理图法

管理图也称控制图，它是反映生产过程随时间变化而变化的质量动态，即反映生产过程中各个阶段质量波动状态的图形，如图 13-7 所示。管理图利用上下控制界限，将产品质量特性控制在正常波动范围内，一旦有异常反映，通过管理图就可以发现，并及时处理。

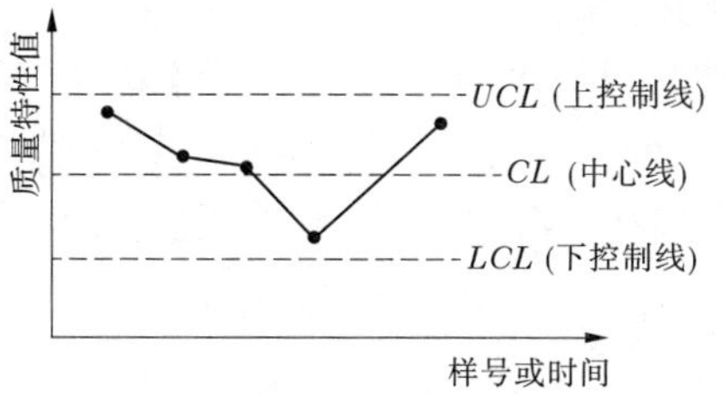

图 13-7　控制图

（五）相关图法

产品质量与影响质量的因素之间，常有一定的相互关系，但不一定是严格的函数关系，这种关系称为相关关系，可利用直角坐标系将两个变量之间的关系表达出来。相关图的形式有正相关、负相关、非线性相关和无相关。

此外，还有调查表法、分层法等。

第六节　工程质量事故的处理

工程建设项目不同于一般工业生产活动，其项目实施的一次性、生产组织特有的流动性、综合性、劳动的密集性、协作关系的复杂性和环境的影响，均导致建筑工程质量事故具有复杂性、严重性、可变性及多发性的特点，事故是很难完全避免的。因此，必须加强组织措施、经济措施和管理措施，严防事故发生，对发生的事故应调查清楚，按有关规定进行处理。

需要指出的是，不少事故开始时经常只被认为是一般的质量缺陷，容易被忽视。随着时间的推移，待认识到这些质量缺陷问题的严重性时，则往往处理困难，或难以补救，或导致建筑物失事。因此，除明显的不会有严重后果的缺陷外，对其他的质量问题，均应分析，进行必要处理，并做出处理意见。

一、工程事故的分类

凡水利水电工程在建设中或完工后，由于设计、施工、监理、材料、设备、工程管理和咨询等方面造成工程质量不符合规程、规范和合同要求的质量标准，影响工程的使用寿命或正常运行，一般需作补救措施或返工处理的，统称为工程质量事故。日常所说的事故大多指施工质量事故。

在水利水电工程中，按对工程的耐久性和正常使用的影响程度，检查和处理质量事故对工期影响时间的长短以及直接经济损失的大小，将质量事故分为一般质量事故、较大质量事故、重大质量事故和特大质量事故。

一般质量事故是指对工程造成一定经济损失，经处理后不影响正常使用，不影响工程使用寿命的事故。小于一般质量事故的统称为质量缺陷。

较大质量事故是指对工程造成较大经济损失或延误较短工期，经处理后不影响正常使用,但对工程使用寿命有较大影响的事故。

重大质量事故是指对工程造成重大经济损失或延误较长工期,经处理后不影响正常使用,但对工程使用寿命有较大影响的事故。

特大质量事故是指对工程造成特大经济损失或长时间延误工期,经处理后仍对工程正常使用和使用寿命有较大影响的事故。

《水利工程质量事故处理暂行规定》规定:一般质量事故,它的直接经济损失在20万~100万元,事故处理的工期在一个月内,且不影响工程的正常使用与寿命。一般建筑工程对事故的分类略有不同,主要表现在经济损失大小之规定。

二、工程事故的处理方法

(一)事故发生的原因

工程质量事故发生的原因很多,最基本的还是人、机械、材料、工艺和环境几方面。一般可分直接原因和间接原因两类。

直接原因主要有人的行为不规范和材料、机械的不符合规定状态。如设计人员不按规范设计、监理人员不按规范进行监理,施工人员违反规程操作等,属于人的行为不规范;又如水泥、钢材等某些指标不合格,属于材料不符合规定状态。

间接原因是指质量事故发生地的环境条件,如施工管理混乱,质量检查监督失职,质量保证体系不健全等。间接原因往往导致直接原因的发生。

事故原因也可从工程建设的参建各方来寻查,业主、监理、设计、施工和材料、机械、设备供应商的某些行为或各种方法也会造成质量事故。

(二)事故处理的目的

工程质量事故分析与处理的目的主要是:正确分析事故原因,防止事故恶化;创造正常的施工条件;排除隐患,预防事故发生;总结经验教训,区分事故责任;采取有效的处理措施,尽量减少经济损失,保证工程质量。

(三)事故处理的原则

质量事故发生后,应坚持"三不放过"的原则,即事故原因不查清不放过,事故主要责任人和职工未受到教育不放过,补救措施不落实不放过。

发生质量事故,应立即向有关部门(业主、监理单位、设计单位和质量监督机构等)汇报,并提交事故报告。

由质量事故而造成的损失费用,坚持事故责任是谁由谁承担的原则。如责任在施工承包商,则事故分析与处理的一切费用由承包商自己负责;施工中事故责任不在承包商,则承包商可依据合同向业主提出索赔;若事故责任在设计或监理单位,应按照有关合同条款给予相关单位必要的经济处罚。构成犯罪的,移交司法机关处理。

(四)事故处理的程序和方法

事故处理的程序是:

(1)下达工程施工暂停令;

(2)组织调查事故;

(3)事故原因分析;

(4)事故处理与检查验收;

(5)下达复工令。

事故处理的方法有两大类：

(1)修补。这种方法适用于通过修补可以不影响工程的外观和正常使用的质量事故，此类事故是施工中多发的。

(2)返工。这类事故是严重违反规范或标准，影响工程使用和安全，且无法修补，必须返工。

有些工程质量问题，虽严重超过了规程、规范的要求，已具有质量事故的性质，但可针对工程的具体情况，通过分析论证，不需作专门处理，但要记录在案。如混凝土蜂窝、麻面等缺陷，可通过涂抹、打磨等方式处理；由于欠挖或模板问题使结构断面被削弱，经设计复核验算，仍能满足承载要求的，也可不作处理，但必须记录在案，并有设计和监理单位的鉴定意见。

第七节　工程质量评定与验收

一、工程质量评定

(一)质量评定的意义

工程质量评定是依据国家或部门统一制定的现行标准和方法，对照具体施工项目的质量结果，确定其质量等级的过程。水利水电工程按《水利水电工程施工质量检验与评定规程》(SL 176—1996)执行。其意义在于统一评定标准和方法，正确反映工程的质量，使之具有可比性；同时也考核企业等级和技术水平，促进施工企业提高质量。

工程质量评定以单元工程质量评定为基础，其评定的先后次序是单元工程、分部工程和单位工程。

工程质量的评定在施工单位(承包商)自评的基础上，由建设(监理)单位复核，报政府质量监督机构核定。

(二)评定依据

(1)国家与水利水电部门有关行业规程、规范和技术标准。

(2)经批准的设计文件、施工图纸、设计修改通知、厂家提供的设备安装说明书及有关技术文件。

(3)工程合同采用的技术标准。

(4)工程试运行期间的试验及观测分析成果。

(三)评定标准

1. 单元工程质量评定标准

单元工程质量等级按《水利水电工程施工质量检验与评定规程》(SL 176—2007)进行。当单元工程质量达不到合格标准时，必须及时处理，其质量等级按如下确定：

(1)全部返工重做的，可重新评定等级；

(2)经加固补强并经过鉴定能达到设计要求，其质量只能评定为合格；

(3)经鉴定达不到设计要求，但建设(监理)单位认为能基本满足安全和使用功能要求的，可不补强加固，或经补强加固后，改变外形尺寸或造成永久缺陷的，经建设(监理)单位认为能基本满足设计要求,其质量可按合格处理。

2. 分部工程质量评定标准

分部工程质量合格的条件是:

(1)单元工程质量全部合格;

(2)中间产品质量及原材料质量全部合格,金属结构及启闭机制造质量合格,机电产品质量合格。

分部工程优良的条件是:

(1)单元工程质量全部合格,其中有50%以上达到优良,主要单元工程、重要隐蔽工程及关键部位的单位工程质量优良,且未发生过质量事故;

(2)中间产品质量全部合格,其中混凝土拌和物质量达到优良,原材料质量、金属结构及启闭机制造质量合格,机电产品质量合格。

3. 单位工程质量评定标准

单位工程质量合格的条件是:

(1)分部工程质量全部合格;

(2)中间产品质量及原材料质量全部合格,金属结构及启闭机制造质量合格,机电产品质量合格;

(3)外观质量得分率达70%以上;

(4)施工质量检验资料基本齐全。

单位工程优良的条件是:

(1)分部工程质量全部合格,其中有70%以上达到优良,主要分部工程质量优良,且未发生过重大质量事故;

(2)中间产品质量全部合格,其中混凝土拌和物质量达到优良,原材料质量、金属结构及启闭机制造质量合格,机电产品质量合格;

(3)外观质量得分率达85%形以上;④施工质量检验资料齐全。

4. 工程质量评定标准

单位工程质量全部合格,工程质量可评为合格;如其中50%以上的单位工程优良,且主要建筑物单位工程质量优良,则工程质量可评优良。

二、工程质量验收

(一)概述

工程验收是在工程质量评定的基础上,依据一个既定的验收标准,采取一定的手段来检验工程产品的特性是否满足验收标准的过程。水利水电工程验收分为分部工程验收、阶段验收、单位工程验收和竣工验收。按照验收的性质,可分为投入使用验收和完工验收。工程验收的目的是:检查工程是否按照批准的设计进行建设;检查已完工程在设计、施工、设备制造安装等方面的质量,并对验收遗留问题提出处理要求;检查工程是否具备运行或进行下一阶段建设的条件;总结工程建设中的经验教训,并对工程作出评价;及时移交工程,尽早发挥投资效益。

工程验收的依据是:有关法律、规章和技术标准,主管部门有关文件,批准的设计文件及相应设计变更、修设文件,施工合同,监理签发的施工图纸和说明,设备技术说明书等。当工程具备验收条件时,应及时组织验收。未经验收或验收不合格的工程不得交付使用或进行后续工程施工。验收工作应相互衔接,不应重复进行。

工程进行验收时必须要有质量评定意见,阶段验收和单位工程验收应有水利水电工程质量监督单位的工程质量评价意见;竣工验收必须有水利水电工程质量监督单位的工程质量评定报告,竣工验收委员会在其基础上鉴定工程质量等级。

(二)工程验收的主要工作

1. 分部工程验收

分部工程验收应具备的条件是该分部工程的所有单元工程已经完建且质量全部合格。分部工程验收的主要工作是:鉴定工程是否达到设计标准;按现行国家或行业技术标准,评定工程质量等级;对验收遗留问题提出处理意见。分部工程验收的图纸、资料和成果是竣工验收资料的组成部分。

2. 阶段验收

根据工程建设需要,当工程建设达到一定关键阶段(如基础处理完毕、截流、水库蓄水、机组启动、输水工程通水等)时,应进行阶段验收。阶段验收的主要工作是:检查已完工程的质量和形象面貌;检查在建工程建设情况;检查待建工程的计划安排和主要技术措施落实情况,以及是否具备施工条件;检查拟投入使用工程是否具备运用条件;对验收遗留问题提出处理要求。

3. 完工验收

完工验收应具备的条件是所有分部工程已经完建并验收合格。完工验收的主要工作是:检查工程是否按批准设计完成;检查工程质量,评定质量等级,对工程缺陷提出处理要求;对验收遗留问题提出处理要求;按照合同规定,施工单位向项目法人移交工程。

4. 竣工验收

工程在投入使用前必须通过竣工验收。竣工验收应在全部工程完建后 3 个月内进行。进行验收确有困难的,经工程验收主持单位同意,可以适当延长期限。竣工验收应具备以下条件:工程已按批准设计规定的内容全部建成;各单位工程能正常运行;历次验收所发现的问题已基本处理完毕;归档资料符合工程档案资料管理的有关规定;工程建设征地补偿及移民安置等问题已基本处理完毕,工程主要建筑物安全保护范围内的迁建和工程管理土地征用已经完成;工程投资已经全部到位;竣工决算已经完成并通过竣工审计。

竣工验收的主要工作:审查项目法人"工程建设管理工作报告"和初步验收工作组"初步验收工作报告";检查工程建设和运行情况;协调处理有关问题;讨论并通过"竣工验收鉴定书"。

第十四章　水利工程施工进度管理

第一节　概　述

施工管理水平对于缩短建设工期，降低工程造价，提高施工质量，保证施工安全至关重要。施工管理工作涉及施工、技术、经济等活动。其管理活动是从制定计划开始，通过计划的制定，进行协调与优化，确定管理目标；然后在实施过程中按计划目标进行指挥、协调与控制；根据实施过程中反馈的信息调整原来的控制目标，通过施工项目的计划、组织、协调与控制，实现施工管理的目标。

一、进度的概念

进度通常是指工程项目实施结果的进展情况，在工程项目实施过程中要消耗时间（工期）、劳动力、材料、成本等才能完成项目的任务。当然，项目实施结果应该以项目任务的完成情况，如工程的数量来表达。但由于工程项目对象系统（技术系统）的复杂性，常常很难选定一个恰当的、统一的指标来全面反映工程的进度。有时时间和费用与计划都吻合，但工程实物进度（工作量）末达到目标，则后期就必须投入更多的时间和费用。

在现代工程项目管理中，人们已赋予进度以综合的含义，它将工程项目任务、工期、成本有机地结合起来，形成一个综合的指标，能全面反映项目的实施状况。进度控制已不只是传统的工期控制，而且还将工期与工程实物、成本、劳动消耗、资源等统一起来。

二、进度指标

进度控制的基本对象是工程活动。它包括项目结构图上各个层次的单元，上至整个项目，下至各个工作包（有时直到最低层次网络上的工程活动）。项目进度状况通常是通过各工程活动完成程度（百分比）逐层统计汇总计算得到的。进度指标的确定对进度的表达、计算、控制有很大影响。由于一个工程有不同的子项目、工作包，它们工作内容和性质不同，必须挑选一个共同的、对所有工程活动都适用的计量单位。

（一）持续时间

持续时间（工程活动的或整个项目的）是进度的重要指标。人们常用已经使用的工期与计划工期相比较以描述工程完成程度。例如计划工期 2 年，现已经进行了 1 年，则工期已达 50%。一个工程活动，计划持续时间为 30 d，现已经进行了 15 d，则已完成 50%。但通常还不能说工程进度已达 50%，因为工期与人们通常概念上的进度是不一致的，工程的效率和速度不是一条直线，如通常工程项目开始时工作效率很低，进度慢。到工程中期投入最大，进度最快。而后期投入又较少，所以工期下来一半，并不能表示进度达到了一半，何况在已进行的工期中还存在各种停工、窝工、干扰作用，实际效率可能远低于计划的效率。

（二）按工程活动的结果状态数量描述

这主要针对专门的领域，其生产对象简单、工程活动简单。例如：对设计工作按资料数量（图纸、规范等）；混凝土工程按体积（墙、基础、柱）；设备安装按吨位；管道、道路按长度；预制件按数量、或重量、体积；运输量以吨、千米；土石方以体积或运载量等。

特别当项目的任务仅为完成这些分部工程时，以它们作指标比较反映实际。

（三）已完成工程的价值量

已完成工程的价值量即用已经完成的工作量与相应的合同价格（单价），或预算价格计算。它将不同种类的分项工程统一起来，能够较好地反映工程的进度状况，这是常用的进度指标。

（四）资源消耗指标

最常用的有劳动工时、机械台班、成本的消耗等。它们有统一性和较好的可比性，即各个工程活动直到整个项目部可用它们作为指标，这样可以统一分析尺度。但在实际工程中要注意如下问题：

（1）投入资源数量和进度有时会有背离，会产生误导。例如某活动计划需100工时，现已用了60工时，则进度已达60%。这仅是偶然的，计划劳动效率和实际效率不会完全相等。

（2）由于实际工作量和计划经常有差别，即计划100工时，由于工程变更，工作难度增加，工作条件变化，应该需要120工时。现完成60工时，实质上仅完成50%，而不是60%，所以只有当计划正确（或反映最新情况），并按预定的效率施工时才得到正确的结果。

（3）用成本反映工程进度是经常的，但这里有如下因素要剔除：

①不正常原因造成的成本损失，如返工、窝工、工程停工。

②由于价格原因（如材料涨价、工资提高）造成的成本的增加。

③考虑实际工程量，工程（工作）范围的变化造成的影响。

三、进度控制和工期控制

工期和进度是两个既互相联系，又有区别的概念。

由于工期计划可以得到各项目单元的计划工期的各个时间参数。它分别表示各层次的项目单元（包括整个项目）的持续、开始和结束时间、允许的变动余地（各种时差）等，它们作为项目的目标之一。

工期控制的目的是使工程实施活动与上述工期计划在时间上吻合，即保证各工程活动按计划及时开工、按时完成，保证总工期不推迟。

进度控制的总目标与工期控制是一致的，但控制过程中它不仅追求时间上的吻合，而且还追求在一定的时间内工作量的完成程度（劳动效率和劳动成果）或消耗的一致性。

（1）工期常常作为进度的一个指标，它在表示进度计划及其完成情况时有重要作用，所以进度控制首先表现为工期控制，有效的工期控制能达到有效的进度控制，但仅用工期表达进度会产生误导。

（2）进度的拖延最终会表现为工期拖延。

（3）进度的调整常常表现为对工期的调整，为加快进度，改变施工次序、增加资源投入，则意味着通过采取措施使总工期提前。

四、进度控制的过程

(1)采用各种控制手段保证项目及各个工程活动按计划及时开始,在工程过程中记录各工程活动的开始和结束时间及完成程度。

(2)在各控制期末(如月末、季末,一个工程阶段结束)将各活动的完成程度与计划对比,确定整个项目的完成程度,并结合工期、生产成果、劳动效率、消耗等指标,评价项目进度状况,分析其中的问题。

(3)对下期工作作出安排,对一些已开始、但尚未结束的项目单元的剩余时间作估算,提出调整进度的措施,根据已完成状况作新的安排和计划,调整网络(如变更逻辑关系、延长或缩短持续时间、增加新的活动等),重新进行网络分析,预测新的工期状况。

(4)对调整措施和新计划作出评审,分析调整措施的效果,分析新的工期是否符合目标要求。

第二节　实际工期和进度的表达

一、工作包的实际工期和进度的表达

进度控制的对象是各个层次的项目单元,而最低层次的工作包是主要对象,有时进度控制还要细到具体的网络计划中的工程活动。有效的进度控制必须能迅速且正确地在项目参加者(工程小组、分包商、供应商等)的工作岗位上反映如下进度信息:

(1)项目正式开始后,必须监控项目的进度以确保每项活动按计划进行,掌握各工作包(或工程活动)的实际工期信息,如实际开始时间,记录并报告工期受到的影响及原因,这些必须明确反映在工作包的信息卡(报告)上。

(2)工作包(或工程活动)所达到的实际状态,即完成程度和已消耗的资源。在项目控制期末(一般为月底)对各工作包的实施状况、完成程度、资源消耗量进行统计。

在这时,如果一个工程活动已完成或未开始,则很好办:已完成的进度为100%,未开始的为0%。但这时必然有许多工程活动已开始但尚未完成。为了便于比较精确地进行进度控制和成本核算,必须定义它的完成程度。通常有如下几种定义模式:

①0~100%,即开始后完成前一直为"0",直到完成才为100%,这是一种比较悲观的反映。

②一经开始直到完成前都认为已完成50%,完成后才为100%。

③实物工作量或成本消耗、劳动消耗所占的比例,即按已完成的工作量占总计划工作量的比例计算。

④按已消耗工期与计划工期(持续时间)的比例计算。这在横道图计划与实际工期对比和网络调整中用到。

⑤按工序(工作步骤)分析定义。这里要分析该工作包的工作内容和步骤,并定义各个步骤的进度份额。例如一基础混凝土工程,它的步骤定义如表14-1所示。

表 14-1　某基础混凝土工程步骤

步骤	时间(d)	工时投入	份额	累计进度
放样	0.5	24	3%	3%
支模	4	216	27%	30%
钢筋	6	240	30%	60%
隐蔽工程验收	0.5	0	0%	60%
混凝土浇捣	4	280	35%	95%
养护拆模	5	40	5%	100%
合计	20	800	100%	100%

各步骤占总进度的份额由进度描述指标的比例来计算，例如可以按工时投入比例，也可以按成本比例。如果到月底隐蔽工程验收刚完，则该分项工程完成 60%。而如果混凝土浇捣完成一半，则达 77%。

当工作包内容复杂，无法用统一的均衡的指标衡量时，可以用这种方法，这个方法的好处是可以排除工时投入浪费、初期的低效率等造成的影响，可以较好地反映工程进度，例如：上述工程中，支模已经完成，绑扎钢筋工作量仅完成了 70%，则如果钢筋全完成为 60%，现钢筋仍有 30% 未完成，则该分项工程的进度为：

$$60\% - 30\%(1 - 70\%) = 60\% - 9\% = 51\%$$

这比前面的各种方法精确多了。

工程活动完成程度的定义不仅对进度描述和控制有重要作用，有时它还是业主与承包商之间工程价款结算的重要参数。

(3)预期该工作包到结束尚需要的时间或结束的日期，这常常需要考虑剩余工作量、已有的拖延、后期工作效率的提高等因素。

二、施工进度计划的控制方法

施工项目进度控制是工程项目进度控制的主要环节，常用的控制方法有横道图控制法、S 形曲线控制法、香蕉形曲线比较法等。

(一)横道图控制法

人们常用的、最熟悉的方法是用横道图编制实施性进度计划，指导项目的实施。它简明、形象、直观、编制方法简单、使用方便。

横道图控制法是在项目过程实施中，收集检查实际进度的信息，经整理后直接用横道线表示，并直接与原计划的横道线进行比较。

利用横道控制图检查时，图示清楚明了，可在图中用粗细不同的线条分别表示实际进度与计划进度。在横道图中，完成任务量可以用实物工程量、劳动消耗量和工作量等不同方式表示。

(二)S 形曲线控制法

S 形曲线是一个以横坐标表示时间，纵坐标表示完成工作量的曲线图。工作量的具体内容可以是实物工程量、工时消耗或费用，也可以是相对的百分比。对于大多数工程项目来说，在整个项目实施期内单位时间（以天、周、月、季等为单位）的资源消耗（人、财、物的消耗）通常是中间多而两头少。由于这一特性，资源消耗累加后便形成一条中间陡而两头平缓的形如“S”的曲线。

像横道图一样，S形曲线也能直观反映工程项目的实际进展情况。项目进度控制工程师事先绘制进度计划的S形曲线。在项目施工过程中，每隔一定时间按项目实际进度情况绘制完工进度的S形曲线，并与原计划的S形曲线进行比较，如图14-1所示。

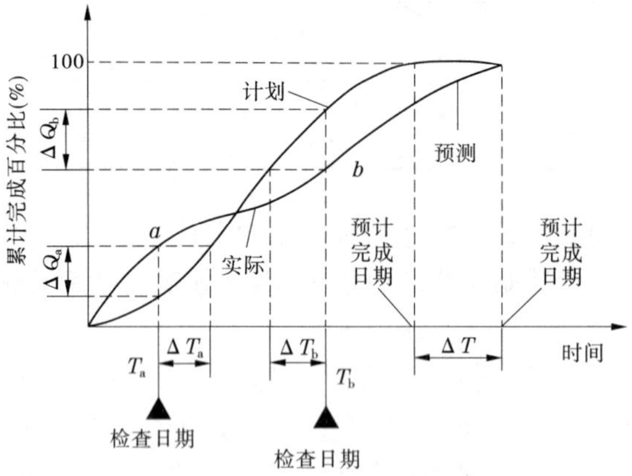

图14-1　S形曲线比较图

（1）项目实际进展速度。如果项目实际进展的累计完成量在原计划的S形曲线左侧，表示此时的实际进度比计划进度超前，如图14-1中a点；反之，如果项目实际进展的累计完成量在原计划的S形曲线右侧，表示实际进度比计划进度拖后，如图14-1中b点。

（2）进度超前或拖延时间。如图14-1中，ΔT_a表示T_a时刻进度超前时间；ΔT_b表示T_b时刻进度拖延时间。

（3）工程量完成情况。在图14-1中，ΔQ_a表示T_a时刻超额完成的工程量；ΔQ_b表示T_b时刻拖欠的工程量。

（4）项目后续进度的预测。在图14-1中，虚线表示项目后续进度若仍按原计划速度实施，总工期拖延的预测值为ΔT_c。

（三）香蕉形曲线比较法

香蕉形曲线是由两条以同一开始时间、同一结束时间的S形曲线组合而成的。其中一条S形曲线是按最早开始时间安排进度所绘制的S形曲线，简称ES曲线；而另一条S形曲线是按最迟开始时间安排进度所绘制的S形曲线，简称LS曲线。除了项目的开始和结束点外，ES曲线在LS曲上方，同一时刻两条曲线所对应完成的工作量是不同的。在项目实施过程中，理想的状况是任一时刻的实际进度在两条曲线所包区域内的曲线R，如图14-2所示。

香蕉形曲线的绘制步骤如下：

（1）计算时间参数。在项目的网络计划基础上，确定项目数目n和检查次数m，计算项目工作的时间参数ES_i、LS_i（$i=1,2,\cdots,n$）。

（2）确定在不同时间计划完成工程量。以项目的最早时标网络计划确定工作在各单位时间的计划完成工程量q_{ij}^{ES}，即第i项工作按最早开始时间开工，第j时段内计划完成的工程量（$1\leqslant i\leqslant n;0\leqslant j\leqslant m$）；以项目的最迟时标网络计划确定工作在各单位时间的计划完成工

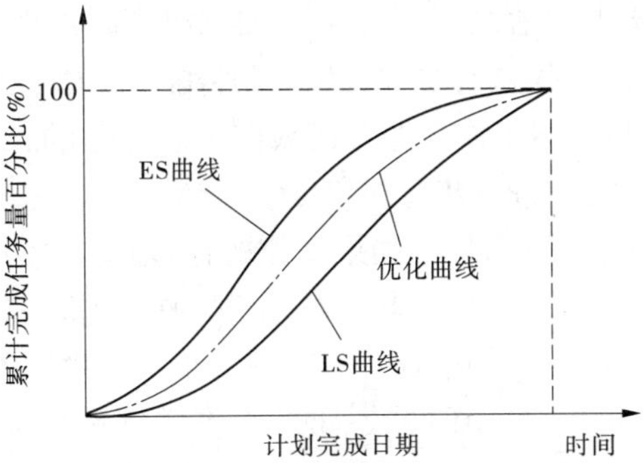

图 14-2　香蕉形曲线图

程量 q_{ij}^{LS}，即第 i 项工作按最迟开始时间开工，第 j 时段内计划完成的工程量（$1 \leqslant i \leqslant n; 0 \leqslant j \leqslant m$）。

（3）计算项目总工程量 Q

$$Q = \sum_{i=1}^{n} \sum_{j=1}^{m} q_{ij}^{ES} \tag{14-1}$$

或

$$Q = \sum_{i=1}^{n} \sum_{j=1}^{m} q_{ij}^{ES} \tag{14-2}$$

（4）计算到 j 时段末完成的工程量。按最早时标网络计划计算完成的工程量 Q_j^{ES}：

$$Q_j^{ES} = \sum_{i=1} \sum_{j=1} q_{ij}^{ES} \quad (1 \leqslant i \leqslant n; 0 \leqslant j \leqslant m) \tag{14-3}$$

按最迟时标网络计划计算完成的工程量为 Q_j^{LS}：

$$Q_j^{3} = \sum_{i=1} \sum_{j=1} q_{ij}^{LS} \quad (1 \leqslant i \leqslant n; 0 \leqslant j \leqslant m) \tag{14-4}$$

（5）计算到 j 时段末完成项目工程量百分比。按最早时标网络计划计算完成工程量的百分比 μ_j^{ES} 为：

$$\mu_j^{ES} = \frac{Q_j^{ES}}{Q} \times 100\% \tag{14-5}$$

按最迟时标网络计划计算完成工程量的百分比 μ_j^{LS} 为：

$$\mu_j^{LS} = \frac{Q_j^{LS}}{Q} \times 100\% \tag{14-6}$$

（6）绘制香蕉形曲线。以（μ_j^{ES}，j）（$j = 0, 1, \cdots, m$）绘制 ES 曲线；以（μ_j^{LS}，j）（$j = 0, 1, \cdots, m$）绘制 LS 曲线，由 ES 曲线和 LS 曲线构成项目的香蕉形曲线。

三、进度计划实施中的调整方法

（一）分析偏差对后继工作及工期的影响

当进度计划出现偏差时，需要分析偏差对后继工作产生的影响。分析的方法主要是利用网络计划中工作的总时差和自由时差来判断。工作的总时差（TF）不影响项目工期，但影响后继工作的最早开始时间，是工作拥有的最大机动时间；而工作的自由时差是指在不影响后继工作的最早开始时间的条件下，工作拥有的最大机动时间。利用时差分析进度计划出现的偏差，可以了解进度偏差对进度计划的局部影响（后继工作）和对进度计划的总体影响（工期）。具体分析步骤如下：

(1)判断进度计划偏差是否在关键线路上。如果出现进度偏差的工作,则 $TF=0$,说明该工作在关键线路上。无论其偏差有多大,都对其后继工作和工期产生影响,必须采取相应的调整措施;如果 $TF\neq0$,则说明工作在非关键线路上。偏差的大小对后继工作和工期是否产生影响以及影响程度,还需要进一步分析判断。

(2)判断进度偏差是否大于总时差,如果工作的进度偏差大于工作的总时差,说明偏差必将影响后继工作和总工期。如果偏差小于或等于工作的总时差,说明偏差不会影响项目的总工期。但它是否对后继工作产生影响,还需进一步与自由时差进行比较判断来确定。

(3)判断进度偏差是否大于自由时差。如果工作进度偏差大于工作的自由时差,说明偏差将对后继工作产生影响,但偏差不会影响项目的总工期;反之,如果偏差小于或等于工作的自由时差,说明偏差不会对后继工作产生影响,原进度计划可不作调整。

采用上述分析方法,进度控制人员可以根据工作的偏差对后继工作的不同影响采取相应的进度调整措施,以指导项目进度计划的实施。具体的判断分析过程如图 14-3 所示。

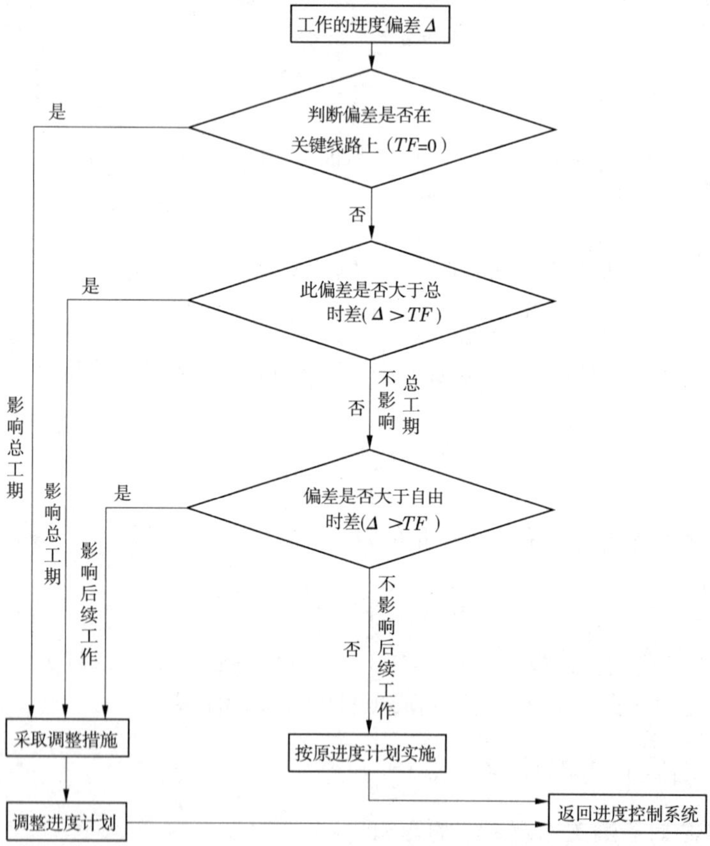

图 14-3　进度偏差对后继工作和工期影响分析过程

(二)进度计划实施中的调整方法

当进度控制人员发现问题后,对实施进度进行调整。为了实现进度计划的控制目标,究竟采取何种调整方法,要在分析的基础上确定。从实现进度计划的控制目标来看,可行的调整方案可能有多种,存在一个方案优选的问题。一般来说,进度调整的方法主要有以下两种。

1. 改变工作之间的逻辑关系

改变工作之间的逻辑关系主要是通过改变关键线路上工作之间的先后顺序、逻辑关系来实现缩短工期的目的。

例如,若原进度计划比较保守,各项工作依次实施,即某项工作结束后,另一项工作才开始。通过改变工作之间的逻辑关系,变顺序关系为平行搭接关系,便可达到缩短工期的目的。这样进行调整,由于增加了工作之间的平行搭接时间,进度控制工作就显得更加重要,实施中必须做好协调工作。

2. 改变工作延续时间

改变工作延续时间主要是对关键线路上的工作进行调整,工作之间的逻辑关系并不发生变化。例如。某一项目的进度拖延后,为了加快进度,可采用压缩关键线路上工作的持续时间,增加相应的资源来达到加快进度的目的。这种调整通常在网络计划图上直接进行,其调整方法与限制条件及对后继工作的影响程度有关,一般可考虑以下三种情况。

(1)在网络图中,某项工作进度拖延,但拖延的时间在该工作的总时差范围内,自由时差以外。若用 Δ 表示此项工作拖延的时间,即

$$FF < \Delta < TF$$

根据前面的分析,这种情况不会对工期产生影响,只对后继工作产生影响。因此,在进行调整前,要确定后继工作允许拖延的时间限制,并作为进度调整的限制条件。确定这个限制条件有时很复杂,特别是当后继工作由多个平行的分包单位负责实施时,更是如此。

(2)在网络图中,某项工作进度的拖延时间大于项目工作的总时差,即:

$$\Delta > TF$$

这时,该项工作可能在关键线路上($TF=0$);也可能在非关键线路上,但拖延的时间超过了总时差($\Delta > TF$)。调整的方法是,以工期的限制时间作为规定工期,对末实施的网络计划进行工期—费用优化。通过压缩网络图中某些工作的持续时间,使总工期满足规定工期的要求。具体步骤如下:

①化简网络图,去掉已经执行的部分,以进度检查时间作为开始节点的起点时间,将实际数据代入化简网络图中。

②以简化的网络图和实际数据为基础,计算工作最早开始时间。

③以总工期允许拖延的极限时间作为计算工期,计算各工作最迟开始时间,形成调整后的计划。

在网络计划中工作进度超前。在计划阶段所确定的工期目标,往往是综合考虑各方面因素优选的合理工期。正因为如此,网络计划中工作进度的任何变化,无论是拖延还是超前,都可能造成其他目标的失控,如造成费用增加等。例如,在一个施工总进度计划中,由于某项工作的超前,致使资源的使用发生变化。这不仅影响原进度计划的继续执行,也影响各项资源的合理安排。特别是施工项目采用多个分包单位进行平行施工时,因进度安排发生了变化,导致协调工作的复杂化。在这种情况下,对进度超前的项目也需要加以控制。

第三节　进度拖延原因分析及解决措施

一、进度拖延原因分析

项目管理者应按预定的项目计划定期评审实施进度情况，分析并确定拖延的根本原因。进度拖延是工程项目过程中经常发生的现象，各层次的项目单元，各个阶段都可能出现延误，分析进度拖延的原因可以采用许多方法，如下所述：

(1)通过工程活动(工作包)的实际工期记录与计划对比确定被拖延的工程活动及拖延量；

(2)采用关键线路分析的方法确定各拖延对总工期的影响。由于各工程活动(工作包)在网络中所处的位置(关键线路或非关键线路)不同，它们对整个工期拖延影响不同。

(3)采用因果关系分析图(表)、影响因素分析表、工程量、劳动效率对比分析等方法，详细分析各工程活动(工作包)对整个工期拖延的影响因素及各因素影响量的大小。

进度拖延的原因是多方面的，常见的有以下几种。

(一)工期及计划的失误

计划失误是常见的现象。人们在计划期将持续时间安排得过于乐观，包括：

(1)计划时忘记(遗漏)部分必需的功能或工作。

(2)计划值(例如计划工作量、持续时间)不足，相关的实际工作量增加。

(3)资源或能力不足，例如计划时没考虑到资源的限制或缺陷，没有考虑如何完成工作。

(4)出现了计划中未能考虑到的风险或状况，未能使工程实施达到预定的效率。

(5)在现代工程中，上级(业主、投资者、企业主管)常常在一开始就提出很紧迫的工期要求，使承包商或其他设计人、供应商的工期太紧，而且许多业主为了缩断工期，常常压缩承包商的做标期、前期准备的时间。

(二)边界条件变化

(1)工作量的变化，可能是由于设计的修改，设计的错误、业主新的要求、修改项目的目标及系统范围的扩展造成的。

(2)外界(如政府、上层系统)对项目新的要求或限制，设计标准的提高可能造成项目资源的缺乏，使得工程无法及时完成。

(3)环境条件的变化，如不利的施工条件不仅造成对工程实施过程的干扰，有时直接要求调整原来已确定的计划。

(4)发生不可抗力事件，如地震、台风、动乱、战争等。

(三)管理过程中的失误

(1)计划部门与实施者之间，总分包商之间，业主与承包商之间缺少沟通。

(2)工程实施者缺乏工期意识，例如管理者拖延了图纸的供应和批准，任务下达时缺少必要的工期说明和责任落实，拖延了工程活动。

(3)项目参加单位对各个活动(各专业工程和供应)之间的逻辑关系(活动链)没有清楚地了解，下达任务时也没有作详细的解释，同时对活动的必要的前提条件准备不足，各单位之间缺少协调和信息沟通，许多工作脱节，资源供应出现问题。

（4）由于其他方面未完成项目计划规定的任务造成拖延。例如设计单位拖延设计、运输不及时、上级机关拖延批准手续、质量检查拖延、业主不果断处理问题等。

（5）承包商没有集中力量施工，材料供应拖延，资金缺乏，工期控制不紧。这可能是由于承包商同期工程太多，力量不足造成的。

（6）业主没有集中资金的供应，拖欠工程款，或业主的材料、设备供应不及时。

（四）其他原因

由于采取其他调整措施造成工期的拖延，如设计的变更，质量问题的返工，实施方案的修改。

二、解决进度拖延的措施

（一）基本策略

对已产生的进度拖延可以有如下的基本策略：

（1）采取积极的措施赶工，以弥补或部分地弥补已经产生的拖延。主要通过调整后期计划，采取措施赶工，修改网络等方法解决进度拖延问题。

（2）不采取特别的措施，在目前进度状态的基础上，仍按照原计划安排后期工作。但通常情况下，拖延的影响会越来越大。有时刚开始仅一两周的拖延，到最后会导致一年拖延的结果。这是一种消极的办法，最终结果必然损害工期目标和经济效益，如被工期罚款，由于不能及时投产而不能实现预期收益。

（二）可以采取的赶工措施

与在计划阶段压缩工期一样，解决进度拖延有许多方法，但每种方法都有它的适用条件、限制，必然会带来一些负面影响。在人们以往的讨论以及实际工作中，都将重点集中在时间问题上，这是不对的。许多措施常常没有效果，或引起其他更严重的问题，最典型的是增加成本开支、现场的混乱和引起质量问题。所以，应该将它作为一个新的计划过程来处理。

在实际工程中经常采用如下赶工措施：

（1）增加资源投入，例如增加劳动力、材料、周转材料和设备的投入量，这是最常用的办法。它会带来如下问题：

①造成费用增加，如增加人员的调遣费用、周转材料一次性费用、设备的进出场费用。

②由于增加资源造成资源使用效率的降低。

③加剧资源供应困难，如有些资源没有增加的可能性，加剧项目之间或工序之间对资源激烈的竞争。

（2）重新分配资源，例如将服务部门的人员投入到生产中去，投入风险准备资源，采用加班或多班制工作。

（3）减少工作范围，包括减少工作量或删去一些工作包（或分项工程）。但这可能产生如下影响：

①损害工程的完整性、经济性、安全性、运行效率，或提高项目运行费用。

②必须经过上层管理者，如投资者、业主的批准。

（4）改善工具器具以提高劳动效率。

(5)提高劳动生产率,主要通过辅助措施和合理的工作过程,这里要注意如下问题:

①加强培训,通常培训应尽可能的提前;

②注意工人级别与工人技能的协调;

③工作中的激励机制,例如奖金、小组精神发扬、个人负责制、目标明确;

④改善工作环境及项目的公用设施(需要花费);

⑤项目小组时间上和空间上合理的组合和搭接;

⑥避免项目组织中的矛盾,多沟通。

(6)将部分任务转移,如分包、委托给另外的单位,将原计划由自己生产的结构构件改为外购等。当然,这不仅有风险,产生新的费用,而且需要增加控制和协调工作。

(7)改变网络计划中工程活动的逻辑关系,如将前后顺序工作改为平行工作,或采用流水施工的方法。这又可能产生如下问题:

①工程活动逻辑上的矛盾性;

②资源的限制,平行施工要增加资源的投入强度,尽管投入总量不变;

③工作面限制及由此产生的现场混乱和低效率问题。

(8)将一些工作包合并,特别是在关键线路上按先后顺序实施的工作包合并,与实施者一道研究,通过局部的调整实施过程和人力、物力的分配,达到缩短工期。

通常,A_1、A_2 两项工作如果由两个单位分包按次序施工(见图 14-4),则持续时间较长。而如果将它们合并为 A,由一个单位来完成,则持续时间就大大的缩短。这是由于:

①两个单位分别负责,则它们都经过前期准备低效率,正常施工,后期低效率过程,则总的平均效率很低。

②由于由两个单位分别负责,中间有一个对 A_1 工作的检查、打扫和场地交接和对 A_2 工作准备的过程,会使工期延长,这由分包合同或工作任务单所决定的。

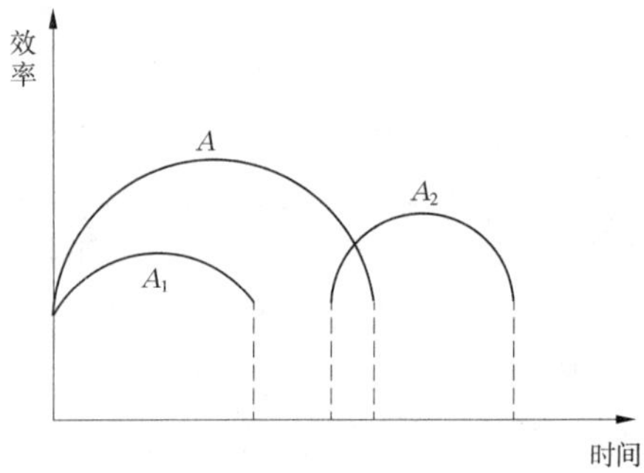

图 14-4　工作时间—效率图

③如果合并由一个单位完成,则平均效率会较高,而且许多工作能够穿插进行。

④实践证明。采用“设计—施工”总承包,或项目管理总承包,比分阶段、分专业平行包工期会大大缩短。

⑤修改实施方案,例如将现浇混凝土改为场外预制、现场安装,这样可以提高施工速度。例如在一国际工程中,原施工方案为现浇混凝土,工期较长。进一步调查发现该国技术木工缺乏,劳动力的素质和可培训性较差,无法保证原工期,后来采用预制装配施工方案,则大大缩短了工期。当然,这一方面必须有可用的资源,另一方面又考虑会造成成本的超支。

(三)应注意的问题

在选择措施时,要考虑到:

(1)赶工应符合项目的总目标与总战略;

(2)措施应是有效的、可以实现的;

(3)花费比较省;

(4)对项目的实施、承包商、供应商的影响面较小。

在制订后续工作计划时，这些措施应与项目的其他过程协调。

在实际工作中，人们常常采用了许多事先认为有效的措施，但实际效力却很小，常常达不到预期的缩短工期的效果。这是由于：

(1)这些计划是无正常计划期状态下的计划，常常是不周全的。

(2)缺少协调，没有将加速的要求、措施、新的计划、可能引起的问题通知相关各方，如其他分包商、供应商、运输单位、设计单位。

(3)人们对以前造成拖延的问题的影响认识不清。例如由于外界干扰，到目前为止已造成两周的拖延，实质上，这些影响是有惯性的，还会继续扩大。所以，即使现在采取措施，在一段时间内，其效果是很小的，拖延仍会继续扩大。

第十五章　水利工程施工合同管理

第一节　概　述

水利工程施工合同是指水利工程的项目法人(发包方)和工程承包商(施工单位或承包方)为完成商定的水利工程而明确相互权利、义务关系的协议,即承包方进行工程建设施工,发包方支付工程价款的合同。

水利工程施工合同管理是指水利建设主管机关、相应的金融机构,以及建设单位、监理单位、承包企业依照法律和行政法规、规章制度,采取法律的、行政的手段,对施工合同关系进行组织、指导协调和监督,保护施工合同当事人的合法权益,处理施工合同纠纷,防止和制裁违法行为,保证施工合同法规的贯彻实施等一系列活动。

施工合同明确了在施工阶段承包人和发包人的权利和义务,施工合同正确的签订是履行合同的基础,合同的最终实现,需要发包人和承包人双方严格按照合同的各项条款和条件,全面履行各自的义务,才能享受其权利,最终完成工程任务。

依法成立的施工合同,在实施过程中承包人和发包人的权益都受到法律保护。当一方不履行合同,使对方的权益受到侵害时,就可以以施工合同为依据,根据有关法律,追究违约一方的法律责任。

一、合同谈判与签约

合同是影响利润最主要的因素,而合同谈判和合同签订是获得尽可能多利润的最好机会。如何利用这个机会,签订一份有利的合同,是每个承包商都十分关心的问题。

(一)合同谈判的主要内容

(1)关于工程范围。

承包商所承担的工作范围,包括施工、设备采购、安装和调试等。在签订合同时要做到明确具体、范围清楚、责任明确,否则将导致报价漏项。

(2)关于技术要求、技术规范和施工技术方案。

(3)关于合同价格条款。

合同依据计价方式的不同主要有总价合同、单价合同和成本加酬金合同,在谈判中根据工程项目的特点加以确定。

(4)关于付款。

付款问题可归纳为三个方面,即价格问题、货币问题、支付方式问题。承包人应对合同的价格调整条款、合同规定货币价值浮动的影响、支付时间、支付方式和支付保证金等条款予以充分的重视。

(5)关于工期和和维修期的条款。

①被授标的承包人首先应根据投标文件中自己填报的工期及考虑工程量的变动而产生

的影响,与发包人最后确定工期。如可能应根据承包人的项目准备情况、季节和施工环境因素等洽商一个适当的开工日期。

②单项工程较多的项目,应争取分批竣工,提交发包人验收,并从该批验收起计算该部分的维修期,应规定在发包人验收并接收前,承包人有权不让发包人随意使用等条款,以缩短自己的责任期限。

③在合同中应明确承包人保留由于工程变更、恶劣的气候影响等原因对工期产生不利影响时要求合理地延长工期的权利。

④合同文本中应当对保修工程的范围、保修责任及保修期的开始和结束时间有明确的说明,承包人应该只承担由于材料和施工方法及操作工艺等不符合规定而产生的缺陷。

⑤承包人应力争用维修保函来代替发包人扣留的保证金,它对发包人并无风险,是一种比较公平的做法。

(6)关于完善合同条件的问题。

包括:关于合同图纸;关于合同的某些措辞;关于违约罚金和工期提前奖金;工程量验收以及衔接工序和隐蔽工程施工的验收程序;关于施工占地;关于开工和工期;关于向承包人移交施工现场和基础资料;关于工程交付;预付款保函的自动减款条款。

(二)合同最后文本的确定和合同的签订

1.合同文件内容

(1)建设工程合同文件构成:合同协议书;工程量及价格单;合同条件;投标人须知;合同技术条件(附投标图纸);发包人授标通知;双方共同签署的合同补遗(有时也以合同谈判会议纪要形式表示);中标人投标时所递交的主要技术和商务文件;其他双方认为应作为合同的一部分文件。

(2)对所有在招投标及谈判前后各方发出的文件、文字说明、解释性资料进行清理,对凡是与上述合同构成相矛盾的文件,应宣布作废。可以在双方签署的合同补遗中,对此作出排除性质的说明。

2.关于合同协议的补遗

在合同谈判阶段双方谈判的结果一般以合同补遗的形式表示,有时也可以以合同谈判纪要形式形成书面文件。这一文件将成为合同文件中极为重要的组成部分,因为它最终确认了合同签订人之间的意志,所以在合同解释中优先于其他文件。

3.合同的签订

发包人或监理工程师在合同谈判结束后,应按上述内容和形式完成一个完整的合同文件草案,并经承包人授权代表认可后正式形成文件,承包人代表应认真审核合同草案的全部内容。当双方认为满意并核对无误后由双方代表草签,至此合同谈判阶段即告结束。此时,承包人应及时准备和递交履约保函,准备正式签署承包合同。

二、工程合同的类型

(一)按合同签约的对象内容划分

1.建设工程勘察、设计合同

建设工程勘察、设计合同是指业主(发包人)与勘察人、设计人为完成一定的勘察、设计任务,明确双方权利、义务的协议。

2. 建设工程施工合同

建设工程施工合同通常也称为建筑安装工程承包合同，是指建设单位（发包方）和施工单位（承包方）为了完成商定的或通过招标投标确定的建筑工程安装任务，明确相互权利、义务关系的书面协议。

（二）按合同签约各方的承发包关系划分

1. 总包合同

建设单位（发包方）将工程项目建设全过程或其中某个阶段的全部工作，发包给一个承包单位总包，发包方与总包方签订的合同称为总包合同。总包合同签订后，总承包单位可以将若干专业性工作交给不同的专业承包单位去完成，并统一协调和监督它们的工作。在一般情况下，建设单位仅同总承包单位发生法律关系，而不同各专业承包单位发生法律关系。

2. 分包合同

即总承包方与发包方签订了总包合同之后，将若干专业性工作分包给不同的专业承包单位去完成，总包方分别与几个分包方签订的分包合同。对于大型工程项目，有时也可由发包方直接与每个承包方签订合同，而不采取总包形式。这时每个承包方都是处于同样地位，各自独立完成本单位所承包的任务，并直接向发包方负责。

第二节　工程施工合同范本

一、概述

合同管理是现代化项目管理的核心，完备的合同体系是合同管理的形式基础。对于工程项目而言，项目目标大、履行时间长、涉及主体多，依靠合同来规范和确定彼此的权利和义务关系就显得尤为重要。任何一个建设项目的实施，都是通过签订一系列的承包合同来实现的。通过对承包内容、范围、价款、工期和质量标准等合同条款的制订和履行，业主和承包商可以在合同环境下调控建设项目的运行状态。通过对合同管理目标责任的分解，可以规范项目管理机构的内部职能，紧密围绕合同条款开展项目管理工作。因此，无论是对承包商的管理，还是对项目业主本身的管理，合同始终是工程项目管理的核心。合同管理是工程承包项目管理最重要的一环，它涉及工程技术、经济造价、法律法规、风险预测等多方面知识和技能。自我国加入 WTO 以来，为了应对世界贸易组织规则给建筑市场带来的前所未有的机遇和挑战，顺应国际工程合同条件和惯例的需要，推行建设领域的合同管理制，有关部门做了大量的工作，从立法到实际操作都日趋完善。基本形成了包括国家立法、政府立规、行业立制在内的层次分明、体制完备的合同法律体系以及相关配套制度。

工程项目合同管理的基本原则如下：

（1）符合法律规则的原则；

（2）平等的原则；

（3）自愿的原则；

（4）诚实信用原则；

（5）等价有偿的原则。

二、建设工程施工合同示范文本

(一)建设工程施工合同文件的组成

建设部与国家行政管理局1999年12月印发的《建设工程施工合同(示范文本)》(GF—1999—0201,以下简称《合同示范文本》),是各类公用建筑、民用住宅、工业厂房、交通设施及线路工程施工和设备安装的合同范本。其由“协议书”、“通用条款”、“专用条款”三部分组成,并附有三个附件。

1. 协议书

合同协议书是建设工程施工合同的总纲性法律文件,经过双方当事人签字盖章后合同即成立。标准的协议书文字量不大,需要结合承包工程特点填写。主要内容包括:工程概况、工程承包范围、合同工期、质量标准、合同价款、合同生效时间,以及对双方当事人均具有约束力的合同文件组成。

建设工程施工合同文件包括:

(1)施工合同协议书;

(2)中标通知书;

(3)投标书及其附件;

(4)施工合同专用条款;

(5)施工合同通用条款;

(6)标准、规范及有关技术文件;

(7)图纸;

(8)工程量清单;

(9)工程报价单或预算书。

在合同履行过程中,双方有关工程的洽商、变更等书面协议或文件也构成对双方有约束力的合同文件,将其视为协议书的组成部分。

2. 通用条款

通用条款是在全面总结国内工程实施中的成功经验和失败教训的基础上,参考FIDIC编写的《土木工程施工合同条件》相关内容的规定,编制的规范发包人和承包人双方权利和义务的标准化合同条款。通用条款的内容包括:

(1)词语定义及合同文件;

(2)双方一般权利和义务;

(3)施工组织设计和工期;

(4)质量与检验;

(5)安全施工;

(6)合同价款与支付;

(7)材料设备供应;

(7)工程变更;

(8)竣工验收与结算;

(9)违约、索赔和争议;

(10)其他。

《建设工程价款结算暂行办法》(财建[2004]369号)第二十八条规定,凡《合同示范文本》内容与本"价款结算办法"不一致之处,以本"价款结算办法"为准。

3. 专用条款

考虑到具体实施的建设工程的内容各不相同,工期、造价也随之变动,承包人、发包人各自的能力、施工现场和外部环境条件也各异,通用条款不能完全适用于各个具体工程。为反映发包工程的具体特点和要求,配置以专用条款对通用条款进行必要的修改或补充,使通用条款和专用条款成为当事人双方统一意愿的体现。专用条款只为合同当事人提供合同内容的编制指南,具体内容需要当事人根据发包工程的实际情况进行细化。

4. 附件

《合同示范文本》为使用者提供了"承包方承揽工程项目一览表"、"发包方供应材料设备一览表"和"房屋建筑工程质量保修书"三个标准后表格形式的附件,如果所发包的工程项目为包工包料承包,则可以不使用"发包方供应材料设备一览表"。

合同的内容一般应包括标的、数量、质量、价款或者报酬、履行期限、违约责任、解决争议的方法等。当事人可参照各类合同的文本订立合同。大中型水利水电工程使用水利部、国家电力公司、国家工商行政管理局联合印发的《水利水电工程施工合同和招标文件示范文本》(GF—2000—0208)2000年版。

(二)《水利水电土建工程施工合同条件》的主要内容

《水利水电土建工程施工合同条件》分为"通用合同条款"和"专用合同条款"两部分。其中"通用合同条款"应全文引用,不得删改;"专用合同条款"则应按其条款编号和内容,根据工程实际情况进行修改和补充。

根据《水利水电土建工程施工合同条件》,合同文件指组成合同的各项文件,包括:协议书(包括补充协议);中标通知书;投标报价书;专用合同条款;通用合同条款;技术条款;图纸;已标价的工程量清单;经合同双方确认进入合同的其他文件。上述次序也是解释合同的优先顺序。

1. 合同文件(或称合同)

合同文件是指由发包人与承包人签订的为完成本合同规定的各项工作所列入本合同条件的全部文件和图纸,以及其他在协议书中明确列入的文件和图纸。

2. 技术条款

技术条款是指本合同的技术条款和由监理人作出或批准的对技术条款修改或补充的文件。技术条款是合同的重要组成部分,其内容是说明合同标的物应达到的质量标准及其施工技术要求,也是合同支付的实物依据和计量方法。此名词在以往国内的招标和合同文件中常称为技术规范,为了与行业标准中的技术规范相区别,在合同文件中称技术条款。

3. 图纸和施工图纸

图纸是指列入合同的招标图纸和发包人按合同规定向承包人提供的所有图纸(包括配套说明和有关资料),以及列入合同的投标图纸和由承包人提交并经监理人批准的所有图纸(包括配套说明和有关资料)。

施工图纸是指由发包人提供或由承包人提交并经监理人批准的直接用于施工的图纸(包括配套说明和有关资料)。

4. 投标文件

投标文件是投标报价书、已标价的工程量清单(指由投标人已填写价格的工程量清单)以及由投标人按招标文件要求,向发包人提供的其他文件的总称。投标报价书、工程量清单和其他投标文件的内容和格式规定在招标文件的有关章节内。

5. 中标通知书

中标通知书是指发包人正式向中标人授标的通知书。中标人确定后,发包人应发中标通知书给中标人,表明发包人已接受其投标并通知该中标人在规定的期限内派代表前来签订合同。若在签订合同前尚有遗留问题需要洽谈,可在发中标通知书前先发中标意向书,邀请对方就遗留问题进行合同谈判。一般来说,意向书仅表达发包人接受投标的意愿,但尚有一些问题需进一步洽谈,并不说明该投标人已中标。

6. 通用合同条款

通用合同条款的编制依据是《中华人民共和国合同法》,其编制体系参照了国际通用的FIDIC 施工合同条件,吸收了现行水利水电工程建设项目中有关质量、安全、进度、变更、索赔、计量支付、风险管理等方面的规定。通用合同条款的内容包括:词语涵义、合同文件、双方的一般义务和责任、履约担保、监理人和总监理工程师、联络、图纸、转让和分包、承包人的人员及其管理、材料和设备、交通运输、工程进度、工程质量、文明施工、计量与支付、变更、违约和索赔、争议的解决、风险和保险、完工与保修及其他等方面。每一方面中双方的责任和义务从合同责任划分角度进行了界定。

为了贯彻《中华人民共和国安全生产法》、《建设工程质量管理条例》和《建设工程安全生产管理条例》,进一步加强质量和安全管理的力度,水利部陆续出台了《水利建设工程安全生产管理规定》、《水利建设工程施工分包管理规定》,制订了水利建设工程重大质量和安全事故应急预案,从制度上防患和解决水利系统拖欠农民工工资问题。因此,使用《水利水电土建工程施工合同条件》时应在维持合同条件基本架构的基础上对相应内容进行更新。

7. 专用合同条款

专用合同条款是补充和修改通用合同条款中条款号相同的条款或当需要时增加的条款。通用合同条款与专用合同条款应对照阅读,一旦出现矛盾或不一致,则以专用合同条款为准,通用合同条款中未补充和修改的部分仍有效。如对于约定监理人和总监理工程师的权利,工期延误违约金额,提交资金流估算表,工程变更的范围和内容,工程风险中双方各自承担的范围,工程预付款、保留金的额度及扣除方式。

第三节　工程施工合同的变更

一、掌握施工合同变更管理

合同变更是指合同成立以后和履行完毕以前由双方当事人依法对合同的内容所进行的修改,合同价款、工程内容、工程的数量、质量要求和标准、实施程序等的一切改变都属于合同变更。

(一)工程变更的原因

工程变更一般主要有以下几个方面的原因。

(1)业主新的变更指令,对建筑的新要求。如业主有新的意图,业主修改项目计划、削减项目预算等。

(2)由于设计人员、监理人员、承包商事先没有很好地理解业主的意图,或设计的错误,导致图纸修改。

(3)工程环境的变化,预定的工程条件不准确,要求实施方案或实施计划变更。

(4)由于产生新技术和知识,有必要改变原设计、原实施方案或实施计划,或由于业主指令及业主责任的原因造成承包商施工方案的改变。

(5)政府部门对工程新的要求,如国家计划变化、环境保护要求、城市规划变动等。

(6)由于合同实施出现问题,必须调整合同目标或修改合同条款。

(二)变更的范围和内容

根据国家发展和改革委员会等九部委联合编制的《标准施工招标文件》中的通用合同条款的规定,除专用合同条款另有约定外,在履行合同中发生以下情形之一,应按照本条文规定进行变更:

(1)取消合同中任何一项工作,但被取消的工作不能转由发包人或其他人实施;

(2)改变合同中任何一项工作的质量或其他特性;

(3)改变合同工程的基线、标高、位置或尺寸;

(4)改变合同中任何一项工作的施工时间或改变已批准的施工工艺或顺序;

(5)为完成工程需要追加的额外工作。

在履行合同过程中,承包人可以对发包人提供的图纸、技术要求以及其他方面提出合理化建议。

(三)变更权

根据国家发展和改革委员会等九部委《标准施工招标文件》中通用合同条款的规定,在履行合同过程中,经发包人同意,监理可按合同约定的变更程序向承包人作出变更指示,承包人应遵照执行。没有监理的变更指示,承包人不得擅自变更。

(四)变更程序

根据国家发展和改革委员会等九部委《标准施工招标文件》中通用合同条款的规定,变更的程序如下。

1. 变更的提出

(1)在合同履行过程中,可能发生通用合同条款某些约定情形的,监理人可向承包人发出变更意向书。变更意向书应说明变更的具体内容和发包人对变更的时间要求,并附必要的图纸和相关资料。变更意向书应要求承包人提交包括拟实施变更工作的计划、措施和竣工时间等内容的实施方案。发包人同意承包人根据变更意向书要求提交的变更实施方案的,由监理人按合同约定的程序发出变更指示。

(2)在合同履行过程中,已经发生通用合同条款约定情形的,监理人应按照合同约定的程序向承包人发出变更指示。

(3)承包人收到监理人按合同约定发出的图纸和文件,经检查认为其中存在约定情形的,可向监理人提出书面变更建议。变更建议应阐明要求变更的依据,并附必要的图纸和说明。监理人收到承包人书面建议后应与发包人共同研究,确认存在变更的,应在收到承包人书面建议后的14 d内作出变更指示。经研究后不同意作为变更的,应由监理人书面答复承包人。

(4)若承包人收到监理人的变更意向书后认为难以实施此项变更，应立即通知监理人，说明原因并附详细依据。监理人与承发包人协商后确定撤销、改变或不改变原变更意向书。

2. 变更指示

根据国家发展和改革委员会等九部委《标准施工招标文件》中通用合同条款的规定，变更指示只能由监理人发出。变更指示应说明变更的目的、范围、变更内容以及变更的工程量及其进度和技术要求，并附有关图纸和文件。承包人收到变更指示后，应按变更指示进行变更工作。

（五）承包人的合理化建议

根据国家发展和改革委员会等九部委《标准施工招标文件》中通用合同条款的规定，在履行合同过程中，承包人对发包人提供的图纸、技术要求以及其他方面提出的合理化建议，均应以书面形式提交监理人。合理化建议书的内容应包括建议工作的详细说明、进度计划和效益以及与其他工作的协调等，并附必要的设计文件。监理人应与发包人协商是否采纳建议。建议被采纳并构成变更的，应按合同约定的程序向承包人发出变复指示。

承包人提出的合理化建议降低了合同价格、缩短了工期或者提高了工程经济效益的，发包人可按国家有关规定在专用合同条款中约定给予奖励。

（六）变更估价

根据国家发展和改革委员会等九部委《标准施工招标文件》中通用的合同条款的规定：

(1)除专用合同条款时期限另有约定外，承包人应在收到变更指示或变更意向书后的14 d内，向监理人提交变更报价书，报价内容应根据合同约定的估价原则，详细开列变更工作的价格组成及其依据，并附必要的施工方法说明和有关图纸。

(2)变更工作影响工期的，承包人应提出调整工期的具体细节，监理人认为有必要时，可要求承包人提交要求提前或延长工期的施工进度计划以及相应施工措施等详细资料。

(3)除专用合同条款对期限另有约定外，监理人收到承包人报价书后14 d内，根据合同约定的估价原则，按照第有关规则(总监理工程师与合同当事人进行商定或确定)商定或确定变更价格。

（七）变更的估价原则

除专用合同条款另有约定外，因变更引起的价格调整按照本款约定处理：

(1)已报价工程量清单中有适用于变更工作的子目的，采用该子目的单价。

(2)已标价工程量清单中无适用于变更工作的子目，但有类似子目的，可在合理范围内参照类似子目的单价，由监理人按相关规定商定或确定变更工作的单价。

(3)已标价工程量清单中无适用或类似子目的单价，可按照成本加利润的原则，由监理人按商定的或确定变更工作的单价。

（八）计日工

根据国家发展和改革委员会等九部委《标准施工招标文件》中通用的合同条款的规定：

(1)发包人认为有必要时，由监理人通知承包人以计日工方式实施变更的零星工作。其价款按列入已标价工程量清单中的计日工计价子目及其单价进行计算。

(2)采用计日工计价的任何一项变更工作，应从暂列金额中支付，承包人应在该项变更的实施过程中，每天提交以下报表和有关凭证报送监理人审批：

①工作名称、内容和数量；

②投入该工作所有人员的姓名、工种、级别和耗用工时；

③投入该工作的材料类别和数量；

④投入该工作的施工设备型号、台数和耗用台时；

⑤监理人要求提交的其他资料和凭证。

(3)计日工由承包人汇总后，按合同约定列入进度付款申请单，由监理人复核并经发包人同意后列入进度付款。

第四节　项目部使用合同的种类、要求

一、项目部常用合同的种类

项目部常用合同有建设工程承包合同、专业分包合同、劳务合同、物资设备采购合同。

二、掌握施工承包合同的主要内容

为了规范和指导合同当事人双方的行为，避免合同纠纷，解决合同文本不规范、条款不完备、执行过程纠纷多等一系列问题，国际工程界许多著名组织(如FIDIC——国际咨询工程师联合会、AIA——美国建筑师学会、AGC——美国总承包商会、ICE——英国土木工程师学会、世界银行等)都编制了指导性的合同示范文本，规定了合同双方的一般权利和义务，对引导和规范建设行为起到非常重要的作用。

中华人民共和国建设部及国家工商行政管理总局根据工程建设的有关法律、法规，总结我国1991年版《建设工程施工合同示范文本》(GF—91—0201)推行的有关经验，结合我国建设工程施工合同的实际情况，并借鉴国际上通用的土木工程施工合同的成熟经验和有效做法，于1999年12月24日颁发了修改的《建设工程施工合同示范文本》(GF—99—0201)。该文本适用于各类公用建筑、民用住宅、工业厂房、交通设施及线路、管道的施工和设备安装等工程。大中型水利水电工程使用水利部、国家电力公司、国家工商行政管理局联合印发的《水利水电工程施工合同和招标文件示范文本》(GF—2000—0208)2000年版。

为了规范施工招标资格预审文件、招标文件编制活动，提高资格预审文件、招标文件编制质量，促进招标投标活动的公开、公平和公正，国家发展和改革委员会、财政部、建设部、铁道部、交通部、信息产业部、水利部、民用航空总局、广播电影电视总局联合编制了《标准施工招标资格预审文件》和《标准施工招标文件》，自2008年5月1日起试行。

国务院有关行业主管部门可根据《标准施工招标文件》并结合本行业施工招标特点和管理需要，编制行业标准施工招标文件。行业标准施工招标文件重点对“专用合同条款”、“工程量清单”、“图纸”、“技术标准和要求”作出具体规定。

行业标准施工招标文件中的“专用合同条款”可对《标准施工招标文件》中的“通用合同条款”进行补充、细化，除“通用合同条款”明确“专用合同条款”可作出不同约定外，补充和细化的内容不得与“通用合同条款”强制性规定相抵触，否则抵触内容无效。

《标准施工招标文件》中“通用合同条款”的主要内容如下。

(一)词语定义与解释

在《建设工程施工合同示范文本》(GF—99—0201)的词语定义与解释中，对工程师做了

专门定义，明确为工程监理单位委派的总监理工程师或发包人指定的履行合同的代表其具体身份和职权由发包人和承包人在专用条款中约定。工程师可以根据需要委派代表，行使合同中约定的部分权力和职责。

《标准施工招标文件》的“通用合同条款”中，取消了“工程师”的概念，明确了“监理人”是指在专用合同条款中指明的，受发包人委托对合同履行实施管理的法人或其他组织。总监理工程师（总监）是指由监理人委派常驻施工场地对合同履行实施管理的全权负责人。

（二）发包人的责任与义务

1. 发包人责任

（1）除专用合同条款另有约定外，发包人应根据合同工程的施工需要，负责办理取得出入施工场地的专用和临时道路的通行权，以及取得为工程建设所需修建场外设施的权利，并承担有关费用。承包人应协助发包人办理上述手续。

（2）发包人应在专用合同条款约定的期限内，通过监理人向承包人提供测量基准点、基准线和水准点及其书面资料。

发包人应对其提供的测量基准点、基准线和水准点及其书面资料的真实性、准确性和完整性负责。发包人提供上述基准资料错误导致承包人测量放线工作的返工或造成工程损失的，发包人应当承担由此增加的费用和（或）工期延误，并向承包人支付合理利润。

（3）发包人的施工安全责任。发包人应按合同约定履行安全职责，授权监理人按合同约定的安全工作内容监督、检查承包人安全工作的实施，组织承包人和有关单位进行安全检查。

发包人应对其现场机构雇佣的全部人员的工伤事故承担责任，但由于承包人原因造成发包人人员工伤的，应由承包人承担责任。

发包人应负责赔偿以下各种情况造成的第三者人身伤亡和财产损失：

①工程或工程的任何部分对土地的占用所造成的第三者财产损失；

②由于发包人原因在施工场地及其毗邻地带造成的第三者人身伤亡和财产损失。

（4）治安保卫的责任。除合同另有约定外，发包人应与当地公安部门协商，在现场建立治安管理机构或联防组织，统一管理施工场地的治安保卫事项，履行合同工程的治安保卫职责。

发包人和承包人除应协助现场治安管理机构或联防组织维护施工场地的社会治安外，还应做好包括生活区在内的各自管辖区的治安保卫工作。

除合同另有约定外，发包人和承包人应在工程开工后，共同编制施工场地治安管理计划，并制定应对突发治安事件的紧急预案。在工程施工过程中，发生暴乱、爆炸等恐怖事件，以及群殴、械斗等群体性突发治安事件的，发包人和承包人应立即向当地政府报告。发包人和承包人应积极协助当地有关部门采取措施平息事态，防止事态扩大，尽量减少财产损失和避免人员伤亡。

（5）工程施工过程中发生事故的，承包人应立即通知监理人，监理人应立即通知发包人。发包人和承包人应立即组织人员和设备进行紧急抢救和抢修，减少人员伤亡和财产损失，防止事故扩大，并保护事故现场。需要移动现场物品时，应作出标记和书面记录，妥善保管有关证据。发包人和承包人应按国家有关规定，及时如实地向有关部门报告事故发生的情况，以及正在采取的紧急措施等。

(6)发包人应将其持有的现场地质勘探资料、水文气象资料提供给承包人,并对其准确性负责。但承包人应对其阅读上述有关资料后所作出的解释和推断负责。

2. 发包人义务

1)遵守法律

发包人在履行合同过程中应遵守法律,并保证承包人免于承担因发包人违反法律而引起的任何责任。

2)发出开工通知

发包人应委托监理人按合同约定向承包人发出开工通知。

3)提供施工场地

发包人应按专用合同条款约定向承包人提供施工场地,以及施工场地内地下管线和地下设施等有关资料,并保证资料的真实、准确、完整。

4)协助承包人办理证件和批件

发包人应协助承包人办理法律规定的有关施工证件和批件。

5)组织设计交底

发包人应根据合同进度计划,组织设计单位向承包人进行设计交底。

6)支付合同价款

发包人应按合同约定向承包人及时支付合同价款。

7)组织竣工验收

发包人应按合同约定及时组织竣工验收。

8)其他义务

发包人应履行合同约定的其他义务。

3. 发包人违约的情形

在履行合同过程中发生的下列情形,属发包人违约:

(1)发包人未能按合同约定支付预付款或合同价款,或拖延、拒绝批准付款申请和支付凭证,导致付款延误的;

(2)发包人原因造成停工的;

(3)监理人无正当理由没有在约定期限内发出复工指示,导致承包人无法复工的;

(4)发包人无法继续履行或明确表示不履行或实质上已停止履行合同的;

(5)发包人不履行合同约定其他义务的。

(三)承包人的责任与义务

1. 承包人的一般义务

1)遵守法律

承包人在履行合同过程中应遵守法律,并保证发包人免于承担因承包人违反法律而引起的任何责任。

2)依法纳税

承包人应按有关法律规定纳税,应缴纳的税金包括在合同价格内。

3)完成各项承包工作

承包人应按合同约定以及监理人的指示,实施完成全部工程,并修补工程中的任何缺陷。除专用合同条款另有约定外,承包人应提供为完成合同工作所需的劳务、材料、施工设备、工程设备和其他物品，并按合同约定负责临时设施的设计、建造、运行、维护、管理和拆除。

4）对施工作业和施工方法的完备性负责

承包人应按合同约定的工作内容和施工进度要求，编制施工组织设计和施工措施计划，并对所有施工作业和施工方法的完备性和安全可靠性负责。

5）保证工程施工和人员的安全

承包人应按合同约定采取施工安全措施，确保工程及其人员、材料、设备和设施的安全，防止因工程施工造成的人身伤害和财产损失。

6）负责施工场地及其周边环境与生态的保护工作

承包人应按照合同约定负责施工场地及其周边环境与生态的保护工作。

7）避免施工对公众与他人的利益造成损害

承包人在进行合同约定的各项工作时，不得侵害发包人与他人使用公用道路、水源、市政管网等公共设施的权利，避免对邻近的公共设施产生干扰。承包人占用或使用他人的施工场地，影响他人作业或生活的，应承担相应责任。

8）为他人提供方便

承包人应按监理人的指示为他人在施工场地或附近实施与工程有关的其他各项工作提供可能的条件。除合同另有约定外，提供有关条件的内容和可能发生的费用应由监理人按合同规定的办法与双方商定或确定。

9）工程的维护和照管

工程接收证书颁发前，承包人应负责照管和维护工程。工程接收证书颁发时尚有部分未竣工工程的，承包人还应负责该未竣工工程的照管和维护工作，直至竣工后移交给发包人为止。

10）其他义务

承包人应履行合同约定的其他义务。

2. 承包人的其他责任与义务

（1）承包人不得将工程主体、关键性工作分包给第三人。除专用合同条款另有约定外，未经发包人同意，承包人不得将工程的其他部分或工作分包给第三人。承包人应与分包人就分包工程向发包人承担连带责任。

（2）承包人应在接到开工通知后28 d内，向监理人提交承包人在施工场地的管理机构以及人员安排的报告，其内容应包括管理机构的设置、各主要岗位的技术和管理人员名单及其资格，以及各工种技术工人的安排状况。承包人应向监理人提交施工场地人员变动情况的报告。

（3）承包人应对施工场地和周围环境进行查勘，并收集有关地质、水文、气象条件、交通条件、风俗习惯以及其他为完成合同工作有关的当地资料。在全部合同工作中，应视为承包人已充分估计了应承担的责任和风险。

（四）进度控制的主要条款内容

1. 进度计划

1）合同进度计划

承包人应按专用合同条款约定的内容和期限，编制详细的施工进度计划和施工方案说明报送监理人。监理人应在专用合同条款约定的期限内批复或提出修改意见,否则该进度计划视为已得到批准。经监理人批准的施工进度计划称合同进度计划,是控制合同工程进度的依据。承包人还应根据合同进度计划,编制更为详细的分阶段或分项进度计划,报监理人审批。

2)合同进度计划的修订

不论何种原因造成工程的实际进度与合同进度计划不符时,承包人可以在专用合同条款约定的期限内向监理人提交修订合同进度计划的申请报告,并附有关措施和相关资料,报监理人审批;监理人也可以直接向承包人作出修订合同进度计划的指示,承包人应按该指示修订合同进度计划,报监理人审批。监理人应在专用合同条款约定的期限内批复。监理人在批复前应获得发包人同意。

2. 开工日期与工期

监理人应在开工日期 7 d 前向承包人发出开工通知。监理人在发出开工通知前应获得发包人同意。工期自监理人发出的开工通知中载明的开工日期起计算。

3. 工期调整

1)发包人的工期延误

在履行合同过程中,由于发包人的下列原因造成工期延误的,承包人有权要求发包人延长工期和(或)增加费用,并支付合理利润。需要修订合同进度计划的,按照合同规定的办法办理。

(1)增加合同工作内容;

(2)改变合同中任何一项工作的质量要求或其他特性;

(3)发包人迟延提供材料、工程设备或变更交货地点的;

(4)因发包人原因导致的暂停施工;

(5)提供图纸延误;

(6)未按合同约定及时支付预付款、进度款;

(7)发包人造成工期延误的其他原因。

2)异常恶劣的气候条件

由于出现专用合同条款规定的异常恶劣气候的条件导致工期延误的,承包人有权要求发包人延长工期。

3)承包人的工期延误

由于承包人原因,未能按合同进度计划完成工作,或监理人认为承包人施工进度不能满足合同工期要求的,承包人应采取措施加快进度,并承担加快进度所增加的费用。由于承包人原因造成工期延误,承包人应支付逾期竣工违约金。承包人支付逾期竣工违约金,不免除承包人完成工程及修补缺陷的义务。

4)工期提前

发包人要求承包人提前竣工,或承包人提出提前竣工的建议能够给发包人带来效益的,应由监理人与承包人共同协商采取加快工程进度的措施和修订合同进度计划。发包人应承担承包人由此增加的费用,并向承包人支付专用合同条款约定的相应奖金。

4. 暂停施工

1）承包人暂停施工的责任

因下列暂停施工增加的费用和（或）工期延误由承包人承担：

（1）承包人违约引起的暂停施工；

（2）由于承包人原因为工程合理施工和安全保障所必需的暂停施工；

（3）承包人擅自暂停施工；

（4）承包人其他原因引起的暂停施工；

（5）专用合同条款约定由承包人承担的其他暂停施工。

2）发包人暂停施工的责任

由于发包人原因引起的暂停施工造成工期延误的，承包人有权要求发包人延长工期和（或）增加费用，并支付合理利润。

3）监理人暂停施工指示

（1）监理人认为有必要时，可向承包人作出暂停施工的指示，承包人应按监理人指示暂停施工。不论由于何种原因引起的暂停施工，暂停施工期间承包人应负责妥善保护工程并提供安全保障。

（2）由于发包人的原因发生暂停施工的紧急情况，且监理人未及时下达暂停施工指示的，承包人可先暂停施工，并及时向监理人提出暂停施工的书面请求。监理人应在接到书面请求后的 24 h 内予以答复，逾期未答复的，视为同意承包人的暂停施工请求。

4）暂停施工后的复工

（1）暂停施工后，监理人应与发包人和承包人协商，采取有效措施积极消除暂停施工的影响。当工程具备复工条件时，监理人应立即向承包人发出复工通知。承包人收到复工通知后，应在监理人指定的期限内复工。

（2）承包人无故拖延和拒绝复工的，由此增加的费用和工期延误由承包人承担；因发包人原因无法按时复工的，承包人有权要求发包人延长工期和（或）增加费用，并支付合理利润。

5）暂停施工持续 56 d 以上

（1）监理人发出暂停施工指示后 56 d 内未向承包人发出复工通知，除了该项停工属于即由于承包人暂停施工的责任的情况外，承包人可向监理人提交书面通知，要求监理人在收到书面通知后 28 d 内准许已暂停施工的工程或其中一部分工程继续施工。如监理人逾期不予批准，则承包人可以通知监理人，将工程受影响的部分视为按相关规定的可取消工作。如暂停施工影响到整个工程，可视为发包人违约，应按相关规定（即发包人违约）办理。

（2）由于承包人责任引起的暂停施工，如承包人在收到监理人暂停施工指示后 56 d 内不认真采取有效的复工措施，造成工期延误，可视为承包人违约，应按相关规定（即承包人违约）办理。

（五）费用控制的主要条款内容

1. 预付款

预付款用于承包人为合同工程施工购置材料、工程设备、施工设备、修建临时设施以及组织施工队伍进场等。预付款的额度和预付办法在专用合同条款中约定。预付款必须专用于合同工程。

除专用合同条款另有约定外，承包人应在收到预付款的同时向发包人提交预付款保函，预付款保函的担保金额应与预付款金额相同。保函的担保金额可根据预付款扣回的金额相应递减。

2. 工程进度付款

1) 付款周期

付款周期同计量周期。

2) 进度付款申请单

承包人应在每个付款周期末，按监理人批准的格式和专用合同条款约定的份数，向监理人提交进度付款申请单，并附相应的支持性证明文件。

3) 进度付款证书和支付时间

(1) 监理人在收到承包人进度付款申请单以及相应的支持性证明文件后的14 d内完成核查，提出发包人到期应支付给承包人的金额以及相应的支持性材料，经发包人审查同意后，由监理人向承包人出具经发包人签认的进度付款证书。监理人有权扣发承包人未能按照合同要求履行任何工作或义务的相应金额。

(2) 发包人应在监理人收到进度付款申请单后的28 d内，将进度应付款支付给承包人。发包人不按期支付的，按专用合同条款的约定支付逾期付款违约金。

(3) 监理人出具进度付款证书，不应视为监理人已同意、批准或接受了承包人完成的该部分工作。

(4) 进度付款涉及政府投资资金的，按照国库集中支付等国家相关规定和专用合同条款的约定办理。

4) 工程进度付款的修正

在对以往历次已签发的进度付款证书进行汇总和复核中发现错、漏或重复的，监理人有权予以修正，承包人也有权提出修正申请。经双方复核同意的修正，应在本次进度付款中支付或扣除。

3. 质量保证金

监理人应从第一个付款周期开始，在发包人的进度付款中，按专用合同条款的约定扣留质量保证金，直至扣留的质量保证金总额达到专用合同条款约定的金额或比例。质量保证金的计算额度不包括预付款的支付、扣回以及价格调整的金额。

在合同约定的缺陷责任期满时，承包人向发包人申请到期应返还承包人剩余的质量保证金金额，发包人应在14 d内会同承包人按照合同约定的内容核实承包人是否完成缺陷责任。如无异议，发包人应当在核实后将剩余保证金返还承包人。

在合同约定的缺陷责任期满时，承包人没有完成缺陷责任的，发包人有权扣留与未履行责任剩余工作所需金额相应的质量保证金余额，并有权要求延长缺陷责任期，直至完成剩余工作。

4. 竣工结算

1) 竣工付款申请单

(1) 工程接收证书颁发后，承包人应按专用合同条款约定的份数和期限向监理人提交竣工付款申请单，并提供相关证明材料。

(2) 监理人对竣工付款申请单有异议的，有权要求承包人进行修正和提供补充资料。

经监理人和承包人协商后，由承包人向监理人提交修正后的竣工付款申请单。

2）竣工付款证书及支付时间

（1）监理人在收到承包人提交的竣工付款申请单后的 14 d 内完成核查，提出发包人到期应支付给承包人的价款送发包人审核并抄送承包人。发包人应在收到后 14 d 内审核完毕，由监理人向承包人出具经发包人签认的竣工付款证书。监理人未在约定时间内核查，又未提出具体意见的，视为承包人提交的竣工付款申请单已经监理人核查同意；发包人未在约定时间内审核又未提出具体意见的，监理人提出发包人到期应支付给承包人的价款视为已经发包人同意。

（2）发包人应在监理人出具竣工付款证书后的 14 d 内，将应支付款支付给承包人。发包人不按期支付的，按合同约定，将逾期付款违约金支付给承包人。

（3）承包人对发包人签认的竣工付款证书有异议的，发包人可出具竣工付款申请单中承包人已同意部分的临时付款证书。存在争议的部分，按相关约定办理。

5. 最终结清

1）最终结清申请单

（1）缺陷责任期终止证书签发后，承包人可按专用合同条款约定的份数和期限向监理人提交最终结清申请单，并提供相关证明材料。

（2）发包人对最终结清申请单内容有异议的，有权要求承包人进行修正和提供补充资料，由承包人向监理人提交修正后的最终结清申请单。

2）最终结清证书和支付时间

（1）监理人收到承包人提交的最终结清申请单后的 14 d 内，提出发包人应支付给承包人的价款送发包人审核并抄送承包人。发包人应在收到后 14 d 内审核完毕，由监理人向承包人出具经发包人签认的最终结清证书。监理人未在约定时间内核查，又未提出具体意见的，视为承包人提交的最终结清申请已经监理人核查同意；发包人未在约定时间内审核又未提出具体意见的，监理人提出应支付给承包人的价款视为已经发包人同意。

（2）发包人应在监理人出具最终结清证书后的 14 d 内，将应支付款支付给承包人。发包人不按期支付的，按合同约定，将逾期付款违约金支付给承包人。

（3）承包人对发包人签认的最终结清证书有异议的，按相关规定（即争议的解决）办理。

6. 竣工清场

除合同另有约定外，工程接收证书颁发后，承包人应按以下要求对施工场地进行清理，直至监理人检验合格为止竣工清场费用由承包人承担。

（1）施工场地内残留的垃圾已全部清除出场。

（2）临时工程已拆除，场地已按合同要求进行清理、平整或复原。

（3）按合同约定应撤离的承包人设备和剩余的材料，包括废弃的施工设备和材料，已按计划撤离施工场地。

（4）工程建筑物周边及其附近道路、河道的施工堆积物，已按监理人指示全部清理。

（5）监理人指示的其他场地清理工作已全部完成。

承包人未按监理人的要求恢复临时占地，或者场地清理未达到合同约定的，发包人有权委托其他人恢复或清理，所发生的金额从拟支付给承包人的款项中扣除。

7. 施工队伍的撤离

工程接收证书颁发后的56 d 内，除经监理人同意需在缺陷责任期内继续工作和使用的人员、施工设备和临时工程外，其余的人员、施工设备和临时工程均应撤离施工场地或拆除。除合同另有约定外，缺陷责任期满时，承包人的人员和施工设备应全部撤离施工场地。

（六）缺陷责任与保修责任

1. 缺陷责任期的起算时间

缺陷责任期自实际竣工日期起计算。在全部工程竣工验收前，已经发包人提前验收的单位工程，其缺陷责任期的起算日期相应提前。

2. 缺陷责任

（1）承包人应在缺陷责任期内对已交付使用的工程承担缺陷责任。

（2）缺陷责任期内，发包人对已接收使用的工程负责日常维护工作。发包人在使用过程中，发现已接收的工程存在新的缺陷或已修复的缺陷部位或部件又遭损坏的，承包人应负责修复，直至检验合格。

（3）监理人和承包人应共同查清缺陷和（或）损坏的原因。经查明属承包人原因造成的，应由承包人承担修复和查验的费用。经查验属发包人原因造成的，发包人应承担修复和查验的费用，并支付承包人合理利润。

（4）承包人不能在合理时间内修复缺陷的，发包人可自行修复或委托其他人修复，所需费用和利润的承担根据缺陷和（或）损坏原因处理。

3. 缺陷责任期的延长

由于承包人原因造成某项缺陷或损坏使某项工程或工程设备不能按原定目标使用而需要再次检查、检验和修复的，发包人有权要求承包人相应延长缺陷责任期，但缺陷责任期最长不超过2 年。

4. 进一步试验和试运行

任何一项缺陷或损坏修复后，经检查证明其影响了工程或工程设备的使用性能，承包人应重新进行合同约定的试验和试运行，试验和试运行的全部费用应由责任方承担。

5. 缺陷责任期终止证书

在缺陷责任期，包括根据合同规定延长的期限终止后14 d 内，由监理人向承包人出具经发包人签认的缺陷责任期终止证书，并退还剩余的质量保证金。

6. 保修责任

合同当事人根据有关法律规定，在专用合同条款中约定工程质量保修范围、期限和责任。保修期自实际竣工日期起计算。在全部工程竣工验收前，已经发包人提前验收的单位工程，其保修期的起算日期相应提前。

三、掌握施工专业分包合同的内容

针对各种工程中普遍存在专业工程分包的实际情况，为了规范管理，减少或避免纠纷，建设部和国家工商行政管理总局于2003 年发布了《建设工程施工专业分包合同（示范文本）》（GF—2003—0213）和《建设工程施工劳务分包合同（示范文本）》（GF—2003—0214）。

《建设工程施工专业分包合同（示范文本）》（GF—2003—0213）的主要内容如下。

(一)工程承包人(总承包单位1》的主要责任和义务

(1)分包人对总包合同的了解:承包人应提供总包合同(有关承包工程的价格内容除外)供分包人查阅。

(2)项目经理应按分包合同的约定,及时向分包人提供所需的指令、批准、图纸并履行其他约定的义务,否则分包人应在约定时间后24 h内将具体要求、需要的理由及延误的后果通知承包人,项目经理在收到通知后48h内不予答复,应承担因延误造成的损失。

(3)承包人的工作:

①向分包人提供与分包工程相关的各种证件、批件和各种相关资料,向分包人提供具备施工条件的施工场地;

②组织分包人参加发包人组织的图纸会审,向分包人进行设计图纸交底;

③提供本合同专用条款中约定的设备和设施,并承担因此发生的费用;

④随时为分包人提供确保分包工程的施工所要求的施工场地和通道等,满足施工运输的需要,保证施工期间的畅通;

⑤负责整个施工场地的管理工作,协调分包人与同一施工场地的其他分包人之间的交叉配合,确保分包人按照经批准的施工组织设计进行施工。

(二)专业工程分包人的主要责任和义务

1.分包人对有关分包工程的责任

除本合同条款另有约定外,分包人应履行并承担总包合同中与分包工程有关的承包人的所有义务与责任,同时应避免因分包人自身行为或疏漏造成承包人违反总包合同中约定的承包人义务的情况发生。

2.分包人与发包人的关系

分包人须服从承包人转发的发包人或工程师与分包工程有关的指令。未经承包人允许,分包人不得以任何理由与发包人或工程师发生直接工作联系,分包人不得直接致函发包人或工程师,也不得直接接受发包人或工程师的指令。如分包人与发包人或工程师发生直接工作联系,将被视为违约,并承担违约责任。

3.承包人指令

就分包工程范围内的有关工作,承包人随时可以向分包人发出指令,分包人应执行承包人根据分包合同所发出的所有指令。分包人拒不执行指令,承包人可委托其他施工单位完成该指令事项,发生的费用从应付给分包人的相应款项中扣除。

4.分包人的工作

(1)按照分包合同的约定,对分包工程进行设计(分包合同有约定时)、施工、竣工和保修。

(2)按照合同约定的时间,完成规定的设计内容,报承包人确认后在分包工程中使用。承包人承担由此发生的费用。

(3)在合同约定的时间内,向承包人提供年、季、月度工程进度计划及相应进度统计报表。

(4)在合同约定的时间内,向承包人提交详细施工组织设计,承包人应在专用条款约定的时间内批准,分包人方可执行。

(5)遵守政府有关主管部门对施工场地交通、施工噪声以及环境保护和安全文明生产等的管理规定,按规定办理有关手续,并以书面形式通知承包人,承包人承担由此发生的费用,因分包人责任造成的罚款除外。

(6)分包人应允许承包人、发包人、监理人及其三方中任何一方授权的人员在工作时间内,合理进入分包工程施工场地或材料存放的地点,以及施工场地以外与分包合同有关的分包人的任何工作或准备的地点,分包人应提供方便。

(7)已竣工工程未交付承包人之前,分包人应负责已完分包工程的成品保护工作,保护期间发生损坏,分包人自费予以修复;承包人要求分包人采取特殊措施保护的工程部位和相应的追加合同价款,双方在合同专用条款内约定。

(三)合同价款及支付

(1)分包工程合同价款可以采用以下三种方式中的一种(应与总包合同约定的方式一致):

①固定价格在约定的风险范围内合同价款不再调整。

②可调价格合同价款可根据双方的约定而调整,应在专用条款内约定合同价款调整方法。

③成本加酬金合同价款包括成本和酬金两部分,双方在合同专用条款内约定成本构成和酬金的计算方法。

(2)分包合同价款与总包合同相应部分价款无任何连带关系。

(3)合同价款的支付:

①实行工程预付款的,双方应在合同专用条款内约定承包人向分包人预付工程款的时间和数额,开工后按约定的时间和比例逐次扣回。

②承包人应按专用条款约定的时间和方式,向分包人支付工程款(进度款),按约定时间承包人应扣回的预付款与工程款(进度款)同期结算。

③分包合同约定的工程变更调整的合同价款、合同价款的调整、索赔的价款或费用以及其他约定的追加合同价款,应与工程进度款同期调整支付。

④承包人超过约定的支付时间不支付工程款(预付款、进度款),分包人可向承包人发出要求付款的通知,承包人不按分包合同约定支付工程款(预付款、进度款),导致施工无法进行,分包人可停止施工,由承包人承担违约责任。

⑤承包人应在收到分包工程竣工结算报告及结算资料后28 d内支付工程竣工结算价款,无正当理由不按时支付,从第29 d起按分包人同期向银行贷款利率支付拖欠工程价款的利息,并承担违约责任。

劳务作业分包是指施工承包单位或者专业分包单位(均可作为劳务作业的发包人)将其承包工程中的劳务作业发包给劳务分包单位(即劳务作业承包人)完成的活动。

四、掌握施工劳务分包合同的内容

《建设工程施工劳务分包合同(示范文本)》(GF—2003—0214)的主要内容如下。

(一)工程承包人的主要义务

对劳务分包合同条款中规定的工程承包人的主要义务归纳如下。

(1)组建与工程相适应的项目管理班子,全面履行总(分)包合同,组织实施施工管理的各项工作,对工程的工期和质量向发包人负责。

(2)完成劳务分包人施工前期的下列工作：

①向劳务分包人交付具备本合同要求的劳务作业开工条件的施工场地；

②满足劳务作业所需的能源供应、通讯及施工道路畅通；

③向劳务分包人提供相应的工程资料；

④向劳务分包人提供生产、生活临时设施。

(3)负责编制施工组织设计，统一制定各项管理目标，组织编制年、季、月施工计划、物资需用量计划表，实施对工程质量、工期、安全生产、文明施工、计量检测、实验化验的控制、监督、检查和验收。

(4)负责工程测量定位、沉降观测、技术交底，组织图纸会审，统一安排技术档案资料的收集整理及交工验收。

(5)按时提供图纸，及时交付材料、设备，所提供的施工机械设备、周转材料、安全设施保置需要。

(6)按合同约定，向劳务分包人支付劳动报酬。

(7)负责与发包人、监理、设计及有关部门联系，协调现场工作关系。

(二)劳务分包人的主要义务

对劳务分包合同条款中规定的劳务分包人的主要义务归纳如下。

(1)对劳务分包范围内的工程质量向工程承包人负责，组织具有相应资格证书的熟练工人投入工作；未经工程承包人授权或允许，不得擅自与发包人及有关部门建立工作联系；自觉遵守法律法规及有关规章制度。

(2)严格按照设计图纸、施工验收规范、有关技术要求及施工组织设计精心组织施工，确保工程质量达到约定的标准。

(3)科学安排作业计划，投入足够的人力、物力，保证工期。

(4)加强安全教育，认真执行安全技术规范，严格遵守安全制度，落实安全措施，确保施工安全。

(5)加强现场管理，严格执行建设主管部门及环保、消防、环卫等有关部门对施工现场的管理规定，做到文明施工。

(6)承担由于自身责任造成的质量修改、返工、工期拖延、安全事故、现场脏乱造成的损失及各种罚款。

(7)自觉接受工程承包人及有关部门的管理、监督和检查；接受工程承包人随时检查其设备、材料保管、使用情况，及其操作人员的有效证件、持证上岗情况；与现场其他单位协调配合，照顾全局。

(8)劳务分包人须服从工程承包人转发的发包人及工程师的指令。

(9)除非合同另有约定，劳务分包人应对其作业内容的实施、完工负责，劳务分包人应承担并履行总(分)包合同约定的、与劳务作业有关的所有义务及工作程序。

(三)保险

(1)劳务分包人施工开始前，工程承包人应获得发包人为施工场地内的自有人员及第三人员生命财产办理的保险，且不需劳务分包人支付保险费用。

(2)运至施工场地用于劳务施工的材料和待安装设备，由工程承包人办理或获得保险，且不需劳务分包人支付保险费用。

(3)工程承包人必须为租赁或提供给劳务分包人使用的施工机械设备办理保险,并支付保险费用。

(4)劳务分包人必须为从事危险作业的职工办理意外伤害保险,并为施工场地内自有人员生命财产和施工机械设备办理保险,支付保险费用。

(5)保险事故发生时,劳务分包人和工程承包人有责任采取必要的措施,以防止或减少损失。

(四)劳务报酬

劳务报酬可以采用以下方式中的任何一种:

(1)固定劳务报酬(含管理费);

(2)约定不同工种劳务的计时单价(含管理费),按确认的工时计算;

(3)约定不同工作成果的计件单价(含管理费),按确认的工程量计算。

劳务报酬,可以采用固定价格或变动价格。采用固定价格,则除合同约定或法律政策变化导致劳务价格变化以外,均为一次包死,不再调整。

在合同中可以约定,下列情况下,固定劳务报酬或单价可以调整:

(1)以本合同约定价格为基准,市场人工价格的变化幅度超过一定百分比时,按变化前后价格的差额予以调整;

(2)后续法律及政策变化,导致劳务价格变化的,按变化前后价格的差额予以调整;

(3)双方约定的其他情形。

(五)工时及工程量的确认

(1)采用固定劳务报酬方式的,施工过程中不计算工时和工程量。

(2)采用按确定的工时计算劳务报酬的,由劳务分包人每日将提供劳务人数报工程承包人,由工程承包人确认。

(3)采用按确认的工程量计算劳务报酬的,由劳务分包人按月(或旬、日)将完成的工程量报工程承包人,由工程承包人确认。对劳务分包人未经工程承包人认可,超出设计图纸范围和因劳务分包人原因造成返工的工程量,工程承包人不予计量。

(六)劳务报酬最终支付

(1)全部工作完成,经工程承包人认可后 14 d 内,劳务分包人向工程承包人递交完整的结算资料,双方按照本合同约定的计价方式,进行劳务报酬的最终支付。

(2)工程承包人收到劳务分包人递交的结算资料后 14 d 内进行核实,给予确认或者提出修改意见。工程承包人确认结算资料后 14 d 内向劳务分包人支付劳务报酬尾款。

(3)劳务分包人和工程承包人对劳务报酬结算价款发生争议时,按合同约定处理。

五、掌握物资采购合同的主要内容

工程建设过程中的物资包括建筑材料(含构配件)和设备等。材料和设备的供应一般需要经过订货、生产(加工)、运输、储存、使用(安装)等各个环节,经历一个非常复杂的过程。

物资采购合同分建筑材料采购合同和设备采购合同,其合同当事人为供货方和采购方。供货方一般为物资供应单位或建筑材料和设备的生产厂家,采购方为建设单位(业主)、项目总承包单位或施工承包单位。供货方应对其生产或供应的产品质量负责,而采购方则应根据合同的规定进行验收。

（一）建筑材料采购合同的主要内容

1. 标的

标的主要包括购销物资的名称（注明牌号、商标）、品种、型号、规格、等级、花色、技术标准或质量要求等。合同中标的物应按照行业主管部门颁布的产品规定正确填写，不能用习惯名称或自行命名，以免产生差错。订购特定产品，最好还要注明其用途，以免产生不必要的纠纷。

标的物的质量要求应该符合国家或者行业现行有关质量标准和设计要求，应该符合以产品采用标准、说明、实物样品等方式表明的质量状况。

约定质量标准的一般原则是：

（1）按颁布的国家标准执行；

（2）没有国家标准而有部颁标准的则按照部颁标准执行；

（3）没有国家标准和部颁标准为依据时，可按照企业标准执行；

（4）没有上述标准或虽有上述标准但采购方有特殊要求的，按照双方在合同中约定的技术条件、样品或补充的技术要求执行。

合同内必须写明执行的质量标准代号、编号和标准名称，明确各类材料的技术要求、试验项目、试验方法、试验频率等。采购成套产品时，合同内也需要规定附件的质量要求。

2. 数量

合同中应该明确所采用的计量方法，并明确计量单位。凡国家、行业或地方规定有计量标准的产品，合同中应按照统一标准注明计量单位，没有规定的，可由当事人协商执行，不可以用含混不清的计量单位。应当注意的是，若建筑材料或产品有计量换算问题，则应该按照标准计量单位确定订购数量。

供货方发货时所采用的计量单位与计量方法应该与合同一致，并在发货明细表或质量证明书中注明，以便采购方检验。运输中转单位也应该按照供货方发货时所采用的计量方法进行验收和发货。

订购数量必须在合同中注明，尤其是一次订购分期供货的合同，还应明确每次进货的时间、地点和数量。

建筑材料在运输过程中容易造成自然损耗，如挥发、飞散、干燥、风化、潮解、破碎、漏损等，在装卸操作或检验环节中换装、拆包检查等也都会造成物资数量的减少，这些都属于途中自然减量。但是，有些情况不能作为自然减量，如非人力所能抗拒的自然灾害所造成的非常损失，由于工作失职和管理不善造成的失误。因此，对于某些建筑材料，还应在合同中写明交货数量的正负尾数差、合理磅差和运输途中的自然损耗的规定及计算方法。

3. 包装

包装的要求包括包装的标准、包装物的供应和回收。

包装标准是指产品包装的类型、规格、容量以及标记等。产品或者其包装标识应该符合要求，如包括产品名称、生产厂家、厂址、质量检验合格证明等。

包装物一般应由建筑材料的供货方负责供应，并且一般不得另外向采购方收取包装费。如果采购方对包装提出特殊要求，双方应在合同中商定，超过原标准费用部分由采购方负责；反之，若议定的包装标准低于有关规定标准，也应相应降低产品价格：

包装物的回收办法可以采用如下两种形式之一：

(1)押金回收：适用于专用的包装物，如电缆卷筒、集装箱、大中型木箱等；

(2)折价回收：适用于可以再次利用的包装器材，如油漆桶、麻袋、玻璃瓶等。

4. 交付及运输方式

交付方式可以是采购方到约定地点提货或供货方负责将货物送达指定地点两大类。如果是由供货方负责将货物送达指定地点，要确定运输方式，可以选择铁路、公路、水路、航空、管道运输及海上运输等，一般由采购方在签订合同时提出要求，供货方代办发运，运费由采购方负担。

5. 验收

合同中应该明确货物的验收依据和验收方式。

验收依据包括：

(1)采购合同；

(2)供货方提供的发货单、计量单、装箱单及其他有关凭证；

(3)合同约定的质量标准和要求；

(4)产品合格证、检验单；

(5)图纸、样品和其他技术证明文件；

(6)双方当事人封存的样品。

验收方式有驻厂验收、提运验收、接运验收和入库验收等方式。

(1)驻厂验收：在制造时期，由采购方派人在供应的生产厂家进行材质检验。

(2)提运验收：对加工订制、市场采购和自提自运的物资，由提货人在提取产品时检验。

(3)接运验收：由接运人员对到达的物资进行检查，发现问题当场作出记录。

(4)入库验收：是广泛采用的正式的验收方法，由仓库管理人员负责数量和外观检验。

6. 交货期限

应明确具体的交货时间。如果分批交货，要注明各个批次的交货时间。

交货日期的确定可以按照下列方式：

(1)供货方负责送货的以采购方收货戳记的日期为准；

(2)采购方提货的，以供货方按合同规定通知的提货日期为准；

(3)凡委托运输部门或单位运输、送货或代运的产品，一般以供货方发运产品时承运单位签发的日期为准，不是以向承运单位提出申请的日期为准。

7. 价格

(1)有国家定价的材料，应按国家定价执行。

(2)按规定应由国家定价的但国家尚无定价的材料，其价格应报请物价主管部门批准。

(3)不属于国家定价的产品，可由供需双方协商确定价格。

8. 结算

合同中应明确结算的时间、方式和手续：首先应明确是单付款还是验货付款。结算方式可以是现金支付和转账结算。现金支付适用于成交货物数量少且金额小的合同；转账结算适用于同城市或同地区内的结算，也适用于异地之间的结算。

9. 违约责任

当事人任何一方不能正确履行合同义务时，都可以以违约金的形式承担违约赔偿责任。

双方应通过协商确定违约金的比例，并在合同条款内明确。

(1)供货方的违约行为可能包括不能按期供货、不能供货、供应的货物有质量缺陷或数量不足等。如有违约，应依照法律和合同规定承担相应的法律责任。

供货方不能按期交货分为逾期交货和提前交货。发生逾期交货情况，要按照合同约定，依据逾期交货部分货款总价计算违约金。对约定由采购方自提货物的，若发生采购方的其他损失，其实际开支的费用也应由供货方承担。比如，采购方应按期派车到指定地点接收货物，而供货方不能交付时，派车损失应由供货方承担。对于提前发货的情况，如果属于采够方自提货物，采够方接到提前提货通知后，可以根据自己的实际情况拒绝提前提货。对于供货方提前发运或交付的货物，采购方仍可按合同规定的时间付款，而且对多交货部分，以及不符合合同规定的产品，在代为保管期内实际支出的保管费、保养费由供货方承担。

供货方不能全部或部分交货应按合同约定的违约金比例乘以不能交货部分货款来计算违约金。如果违约金不足以偿付采购方的实际损失，采购方还可以另外提出补偿要求。

供货方交付的货物品种、型号、规格、质量不符合合同约定，如果采购方同意利用，应当按质论价；采购方不同意使用时，由供货方负责包换或包修。

(2)采购方的违约行为可能包括不按合同要求接受货物、逾期付款或拒绝付款等，应依照法律和合同规定承担相应的法律责任。

合同签订以后，采购方要求中途退货，应向供货方支付按退货部分货款总额计算的违约金，并要承担由此给供货方造成的损失。采购方不能按期提货，除支付违约金外，还应承担逾期提货给供货方造成的代为保管费、保养费等。

采购方逾期付款，应该按照合同约定支付逾期付款利息。

(二)设备采购合同的主要内容

成套设备供应合同的一般条款可参照建筑材料供应合同的一般条款，包括产品(设备)的名称、品种、型号、规格、等级、技术标准或技术性能指标；数量和计量单位；包装标准及包装物的供应与回收；交货单位、交货方式；运输方式；交货地点、提货单位、交(提)货期限；验收方式；产品价格；结算方式；违约责任等。此外，还需要注意的是以下几个方面。

1. 设备价格与支付

设备采购合同通常采用固定总价合同，在合同交货期内价格不进行调整。应该明确合同价格所包括的设备名称、套数，以及是否包括附件、配件、工具和损耗品的费用，是否包括调试、保修服务的费用等。合同价内应该包括设备的税费、运杂费、保险费等与合同有关的其他费用。

合同价款的支付一般分三次：

(1)设备制造前，采购方支付设备价格的10%作为预付款；

(2)供货方按照交货顺序在裁定的时间内将货物送达交货地点，采购方支付该批设备价的80%；

(3)剩余的10%作为设备保证金，待保证期满，采购方签发最终验收证书后支付。

2. 设备数量

明确设备名称、套数、随主机的辅机、附件、易损耗备用品、配件和安装修理工具等，应于合同中列出详细清单。

3. 技术标准

应注明设备系统的主要技术性能，以及各部位设备的主要技术标准和技术性能。

4. 现场服务

合同可以约定设备安装工作由供货方负责还是采购方负责。如果由采购方负责，可以要求供货方提供必要的技术服务、现场服务等内容，可能包括：供货方派必要的技术人员到现场向安装施工人员进行技术交底；指导安装和调试，处理设备的质量问题，参加试车和验收试验等：在合同中明确服务内容，对现场技术人员在现场的工作条件，生活待遇及费用等做出明确规定。

5. 验收和保修

成套设备安装后一般应进行试车调试，双方应该共同参加启动试车的检验工作。试验合格后双方在验收文件上签字，正式移交采购方进行生产运行。若运行检验不合格，属于设备质量原因，由供货方负责修理、更换并承担全部费用；如果属于工程施工质量问题，由安装单位负责拆除后纠正缺陷。

合同中还应明确成套设备的验收办法以及是否保修、保修期限、费用分担等。

第五节　施工合同的实施与管理

一、合同分析

合同分析是将合同目标和合同条款规定落实到合同实施的具体问题和具体事件上，用以指导具体工作，使合同能顺利地履行，最终实现合同目标。合同分析应作为工程施工合同管理的起点。

（一）施工合同分析的必要性

（1）一个工程中，合同往往有几份、十几份甚至几十份，合同之间关系复杂。

（2）合同文件和工程活动的具体要求（如工期、质量、费用等），合同各方的责任关系、事件和活动之间的逻辑关系极为复杂。

（3）许多参与工程的人员所涉及的活动和问题不是合同文件的全部，而仅为合同的部分内容，因此合同管理人员对合同进行全面分析，再向各职能人员进行合同交底以提高工作效率。

（4）合同条款的语言有时不够明了，只有在合同实施前进行合同分析以方便日常合同管理工作。

（5）在合同中存在的问题和风险，包括合同审查时已发现的风险和还可能隐藏着的风险在合同实施前有必要作进一步的全面分析。

（6）合同实施过程中，双方会产生许多争执，解决这些争执也必须作合同分析。

（二）合同分析的内容

1. 合同的法律基础

分析合同签订和实施所依据的法律、法规，通过分析，承包人了解适用于合同的法律的基本情况（范围、特点等），用以指导整个合同实施和索赔工作。对合同中明示的法律要重点分析。

2. 合同类型

不同类型的合同，其性质、特点、履行方式不一样，双方的责权利关系和风险分担不一样。这直接影响合同双方的责任和权利的划分，影响工程施工中的合同管理和索赔。

3. 承包人的主要任务

(1)承包人的总任务，即合同标的。承包人在设计、采购、生产、试验、运输、土建、安装、验收、试生产、缺陷责任期维修等方面的主要责任，施工现场的管理责任，给发包人的管理人员提供生活和工作条件的责任等。

(2)工作范围。它通常由合同中的工程量清单、图纸、工程说明、技术规范定义。工程范围的界限应很清楚，否则会影响工程变更和索赔，特别是固定总价合同。

(3)工程变更的规定。重点分析工程变更程序和工程变更的补偿范围。

4. 发包人的责任

主要分析发包人的权利和合作责任。发包人的权利是承包人的合作责任，是承包人容易产生违约行为的地方；发包人的合作责任是承包人顺利完成合同规定任务的前提，同时又是承包人进行索赔的理由。

5. 合同价格

应重点分析合同采用的计价方法、计价依据、价格调整方法、合同价格所包括的范围及工程款结算方法和程序。

6. 施工工期

在实际工程中，工期拖延极为常见和频繁，而且对合同实施和索赔的影响很大，要特别重视。

7. 违约责任

如果合同的一方未遵守合同规定，造成对方损失，应受到相应的合同处罚。

(1)承包人不能按合同规定的工期完成工程应支付的违约金或承担发包人损失的条款。

(2)由于管理上的疏忽造成对方人员和财产损失的赔偿条款。

(3)由于预谋和故意行为造成对方损失的处罚和赔偿条款。

(4)由于承包人不履行或不能正确履行合同责任，或出现严重违约时的处理规定。

(5)由于发包人不履行或不能正确履行合同责任，或出现严重违约时的处理规定，特别是对发包人不及时支付工程款的处理规定。

8. 验收、移交、和保修

1)验收

验收包括许多内容，如材料和机械设备的进场验收、隐蔽工程验收、单项工程验收、全部工程竣工验收等。

在合同分析中，应对重要的验收要求、时间、程序以及验收所带来的法律后果作说明。

2)移交

竣工验收合格即办理移交。应详细分析工程移交的程序，对工程尚存的缺陷、不足之处以及应由承包人完成的剩余工作，发包人可保留其权利，并指令承包人限期完成，承包人应在移交证书上注明的日期内尽快地完成这些剩余工程或工作。

3)保修

分析保修期限和保修责任的划分。

9. 索赔程序和争执的解决

重点分析索赔的程序、争执的解决方式和程序及仲裁条款,包括仲裁所依据的法律、仲裁地点、方式和程序、仲裁结果的约束力等。

二、合同交底

合同交底是以合同分析为基础、以合同内容为核心的交底工作,涉及到合同的全部内容,特别是关系到合同能否顺利实施的核心条款。合同交底的目的是将合同目标和责任具体落实到各级人员的工程活动中,并指导管理及技术人员以合同为行为准则。合同交底一般包括以下主要内容:

(1)工程概况及合同工作范围;

(2)合同关系及合同涉及各方之间的权利、义务与责任;

(3)合同工期控制总目标及阶段控制目标,目标控制的网络表示及关键线路说明;

(4)合同质量控制目标及合同规定执行的规范、标准和验收程序;

(5)合同对本工程的材料、设备采购、验收的规定;

(6)投资及成本控制目标,特别是合同价款的支付及调整的条件、方式和程序;

(7)合同双方争议问题的处理方式、程序和要求;

(8)合同双方的违约责任;

(9)索赔的机会和处理策略;

(10)合同风险的内容及防范措施;

(11)合同进展文档管理的要求。

三、合同实施控制

(一)合同控制的作用

(1)进行合同跟踪,分析合同实施情况,找出偏离,以便及时采取措施,调整合同实施过程,达到合同总目标。

(2)在整个工程过程中,能使项目管理人员一直清楚地了解合同实施情况,对合同实施现状、趋向和结果有一个清醒的认识。

(二)合同控制的依据

(1)合同和合同分析结果,如各种计划、方案、洽商变更文件等,是比较的基础,是合同实施的目标和依据。

(2)各种实际的工程文件,如原始记录,各种工程报表、报告、验收结果、计量结果等。

(3)工程管理人员每天对现场的书面记录。

(三)合同控制措施

1. 合同问题处理措施

分析合同执行差异的原因及差异责任,进行问题处理。

2. 工程问题处理措施

工程问题处理措施包括技术措施、组织和管理措施、经济措施和合同措施。

四、工程合同档案管理

合同的档案管理是对合同资料的收集、整理、归档和使用，合同资料的种类如下：

(1)合同资料，如各种合同文本、招标文件、投标文件、图纸、技术规范等。

(2)合同分析资料，如合同总体分析、网络图、横道图等。

(3)工程实施中产生的各种资料，如发包人的各种工作指令、签证、信函、会议纪要和其他协议，各种变更指令、申请、变更记录，各种检查验收报告、鉴定报告。

(4)工程实施中各种记录、施工日记等，官方的各种文件、批件，反映工程实施情况的各种报表、报告、图片等。

第六节　施工合同索赔管理

一、索赔的概念与分类

(一)索赔的概念

索赔是指在合同实施过程中，合同当事人一方因对方违约或其他过错，或虽无过错但无法防止的外因致使受到损失时，要求对方给予赔偿或补偿的法律行为。索赔是双向的，承包人可以向发包人索赔，发包人也可以向承包人索赔。一般称后者为反索赔。

(二)索赔的分类

1. 按索赔发生的原因

如施工准备、进度控制、质量控制、费用控制和管理等原因引起的索赔，这种分类能明确指出每一索赔的根源所在，使发包人和工程师便于审核分析。

2. 按索赔的目的分类

1)工期索赔

工期索赔就是要求发包人延长施工时间，使原规定的工程竣工日期顺延，从而避免违约罚金的发生。

2)费用索赔

费用索赔就是要求发包人补偿费用损失，进而调整合同价款。

3. 按索赔的依据分类

1)合同内索赔

合同内索赔是指索赔涉及的内容在合同文件中能够找到依据，或可以根据该合同某些条款的含义，推论出一定的索赔权。

2)合同外索赔

合同外索赔是指索赔内容虽在合同条款中找不到依据，但索赔权利可以从有关法律法规中找到依据。

3)道义索赔

道义索赔是指由于承包人失误，或发生承包人应负责任的风险而造成承包人重大的损失所产生的索赔。

4. 按索赔的有关当事人分类

(1)承包人和发包人之间的索赔。

(2)总承包人与分承包人之间的索赔。

(3)承包人与供货人之间的索赔。

(4)承包人向保险公司、运输公司索赔等。

5. 按索赔的处理方式分类

1)单项索赔

单项索赔就是采取一事一索赔的方式,每一件索赔事件发生后,即报送索赔通知书,编报索赔报告,要求单项解决支付。

2)总索赔

总索赔又称综合索赔或一揽子索赔,一般是在工程竣工或移交前,承包人将施工中未解决的单项索赔集中考虑,提出综合索赔报告,由合同双方当事人在工程移交前进行最终谈判,以一揽子方案解决索赔问题。

二、索赔的起因

(一)发包人违约

发包人违约主要表现为:未按施工合同规定的时间和要求提供施工条件、任意拖延支付工程款、无理阻挠和干扰工程施工造成承包人经济损失或工期拖延、发包人所指定分包商违约等。

(二)合同调整

合同调整主要表现为:设计变更、施工织织设计变更、加速施工、代换某些材料、有意提高设备或原材料的质量标准引起的合同差价、图纸设计有误或由于工程师指令错误等,造成工程返工、窝工、待工、甚至停工。

(三)合同缺陷

合同缺陷主要有如下问题:

(1)合同条款规定用语含糊,不够准确,难以分清双方的责任和权益。

(2)合同条款中存在着漏洞,对实际各种可能发生的情况未作预测和规定,缺少某些必不可少的条款。

(3)合同条款之间互为矛盾,即在不同的条款和条文中,对同一问题的规定和解释要求不一致。

(4)合同的某些条款中隐含着较大的风险,即对承包人方面要求过于苛刻,约束条款不对等、不平衡。

(四)不可预见因素

1. 不可预见障碍

如:古井、墓坑、断层、溶洞及其他人工构筑障碍物等。

2. 不可抗力因素

如异常的气候条件、高温、台风、地震、洪水、战争等。

3. 其他第三方原因

与工程相关的其他第三方所发生的问题对本工程项目的影响,如银行付款延误、邮路延误、车站压货等。

(五)国家政策、法规的变化

国家政策、法规的变化表现为：

(1)建筑工程材料价格上涨,人工工资标准的提高；

(2)银行贷款利率调整,以及货币贬值给承包商带来的汇率损失；

(3)国家有关部门在工程中推广、使用某些新设备、施工新技术的特殊规定；

(4)国家对某种设备建筑材料限制进口、提高关税的规定等。

(六)发包人或监理工程师管理不善

(1)工程未完成或尚未验收,发包人提前进入使用,并造成了工程损坏。

(2)工程在保修期内,由于发包人工作人员使用不当,造成工程损坏。

(七)合同中断及解除

(1)国家政策的变化、不可抗力和双方之外的原因导致工程停建或缓建造成合同中断。

(2)合同履行中,双方在组织管理中不协调,不配合以至于矛盾激化,使合同不能再继续履行下去,或发包人严重违约,承包人行使合同解除权,或承包人严重违约,发包人行使驱除权解除合同等。

三、索赔的程序

(一)索赔意向通知

当索赔事项出现时,承包人将他的索赔意向,在事项发生 28 d 内,以书面形式通知工程师。

(二)索赔报告提交

承包人在合同规定的时限内递送正式的索赔报告。内容主要包括:索赔的合同依据、索理由、索赔事件发生经过、索赔要求(费用补偿或工期延长)及计算方法,并附相应证明材料。

(三)工程师对索赔的处理

工程师在收到承包人索赔报告后,应及时审核索赔资料,并在合同规定期限内给予答复或要求承包人进一步补充索赔理由和证据,逾期可视为该项索赔已经认可。

(四)索赔谈判

工程师提出索赔处理决定的初步意见后,发包人和承包人就此进行索赔谈判,作出索赔的最后决定。若谈判失败,即进入仲裁与诉讼程序。

四、索赔证据的要求

(1)事实性,索赔证据必须是在实施合同过程中确实存在和发生的,必须完全反映实际情况,能经得住推敲。

(2)全面性,所提供的证据应能说明事件的全过程,不能零乱和支离破碎。

(3)关联性,索赔证据应能互相说明,相互具关联性,不能互相矛盾。

(4)及时性,索赔证据的取得及提出应当及时。

(5)具有法律效力,一般要求证据必须是书面文件,有关记录、协议、纪要必须是双方签署的,工程中的重大事件、特殊情况的记录、统计必须由监理工程师签证认可。

五、反索赔

索赔管理的任务不仅在于对己方产生的损失的追索,而且在于对将产生或可能产生的损失的防止。追索损失主要通过索赔手段进行,而防止损失主要通过反索赔进行。

索赔和反索赔是进攻和防守的关系。在合同实施过程中,合同双方都在进行合同管理,都在寻找索赔机会,一旦干扰事件发生,一方进行索赔,不能进行有效的反索赔,同样要蒙受损失,所以反索赔与索赔有同等重要的地位。

反索赔的目的是防止损失的发生,它包括两方面的内容:

(1)防止对方提出索赔。在合同实施中进行积极防御,使自己处于不能被索赔的地位。如防止自己违约,完全按合同办事。

(2)反击对方的索赔要求。如对对方的索赔报告进行反驳,找出理由和证据,证明对方的索赔报告不符合事实情况,不符合合同规定,没有根据,计算不准确,以避免或减轻自己的赔偿责任使自己不受或少受损失。

第十六章 水利工程施工安全管理

第一节 水利工程建设安全生产管理规定

第一章 总 则

第一条 为了加强水利工程建设安全生产监督管理,明确安全生产责任,防止和减少安全生产事故,保障人民群众生命和财产安全,根据《中华人民共和国安全生产法》、《建设工程安全生产管理条例》等法律、法规,结合水利工程的特点,制定本规定。

第二条 本规定适用于水利工程的新建、扩建、改建、加固和拆除等活动及水利工程建设安全生产的监督管理。

前款所称水利工程,是指防洪、除涝、灌溉、水力发电、供水、围垦等(包括配套与附属工程)各类水利工程。

第三条 水利工程建设安全生产管理,坚持安全第一,预防为主的方针。

第四条 发生生产安全事故,必须查清事故原因,查明事故责任,落实整改措施,做好事故处理工作,并依法追究有关人员的责任。

第五条 项目法人(或者建设单位,下同)、勘察(测)单位、设计单位、施工单位、建设监理单位及其他与水利工程建设安全生产有关的单位,必须遵守安全生产法律、法规和本规定,保证水利工程建设安全生产,依法承担水利工程建设安全生产责任。

第二章 项目法人的安全责任

第六条 项目法人在对施工投标单位进行资格审查时,应当对投标单位的主要负责人、项目负责人以及专职安全生产管理人员是否经水行政主管部门安全生产考核合格进行审查。有关人员未经考核合格的,不得认定投标单位的投标资格。

第七条 项目法人应当向施工单位提供施工现场及施工可能影响的毗邻区域内供水、排水、供电、供气、供热、通讯、广播电视等地下管线资料,气象和水文观测资料,拟建工程可能影响的相邻建筑物和构筑物、地下工程的有关资料,并保证有关资料的真实、准确、完整,满足有关技术规范的要求。对可能影响施工报价的资料,应当在招标时提供。

第八条 项目法人不得调减或挪用批准概算中所确定的水利工程建设有关安全作业环境及安全施工措施等所需费用。工程承包合同中应当明确安全作业环境及安全施工措施所需费用。

第九条 项目法人应当组织编制保证安全生产的措施方案,并自开工报告批准之日起15 日内报有管辖权的水行政主管部门、流域管理机构或者其委托的水利工程建设安全生产监督机构(以下简称安全生产监督机构)备案。建设过程中安全生产的情况发生变化时,应当及时对保证安全生产的措施方案进行调整,并报原备案机关。

保证安全生产的措施方案应当根据有关法律法规、强制性标准和技术规范的要求并结合工程的具体情况编制，应当包括以下内容：

（一）项目概况；

（二）编制依据；

（三）安全生产管理机构及相关负责人；

（四）安全生产的有关规章制度制定情况；

（五）安全生产管理人员及特种作业人员持证上岗情况等；

（六）生产安全事故的应急救援预案；

（七）工程度汛方案、措施；

（八）其他有关事项。

第十条 项目法人在水利工程开工前，应当就落实保证安全生产的措施进行全面系统的布置，明确施工单位的安全生产责任。

第十一条 项目法人应当将水利工程中的拆除工程和爆破工程发包给具有相应水利水电工程施工资质等级的施工单位。

项目法人应当在拆除工程或者爆破工程施工 15 日前，将下列资料报送水行政主管部门、流域管理机构或者其委托的安全生产监督机构备案：

（一）施工单位资质等级证明；

（二）拟拆除或拟爆破的工程及可能危及毗邻建筑物的说明；

（三）施工组织方案；

（四）堆放、清除废弃物的措施；

（五）生产安全事故的应急救援预案。

第三章 勘察（测）、设计、建设监理及其他有关单位的安全责任

第十二条 勘察（测）单位应当按照法律、法规和工程建设强制性标准进行勘察（测），提供的勘察（测）文件必须真实、准确，满足水利工程建设安全生产的需要。

勘察（测）单位在勘察（测）作业时，应当严格执行操作规程，采取措施保证各类管线、设施和周边建筑物、构筑物的安全。

勘察（测）单位和有关勘察（测）人员应当对其勘察（测）成果负责。

第十三条 设计单位应当按照法律、法规和工程建设强制性标准进行设计，并考虑项目周边环境对施工安全的影响，防止因设计不合理导致生产安全事故的发生。

设计单位应当考虑施工安全操作和防护的需要，对涉及施工安全的重点部位和环节在设计文件中注明，并对防范生产安全事故提出指导意见。

采用新结构、新材料、新工艺以及特殊结构的水利工程，设计单位应当在设计中提出保障施工作业人员安全和预防生产安全事故的措施建议。

设计单位和有关设计人员应当对其设计成果负责。

设计单位应当参与与设计有关的生产安全事故分析，并承担相应的责任。

第十四条 建设监理单位和监理人员应当按照法律、法规和工程建设强制性标准实施监理，并对水利工程建设安全生产承担监理责任。

建设监理单位应当审查施工组织设计中的安全技术措施或者专项施工方案是否符合工

程建设强制性标准。

建设监理单位在实施监理过程中，发现存在生产安全事故隐患的，应当要求施工单位整改；对情况严重的，应当要求施工单位暂时停止施工，并及时向水行政主管部门、流域管理机构或者其委托的安全生产监督机构以及项目法人报告。

第十五条 为水利工程提供机械设备和配件的单位，应当按照安全施工的要求提供机械设备和配件，配备齐全有效的保险、限位等安全设施和装置，提供有关安全操作的说明，保证其提供的机械设备和配件等产品的质量和安全性能达到国家有关技术标准。

第四章 施工单位的安全责任

第十六条 施工单位从事水利工程的新建、扩建、改建、加固和拆除等活动，应当具备国家规定的注册资本、专业技术人员、技术装备和安全生产等条件，依法取得相应等级的资质证书，并在其资质等级许可的范围内承揽工程。

第十七条 施工单位应当依法取得安全生产许可证后，方可从事水利工程施工活动。

第十八条 施工单位主要负责人依法对本单位的安全生产工作全面负责。施工单位应当建立健全安全生产责任制度和安全生产教育培训制度，制定安全生产规章制度和操作规程，保证本单位建立和完善安全生产条件所需资金的投入，对所承担的水利工程进行定期和专项安全检查，并做好安全检查记录。

施工单位的项目负责人应当由取得相应执业资格的人员担任，对水利工程建设项目的安全施工负责，落实安全生产责任制度、安全生产规章制度和操作规程，确保安全生产费用的有效使用，并根据工程的特点组织制定安全施工措施，消除安全事故隐患，及时、如实报告生产安全事故。

第十九条 施工单位在工程报价中应当包含工程施工的安全作业环境及安全施工措施所需费用。对列入建设工程概算的上述费用，应当用于施工安全防护用具及设施的采购和更新、安全施工措施的落实、安全生产条件的改善，不得挪作他用。

第二十条 施工单位应当设立安全生产管理机构，按照国家有关规定配备专职安全生产管理人员。施工现场必须有专职安全生产管理人员。

专职安全生产管理人员负责对安全生产进行现场监督检查。发现生产安全事故隐患，应当及时向项目负责人和安全生产管理机构报告；对违章指挥、违章操作的，应当立即制止。

第二十一条 施工单位在建设有度汛要求的水利工程时，应当根据项目法人编制的工程度汛方案、措施制定相应的度汛方案，报项目法人批准；涉及防汛调度或者影响其他工程、设施度汛安全的，由项目法人报有管辖权的防汛指挥机构批准。

第二十二条 垂直运输机械作业人员、安装拆卸工、爆破作业人员、起重信号工、登高架设作业人员等特种作业人员，必须按照国家有关规定经过专门的安全作业培训，并取得特种作业操作资格证书后，方可上岗作业。

第二十三条 施工单位应当在施工组织设计中编制安全技术措施和施工现场临时用电方案，对下列达到一定规模的危险性较大的工程应当编制专项施工方案，并附具安全验算结果，经施工单位技术负责人签字以及总监理工程师核签后实施，由专职安全生产管理人员进行现场监督：

（一）基坑支护与降水工程；

（二）土方和石方开挖工程；
（三）模板工程；
（四）起重吊装工程；
（五）脚手架工程；
（六）拆除、爆破工程；
（七）围堰工程；
（八）其他危险性较大的工程。

对前款所列工程中涉及高边坡、深基坑、地下暗挖工程、高大模板工程的专项施工方案，施工单位还应当组织专家进行论证、审查。

第二十四条 施工单位在使用施工起重机械和整体提升脚手架、模板等自升式架设设施前，应当组织有关单位进行验收，也可以委托具有相应资质的检验检测机构进行验收；使用承租的机械设备和施工机具及配件的，由施工总承包单位、分包单位、出租单位和安装单位共同进行验收。验收合格的方可使用。

第二十五条 施工单位的主要负责人、项目负责人、专职安全生产管理人员应当经水行政主管部门安全生产考核合格后方可任职。

施工单位应当对管理人员和作业人员每年至少进行一次安全生产教育培训，其教育培训情况记入个人工作档案。安全生产教育培训考核不合格的人员，不得上岗。

施工单位在采用新技术、新工艺、新设备、新材料时，应当对作业人员进行相应的安全生产教育培训。

第五章　监督管理

第二十六条 水行政主管部门和流域管理机构按照分级管理权限，负责水利工程建设安全生产的监督管理。水行政主管部门或者流域管理机构委托的安全生产监督机构，负责水利工程施工现场的具体监督检查工作。

第二十七条 水利部负责全国水利工程建设安全生产的监督管理工作，其主要职责是：

（一）贯彻、执行国家有关安全生产的法律、法规和政策，制定有关水利工程建设安全生产的规章、规范性文件和技术标准；

（二）监督、指导全国水利工程建设安全生产工作，组织开展对全国水利工程建设安全生产情况的监督检查；

（三）组织、指导全国水利工程建设安全生产监督机构的建设、考核和安全生产监督人员的考核工作以及水利水电工程施工单位的主要负责人、项目负责人和专职安全生产管理人员的安全生产考核工作。

第二十八条 流域管理机构负责所管辖的水利工程建设项目的安全生产监督工作。

第二十九条 省、自治区、直辖市人民政府水行政主管部门负责本行政区域内所管辖的水利工程建设安全生产的监督管理工作，其主要职责是：

（一）贯彻、执行有关安全生产的法律、法规、规章、政策和技术标准，制定地方有关水利工程建设安全生产的规范性文件；

（二）监督、指导本行政区域内所管辖的水利工程建设安全生产工作，组织开展对本行政区域内所管辖的水利工程建设安全生产情况的监督检查；

（三）组织、指导本行政区域内水利工程建设安全生产监督机构的建设工作以及有关的水利水电工程施工单位的主要负责人、项目负责人和专职安全生产管理人员的安全生产考核工作。

市、县级人民政府水行政主管部门水利工程建设安全生产的监督管理职责，由省、自治区、直辖市人民政府水行政主管部门规定。

第三十条 水行政主管部门或者流域管理机构委托的安全生产监督机构，应当严格按照有关安全生产的法律、法规、规章和技术标准，对水利工程施工现场实施监督检查。

安全生产监督机构应当配备一定数量的专职安全生产监督人员。安全生产监督机构以及安全生产监督人员应当经水利部考核合格。

第三十一条 水行政主管部门或者其委托的安全生产监督机构应当自收到本规定第九条和第十一条规定的有关备案资料后20日内，将有关备案资料抄送同级安全生产监督管理部门。流域管理机构抄送项目所在地省级安全生产监督管理部门，并报水利部备案。

第三十二条 水行政主管部门、流域管理机构或者其委托的安全生产监督机构依法履行安全生产监督检查职责时，有权采取下列措施：

（一）要求被检查单位提供有关安全生产的文件和资料；

（二）进入被检查单位施工现场进行检查；

（三）纠正施工中违反安全生产要求的行为；

（四）对检查中发现的安全事故隐患，责令立即排除；重大安全事故隐患排除前或者排除过程中无法保证安全的，责令从危险区域内撤出作业人员或者暂时停止施工。

第三十三条 各级水行政主管部门和流域管理机构应当建立举报制度，及时受理对水利工程建设生产安全事故及安全事故隐患的检举、控告和投诉；对超出管理权限的，应当及时转送有管理权限的部门。举报制度应当包括以下内容：

（一）公布举报电话、信箱或者电子邮件地址，受理对水利工程建设安全生产的举报；

（二）对举报事项进行调查核实，并形成书面材料；

（三）督促落实整顿措施，依法作出处理。

第六章　生产安全事故的应急救援和调查处理

第三十四条 各级地方人民政府水行政主管部门应当根据本级人民政府的要求，制定本行政区域内水利工程建设特大生产安全事故应急救援预案，并报上一级人民政府水行政主管部门备案。流域管理机构应当编制所管辖的水利工程建设特大生产安全事故应急救援预案，并报水利部备案。

第三十五条 项目法人应当组织制定本建设项目的生产安全事故应急救援预案，并定期组织演练。应急救援预案应当包括紧急救援的组织机构、人员配备、物资准备、人员财产救援措施、事故分析与报告等方面的方案。

第三十六条 施工单位应当根据水利工程施工的特点和范围，对施工现场易发生重大事故的部位、环节进行监控，制定施工现场生产安全事故应急救援预案。实行施工总承包的，由总承包单位统一组织编制水利工程建设生产安全事故应急救援预案，工程总承包单位和分包单位按照应急救援预案，各自建立应急救援组织或者配备应急救援人员，配备救援器材、设备，并定期组织演练。

第三十七条 施工单位发生生产安全事故，应当按照国家有关伤亡事故报告和调查处理的规定，及时、如实地向负责安全生产监督管理的部门以及水行政主管部门或者流域管理机构报告；特种设备发生事故的，还应当同时向特种设备安全监督管理部门报告。接到报告的部门应当按照国家有关规定，如实上报。

实行施工总承包的建设工程，由总承包单位负责上报事故。

发生生产安全事故，项目法人及其他有关单位应当及时、如实地向负责安全生产监督管理的部门以及水行政主管部门或者流域管理机构报告。

第三十八条 发生生产安全事故后，有关单位应当采取措施防止事故扩大，保护事故现场。需要移动现场物品时，应当做出标记和书面记录，妥善保管有关证物。

第三十九条 水利工程建设生产安全事故的调查、对事故责任单位和责任人的处罚与处理，按照有关法律、法规的规定执行。

第七章 附 则

第四十条 违反本规定，需要实施行政处罚的，由水行政主管部门或者流域管理机构按照《建设工程安全生产管理条例》的规定执行。

第四十一条 省、自治区、直辖市人民政府水行政主管部门可以结合本地区实际制定本规定的实施办法，报水利部备案。

第四十二条 本规定自2005年9月1日起施行。

第二节 水利工程施工单位及项目经理的安全生产责任及施工单位管理人员安全生产考核要求

一、相关概念

（一）施工企业主要负责人

施工企业主要负责人是指对本企业日常生产经营活动和安全生产工作全面负责、有生产经营决策权的人员，包括企业法定代表人、经理、企业分管安全生产工作副经理等。

（二）施工企业项目负责人

施工企业项目负责人是指由企业法定代表人授权，负责水利水电工程项目施工管理的负责人。

（三）施工企业专职安全生产管理人员

施工企业专职安全生产管理人员是指在企业专职从事安全生产管理工作的人员，包括企业安全生产管理机构的负责人及其工作人员和施工现场专职安全员。

二、基本规定

（1）水利水电工程施工企业管理人员必须经水行政主管部门安全生产考核，考核合格取得安全生产考核合格证书后，方可担任相应职务。

（2）水利部负责全国水利水电工程施工企业管理人员的安全生产考核工作的统一管理，并负责组织水利水电工程施工总承包一级（含一级）以上资质、专业承包一级资质施工企业以及直属施工企业的施工企业管理人员水利水电工程安全生产知识和能力考核。考核合格证书加盖水利部印章及“水利部建筑施工企业管理人员安全生产考核合格证书专用章”钢印。

各省、自治区、直辖市水利(水务)厅(局)负责组织对本行政区域内水利水电工程施工总承包二级(含二级)以下资质以及专业承包二级(含二级)以下资质施工企业的施工企业管理人员水利水电工程安全生产知识和能力考核。考核合格证书加盖发证机关公章及专用钢印。

考核合格证书采用住房和城乡建设部规定样式并统一印制的证书。

(3)施工企业管理人员安全生产考核内容包括安全生产知识和安全管理能力两方面。水利部负责根据《水利水电工程施工企业主要负责人、项目负责人和专职安全生产管理人员安全生产知识考核要点》统一制定考核命题。

(4)条水利水电工程施工企业管理人员应当具备与所从事的施工活动相应的文化程度、专业知识和水利水电工程安全生产工作经历,并经企业年度水利水电工程安全生产教育培训合格后,方可参加水行政主管部门组织的安全生产考核。任何单位和个人不得伪造相关资料。

(5)、水行政主管部门对水利水电工程施工企业管理人员进行安全生产考核,不得收取考核费用,不得组织强制培训。

(6)安全生产考核合格的,经公示后无异议的,由相应水行政主管部门在 20 日内核发水利水电工程施工企业管理人员安全生产考核合格证书。对不合格的,应通知本人并说明理由,限期重新考核。

(7)水利水电工程施工企业管理人员变更姓名、所在法人单位等,应在一个月内到原安全生产考核合格证书发证机关办理变更手续。

(8)水利水电工程施工企业管理人员遗失安全生产考核合格证书,应在公共媒体上声明作废,并在一个月内到原安全生产考核合格证书发证机关办理补证手续。

(9)水利水电工程施工企业管理人员安全生产考核合格证书有效期为 3 年。有效期满需要延期的,应当于期满前 3 个月内向原发证机关申请办理延期手续。

(10)水利水电工程施工企业管理人员在安全生产考核合格证书有效期内,严格遵守安全生产法律、法规,认真履行安全生产职责,按规定接受企业年度水利水电工程安全生产教育培训,所管辖职责范围内未发生死亡事故的,其安全生产考核合格证书有效期届满时,经原考核发证机关同意,不再考核,安全生产考核合格证书有效期延期 3 年。

(11)水行政主管部门负责建立水利水电工程施工企业管理人员安全生产考核档案管理制度,并定期向社会公布水利水电工程施工企业管理人员取得安全生产考核合格证书的情况。

(12)水利水电工程施工企业管理人员取得安全生产考核合格证书后,应当认真履行安全生产管理职责,接受水行政主管部门的监督检查。

(13)水行政主管部门应当加强对水利水电工程施工企业管理人员履行安全生产职责情况的监督检查,发现其违反安全生产法律法规、未履行安全生产职责、不按规定接受企业年度安全生产教育培训、发生死亡事故,情节严重的,应当收回其安全生产考核合格证书,限期改正,重新考核。

(14)任何单位和个人不得伪造、转让、冒用水利水电工程施工企业管理人员安全生产考核合格证书。

(15)水行政主管部门工作人员在水利水电工程施工企业管理人员的安全生产考核、发证、管理和监督检查工作中，不得索取或者接受企业和个人的财物，不得谋取其他利益。

(16)任何单位或者个人对违反本规定的行为，有权向水行政主管部门或者监察机关等有关部门举报。

三、考核要点

(一)水利水电工程施工企业主要负责人

1. 安全生产知识考核要点

(1)国家有关安全生产的方针政策、法律法规、部门规章、技术标准和规范性文件。

(2)水利水电工程安全生产管理的基本知识和相关专业知识。

(3)水利水电工程重、特大事故防范、应急救援措施、报告制度及调查处理方法。

(4)企业安全生产责任制和安全生产规章制度的内容和制定方法。

(5)国内外水利水电工程安全生产管理经验。

(6)水利水电工程典型生产安全事故案例分析。

2. 安全生产管理能力考核要点

(1)能够认真贯彻执行国家有关安全生产的方针政策、法律法规、部门规章、技术标准和规范性文件。

(2)能够有效组织和督促本单位安全生产工作，建立健全本单位安全生产责任制。

(3)能够组织制定本单位安全生产规章制度和操作规程。

(4)能够采取有效措施保证本单位安全生产条件所需资金的投入。

(5)能够有效开展安全生产检查，及时消除事故隐患。

(6)能够组织制定水利水电工程安全度汛措施。

(7)能够组织制定本单位生产安全事故应急救援预案，正确组织、指挥本单位事故救援。

(8)能够及时、如实报告水利水电工程生产安全事故。

(9)水利水电工程安全生产业绩。

(二)水利水电工程施工企业项目负责人

1. 安全生产知识考核要点

(1)国家有关安全生产的方针政策、法律法规、部门规章、技术标准和规范性文件；

(2)水利水电工程安全生产管理的基本知识和相关专业知识。

(3)水利水电工程重大事故防范、应急救援措施、报告制度及调查处理方法。

(4)企业和项目安全生产责任制和安全生产规章制度的内容和制定方法。

(5)水利水电工程施工现场安全生产监督检查的内容和方法。

(6)国内外水利水电工程安全生产管理经验。

(7)水利水电工程典型生产安全事故案例分析。

2. 安全生产管理能力考核要点

(1)能够认真贯彻执行国家有关安全生产的方针政策、法律法规、部门规章、技术标准和规范性文件。

(2)能够有效组织和督促水利水电工程项目安全生产工作,并落实安全生产责任制。

(3)能够保证安全生产费用的有效使用。

(4)能够根据工程的特点组织制定水利水电工程安全施工措施。

(5)能够有效开展安全检查,及时消除水利水电工程生产安全事故隐患。

(6)能够及时、如实报告水利水电工程生产安全事故。

(7)能够组织制定并有效实施水利水电工程安全度汛措施。

(8)水利水电工程安全生产业绩。

(三)水利水电工程施工企业专职安全生产管理人员

1. 安全生产知识考核要点

(1)国家有关安全生产的方针政策、法律法规、部门规章、技术标准和规范性文件。

(2)水利水电工程重大事故防范、应急救援措施、报告制度、调查处理方法及防护救护措施。

(3)企业和项目安全生产责任制和安全生产规章制度内容。

(4)水利水电工程施工现场安全监督检查的内容和方法。

(5)水利水电工程典型生产安全事故案例分析。

2. 安全生产管理能力考核要点

(1)能够认真贯彻执行国家安全生产方针政策、法律法规、部门规章、技术标准和规范性文件。

(2)能够有效对安全生产进行现场监督检查。

(3)能够发现生产安全事故隐患,并及时向项目负责人和安全生产管理机构报告。

(4)能够及时制止现场违章指挥、违章操作行为。

(5)能够有效对水利水电工程安全度汛措施落实情况进行现场监督检查。

(6)能够及时、如实报告水利水电工程生产安全事故。

(7)水利水电工程安全生产业绩。

第三节　安全生产事故的应急救援

一、基本概念

(一)应急预案

应急预案是指针对可能发生的事故,为迅速、有序地开展应急行动而预先制定的行动方案。

(二)应急准备

应急准备是指针对可能发生的事故,为迅速、有序地开展应急行动而预先进行的组织准备和应急保障。

(三)应急响应

应急响应是指事故发生后,有关组织或人员采取的应急行动。

（四）应急救援

应急救援是指在应急响应过程中，为消除、减少事故危害，防止事故扩大或恶化，最大限度地降低事故造成的损失或危害而采取的救援措施或行动。

（五）恢复

恢复是指事故的影响得到初步控制后，为使生产、工作、生活和生态环境尽快恢复到正常状态而采取的措施或行动。

（六）综合应急预案

综合应急预案是从总体上阐述处理事故的应急方针、政策，应急组织结构及相关应急职责，应急行动、措施和保障等基本要求和程序，是应对各类事故的综合性文件。

（七）专项应急预案

专项应急预案是针对具体的事故类别（如煤矿瓦斯爆炸、危险化学品泄漏等事故）、危险源和应急保障而制定的计划或方案，是综合应急预案的组成部分，应按照综合应急预案的程序和要求组织制定，并作为综合应急预案的附件。专项应急预案应制定明确的救援程序和具体的应急救援措施。

（八）现场处置方案

现场处置方案是针对具体的装置、场所或设施、岗位所制定的应急处置措施。现场处置方案应具体、简单、针对性强。现场处置方案应根据风险评估及危险性控制措施逐一编制，做到事故相关人员应知应会，熟练掌握，并通过应急演练，做到迅速反应、正确处置。

二、综合应急预案的主要内容

（一）总则

1. 编制目的

简述应急预案编制的目的、作用等。

2. 编制依据

简述应急预案编制所依据的法律法规、规章，以及有关行业管理规定、技术规范和标准等。

3. 适用范围

说明应急预案适用的区域范围，以及事故的类型、级别。

4. 应急预案体系

说明本单位应急预案体系的构成情况。

5. 应急工作原则

说明本单位应急工作的原则，内容应简明扼要、明确具体。

（二）生产经营单位的危险性分析

1. 生产经营单位概况

主要包括单位地址、从业人数、隶属关系、主要原材料、主要产品、产量等内容，以及周边重大危险源、重要设施、目标、场所和周边布局情况。必要时，可附平面图进行说明。

2. 危险源与风险分析

主要阐述本单位存在的危险源及风险分析结果。

（三）组织机构及职责

1. 应急组织体系

明确应急组织形式，构成单位或人员，并尽可能以结构图的形式表示出来。

2. 指挥机构及职责

明确应急救援指挥机构总指挥、副总指挥、各成员单位及其相应职责。

应急救援指挥机构根据事故类型和应急工作需要，可以设置相应的应急救援工作小组，并明确各小组的工作任务及职责。

（四）预防与预警

1. 危险源监控

明确本单位对危险源监测监控的方式、方法，以及采取的预防措施。

2. 预警行动

明确事故预警的条件、方式、方法和信息的发布程序。

3. 信息报告与处置

按照有关规定，明确事故及未遂伤亡事故信息报告与处置办法。

1）信息报告与通知

明确 24 小时应急值守电话、事故信息接收和通报程序。

2）信息上报

明确事故发生后向上级主管部门和地方人民政府报告事故信息的流程、内容和时限。

3）信息传递

明确事故发生后向有关部门或单位通报事故信息的方法和程序。

（五）应急响应

1. 响应分级

针对事故危害程度、影响范围和单位控制事态的能力，将事故分为不同的等级。按照分级负责的原则，明确应急响应级别。

2. 响应程序

根据事故的大小和发展态势，明确应急指挥、应急行动、资源调配、应急避险、扩大应急等响应程序。

3. 应急结束

明确应急终止的条件。事故现场得以控制，环境符合有关标准，导致次生、衍生事故隐患消除后，经事故现场应急指挥机构批准后，现场应急结束。

应急结束后，应明确：

（1）事故情况上报事项；

（2）需向事故调查处理小组移交的相关事项；

（3）事故应急救援工作总结报告。

（六）信息发布

明确事故信息发布的部门，发布原则。事故信息应由事故现场指挥部及时准确向新闻媒体通报事故信息。

（七）后期处置

后期处置主要包括污染物处理、事故后果影响消除、生产秩序恢复、善后赔偿、抢险过程和应急救援能力评估及应急预案的修订等内容。

(八)保障措施

1. 通信与信息保障

明确与应急工作相关联的单位或人员通信联系方式和方法,并提供备用方案。建立信息通信系统及维护方案,确保应急期间信息通畅。

2. 应急队伍保障

明确各类应急响应的人力资源,包括专业应急队伍、兼职应急队伍的组织与保障方案。

3. 应急物资装备保障

明确应急救援需要使用的应急物资和装备的类型、数量、性能、存放位置、管理责任人及其联系方式等内容。

4. 经费保障

明确应急专项经费来源、使用范围、数量和监督管理措施,保障应急状态时生产经营单位应急经费的及时到位。

5. 其他保障

根据本单位应急工作需求而确定的其他相关保障措施(如交通运输保障、治安保障、技术保障、医疗保障、后勤保障等)。

(九)培训与演练

1. 培训

明确对本单位人员开展的应急培训计划、方式和要求。如果预案涉及社区和居民,要做好宣传教育和告知等工作。

2. 演练

明确应急演练的规模、方式、频次、范围、内容、组织、评估、总结等内容。

(十)奖惩

明确事故应急救援工作中奖励和处罚的条件和内容。

(十一)附则

1. 术语和定义

对应急预案涉及的一些术语进行定义。

2. 应急预案备案

明确本应急预案的报备部门。

3. 维护和更新

明确应急预案维护和更新的基本要求,定期进行评审,实现可持续改进。

4. 制定与解释

明确应急预案负责制定与解释的部门。

5. 应急预案实施

明确应急预案实施的具体时间。

三、专项应急预案的主要内容

(一)事故类型和危害程度分析

在危险源评估的基础上,对其可能发生的事故类型和可能发生的季节及其严重程度进行确定。

(二)应急处置基本原则

明确处置安全生产事故应当遵循的基本原则。

(三)组织机构及职责

1. 应急组织体系

明确应急组织形式,构成单位或人员,并尽可能以结构图的形式表示出来。

2. 指挥机构及职责

根据事故类型,明确应急救援指挥机构总指挥、副总指挥以及各成员单位或人员的具体职责。应急救援指挥机构可以设置相应的应急救援工作小组,明确各小组的工作任务及主要负责人职责。

(四)预防与预警

1. 危险源监控

明确本单位对危险源监测监控的方式、方法,以及采取的预防措施。

2. 预警行动

明确具体事故预警的条件、方式、方法和信息的发布程序。

(五)信息报告程序

信息报告程序主要包括:

(1)确定报警系统及程序;

(2)确定现场报警方式,如电话、警报器等;

(3)确定24小时与相关部门的通讯、联络方式;

(4)明确相互认可的通告、报警形式和内容;

(5)明确应急反应人员向外求援的方式。

(六)应急处置

1. 响应分级

针对事故危害程度、影响范围和单位控制事态的能力,将事故分为不同的等级。按照分级负责的原则,明确应急响应级别。

2. 响应程序

根据事故的大小和发展态势,明确应急指挥、应急行动、资源调配、应急避险、扩大应急等响应程序。

3. 处置措施

针对本单位事故类别和可能发生的事故特点、危险性,制定的应急处置措施(如煤矿瓦斯爆炸、冒顶片帮、火灾、透水等事故应急处置措施,危险化学品火灾、爆炸、中毒等事故应急处置措施)。

(七)应急物资与装备保障

明确应急处置所需的物质与装备数量、管理和维护、正确使用等。

四、现场处置方案的主要内容

(一)事故特征

事故特征主要包括:

(1)危险性分析,可能发生的事故类型;

(2)事故发生的区域、地点或装置的名称;

(3)事故可能发生的季节和造成的危害程度;

(4)事故前可能出现的征兆。

(二)应急组织与职责

应急组织与职责主要包括:

(1)基层单位应急自救组织形式及人员构成情况;

(2)应急自救组织机构、人员的具体职责,应同单位或车间、班组人员工作职责紧密结合,明确相关岗位和人员的应急工作职责。

(三)应急处置

应急处置主要包括以下内容:

(1)事故应急处置程序。根据可能发生的事故类别及现场情况,明确事故报警、各项应急措施启动、应急救护人员的引导、事故扩大及同企业应急预案的衔接的程序。

(2)现场应急处置措施。针对可能发生的火灾、爆炸、危险化学品泄漏、坍塌、水患、机动车辆伤害等,从操作措施、工艺流程、现场处置、事故控制、人员救护、消防、现场恢复等方面制定明确的应急处置措施。

(3)报警电话及上级管理部门、相关应急救援单位联络方式和联系人员,事故报告的基本要求和内容。

(四)注意事项

注意事项主要包括:

(1)佩戴个人防护器具方面的注意事项;

(2)使用抢险救援器材方面的注意事项;

(3)采取救援对策或措施方面的注意事项;

(4)现场自救和互救注意事项;

(5)现场应急处置能力确认和人员安全防护等事项;

(6)应急救援结束后的注意事项;

(7)其他需要特别警示的事项。

五、应急预案的评审和发布

应急预案编制完成后,应进行评审。

(一)要素评审

评审由本单位主要负责人组织有关部门和人员进行。

(二)形式评审

外部评审由上级主管部门或地方政府负责安全管理的部门组织审查。

(三)备案和发布

评审后,按规定报有关部门备案,并经生产经营单位主要负责人签署发布。

建筑施工企业的综合应急预案和专项应急预案,按照隶属关系报所在地县级以上地方人民政府安全生产监督管理部门和有关主管部门备案。

建筑施工企业申请应急预案备案,应当提交以下材料:

(1)应急预案备案申请表;
(2)应急预案评审或者论证意见;
(3)应急预案文本及电子文档。

六、预案的修订

(1)生产经营单位制定的应急预案应当至少每三年修订一次,预案修订情况应有记录并归档。

(2)下列情形之一的,应急预案应当及时修订:

①生产经营单位因兼并、重组、转制等导致隶属关系、经营方式、法定代表人发生变化的;

②生产经营单位生产工艺和技术发生变化的;

③周围环境发生变化,形成新的重大危险源的;

④应急组织指挥体系或者职责已经调整的;

⑤依据的法律、法规、规章和标准发生变化的;

⑥应急预案演练评估报告要求修订的;

⑦应急预案管理部门要求修订的。

七、法律责任

(1)生产经营单位应急预案未按照相关规定备案的,由县级以上安全生产监督管理部门给予警告,并处三万元以下罚款。

(2)生产经营单位未制定应急预案或者未按照应急预案采取预防措施,导致事故救援不力或者造成严重后果的,由县级以上安全生产监督管理部门依照有关法律、法规和规章的规定,责令停产停业整顿,并依法给予行政处罚。

第四节　水利工程施工安全管理

一、施工安全管理的目的和任务

施工项目安全管理的目的是最大限度地保护生产者的人身安全,控制影响工作环境内所有员工(包括临时工作人员、合同方人员、访问者和其他有关人员)安全的条件和因素,避免因使用不当对使用者造成安全危急,防止安全事故的发生。

施工安全管理的任务是建筑生产安全企业为达到建筑施工过程中安全的目的,所进行的组织、控制和协调活动,主要内容包括制定、实施、实现、评审和保持安全方针所需的组织机构、策划活动、管理职责、实施程序、所需资源等。施工企业应根据自身实际情况制定方针,并通过实施、实现、评审、保持、改进来建立组织机构、策划活动、明确职责、遵守安全法律法规、编制程序控制文件、实施过程控制,提供人员、设备、资金、信息等资源,对安全与环境管理体系按国家标准进行评审,按计划、实施、检查、总结循还过程进行提高。

二、施工安全管理的特点

(一)安全管理的复杂性

水利工程施工具有项目固定性、生产的流动性、外部环境影响的不确定性,决定了施工安全管理的复杂性。

(1)生产的流动性主要是指生产要素的流动性,它是指生产过程中人员、工具和设备的流动,主要表现有以下几个方面:

①同一工地不同工序之间的流动;

②同一工序不同工程部位之间的流动;

③同一工程部位不同时间段之间流动;

④施工企业向新建项目迁移的流动。

(2)外部环境对施工安全影响因素很多,主要表现在:

①露天作业多;

②气候变化大;

③地质条件变化;

④地形条件影响;

⑤地域、人员交流障碍影响。

以上生产因素和环境因素的影响,使施工安全管理变的复杂,考虑不周会出现安全问题。

(二)安全管理的多样性

受客观因素影响,水利工程项目具有多样性的特点,使得建筑产品具有单件性,每一个施工项目都要根据特定条件和要求进行施工生产,安全管理具有多样性特点,表现有以下几个方面:

(1)不能按相同的图纸、工艺和设备进行批量重复生产;

(2)因项目需要设置组织机构,项目结束组织机构不存在,生产经营的一次性特征突出;

(3)新技术、新工艺、新设备、新材料的应用给安全管理带来新的难题;

(4)人员的改变、安全意识、经验不同带来安全隐患。

(三)安全管理的协调性

施工过程的连续性和分工决定了施工安全管理的协调性。水利施工项目不能像其他工业产品一样可以分成若干部分或零部件同时生产,必须在同一个固定的场地按严格的程序连续生产,上一道工序完成才能进行下一道工序,上一道工序生产的结果往往被下一道工序所掩盖,而每一道工序都是由不同的部门和人员来完成的,这样,就要求在安全管理中,不同部门和人员做好横向配合和协调,共同注意各施工生产过程接口部分的安全管理的协调,确保整个生产过程和安全。

(四)安全管理的强制性

工程建设项目建设前,已经通过招标投标程序确定了施工单位。由于目前建筑市场供大于求,施工单位大多以较低的标价中标,实施中安全管理费用投入严重不足,不符合安全管理规定的现象时有发生,从而要求建设单位和施工单位重视安全管理经费的投入,达到安全管理的要求,政府也要加大对安全生产的监管力度。

三、施工安全控制的特点、程序、要求

(一)基本概念

1. 安全生产的概念

安全生产是指施工企业使生产过程避免人身伤害、设备损害及其不可接受的损害风险的状态。

不可接受的损害风险通常是指超出了法律、法规和规章的要求,超出了方针、目标和企业规定的其他要求,超出了人们普遍接受的要求(通常是隐含的要求)。

安全与否是一个相对的概念,根据风险接受程度来判断。

2. 安全控制的概念

安全控制是指企业通过对安全生产过程中涉及的计划、组织、监控、调节和改进等一系列致力于满足施工安全措施所进行的管理活动。

(二)安全控制的方针与目标

1. 安全控制的方针

安全控制的目的是安全生产,因此安全控制的方针是“安全第一,预防为主”。

安全第一是指把人身的安全放在第一位,安全为了生产,生产必须保证人身安全,充分体现以人为本的理念。

预防为主是实现安全第一的手段,采取正确的措施和方法进行安全控制,从而减少甚至消除事故隐患,尽量把事故消除在萌芽状态,这是安全控制最重要的思想。

2. 安全控制的目标

安全控制的目标是减少和消除生产过程中的事故,保证人员健康安全,避免财产损失。安全控制目标具体包括:

(1)减少和消除人的不安全行为的目标;

(2)减少和消除设备、材料的不安全状态的目标;

(3)改善生产环境和保护自然环境的目标;

(4)安全管理的目标。

(三)施工安全控制的特点

1. 安全控制面大

水利工程,由于规模大、生产工序多、工艺复杂、流动施工作业多、野外作业多、高空作业多、作业位置多、施工中不确定因素多,因此施工中安全控制涉及范围广、控制面大。

2. 安全控制动态性强

水利工程建设项目的单件性,使得每个工程所处的条件不同,危险因素和措施也会有所不同,员工进驻一个新的工地,面对新的环境,需要时间去熟悉、对工作制度和安全措施进行调整。

工程施工项目施工的分散性,现场施工分散于场地的不同位置和建筑物的不同部位,面对新的具体的生产环境,熟悉各种安全规章制度和技术措施外,还需作出自己的研判和处理。有经验的人员也必须适应不断变化的新问题、新情况。

3. 安全控制体系交叉性

工程项目施工是一个系统工程,受自然和社会环境影响大,施工安全控制和工程系统、质量管理体系、环境和社会系统联系密切,交叉影响,建立和运行安全控制体系要相互结合。

4. 安全控制的严谨性

安全事故的出现是随机的,偶然中存在必然性,一旦失控,就会造成伤害和损失,因此安全状态的控制必须严谨。

(四)施工安全控制程序

1. 确定项目的安全目标

按目标管理的方法,在以项目经理为首的项目管理系统内进行分解,从而确定每个岗位的安全目标,实现全员安全控制。

2. 编制项目安全技术措施计划

对生产过程中的不安全因素,应采取技术手段加以控制和消除,并采用书面文件的形式,作为工程项目安全控制的指导性文件,落实预防为主的方针。

3. 落实项目安全技术措施计划

安全技术措施包括安全生责任制、安全生产设施、安全教育和培训、安全信息的沟通和交流,通过安全控制使生产作业的安全状况处于可控制状态。

4. 安全技术措施计划的验证

安全技术措施计划的验证包括安全检查、纠正不符合因素、检查安全记录、安全技术措施修改与再验证。

5. 安全生产控制的持续改进

安全生产控制应持续改进,直到完成工程项目全面工作的结束。

(五)施工安全控制的基本要求

(1)必须取得安全行政主管部门颁发的“安全施工许可证”后方可施工。

(2)总承包企业和每一个分包单位都应持有“施工企业安全资格审查认可证”。

(3)各类人员必须具备相应的执业资格才能上岗。

(4)新员工都必须经过安全教育和必要的培训。

(5)特种工种作业人员必须持有特种工种作业上岗证,并严格按期复查。

(6)对查出的安全隐患要做到五个落实:落实责任人、落实整改措施、落实整改时间、落实整改完成人、落实整改验收人。

(7)必须控制好安全生产的六个节点:技术措施、技术交底、安全教育、安全防护、安全检查、安全改进。

(8)现场的安全警示设施齐全、所有现场人员必须戴安全帽,高空作业人员必须系安全带等防护工具,并符合国家和地方的有关安全规定。

(9)现场施工机械尤其是起重机械等设备必须经安全检查合格后方可使用。

四、施工安全控制的方法

(一)危险源

1. 危险源的定义

危险源是可能导致人身伤害或疾病、财产损失、工作环境破坏或出现几种情况同时出现的危险和有害因素。

危险因素强调突发性和瞬时作用,有害因素强调在一定时间内的慢性损害和积累作用。

危险源是安全控制的主要对象,也可以将安全控制称为危险源控制或安全风险控制。

2. 危险源分类

施工生产中的危险源是以多种多样的形式存在的,危险源所导致的事故主要有能量的意外释放和有害物质的泄露。根据危险源在事故中的作用,把危险源分为两大类,即第一类危险源和第二类危险源。

1)第一类危险源

可能发生能量意外释放的载体或危险物质称为第一类危险源。能量或危险物质的意外释放是事故发生的物理本质,通常把产生能量的能量源或拥有能量的载体作为第一类危险源进行处理。

2)第二类危险源

造成约束、限制能量的措施破坏或失效的各种不安全因素称为第二种危险源。

在施工生产中,为了利用能量,使用各种施工设备和机器,让能量在施工过程中流动、转换、做功,加快施工进度,而这些设备和设施可以看成约束能量的工具,正常情况下,生产过程中的能量和危险物是受到控制和约束的,不会发生意外释放,也就是不会发生事故,一旦这些约定或限制措施受到破坏或者失效,包括出现故障,则会发生安全事故。这类危险源包括三个方面:人的不安全行为、物的不安全状态、环境的不良条件。

3. 危险源与事故

安全事故的发生是以上两种危险源共同作用的结果。第一类危险源是事故发生的前提,第二类危险源的出现是第一类危险源导致安全事故的必要条件。在事故发生和发展过程中,两类危险源相互依存和作用,第一类是事故的主体,决定事故的严重程度,第二类危险源出现决定事故发生的大小。

(二)危险源控制方法

1. 风险源识别与风险评价

1)危险源识别方法

(1)专家调查法。

专家调查法是通过向有经验的专家咨询、调查、分析、评价危险源的方法。

专家调查法的优点是,简便、易行,缺点是受专家的知识、经验、限制,可能出现疏漏。常用方法是头脑风暴法和德尔菲法。

(2)检查表法。

安全检查表法就是运用事先编制好的检查表实施安全检查和诊断项目,进行系统的安全检查,识别工程项目存在的危险源。检查表的内容一般包括项目类型、检查内容及要求、检查后处理意见等。可用回答是、否或做符号标识,注明检查日期,并由检查人和被检查部门或单位签字。

安全检查表法的优点是简单扼要,容易掌握,可以先组织专家编制检查表,制定检查项目,使施工安全检查系统化、规范化,缺点是只做一些定性分析和评价。

2)风险评价方法

风险评价是评估危险源所带来的风险大小,及确定风险是否允许的过程。根据评价结果对风险进行分级,按不同的风险等级有针对性地采取风险控制措施。

2. 危险源的控制方法

1)第一类风险源的控制方法

防止事故发生的方法:消除风险源,限制能量,对危险物质隔离。

避免或减少事故损失的方法有:隔离,个体防护,使能量或危险物质按事先要求释放,采取避难、援救措施;

2)第二类风险源的控制方法

减少故障:增加安全系数、提高可靠度、设置安全监控系统。

故障安全设计:包括最乐观方案(故障发生后,在没有采取措施前,使用系统和设备处于安全的能量状态之下)、最悲观方案(故障发生后,系统处于最低能量状态下,直到采取措施前,不能运转)、最可能方案(保证采取措施前,设备、系统发挥正常功能)。

3. 危险源的控制策划

(1)尽可能完全消除有不可接受风险的风险源,如用安全品取代危险品。

(2)不可能消除时,应努力采取降低风险的措施,如使用低压电器等。

(3)在条件允许时,应使工作环境适合于人,如考虑降低人精神压力和体能消耗。

(4)应尽可能利用先进技术来改善安全控制措施。

(5)应考虑采取保护每个工作人员的措施。

(6)应将技术管理与程序控制结合起来。

(7)应考虑引入设备安全防护装置维护计划的要求。

(8)应考虑使用个人防护用品。

(9)应有可行有效的应急方案。

(10)预防性测定指标要符合监视控制措施计划要求。

(11)组织应根据自身的风险选择适合的控制策略。

五、施工安全生产组织机构建立

人人都知道安全的重要,但是安全事故却又频频发生,为了保证施工过程不发生安全事故,必须建立安全管理的组织机构,健全安全管理规章制度。统一施工生产项目的安全管理目标、安全措施、检查制度、考核办法、安全教育措施等。具体工作如下:

(1)成立以项目经理为首的安全生产施工领导小组,具体负责施工期间的安全工作;

(2)项目副经理、技术负责人、各科负责人和生产工段的负责人作为安全小组成员,共同负责安全工作;

(3)设立专职安全员,聘用有国家安全员职业资格或经培训持证上岗的人员,专门负责施工过程中安全工作,只要施工现场有施工作业人员,安全员就要上岗值班,在每个工序开工前,安全员要检查工程环境和设施情况,认定安全后方可进行工序施工。

(4)各技术及其他管理科室和施工段队要设兼职安全员,负责本部门的安全生产预防和检查工作,各作业班组组长要兼本班组的安全检员,具本负责本班组的安全检查;

(5)工程项目部应定期召开安全生产工作会议,总结前期工作,找出问题,布置落实后面工作,利用施工空闲时间进行安全生产工作培训,在培训工作中和其他安全工作会议上,安全小组领导成员要讲解安全工作的重要意义,学习安全知识,增强员工安全警觉意识,把安全工作落实在预防阶段。根据工程的具体特点，把不安全的因素和相应措施制定成册，使全体员工学习和掌握。

(6)严格按国家有关安全生产规定，在施工现场设置安全警示标识，在不安全因素的部位设立警示牌，严格检查进场人员配戴安全帽、高空作业配带安全带，严格持证上岗工作，风雨天禁止高空作业工作，施工设备专人使用制度，严禁在场内乱拉乱用电线路，严禁非电工人员从事电工作业。

(7)安全生产工作和现场管理结合起来，同时进行，防止因管理不善产生安全隐患，工地防风、防雨、防火、防盗、防疾病等预防措施要健全，都有专人负责，以确保各项措施及时落实到位。

(8)完善安全生产考核制度，实行安全问题一票否决制，安全生产互相监督制，提高自检自查意识，开展科室、班组经验交流和安全教育活动。

(9)对构件和设备吊装、爆破、高空作业、拆除、上下交叉作业、夜间作业、疲劳作业、带电作业、汛期施工、地下施工、脚手架搭设拆除等重要安全环节，必须开工前进行技术交底、安全交底，联合检查后，确认安全，方可开工。施工过程中，加强安全员的旁站检查。加强专职指挥协调工作。

六、施工安全技术措施计划与实施

(一)工程施工措施计划

1. 施工措施计划的主要内容

施工措施计划的主要内容包括工程概况、控制目标、控制程序、组织机构、职责权限、规章制度、资源配置、安全措施、检查评价、激励机制等。

2. 特殊情况应考虑安全计划措施

(1)对高处作业、井下作业等专性强的作业，电器、压力容器等特殊工种作业，应制定单项安全技术规程，并对管理人员和操作人员的安全作业资格和身体状况进行检查。

(2)对结构复杂、施工难度大、专业性较强的工程项目，除制定总体安全保证计划外，还须制定单位工程和分部分项工程安全技术措施。

(3)制定和完善施工安全操作规程，编制各施工工种，特别是危险性大的工种的施工安全操作要求，作为施工安全生产规范和考核的依据。

(4)施工安全技术措施包括安全防护设施和安全预防措施，主要有防火、防毒、防爆、防洪、防尘、防雷击、防触电、防坍塌、防物体打击、防机械伤害、防起重机械滑落、防高空坠落、防交通事故、防寒、防暑、防疫、防环境污染等方面的措施。

(二)施工安全措施计划的落实

1. 安全生产责任制

安全生产责任制是指企业对项目经理部各部门、各类人员所规定的在他们各自职责范围内对安全生产应负责任的制度，建立安全生产责任制是施工安全技术措施的重要保证。

2. 安全教育

要树立全员安全意识，安全教育的要求如下：

(1)广泛开展安全生产的宣传教育，使全体员工真正认识到安全生产的重要性和必要性，掌握安全生产的基本知识，牢固树立安全第一的思想，自觉遵守安全生产的各项法律、法规和规章制度。

(2)安全教育的主要内容有安全知识、安全技能、设备性能、操作规程、安全法规等。

(3)对安全教育要建立经常性的安全教育考核制度。考核结果要记入员工人事档案。

(4)一些特殊工种,如电工、电焊工、架子工、司炉工、爆破工、机操工、起重工、机械司机、机动车辆司机等,除一般安全教育外,还要进行专业技能培训、经考试合格后,取得资格,才能上岗工作。

(5)工程施工中采用新技术、新工艺、新设备时,或人员调动新工作岗位,也要进行安全教育和培训,否则不能上岗。

3. 安全技术交底

1)基本要求

(1)实行逐级安全技术交底制度,从上到下,直到全体作业人员。

(2)安全技术交底工作必需具体、明确、有针对性;

(3)交底的内容要针对分部分项工程施工中给作业人员带来的潜在危害,应优先采用新的安全技术措施。

(4)应将施工方法、施工程序、安全技术措施等优先向工段长、班级组长进行详细交底

(5)定期向多工种交叉施工或多个作业队同时施工的作业队进行书面交底,并保持书面交底的交接的书面签字记录。

2)主要内容

(1)工程施工项目作业特点和危险点。

(2)针对各危险点具体措施。

(3)应注意的安全事项。

(4)对应的安全操作规和标准。

(5)发生事故应及时采取的应急措施。

七、施工安全检查

施工项目安全检查的目的是消除安全隐患、防止安全事发生、改善劳动条件及提高员工的安全生产意识。施工安全检查是施工安全控制工作的重要内容,通过安全检查可以发现工程中的危险因素,以便有计划地采取相应措施,保证安全生产的顺利进行。项目的施工生产安全检查应由项目经理组织,定期进行检查。

(一)安全检查的类型

施工项目安全检查类型分为日常性检查、专业性检查、季节性检查、节假日前后检查、及不定期检查等。

1. 日常性检查

日常性检查是经常的、普遍的检查,一般每年进行 1 ~4 次。项目部、科室每月至少进行一次,施工班组每周、每班次都应进行检查,专职安全技术人员的日常检查应有计划、有部位、有记录、有总结,周期性进行。

2. 专业性检查

专业性检查是指针对特种作业、特种设备、特殊场地进行的检查,如电焊、气焊、起重设备、运输车辆、锅炉压力熔器、易燃易爆场所等,由专业检查员进行。

3. 季节性检查

季节性检查是根据季节性的特点，为保障安全生产的特殊要求所进行的检查，如春季空气干燥、风大，重点查防火、防爆；夏季多雨雷电、高温，重点防暑、降温、防汛、防雷击、防触电；冬季防寒、防冻等。

4. 节假日前后检查

节假日前后的检查是针对节假期间容易产生的麻痹思想的特点而进行的安全检查，包括假前的综合检查和假后的遵章守纪检查等。

5. 不定期检查

不定期检查是指在工程开工前、停工前、施工中、竣工、试运转时进行的安全检查。

（二）安全检查的注意事项

（1）安全检查要深入基层，紧紧依靠员工，坚持领导与群众相结的原则，组织好检查工作。

（2）建立检查的组织领导机构，配备适当的检查力量，选聘具有较高的技术业务水平的专业人员。

（3）做好检查各项准备工作，包括思想、业务知识、法规政策、检查设备和奖励等准备工作。

（4）明确检查的目的、要求，既严格要求，又防止一刀切，从实际出发，分清主次，力求实效。

（5）把自查与互查相结合，基层以自查为主，管理部门之间相互检查，互相学习，取长补短，交流经验。

（6）检查与整改相结合，检查是手段，整改是目的，发现问题及时采取切实可行的防范措施。

（7）建立检查档案，结合安全检查的实施，逐步建立健全检查档案，收集基本数据，掌握基本安全状态，为及时消除隐患提供数据，同时也为以后的职业健康安全检查打下基础。

（8）制定安全检查表时，应根据用途和目的具体确定安全检查表的种类。安全检查表的种类主要有设计用安全检查表、厂级安全检查表、车间安全检查表、班组安全检查表、岗位安全检查表、专业安全检查表，制定检查表要在安全技术部门的指导下，充分依靠员工来进行，初步制定检查表后，经过讨论、试用再加以修订，制定安全检查表。

（三）安全检查的主要内容

安全生产检查的主要内容作好以下五方面的内容。

1. 查思想

主要检查企业干部和员工对安全生产工作的认识。

2. 查管理

主要检查安全管理是否有效，包括安全生产责任制、安全技术措施计划、安全组织机构、安全保证措施、安全技术交底、安全教育、持证上岗、安全设施、安全标识、操作规程、违规行为、安全记录等。

3. 检隐患

主要检查作业现场是否符合安全生产的要求，存在的不安全因素。

4. 查事故

查明安全事故的原因、明确责任、对责任人作出处理,明确落实整改措施等要求。还要检查对伤亡事故是否及时报告、认真调查、严肃处理。

5. 查整改

主要检查对过去提出的问题的整改情况。

(四)安全检查的主要规定

(1)定期对安全控制计划的执行情况进行检查、记录、评价、考核,对作业中存在的安全隐患,签发安全整改通知单,要求相应部门落实整改措施并进行检查。

(2)根据工程施工过程的特点和安全目标的要求确定安全检查的内容。

(3)安全检查应配备必要的设备,确定检查组成人员,明确检查方法和要求。

(4)检查方法采取随机抽样、现场观察、实地检测等,记录检查结果,纠正违章指挥和违章作业。

(5)对检查结果进行分析,找出安全隐患,评价安全状态。

(6)编写安全检查报告并上交。

(五)安全事故处理的原则

安全事故处理要坚持以下四个原则:

(1)事故原因不清楚不放过;

(2)事故责任者和员工没受教育不放过;

(3)事故责任者没受处理不放过;

(4)没有制定防范措施不放过。

八、安全事故处理程序

安全事故处理程序如下:

(1)报告安全事故;

(2)处理安全事故,抢救伤员,排除险情,防止事故扩大,做好标识、保护现场;

(3)进行安全事故调查;

(4)对事故责任者进行处理;

(5)编写调查报告并上报。

第五节　水利工程重大质量安全事故应急预案

为提高应对水利工程建设重大质量与安全事故的能力,做好水利工程建设重大质量与安全事故应急处置工作,有效预防、及时控制和消除水利工程建设重大质量与安全事故的危害,最大限度减少人员伤亡和财产损失,保证工程建设质量与施工安全以及水利工程建设顺利进行,根据《中华人民共和国安全生产法》、《国家突发公共事件总体应急预案》和《水利工程建设安全生产管理规定》等法律、法规和有关规定,结合水利工程建设实际,水利部制定了《水利工程建设重大质量与安全事故应急预案》(水建管[2006]202 号),自 2006 年 6 月 5 日起实施。该应急预案共分为八章。

根据 2005 年 1 月 26 日国务院第 79 次常务会议通过的《国家突发公共事件总体应急预

案》,按照不同的责任主体,国家突发公共事件应急预案体系设计为国家总体应急预案、专项应急预案、部门应急预案、地方应急预案、企事业单位应急预案五个层次。

《水利工程建设重大质量与安全事故应急预案》属于部门预案,是关于事故灾难的应急预案,其主要内容包括:

(1)《水利工程建设重大质量与安全事故应急预案》适用于水利工程建设过程中突然发生且已经造成或者可能造成重大人员伤亡、重大财产损失,有重大社会影响或涉及公共安全的重大质量与安全事故的应急处置工作。按照水利工程建设质量与安全事故发生的过程、性质和机理,水利工程建设重大质量与安全事故主要包括:

①施工中土石方塌方和结构坍塌安全事故。

②特种设备或施工机械安全事故。

③施工围堰坍塌安全事故。

④施工爆破安全事故。

⑤施工场地内道路交通安全事故。

⑥施工中发生的各种重大质量事故。

⑦其他原因造成的水利工程建设重大质量与安全事故。水利工程建设中发生的自然灾害(如洪水、地震等)、公共卫生事件、社会安全事件等,依照国家和地方相应应急预案执行。

(2)应急工作应当遵循"以人为本,安全第一;分级管理,分级负责;属地为主,条块结合;集中领导,统一指挥;信息准确,运转高效;预防为主,平战结合"的原则。

(3)水利工程建设重大质量与安全事故应急组织指挥体系由水利部及流域机构、各级水行政主管部门的水利工程建设重大质量与安全事故应急指挥部、地方各级人民政府、水利工程建设项目法人以及施工等工程参建单位的质量与安全事故应急指挥部组成。

(4)在本级水行政主管部门的指导下,水利工程建设项目法人应当组织制定本工程项目建设质量与安全事故应急预案(水利工程项目建设质量与安全事故应急预案应当报工程所在地县级以上水行政主管部门以及项目法人的主管部门备案)。建立工程项目建设质量与安全事故应急处置指挥部。工程项目建设质量与安全事故应急处置指挥部的组成如下:

①指挥:项目法人主要负责人;

②副指挥:工程各参建单位主要负责人;

③成员:工程各参建单位有关人员。

(5)承担水利工程施工的施工单位应当制定本单位施工质量与安全事故应急预案,建立应急救援组织或者配备应急救援人员,配备必要的应急救援器材、设备,并定期组织演练。水利工程施工企业应明确专人维护救援器材、设备等。在工程项目开工前,施工单位应当根据所承担的工程项目施工特点和范围,制定施工现场施工质量与安全事故应急预案,建立应急救援组织或配备应急救援人员并明确职责。在承包单位的统一组织下,工程施工分包单位(包括工程分包和劳务作业分包)应当按照施工现场施工质量与安全事故应急预案,建立应急救援组织或配备应急救援人员并明确职责。施工单位的施工质量与安全事故应急预案、应急救援组织或配备的应急救援人员和职责应当与项目法人制定的水利工程项目建设质量与安全事故应急预案协调一致,并将应急预案报项目法人备案。

(6)重大质量与安全事故发生后,在当地政府的统一领导下,应当迅速组建重大质量与安全事故现场应急处置指挥机构,负责事故现场应急救援和处置的统一领导与指挥。

(7)预警预防行动。施工单位应当根据建设工程的施工特点和范围,加强对施工现场易发生重大事故的部位、环节进行监控,配备救援器材、设备,并定期组织演练。

(8)按事故的严重程度和影响范围,将水利工程建设质量与安全事故分为Ⅰ、Ⅱ、Ⅲ、Ⅳ四级。对应相应事故等级,采取Ⅰ级、Ⅱ级、Ⅲ级、Ⅳ级应急响应行动。其中:

①Ⅰ级(特别重大质量与安全事故)。已经或者可能导致死亡(含失踪)30人以上(含本数,下同),或重伤(中毒)100人以上,或需要紧急转移安置10万人以上,或直接经济损失1亿元以上的事故。

②Ⅱ级(特大质量与安全事故)。已经或者可能导致死亡(含失踪)10人以上、30人以下(不含本数,下同),或重伤(中毒)50人以上、100w以下,或需要紧急转移安置1万人以上、10万人以下,或直接经济损失5 000万元以上、1亿元以下的事故。

③Ⅲ级(重大质量与安全事故)。已经或者可能导致死亡(含失踪)3人以上、10人以下,或重伤(中毒)30人以上、50人以下,或直接经济损失1 000万元以上、5 000万元以下的事故。

④Ⅳ级(较大质量与安全事故)。已经或者可能导致死亡(含失踪)3人以下,或重伤(中毒)30人以下,或直接经济损失1 000万元以下的事故。

(9)水利工程建设重大质量与安全事故报告程序如下:

①水利工程建设重大质量与安全事故发生后,事故现场有关人员应当立即报告本单位负责人。项目法人、施工等单位应当立即将事故情况按项目管理权限如实向流域机构或水行政主管部门和事故所在地人民政府报告,最迟不得超过4 h。流域机构或水行政主管部门接到事故报告后,应当立即报告上级水行政主管部门和水利部工程建设事故应急指挥部。水利工程建设过程中发生生产安全事故的,应当同时向事故所在地安全生产监督局报告;特种设备发生事故,应当同时向特种设备安全监督管理部门报告。接到报告的部门应当按照国家有关规定,如实上报。报告的方式可先采用电话口头报告,随后递交正式书面报告。在法定工作日向水利部工程建设事故应急指挥部办公室报告,夜间和节假日向水利部总值班室报告,总值班室归口负责向国务院报告。

②各级水行政主管部门接到水利工程建设重大质量与安全事故报告后,应当遵循"迅速、准确"的原则,立即逐级报告同级人民政府和上级水行政主管部门。

③对于水利部直管的水利工程建设项目以及跨省(自治区、直辖市)的水利工程项目,在报告水利部的同时应当报告有关流域机构。

④特别紧急的情况下,项目法人和施工单位以及各级水行政主管部门可直接向水利部报告。

(10)事故报告内容分为事故发生时报告的内容以及事故处理过程中报告的内容,其中:

①事故发生后及时报告以下内容:发生事故的工程名称、地点、建设规模和工期,事故发生的时间、地点、简要经过、事故类别和等级、人员伤亡及直接经济损失初步估算;有关项目法人、施工单位、主管部门名称及负责人联系电话,施工等单位的名称、资质等级;事故报告的单位、报告签发人及报告时间和联系电话等。

②根据事故处置情况及时续报以下内容:有关项目法人、勘察、设计、施工、监理等工程参建单位名称、资质等级情况,单位以及项目负责人的姓名以及相关执业资格;事故原因分

析;事故发生后采取的应急处置措施及事故控制情况;抢险交通道路可使用情况;其他需要报告的有关事项等。

(11)事故现场指挥协调和紧急处置:

①水利工程建设发生质量与安全事故后,在工程所在地人民政府的统一领导下,迅速成立事故现场应急处置指挥机构负责统一领导、统一指挥、统一协调事故应急救援工作。事故现场应急处置指挥机构由到达现场的各级应急指挥部和项目法人、施工等工程参建单位组成。

②水利工程建设发生重大质量与安全事故后,项目法人和施工等工程参建单位必须迅速、有效地实施先期处置,防止事故进一步扩大,并全力协助开展事故应急处置工作。

(12)各级应急指挥部应当组织好三支应急救援基本队伍:

①工程设施抢险队伍,由工程施工等参建单位的人员组成,负责事故现场的工程设施抢险和安全保障工作。

②专家咨询队伍,由从事科研、勘察、设计、施工、监理、质量监督、安全监督、质量检测等工作的技术人员组成,负责事故现场的工程设施安全性能评价与鉴定,研究应急方案、提出相应应急对策和意见;并负责从工程技术角度对已发事故还可能引起或产生的危险因素进行及时分析预测。

③应急管理队伍,由各级水行政主管部门的有关人员组成,负责接收同级人民政府和上级水行政主管部门的应急指令,组织各有关单位对水利工程建设重大质量与安全事故进行应急处置,并与有关部门进行协调和信息交换。

经费与物资保障应当做到地方各级应急指挥部确保应急处置过程中的资金和物资供给。

(13)宣传、培训和演练。

其中,公众信息交流应当做到:

①水利部应急预案及相关信息公布范围至流域机构、省级水行政主管部门。

②项目法人制定的应急预案应当公布至工程各参建单位及相关责任人,并向工程所在地人民政府及有关部门备案。

培训应当做到:

①水利部负责对各级水行政主管部门以及国家重点建设项目的项目法人应急指挥机构有关工作人员进行培训。

②项目法人应当组织水利工程建设各参建单位人员进行各类质量与安全事故及应急预案教育,对应急救援人员进行上岗前培训和常规性培训。培训工作应结合实际,采取多种形式,定期与不定期相结合,原则上每年至少组织一次。

(14)监督检查。水利部工程建设事故应急指挥部对流域机构、省级水行政主管部门应急指挥部实施应急预案进行指导和协调。按照水利工程建设管理事权划分,由水行政主管部门应急指挥部对项目法人以及工程项目施工单位应急预案进行监督检查。项目法人应急指挥部对工程各参建单位实施应急预案进行督促检查。

第六节　水利工程安全生产监督管理的内容

根据《中华人民共和国安全生产法》第 9 条、第 54 条,《建设工程安全生产管理条例》第 39 条、第 40 条等有关规定,《水利工程建设安全生产管理规定》结合水利工程建设的特点以及建设管理体系的具体情况,对水利工程建设安全生产监督管理主要的要求如下:

(1)水行政主管部门和流域管理机构按照分级管理权限,负责水利工程建设安全生产的监督管理。水行政主管部门或者流域管理机构委托的安全生产监督机构,负责水利工程施工现场的具体监督检查工作。

(2)水利部负责全国水利工程建设安全生产的监督管理工作,其主要职责是:

①贯彻、执行国家有关安全生产的法律、法规和政策,制定有关水利工程建设安全生产的规章、规范性文件和技术标准;

②监督、指导全国水利工程建设安全生产工作,组织开展对全国水利工程建设安全生产情况的监督检查;

③组织、指导全国水利工程建设安全生产监督机构的建设、考核和安全生产监督人员的考核工作以及水利水电工程施工单位的主要负责人、项目负责人和专职安全生产管理人员的安全生产考核工作。

(3)流域管理机构负责所管辖的水利工程建设项目的安全生产监督工作。

(4)省、自治区、直辖市人民政府水行政主管部门负责本行政区域内所管辖的水利工程建设安全生产的监督管理工作,其主要职责是:

①贯彻执行有关安全生产的法律、法规、规章、政策和技术标准,制定地方有关水利工程建设安全生产的规范性文件;

②监督、指导本行政区域内所管辖的水利工程建设安全生产工作,组织开展对本行政区域内所管辖的水利工程建设安全生产情况的监督检查;

③组织、指导本行政区域内水利工程建设安全生产监督机构的建设工作以及有关的水利水电工程施工单位的主要负责人、项目负责人和专职安全生产管理人员的安全生产考核工作。

市、县级人民政府水行政主管部门水利工程建设安全生产的监督管理职责,由省、自治区、直辖市人民政府水行政主管部门规定。

(5)水行政主管部门或者流域管理机构委托的安全生产监督机构,应当严格按照有关安全生产的法律、法规、规章和技术标准,对水利工程施工现场实施监督检查。安全生产监督机构应当配备一定数量的专职安全生产监督人员。安全生产监督机构以及安全生产监督人员应当经水利部考核合格。

(6)水行政主管部门或者其委托的安全生产监督机构应当自收到《水利工程建设安全生产管理规定》第 9 条和第 11 条规定的有关备案资料后 20 d 内,将有关备案资料抄送同级安全生产监督管理部门。流域管理机构抄送项目所在地省级安全生产监督管理部门,并报水利部备案。

(7)水行政主管部门、流域管理机构或者其委托的安全生产监督机构依法履行安全生产监督检查职责时,有权采取下列措施:

①要求被检查单位提供有关安全生产的文件和资料。

②进入被检查单位施工现场进行检查。

③纠正施工中违反安全生产要求的行为。

④对检查中发现的安全事故隐患,责令立即排除;重大安全事故隐患排除前或者排除过程中无法保证安全的,责令从危险区域内撤出作业人员或者暂时停止施工。

(8)各级水行政主管部门和流域管理机构应当建立举报制度,及时受理对水利工程建设生产安全事故及安全事故隐患的检举、控告和投诉;对超出管理权限的,应当及时转送有管理权限的部门。举报制度应当包括以下内容:

①公布举报电话、信箱或者电子邮件地址,受理对水利工程建设安全生产的举报。

②对举报事项进行调查核实,并形成书面材料。

③督促落实整顿措施,依法作出处理。

第七节　水利工程文明建设工地的要求

一、规范文件

《水利系统文明建设工地评审管理办法》(建设指导委员会办公室建地[1998]4号)

二、评选组织及申报条件

(1)水利系统文明建设工地的评审工作由水利部优质工程审定委员会负责。其审定委员会办公室负责受理工程项目的申报、资格初审等日常工作。

(2)水利系统文明建设工地每两年评选一次。

(3)申报水利系统文明建设工地的项目,应满足下列条件;

①已完工程量一般应达全部建安工程量的30%以上。

②工程未发生过严重违法乱纪事件和重大质量、安全事故。

③符合《水利系统文明建设工地考核标准》的要求。

(4)水利系统文明建设工地由项目法人或建设单位负责申报。

①部直属项目,由项目法人或建设单位直接上报。

②以水利部投资为主的项目、跨省区边界的项目由流域机构进行审查后上报。

③地方项目,由省、自治区、直辖市水利(水电)厅(局)审查后上报。

(5)各流域机构或省级水行政主管部门需根据《水利系统文明建设工地考核标准》,在进行检查评比的基础上,推荐工程项目,要坚持高标准、严要求,认真审查,严格把关。

(6)申报单位须填写《水利系统文明建设工地申报表》一式二份,其中一份应附项目简介以及反映工程文明工地建设的录相带或照片(至少10张)等有关资料,于当年的4月份报水利部优质工程审定委员会办公室。

三、评审

(1)根据申报工程情况,由审定委员会办公室组织对有关工程的现场进行复查,并提出复查报告。

(2)申报单位申报和接受复查,不得弄虚作假,不得行贿送礼,不得超标准接待。对违反者,视情节轻重,给予通报批评、警告或取消其申报资格。

(3)评审人员要秉公办事,严守纪律,自觉抵制不正之风。对违反者,视其情节轻重,给予通报批评、警告或取消其评审资格。

四、奖励

评为水利系统文明建设工地的项目,由水利部建设司、人事劳动教育司、精神文明建设指导委员会办公室联合授予建设单位奖牌;授予设计、监理、有关施工单位奖状。项目获奖将作为评选水利部优质工程的重要因素予以考虑。

五、获奖后违纪处理

工程项目获奖后,如发生严重违法违纪案件和重大质量、安全事故的,将取消其曾获得的"水利系统文明建设工地"称号。

六、水利系统文明建设工地考核标准

(一)精神文明建设(30%)

(1)认真组织学习《中共中央关于加强社会主义精神文明建设若干问题的决议》,坚决贯彻执行党的路线、方针、政策。

(2)成立创建文明建设工地的组织机构,制定创建文明建设工地的规划和办法并认真实行。

(3)有计划地组织广大职工开展爱国主义、集体主义、社会主义教育活动。

(4)积极开展职业道德、职业纪律教育,制定并执行岗位和劳动技能培训计划。

(5)群众文体生活丰富多彩,职工有良好的精神面貌,工地有良好的文明氛围,宣传工作抓得好。

(6)工程建设各方能够遵纪守法,无违法违纪和腐败现象。

(二)工程建设管理水平(40%)

(1)工程实施符合基本建设程序:

①工程建设符合国家的政策、法规,严格按基建程序办事;

②按部有关文件实行招标投标制和建设监理制规范;

③工程实施过程中,能严格按合同管理,合理控制投资、工期、质量,验收程序符合要求;

④4、建设单位与监理、施工、设计单位关系融洽、协调。

(2)工程质量管理井然有序:

①工程施工质量检查体系及质量保证体系健全;

②工地实验室拥有必要的检测设备;

③各种档案资料真实可靠,填写规范、完整;

④工程内在、外观质量优良,单元工程优良品率达到70%以上,未发生过重大质量事故;

⑤出现质量事故能按"三不放过原则"及时处理。

(3)施工安全措施周密:

①建立了以责任制为核心的安全管理和保证体系,配备了专职或兼职安全员;

②认真贯彻国家有关施工安全的各项规定及标准,并制定了安全保证制度;

③施工现场无不符合安全操作规程状况;

④一般伤亡事故控制在标准内,未发生重大安全事故。

(4)内部管理制度健全,建设资金使用合理合法。

(三)施工区环境(30%)

(1)现场材料堆放、施工机械停放有序、整齐;

(2)施工现场道路平整、畅通;

(3)施工现场排水畅通,无严重积水现象;

(4)施工现场做到工完场清,建筑垃圾集中堆放并及时清运;

(5)危险区域有醒目的安全警示牌,夜间作业要设警示灯;

(6)施工区与生活区应挂设文明施工标牌或文明施工规章制度;

(7)办公室、宿舍、食堂等公共场所整洁卫生、有条理;

(8)工区内社会治安环境稳定,未发生严重打架斗殴事件,无黄、赌、毒等社会丑恶现象;

(九)、能注意正确协调处理与当地政府和周围群众关系。

第八节　安全文明施工措施

根据国家相关规定以及各省市有关文明施工管理的要求,施工单位应规范施工现场,创造良好生产、生活环境,保障职工的安全与健康,做到文明施工、安全有序、整洁卫生、不扰民、不损害公众利益。

一、现场大门和围挡设置

(1)施工现场设置钢质大门,大门牢固、美观。高度不宜低于4 m,大门上应标有企业标识。

(2)施工现场的围挡必须沿工地四周连续设置,不得有缺口。并且围挡要坚固、平稳、严密、整洁、美观。

(3)围挡的高度:市区主要路段不宜低于2.5 m,一般路段不低于1.8 m。

(4)围挡材料应选用砌体、金属板材等硬质材料,禁止使用彩条布、竹笆、安全网等易变形材料。

(5)建设工程外侧周边使用密目式安全网(2 000 目/100 cm^2)进行防护。

二、现场封闭管理

(1)施工现场出入口设专职门卫人员,加强对现场材料、构件、设备的进出监督管理。

(2)为加强对出入现场人员的管理,施工人员应佩戴工作卡以示证明。

(3)根据工程的性质和特点,出入大门口的形式,各企业各地区可按各自的实际情况确定。

三、施工场地布置

(1)施工现场大门内必须设置明显的五牌二图(即工程概况牌、安全生产制度牌、文明施工制度牌、环境保护制度牌、消防保卫制度牌及施工现场平面布置图),标明工程项目名称、建设单位、设计单位、施工单位、监理单位、工程概况及开工、竣工日期等。

(2)对于文明施工、环境保护和易发生伤亡事故(或危险)处,应设置明显的、符合国家标准要求的安全警示标志牌。

(3)设置施工现场安全"五标志",即指令标志(佩戴安全帽、系安全带等),禁止标志(禁止通行、严禁抛物等),警告标志(当心落物、小心坠落等),电力安全标志(禁止合闸、当心有电等)和提示标志(安全通道、火警、盗警、急救中心电话等)。

(4)现场主要运输道路尽量采用循环方式设置或有车辆调头的位置,保证道路通畅。

(5)现场道路有条件的可采用混凝土路面,无条件的可采用其他硬化路面。现场地面也应进行硬化处理,以免现场扬尘,雨后泥泞。

(6)施正现场必须有良好的排水设施,保证排水畅通。

(7)现场内的施工区、办公区和生活区要分开设置,保持安全距离,并设标志牌。办公区和生活区应根据实际条件进行绿化。

(8)各类临时设施必须根据施工总平面图布置,而且要整齐、美观。办公和生活用的临时设施宜采用轻体保温或隔热的活动房,既可多次周转使用,降低暂设成本,又可达到整洁美观的效果。

(9)施工现场临时用电线路的布置,必须符合安装规范和安全操作规程的要求,严格按施工组织设计进行架设,严禁任意拉线接电,而且必须设有保证施工要求的夜间照明。

(10)工程施工的废水、泥浆应经流水槽或管道流到工地集水池统一沉淀处理,不得随意排放和污染施工区域以外的河道、路面。

四、现场材料、工具堆放

(1)施工现场的材料构件、工具必须按施工平面图规定的位置堆放,不得侵占场内道路及安全防护等设施。

(2)各种材料、构件堆放应按品种、分规格整齐堆放,并设置明显标牌。

(3)施工作业区的垃圾不得长期堆放,要随时清理,做到每天工完场清。

(4)易燃易爆物品不能混放,要有集中存放的库房。班组使用的零散易燃易爆物品,必须按有关规定存放。

(5)对于楼梯、休息平台、阳台临边等地方不得堆放物料。

五、施工现场安全防护布置

根据住房和城乡建设部有关建筑工程安全防护的有关规定,项目经理部必须做好施工现场安全防护工作。

(1)施工临边、洞口交叉、高处作业及楼板、屋面、阳台等临边防护,必须采用密目式安全立网全封闭,作业层要另加防护栏杆和 18 cm 高的踢脚板。

(2)通道口设防护棚,防护棚应为不小于 5 cm 厚的木板或两道相距 50 cm 的竹笆,两侧应沿栏杆架用密目式安全网封闭。

(3)预留洞口用木板全封闭防护,对于短边超过1.5 m长的洞口,除封闭外四周还应设有防护栏杆。

(4)电梯井口设置定型化、工具化、标准化的防护门,在电梯井内每隔两层(不大于10 m)设置一道安全平网。

(5)楼梯边设1.2 m高的定型化、工具化、标准化的防护栏杆,18 cm高的踢脚板。

(6)垂直方向交叉作业,应设置防护隔离棚或其他设施防护。

(7)高空作业施工,必须有悬挂安全带的悬索或其他设施,有操作平台,有上下的梯子或其他形式的通道。

六、施工现场防火布置

(1)施工现场应根据工程实际情况,订立消防制度或消防措施。

(2)按照不同作业条件和消防有关规定,合理配备消防器材,符合消防要求。消防器材设置点要有明显标志,夜间设置红色警示灯,消防器材应垫高设置,周围2 m内不准乱放物品。

(3)当建筑施工高度超过30 m(或当地规定)时,为防止单纯依靠消防器材灭火不能满足要求,应配备有足够的消防水源和自救的用水量。扑救电气火灾不得用水,应使用干粉灭火器。

(4)在容易发生火灾的区域施工或储存、使用易燃易爆器材时,必须采取特殊的消防安全措施。

(5)现场动火,必须经有关部门批准,设专人管理。五级风及以上禁止使用明火。

(6)坚决执行现场防火"五不走"的规定,即交接班不交待不走、用火设备火源不熄灭不走、用电设备不拉闸不走、可燃物不清干净不走、发现险情不报告不走。

七、施工现场临时用电布置

(一)施工现场临时用电配电线路

(1)按照TN－S系统要求配备五芯电缆、四芯电缆和三芯电缆。

(2)按要求架设临时用电线路的电杆、横担、瓷夹、瓷瓶等,或电缆埋地的地沟。

(3)对靠近施工现场的外电线路,设置木质、塑料等绝缘体的防护设施。

(二)配电箱、开关箱

(1)按三级配电要求,配备总配电箱、分配电箱、开关箱。开关箱应符合一机、一箱、一闸、一漏。开关箱中的各类电器应是合格品及符合相关要求。

(2)按两级保护的要求,选取符合容量要求和质量合格的总配电箱和开关箱中的漏电保护器。

(三)接地保护

装置施工现场保护零线的重复接地应不少于三处。

八、施工现场生活设施布置

(1)职工生活设施要符合卫生、安全、通风、照明等要求。

（2）职工的膳食、饮水供应等应符合卫生要求。炊事员必须有卫生防疫部门颁发的体检合格证。生熟食分别存放，炊事员要穿白工作服，食堂卫生要定期清扫检查。

（3）施工现场应设置符合卫生要求的厕所，有条件的应设水冲式厕所，并有专人清扫管理。现场应保持卫生，不得随地大小便。

（4）生活区应设置满足使用要求的淋浴设施和管理制度。

（5）生活垃圾要及时清理，不能与施工垃圾混放，并设专人管理。

（6）职工宿舍要考虑到季节性的要求，冬季应有保暖、防煤气中毒措施；夏季应有消暑、防虫叮咬措施，保证施工人员的良好睡眠。

（7）宿舍内床铺及各种生活用品放置要整齐，通风良好，并要符合安全疏散的要求。

（8）生活设施的周围环境要保持良好的卫生条件，周围道路、院区平整，并要设置垃圾箱和污水池，不得随意乱泼乱倒。

九、施工现场综合治理

（1）项目部应做好施工现场安全保卫工作，建立治安保卫制度和责任分工，并有专人负责管理。

（2）施工现场在生活区域内适当设置职工业余生活场所，以便施工人员工作后能劳逸结合。

（3）现场不得焚烧有毒有害物质，该类物质必须按有关规定进行处理。

（4）现场施工必须采取不扰民措施，要设置防尘和防噪声设施，做到噪声不超标。

（5）为适应现场可能发生的意外伤害，现场应配备相应的保健药箱和一般常用药品及应急救援器材，以便保证及时抢救，不扩大伤势。

（6）为保障施工作业人员的身心健康，应在流行病发生季节及平时，定期开展卫生防疫的宣传教育工作。

（7）施工作业区的垃圾不得长期堆放，要随时清理，做到每天工完场清。

（8）施工现场应设置密闭式垃圾站，施工垃圾、生活垃圾应分类存放。施工垃圾必须采用相应容器或管道运输。

第十七章 水利工程环境安全管理

第一节 环境安全管理的概念及意义

一、环境安全管理的概念

环境安全是指在工程项目施工过程中保持施工现场良好的作业环境、卫生环境和工作秩序。环境安全主要包括以下几个方面的工作：

(1)规范施工现场的场容，保持作业环境的清洁卫生。

(2)科学组织施工，使生产有序进行。

(3)减少施工对当地居民、过路车辆和人员及环境的影响。

(4)保证职工的安全和身体健康。

环境保护是按照法律法规、各级主管部门和企业的要求，保护和改善作业现场的环境，控制现场的各种粉尘、废水、固体废弃物、噪声、振动等对环境的污染和危害。环境保护也是文明施工的重要内容之一。

二、环境安全的意义

文明施工能促进企业综合管理水平的提高。保持良好的作业环境和秩序，对促进安全生产、加快施工进度、保证工程质量、降低工程成本、提高经济和社会效益有较大作用。文明施工涉及人、财、物各个方面，贯穿于施工全过程之中，体现了企业在工程项目施工现场的综合管理水平，也是项目部人员素质的充分反映。

文明施工是适应现代化施工的客观要求。现代化施工更需要采用先进的技术、工艺、材料、设备和科学的施工方案，需要严密组织、严格要求、标准化管理和较好的职工素质等。文明施工能适应现代化施工的要求，是实现优质、高效、低耗、安全、清洁、卫生的有效手段。

文明施工代表企业的形象。良好的施工环境与施工秩序能赢得社会的支持和信赖，提高企业的知名度和市场竞争力。

文明施工有利于员工的身心健康，有利于培养和提高施工队伍的整体素质。文明施工可以提高职工队伍的文化、技术和思想素质，培养尊重科学、遵守纪律、团结协作的大生产意识，促进企业精神文明建设，从而达到促进施工队伍整体素质的提高。

三、现场环境保护的意义

保护和改善施工环境是保证人们身体健康和社会文明的需要。采取专项措施防止粉尘、噪声和水源污染，保护好作业现场及其周围的环境是保证职工和相关人员身体健康、体现社会总体文明的一项利国利民的重要工作。

保护和改善施工现场环境是消除外部干扰、保护施工顺利进行的需要。随着人们的法制观念和自我保护意识的增强，尤其对距离当地居民或公路等较近的项目，施工扰民和影响交通的问题比较突出，项目部应针对具体情况及时采取防治措施，减少对环境的污染和对他人的干扰，这也是施工生产顺利进行的基本条件。

保护和改善施工环境是现代化大生产的客观要求。现代化施工广泛应用新设备、新技术、新的生产工艺，对环境质量要求很高，如果粉尘、振动超标就可能损坏设备、影响功能发挥，使设备难以发挥作用。

保护人类生存环境、保证社会和企业可持续发展的需要。人类社会即将面临环境污染危机的挑战。为了保护子孙后代赖以生存的环境条件，每个公民和企业都有责任和义务保护环境。良好的环境和生存条件，也是企业发展的基础和动力。

第二节　环境安全的组织与管理

一、组织和制度管理

施工现场应成立以项目经理为第一责任人的文明施工管理组织。分单位应服从总包单位的文明施工管理组织的统一管理，并接受监督检查。

各项施工现场管理制度应有文明施工的规定。包括个人岗位责任制、经济责任制、安全检查制度、持证上岗制度、奖惩制度、竞赛制度和各项专业管理制度等。

加强和落实现场文明检查、考核及奖惩管理，以促进施工文明和管理工作的提高。检查范围和内容应全面周到，包括生产区、生活区、场容场貌、环境文明及制度落实等内容。应对检查发现的问题采取整改措施。

二、收集环境安全管理材料

环境安全管理材料主要包括：

(1)上级关于文明施工的标准、规定、法律法规等资料。

(2)施工组织设计(方案)中对施工环境安全的管理规定、各阶段施工现场环境安全的措施。

(3)施工环境安全自检资料。

(4)施工环境安全教育、培训、考核计划的资料。

(5)施工环境安全活动各项记录资料。

三、加强环境安全的宣传和教育

(1)在坚持岗位练兵的基础上，要采取派出去、请进来、短期培训、上技术课、登黑板报、广播、看录像、看电视等方法狠抓教育工作。

(2)要特别注意对临时工的岗前教育。

(3)专业管理人员应熟练掌握文明施工的规定。

第三节 现场环境安全的基本要求

现场环境安全管理的基本要求如下所述:

(1)施工现场必须设置明显的标牌,标明工程项目名称、建设单位、设计单位、施工单位、项目经理和施工现场总代理人的姓名、开工日期、竣工日期、施工许可证批准文号等。施工单位负责施工现场标牌的保护工作。

(2)施工现场的管理人员在施工现场应当佩戴证明其身份的证卡。

(3)应当按照施工中平面布置图设置各项临时设施。现场堆放的大宗材料、成品、半成品和机具设备不得侵占场内道路及安全防护设施。

(4)施工现场的用电线路、用电设施的安装和使用必须符合安装规范和安全操作规程,并按照施工组织设计进行架设,严禁任意拉线接电。施工现场必须设有保证施工安全要求的夜间照明;危险潮湿场所的照明以及手持照明灯具,必须采用符合安全要求的电压。

(5)施工机械应当按照施工总平面布置图规定的位置和线路设置,不得任意侵占场内道路。施工机械进场需经过安全检查,经检查合格的方能使用。施工机械人员必须建立机组责任制,并依照有关规定安全检查,经检查合格的方能使用。施工机械操作人员必须建立机组责任制,并依照有关规定持证上岗,禁止无证人员操作。

(6)应保持施工现场道路畅通,排水系统处于良好使用状态;保持场容场貌的整洁,随时清理建筑垃圾。在车辆、行人通行的地方施工,应当设置施工标志,并对沟井坎穴进行覆盖和铺垫。

(7)施工现场的各种安全设施和劳动保护器具,必须定期进行检查和维护,及时消除隐患,保证其安全有效。

(8)施工现场应当设置各类必要的职工生活设施,并符合卫生、通风、照明等要求。职工的膳食、饮水供应等应当符合卫生要求。

(9)应当做好施工现场安全保卫工作,采取必要的防盗措施,在现场周边设立围护设施。

(10)应当严格依照《中华人民共和国消防法》的规定,在施工现场建立和执行防火管理制度,设置符合消防要求的消防设施,并保持完好的备用状态。在容易发生火灾的地区施工,或者储存、使用易燃易爆器材时,应当采取特殊的消防安全措施。

(11)施工现场发生工程建设重大事故的处理,应依照《工程建设重大事故报告和调查程序规定》执行.

(12)对项目部所有人员应进行言行规范教育工作,大力提倡精神文明建设,严禁赌、毒、黄、打架、斗殴等行为的发生,用强有力的制度和频繁的检查教育,杜绝不良行为的出现。对经常外出的采购、财务、后勤等人员,应进行专门的用语和礼貌培训,增强交流和协调能力,预防因用语不当或不礼貌、无能力等原因发生争执和纠纷。

(13)大力提倡团结协作精神,鼓励内部工作经验交流和传帮学活动,专人负责并认真组织参建人员业余生活,订购健康文明的书刊,组织职工收看、收听健康活泼的音像节目,定期参加组织项目部进行友谊联欢和简单的体育比赛活动,丰富职工的业余生活。

(14)重要节假日项目部应安排专人负责采购生活物品,集体组织轻松活泼的宴会活动，并尽可能提供条件让所有职工与家人进行短时间的通话交流，以改善他们的心情。定期将职工在工地上的良好的表现反馈给企业人事部门和职工家属，以激励他们的积极性。

第四节 现场环境污染防治

要达到环境安全管理的基本要求，主要是应防治施工现场的空气污染、水污染、噪声污染，同时对原有的及新产生的固体废弃物进行必要的处理。

一、施工现场空气污染的防治

（1）施工现场垃圾、渣土要及时清理出现场。

（2）上部结构清理施工垃圾时，要使用封闭式的容器或者采取其他措施处理高空废弃物，严禁临空随意抛撒。

（3）施工现场道路应指定专人定期洒水清扫，形成制度，防止道路扬尘。

（4）对于细颗粒散体材料（如水泥、粉煤灰、白灰等）的运输、储存要注意遮盖、密封，防止和减少飞扬。

（5）车辆开出工地要做到不带泥沙，基本做到不扬尘，减少对周围环境的污染。

（6）除设有符合规定的装置外，禁止在施工现场焚烧油毡、橡胶、塑料、皮革、树叶、枯草、各种包装物等废弃物品以及其他会产生有毒、有害烟尘和恶臭气体的物质。

（7）机动车都要安装减少尾气排放的装置，确保符合国家标准。

（8）工地锅炉应尽量采用电热水器。若只能使用烧煤锅炉，应选用消烟除尘型锅炉，大灶应选用消烟节能回风炉灶，使烟尘降至允许排放范围为。

（9）在离村庄较近的工地应当将搅拌站封闭严密，并在进料仓上方安装除尘装置，采取可靠措施控制工地粉尘污染。

（10）拆除旧建筑物时，应适当洒水，防止扬尘。

二、施工现场水污染的防治

（一）水污染主要来源

（1）工业污染源：指各种工业废水向自然水体的排放。

（2）生活污染源：主要有食物废渣、食油、粪便、合成洗涤剂、杀虫剂、病原微生物等。

（3）农业污染源：主要有化肥、农药等。

（4）施工现场废水和固体废弃物随水流流入水体的部分，包括泥浆、水泥、油罐、各种油类、混凝土外加剂、重金属、酸碱盐和非金属无机毒物等。

（二）施工过程水污染的防治措施

（1）禁止将有毒有害废弃物作土方回填。

（2）施工现场搅拌站废水、现制水磨石的污水、电石（碳化钙）的污水必须经沉淀池沉淀合格后再排放，最好将沉淀水用于工地洒水降尘或采取措施回收利用。

（3）现场存放油料的，必须对库房地面进行防渗处理，如采取防渗混凝土地面、铺油毡等措施。使用时，要采取防止油料跑、冒、滴、漏的措施，以免污染水体。

（4）施工现场100人以上的临时食堂，污水排放时可设置简易有效的隔油池，定期清理，防止污染。

(5)工地临时厕所、化粪池应采取防渗漏措施。中心城市施工现场的临时厕所可采取水冲式厕所，并有防蝇、灭蛆措施，防止污染水体和环境。

三、施工现场的噪声控制

（一）施工现场噪声的控制措施

噪声控制技术可以从声源、传播途径、接收者的防护等方面来考虑。

1. 从噪声产生的声源上控制

(1)尽量采用低噪声设备和工艺代替高噪声设备与工艺，如低噪声振捣器、风机、电机空压机、电锯等。

(2)在声源处安装消声器消声，即在通风机、压缩机、燃气机、内燃机及各类排气放空装置等进出风管的适当位置设置消声器。

2. 从噪声传播的途径上控制

在传播途径上控制噪声的方法主要有以下几种：

(1)吸声。利用吸声材料（大多由多孔材料制成）或由吸声结构形成的共振结构（金属或木质薄板钻孔制成的空腔体）吸收声能，降低噪声。

(2)隔声。应用隔声结构，阻碍噪声向空间传播，将接收者与噪声声源分隔。隔声结构包括隔声室、隔声罩、隔声屏障、隔声墙等。

(3)消声。利用消声器阻止传播。允许气流通过消声器降噪是防治空气动力性噪声的主要装置，如控制空气压缩机、内燃机产生的噪声等。

(4)减振降噪。对来自振动引起的噪声，通过降低机械振动减小噪声，如将阻尼材料涂在振动源上，或改变振动源与其他刚性结构的连接方式等。

3. 对接收者的防护

让处于噪声环境下的人员使用耳塞、耳罩等防护用品，减少相关人员在噪声环境中的暴露时间，以减轻噪声对人体的危害。

4. 严格控制人为噪声

进入施工现场不得高声呐喊、无故甩打模版、乱吹口哨，限制高音喇叭的使用，最大限度地减少噪声扰民。

5. 控制强噪声作业的时间

凡在人口稠密区进行强噪声作业时，须严格控制作业时间，一般晚 10 点到次日早 6 点之间停止强噪声作业。确系特殊情况必须昼夜施工时，尽量采取降低噪声的措施，并会同建设单位找当地居委会、村委会或当地居民协调，出安民告示，求得群众谅解。

（二）施工现场噪声的控制标准

根据国家标准《建筑施工场界噪声限值》（GB 12523—90）的要求，对不同施工作业的噪声限值如表 13-1 所列。在距离村庄较近的工程施工中，要特别注意噪声尽量不得超过国家标准的限值，尤其是夜间工作时。

表 13-1 不同施工阶段作业噪声限值 （单位:dB/#）

施工阶段	主要噪声源	噪声限制	
		昼间	夜间
土石方	推土机、挖掘机、装载机等	75	75
打桩	各种打桩机	85	禁止施工
结构	混凝土、振捣棒、电锯等	70	55
装修	吊车、升降机等	62	55

四、固体废物的处理

（一）建筑工地声常见的固体废弃物

（1）建筑渣土，包括砖瓦、碎石、渣土、混凝土碎块、废钢铁、费屑、废弃材料等。

（2）废弃建筑材料，如袋装水泥、石灰等。

（3）生活垃圾，包括炊厨废弃物、丢弃食品、废纸、生活用具、碎玻璃、陶瓷碎片、废电池、废旧日用品、废塑料制品、煤灰渣、废交通工具等。

（4）设备、材料等的废弃包装材料。

（5）粪便。

（二）固体废弃物的处理和处置

1. 回收利用

回收利用是对固体废弃物进行资源化、减量化处理的重要手段之一。建筑渣土可视其情况加以利用，废钢可按需要用做金属原材料，废电池等废弃物应分散回收，集中处理。

2. 减量化处理

减量化是对已经产生的固体废弃物进行分选、破碎、压实浓缩、脱水等减少最终处置量，减低处理成本，减少随环境的污染。减量化处理的过程中，也包括和其他处理技术相关的工艺方法，如焚烧、热解、堆肥等。

3. 焚烧技术

焚烧用于不适合再利用且不宜直接予以填埋处理的废弃物，尤其是对于受到病菌、病毒污染的物品，可以用焚烧进行无害化处理。焚烧处理应使用符合环境要求的处理装置，注意避免对大气的二次污染。

4. 稳定的固化技术

利用水泥、沥青等胶结材料，将松散的废物包裹起来，减少废物的毒性和可迁移，减少二次污染。

5. 填埋

填埋是固体废弃物处理的最终技术，将经过无害化、减量化处理的废弃物残渣集中的填埋场进行处置。填埋场利用天然或人工屏障，尽量使需处理的废弃物与周围的生态环境隔离，并注意废弃物的稳定性和长期安全性。

第十八章　水利工程招标与投标

第一节　工程招标与投标

一、概念

（一）招标

招标是指招标人对货物、工程和服务，事先公布采购的条件和要求，邀请投标人参加投标，招标人按照规定的程序确定中标人的行为。

招标方式为公开招标和邀请招标两种。

（1）公开招标：指招标人以招标公告的方式，邀请不特定的法人或其他组织投标。其特点是能保证竞争的充分性。

（2）邀请招标：指招标人以投标邀请书的方式，邀请三个以上特定的法人或其他组织投标。对其使用法律做出了限制性规定。

1. 招标人

招标人是指依照招标投标法的规定提出招标项目，进行招标的法人或其他组织。招标人不得为自然人。

招标人应当具备进行招标的必要条件：第一，应有进行招标项目的相应资金或资金来源已落实，并应当在招标文件中如实载明；第二，招标项目按规定履行审批手续的，应先履行审批手续并获得批准。

2. 招标程序

1）招标公告与投标邀请书

公开招标的，应在国家指定的报刊、网络或其他媒介发布招标公告。招标公告应载明：招标人的名称和地址、招标项目的性质、数量、实施地点和时间以及获得招标文件的办法等事项。

邀请招标的，应向三个以上具备承担招标项目能力、资信良好的特定法人或组织发出投标邀请书。投标邀请书应载明的事项与招标公告应载明的事项相同。

2）对投标人的资格审查

由于招标项目一般都是大中型建设项目或技术复杂项目，为了确保工程质量以及避免招标工作上的财力和时间的浪费，招标人可以要求潜在投标人提供有关资质证明文件和业绩情况，并对其进行资格审查。

3）编制招标文件

招标文件是要约邀请内容的具体化。招标文件要根据招标项目的特点编制，还要涵盖法律规定的共性内容：招标项目的技术要求、投标人资格审查标准、投标报价要求和评标标准等所有实质性要求和条件以及拟签订合同的主要条款。

招标文件不得要求或标明特定的生产供应商，不得含有排斥潜在投标人的内容及含有排斥潜在投标人倾向的内容。不得透露已获得的潜在投标人的有可能影响公平竞争的情况，设有标底的标底必须保密。

（二）投标

投标是指投标人按照招标人提出的要求和条件，回应合同的主要条款，参加投标竞争的行为。

1. 投标人

投标人是指响应招标、参加投标竞争的法人或其他组织，依法招标的科研项目允许个人参加投标。投标人应当具备承担招标项目的能力，有特殊规定的，投标人应当具备规定的资格。

2. 投标文件的编制

投标人应当按照招标文件的要求编制投标文件，且投标文件应当对招标文件提出的实质性要求和条件做出响应。涉及中标项目分包的，投标人应当在投标文件中载明，以便在评审时了解分包情况，决定是否选中该投标人。

3. 联合体投标

联合体投标是指两个以上的法人或其他组织，共同组成一个非法人的联合体，以该联合体名义作为一个投标人，参加投标竞争。联合体各方均应当具备承担招标项目的相应能力，由同一专业的单位组成的联合体，按照资质等级较低的单位确定资质等级。

在联合体内部，各方应当签订共同投标协议，并将共同投标协议连同投标文件一并提交招标人。联合体中标后，应当由各方共同与招标人签订合同，就中标项目向招标人承担连带责任。招标人不得强制投标人联合共同投标，投标人之间的联合投标应出于自愿。

4. 禁止行为

投标人不得相互串通投标或与招标人串通投标；不得以行贿的手段谋取中标；不得以低于成本的报价竞标；不得以他人名义投标或其他方式弄虚作假，骗取中标。

二、招标过程

（一）施工招标应具备的条件

根据《中华人民共和国招标投标法》和《水利工程建设项目施工招标投标管理规定》的规定，结合水利水电工程建设的特点和招标承包实践的要求，水利水电工程项目招标前应当具备以下条件：

（1）具有项目法人资格（或法人资格）；

（2）初步设计和概算文件已经审批；

（3）工程已正式列入国家或地方水利工程建设计划，业主已按规定办理报价手续；

（4）建设资金已经落实；

（5）有关建设项目永久性征地、临时征地和移民搬迁的实施、安置工作已经落实或有明确的安排；

（6）施工图设计已完成或能够满足招标（编制招标文件）的需要，并能够满足工程开工后连续施工的要求；

（7）招标文件已经编制并通过了审查，监理单位已经选定。

重视和充分注意施工招标的基本条件，对于搞好招标工作，特别是保障合同的正常履行是很重要的。忽视或没有认真做好这一点,将会严重影响施工的连续性和合同的严肃性,并且会给建设方造成不必要的施工索赔,严重者还会给国家和社会造成重大损失。

(二)施工招标的基本程序

招标程序主要包括招标准备、组织投标、评标定标等三个阶段。在准备阶段应附带编制标底;在组织投标阶段需要审定标底;在开标会上还要公布标底。

(三)招标的组织机构及职能

成立办事得力、工作效率高的招标组织机构是有效地开展招标工作的先决条件。一个完整的招标组织机构应当包括决策机构与日常机构两个部分。

1. 决策机构及其工作职能

招标的决策机构一般由政府设立,通常称为招标办公室。决策机构应严格以《中华人民共和国招标投标法》、《水利工程建设项目施工招标投标管理规定》以及项目法人制的要求为依据,充分发挥业主的自主决策作用,转变政府职能,认真落实业主招标的自主决策权,由业主自己根据项目的特点、规模和需要来选择招标的日常机构人选。通常决策机构的工作职能如下:

(1)确定招标方案,包括制定招标计划、合理划分标段等工作。

(2)确定招标方式,即根据法律、法规和项目的特点,确定拟招标的项目是采用公开招标方式还是邀请招标方式。

(3)选定承包方式(即承包合同形式),根据工程结构特点和管理需要确定招标项目的计价方式,是采用总价合同、单价合同、还是采用成本加酬金合同的合同形式。

(4)划分标段,根据工程规模、结构特点、要求工期以及建筑市场竞争程度确定各个标段的承包范围。

(5)确定招标文件的合同参数,根据工程技术难易程度、工程发挥效益的规划时间的要求,确定各个合同段工程的施工工期、预付款比例、质量缺陷责任期、保留金比例、延迟付款利息的利率、拖期损失赔偿金或按时竣工奖金的额度、开工时间等。

(6)根据招标项目的需要选择招标代理单位,当业主自己没有能力或人员不足时可以选择具有资质的中介机构代为行使招标工作,对有意向的投标人进行资格预审,通过资格预审确定符合要求的投标单位,评标定标时依法组建评标委员会,依法确定中标单位。

2. 日常机构及其工作职能

招标的日常机构又称招标单位,其工作职能主要包括准备招标文件和资格预审文件、组织对投标单位进行资格预审、发布招标广告和投标邀请书、发售招标文件、组织现场考察、组织标前会议、组织开标评标等事宜。日常工作可由业主自己来组织,也可委托专业监理单位或招标代理单位来承担。

根据《中华人民共和国招标投标法》的规定,当业主具备编制招标文件和组织评标的能力时,可以自行办理招标事宜,但得向有关行政监督主管部门备案。

当业主不具备上述能力时,有权自行选择招标代理机构,委托其办理招标事宜。这种代理机构就是依法成立的、专门从事技术咨询服务工作的社会中介组织,通常称为招标代理公司,成立的门槛比较低,对注册资金要求不高,但是对于技术能力要求较高。能否具有从事建设项目招标代理的中介服务机构的资格,是需要通过国务院或省级人民政府的建设行政主管部门认定的。具备了以下条件就可以申请成立中介服务机构:

(1)有从事招标代理业务的场所和相应资金；

(2)有能够编制招标文件和组织评标的相应专业力量；

(3)有符合法定条件、可以作为评标委员会人选的技术、经济等方面的专家库。

由于施工招标是合同的前期管理(合同订立)工作，而施工监理是合同履行中的管理工作，监理工程师参加招标工作或者将整个招标工作都委托给监理单位承担，对搞好工程施工监理工作是很有好处的，国际上通常也是这样操作的。因而，选择监理单位的招标工作或选聘工作应当在施工招标前完成。为了更好地实现业主利益最大化和顺利完成日后的工程施工活动的管理工作，采用招标的方式确定监理单位对于业主单位更有利。

(四)承包合同类型

对于施工承包合同，根据其计价的不同，可以划分为总价合同、单价合同、成本加酬金合同三种基本的主要形式。

1. 总价合同

总价合同是按施工招标时确定的总报价一笔包死的承包合同。招标前由招标单位编制了详细的、施工图纸完备的招标文件，承包商据此中标的投标总报价来签订的施工合同。合同执行过程中不对工程造价进行变更，除非合同范围发生了变化，比如施工图出现变更或工程难度加深等，否则合同总价保持不变。

总价合同的特点是业主的管理工作量较少，施工任务完成后的竣工结算比较简单，投资标的明确。施工开始前，建设方能够比较清楚地知道自己需要承担的资金义务，以便提早做好资金准备工作。但总价合同的可操作性较差，一旦出现工程变更，就会出现结算工作复杂化甚至没有计价依据的现象，其结果是合同价格需要另行协商，招标成果不能有效地发挥作用。此外，这种合同对承包商而言其风险责任较大，承包商为承担物价上涨、恶劣气候等不可遇见因素的应变风险，会在报价中加大不可遇见费用，不利于降低总报价。因此，总价合同对施工图纸的质量要求很高，只适用于施工图纸明确、工程规模较小且技术不太复杂的中、小型工程。

2. 单价合同

常见的单价合同是总价招标、单价结算的计量型合同。招标前由招标单位编制包含工程量清单的招标文件，承包商据此提出各工程细目的单价和根据投标工程量(不等于项目总工程量)计算出来的总报价，业主根据总报价的高低确定中标单位，进而同该中标单位签订工程施工承包合同。在合同执行过程中，单价原则上不变，完成的工程量根据计量结果来确定。单价合同的特点是合同的可操作性强，对图纸质量和设计深度的适应范围广，特别是合同执行过程中，便于处理工程变更和施工索赔(即使出现工程变更，依然有计价依据)，合同的公平性更好，承包商的风险责任小，有利于降低投标报价。但这种合同对业主的管理工作量较大，且对监理工程师的素质有很高的要求(否则，合同的公平性难以得到保证)。此外，业主采用这种合同时，易遭受承包商不平衡报价带来的造价增加风险。值得注意的是，单价合同中所说的总价是指业主为了招标需要，对项目工程所指定部分工程量的总价，而并非项目工程的全部工程造价。

3. 成本加酬金合同

成本加酬金合同的基本特点是按工程实际发生的成本(包括人工费、施工机械使用费、其他直接费和施工管理费以及各项独立费，但不包括承包企业的总管理费和应缴所得税)，加上商定的总管理费和利润,来确定工程总造价。这种承包方式主要适用于开工前对工程内容尚不十分清楚的项目,例如边设计边施工的紧急工程,或遭受地震、战火等灾害破坏后需修复的工程。在实践中可有四种不同的具体做法。

1)成本加固定百分比酬金

计算方法可用下式说明:

$$C = C_d(1 + P) \tag{13-1}$$

式中 C——总造价;

C_d——实际发生的工程成本;

P——固定的百分数。

从算式中可以看出,总造价 C 将随工程成本 C_d 的增加而增加,显然不能鼓励承包商关心缩短工期和降低成本,因而对建设单位的投资控制是不利的。现在这种承包方式已很少被采用。

2)成本加固定酬金

工程成本实报实销,但酬金是事先商定的一个固定数目。计算式为

$$C = C_d + F \tag{13-2}$$

式中 F——酬金,通常按估算的工程成本的一定百分比确定,数额是固定不变的;

其他符号的意义同前。

这种承包方式虽然不能鼓励承包商关心降低成本;但从尽快取得酬金出发,承包商将会关心缩短工期,这是其可取之处。

3)成本加浮动酬金

这种承包方式要事先商定工程成本和酬金的预期水平。如果实际成本恰好等于预期水平,工程造价就是成本加固定酬金;如果实际成本低于预期水平,则增加酬金;如果实际成本高于预期水平,则减少酬金。这三种情况可用算式表示如下

$$C = C_d + F + \Delta F \tag{13-3}$$

式中 ΔF——酬金增减部分,可以是一个百分数,也可以是一个固定的绝对数;

其他符号的意义同前式。

采用这种承包方式时,通常规定,当实际成本超支而减少酬金时,以原定的固定酬金数额为减少的最高限度。也就是在最坏的情况下,承包人将得不到任何酬金,但不必承担赔偿超支的责任。这种承包方式既对承发包双方都没有太多风险,又能促使承包商关心降低成本和缩短工期;但在实践中估算预期成本比较困难,所以要求当事双方具有丰富的经验。

4)目标成本加奖罚

在仅有初步设计和工程说明书即迫切要求开工的情况下,可根据粗略估算的工程量和适当的单价表编制概算,作为目标成本;随着详细设计逐步具体化,工程量和目标成本可加以调整,另外规定一个百分数作为酬金;最后结算时,如果实际成本高于目标成本并超过事先商定的界限(如5%),则减少酬金,如果实际成本低于目标成本(也有一个幅度界限),则增加酬金。用算式表示如下

$$C = C_d + P_1 C_0 + P_2(C_0 - C_d) \tag{13-4}$$

式中 C_0——目标成本;

P_1——基本酬金百分数;

P_2——奖罚百分数；

其他符号的意义同前式。

此外，还可另加工期奖罚。

这种承包方式可以促使承包商关心降低成本和缩短工期，而且目标成本是随设计的进展而加以调整才确定下来的，故建设单位和承包商双方都不会承担多大风险，这是其可取之处。当然，也要求承包商和建设单位的代表都须具有比较丰富的经验。

4. 承包合同类型的选择

以上是根据计价方式不同常见的三种施工承包类型。科学地选择承包方式对保证合同的正常履行，搞好合同管理工作是十分重要的。施工招标中到底采用哪种承包方式，应根据项目的具体情况选定。

1）总价合同宜采用的情况

在以下情况下宜采用总价合同：

（1）业主的管理人员较少或缺乏项目管理的经验；

（2）监理制度不太完善或缺少高水平的监理队伍；

（3）施工图纸明确、技术不太复杂、规模较小的工程；

（4）工期较紧急的工程。

2）单价合同宜采用的情况

在以下情况下宜采用单价合同：

（1）业主的管理人员多，且有较丰富的项目管理经验；

（2）施工图设计尚未完成，要边组织招标，边组织施工图设计；

（3）工程变更较多的工程；

（4）监理队伍的素质较高，监理人员行为公正，监理制度完善。

（五）施工招标文件

1. 编制要求

招标文件的编制是招标准备工作的一个重要环节，规范化的招标文件对于搞好招标投标工作至关重要。为满足规范化的要求，编写招标文件时，应遵循合法性、公平性和可操作性的编写原则。在此基础上，根据建设部《建设工程施工招标文件范本》以及水利部、国家电力公司、国家工商行政管理局《水利水电工程施工合同和招标文件范本》（GF—2000—0208），结合各个项目的具体情况和相应的法律法规的要求予以补充。根据范本的格式和当前招标工作的实践，施工招标文件应包括以下内容：投标邀情书、投标人须知、合同条件、技术规范、工程量清单、图纸、勘察资料、投标书（及附件）、投标担保书（及格式）等。

因合同类型的不同，招标文件的组成有所差别。例如，对总价合同而言，招标文件中须包括施工图纸但无需工程量清单；而单价合同可以没有完整的施工图纸，但工程量清单必不可少。

2. 投标邀情书

投标邀情书是招标人向经过资格预审合格的投标人正式发出参加本项目投标的邀请，因此投标邀请书也是投标人具有参加投标资格的证明，而没有得到投标邀请书的投标人，无权参加本项目的投标。投标邀请书很简单，一般只要说明招标人的名称、招标工程项目的名称和地点、招标文件发售的时间和费用、投标保证金金额和投标截止时间、开标时间等。

3. 投标须知

投标须知是一份为让投标人了解招标项目及招标的基本情况和要求而准备的一份文件。应包括本项目工程量情况及技术特点；资金来源及筹措情况；投标的资格要求（如果在招标之前已对投标人进行了资格预审，这部分内容可以省略）；投标中的时间安排及相应的规定（如发售招标文件、现场考察、投标答疑、投标截止日期、开标等的时间安排）；投标中须遵守和注意的事项（如投标书的组成、编制要求及密封和递送要求等）；开标程序；投标文件的澄清；招标文件的响应性评定；算术数性错误的改正；评标与定标的基本原则、程序、标准和方法。同时，在投标须知中还应当注明签订合同、重新招标、中标中止、履约担保等事项。

4. 合同条件

合同条件又被称为合同条款，主要规定了合同履行过程中，当事人基本的权利和义务、以及合同履行中的工作程序、监理工程师的职责与权力也应在合同条款中进行说明，目的是让承包商充分了解施工过程中将面临的监理环境。合同条款包括通用条款和专用条款。

通用条款在整个项目中是相同的，甚至可以直接采用范本中的合同条款，这样既可节省编制招标文件的时间，又能较好地保证合同的公平性和严密性（也便于投标单位节省阅读招标文件的时间）。

专用条款是对通用条款的补充和具体化，应根据各标段的情况来组织编写，但是在编写专用条款时，一定要满足合同的公平性及合法性的要求，以及合同条款具体明确和满足可操作性的要求。

5. 技术规范

技术规范是十分重要的文件，应详细具体地说明对承包商履行合同时的质量要求、验收标准、材料的品级和规格。为满足质量要求应遵守的施工技术规范，以及计量与支付的规定等。由于不同性质的工程，其技术特点和质量要求及标准等均不相同，所以技术规范应根据不同的工程性质及特点，分章、分节、分部、分项来编写。例如，水利工程的技术规范中，通常被分成了一般规定、施工导截流、土石方开挖、引水工程、钻孔与灌浆、大坝、厂房、变电站等章节，并针对每一章节工程的特点，按质量要求、验收标准、材料规格、施工技术规范及计量支付等，分别进行规定和说明。

技术规范中施工技术的内容应简化，因为施工技术是多种多样的，招标中不应排斥承包商通过先进的施工技术降低投标报价的机会。承包商完全可以在施工中“八仙过海，各显神通”，采用自己所掌握的先进施工技术。

技术规范中的计量与支付规定也是非常重要的。可以说，没有计量与支付的规定，承包商就无法进行投标报价（编制单价），施工中也无法进行计量与支付工作。计量与支付的规定不同，承包商的报价也会不同。计量与支付的规定中包括计量项目、计量单位、计量项目中的工作内容、计量方法以及支付规定。

6. 工程量清单

工程量清单是招标文件的组成部分，是一份以计量单位说明工程实物数量，并与技术规范相对应的文件，它是伴随招投标竞争活动产生的，是单价合同的产物。其作用有两点：一是向投标人提供统一工程信息和用于编制投标报价的部分工程量，以便投标人编制有效、准确的标价；二是对于中标签订合同的承包商而言，标有单价的工程量清单，是办理中期支付和结算以及处理工程变更计价的依据。

根据工程量清单的作用和性质,它具有两种显著的特点:首先,清单的内容与合同文件中的技术规范、设计图纸一一对应,章节一致;其次,工程量清单与概预算定额有同有异,清单所列数量与实际完成数量(结算数量)有着本质的差别,且工程量清单所列单价或总额反映的是市场综合单价或总额。

工程量清单主要由工程量清单说明、工程细目、计日工明细表和汇总表四部分组成。其中,工程量清单说明规定了工程量清单的性质、特点以及单价的构成和填写要求等。工程细目反映了施工项目中各工程细目的数量,它是工程量清单的主体部分,其格式如表 18-1 所示。

表 18-1　工程量清单

项目／编号	项目名称	单位	工程量	单价(元)	合价(元)

工程量清单的工程量是反映承包商的义务量大小及影响造价管理的重要数据。在整理工程量时应根据设计图纸及调查所得的数据,在技术规范的计量与支付方法的基础上进行综合计算。同一工程细目,其计量方法不同,所整理出来的工程量也会不一样。在工程量的整理计算中,应保证其准确性。否则,承包商在投标报价时会利用工程量的错误,实施不平衡报价、施工索赔等策略,给业主带来不可挽回损失、增加工程变更的处理难度和投资失控等危害。

计日工是表示工程细目里没有,工程施工中需要发生,且得到工程师同意的工料机费用。根据工种、材料种类以及机械类别等技术参数分门别类编制的表格,称为计日工明细表。

工程量清单汇总表是根据上述费用加上暂定金额编制的表格。

7. 投标书及其附件

1)投标书

投标书是由招标人为投标人填写投标总报价而准备的一份空白文件。投标书中主要应反映下列内容:投标人、投标项目(名称)、投标总报价(签字盖章)、投标有效期。投标人在详细研究了招标文件并经现场考察工地后,即可以依据所掌握的信息,确定投标报价策略,然后通过施工预算和单价分析,填写工程量清单,并确定该项工程的投标总报价,最后将投标总报价填写在投标书上。招标文件中提供投标书格式的目的:一是保持各投标人递送的投标书具有统一的格式,二是提醒各投标人投标以后需要注意和遵守有关规定。

投标书的格式如下:

＿＿＿＿＿＿省＿＿＿＿＿＿项目＿＿＿＿＿＿合同段(或大坝)

投标书

致:(招标人全称)

(1)在研究了上述项目第＿＿＿＿＿＿合同段(或大坝)的招标文件(含补遗书第

__________号)和考察了工程现场后,我们愿意按人民币(大写)____________________元(小写¥__________元)的投标总价,或根据上述招标文件核实并确定的另一金额,遵照招标文件的要求,承担本合同工程的实施、完成及其缺陷修复工作。

(2)第__________合同段由__________技术标准的主体结构工程和附属结构工程组成。

(3)如果你单位接受我们的投标,我们将保证在接到监理工程师的开工通知后,在本投标书附录内写明的开工期内开工,并在__________个月的工期内完成本合同工程,达到合同规定的要求,该工期从本投标书附录内写明的开工期的最后一天算起。

(4)如果你单位接受我们的投标,我们将保证按照你单位认可的条件,以本投标书附录内写明的金额提交履约担保。

(5)我们同意,在从规定的开标之日起__________天的投标文件有效期内,严格遵守本投标书的各项承诺。在此期限届满之前,本投标书始终将对我方具有约束力,并随时接受中标。

(6)在合同协议书正式签署生效之前,本投标书连同你单位的中标通知书,将构成我们双方之间共同遵守的文件,对双方具有约束力。

(7)我们理解,你单位不一定接受最低标价的投标或你单位接到的其他任何投标。同时也理解,你单位不负担我们的任何投标费用。

(8)随同本投标书,我们出具金额为人民币__________元的投标担保。如果我们在本投标文件有效期内撤回投标文件;或在接到中标通知书后的28天内未能或拒绝签订合同协议书;或未能提交履约担保,你单位有权没收投标担保金,另选中标单位。

2)投标书附录

投标书附录是用于说明合同条款中的重要参数(如工期、预付款等内容)及具体标准的招标文件。该文件在投标单位投标时签字确认后,即成为投标文件及合同的重要组成部分。在编制招标文件时,投标书附录的编制是一项重要的工作内容,其参数的具体标准对造价及质量等方面有重要影响。全部内容及格式如表18-2所示。

表18-2　投标书附录

序号	事项	合同条款	数据
1	投标担保金额		不低于投标价的__________%, 或人民币__________万元
2	履约担保金额		合同价格的__________%
3	发开工令期限 (从前发合同协议书之日算起)		__________天内
4	开工期(接到监理工程师 的开工令之日算起)		__________天内
5	工期		__________个月
6	拖期损失偿金		人民币__________元/天
7	拖期损失偿金限额		合同价格的__________%

续表 18-2

序号	事项	合同条款	数据
8	缺陷责任期		________年
9	中期(月进度)支付证书最低限额		合同价格的________%, 或人民币________万元
10	保留金的百分比		月支付额的________%
11	保留金限额		合同价格的5%
12	开工预付款		合同价格的________%
13	材料、设备预付款		主要材料、设备单据所列费用的________%
14	支付时间		中期支付证书开出后________天; 最后支付证书开出后42天
15	未支付款的利率		________‰/天

3)预付款的确定

支付预付款的目的是使承包商在施工中,有能满足施工要求的流动资金。制定招标文件时,不提供预付款,甚至要求承包商垫资施工的做法是错误的,既违反了工程项目招标投标的有关法律、法规的规定,也加大了承包商的负担,影响了合同的公平性。预付款有动员预付款和材料预付款两种,动员预付款于开工前(一般中标通知书签发后28 d内),在承包商提交预付款担保书后支付,一般在10%左右;材料预付款是根据承包商材料到工地的数量,按某一百分数支付的。

8. 投标担保书

投标担保的目的是约束投标人承担施工投标行为的法律后果。其作用是约束投标人在投标有效期内遵守投标文件中的相关规定,在接到中标通知书后按时提交履约担保书,认真履行签订工程施工承包合同的义务。

投标担保书通常采用银行保函的形式,投标保证金额一般不低于投标报价的2%。投标保证书的格式如下(为保证投标书的一致性,业主或招标人应在准备招标文件时,编写统一的投标担保书格式)。

投标银行保函

致:(招标人全称)

鉴于(投标人全称)(下称"投标人")拟向(招标人全称)(下称"招标人")送交关于(项目名称)第______合同段(或______大坝)的投标书,根据招标文件的规定,投标人须按规定的金额由其委托的银行出具一份投标保函(下称"保函")作为履行招标文件中规定的义务担保。

我行同意为投标人出具人民币(大写)____________________元__________的保函,作为向招标人的投标担保。本保函的条件是:

(1)如果投标人在投标文件有效期内撤回投标文件;或(2)如果投标人不接受按投标人须

知第 23 条规定的对其投标价格算术错误的修正;(3)如果投标人在接到中标通知书后 28 天内:①未能或拒绝签署合同协议书;或②未能按照招标文件规定提供履约担保;或③不接受对投标文件中算术差错的修正。

我行将履行担保义务,保证在收到招标人的书面要求,说明其索款是由于出现了上述任何一种原因的具体情况后,即凭招标人出具的索款凭证,向招标人支付上述款项。

本保函在按投标须知第______条规定的投标文件有效期或经延长的投标文件有效期期满后 28 天内保持有效,任何索款要求应在上述期限内交到我行。招标人延长投标文件有效期的决定,应通知我行。

银行地址:____________________担保银行:(全称)(盖章)

邮　　编:____________________法定代表人或其授权代理人:

电　　话:____________________(职务)(姓名)(签名)

传　　真:____________________日期:______年______月______日

(六)资格预审

投标人资格审查分为资格预审和资格后审两种形式。资格预审有时也称为预投标,即投标人首先对自己的资格进行一次投标。资格预审在发售招标文件之前进行,投标人只有在资格预审通过后才能取得投标资格,参加施工投标。而资格后审则是在评标过程中进行。为减小评标难度,简化评标手续,避免一些不合格的投标人,在投标上的人力、物力和财力上的浪费,投标人资格审查以资格预审形式为好。

资格预审具有如下积极作用:

(1)保证施工单位主体的合法性;

(2)保证施工单位具有相应的履约能力;

(3)减小评标难度;

(4)抑制低价抢标现象。

无论是资格预审还是资格后审,其审查的内容是基本相同的。主要是根据投标须知的要求,对投标人的营业执照、企业资质等级证书、市场准入资格、主要施工经历、技术力量简况、资金或财务状况以及在建项目情况(可通过现场调查予以核实)等方面的情况进行符合性审查。

(七)投标组织阶段的组织工作

投标组织阶段的工作内容包括发售招标文件、组织现场考察、组织标前会议(标前答疑)、接受投标人的标书等事项。

发售招标文件前,招标人通常召开一个发标会,向全体投标人再次强调投标中应注意和遵守的主要事项。发售招标文件过程中,招标人要查验投标人代表的法人代表委托书(防止冒领文件),收取招标文件工本费,在投标人代表签字后,方可将招标文件交投标人清点。

在投标人领取招标文件并进行了初步研究后,招标人应组织投标人进行现场考察,以便投标人充分了解与投标报价有关的施工现场的地形、地质、水文、气象、交通运输、临时进出场道路及临时设施、施工干扰等方面的情况和风险,并在报价中对这些风险费用做出准确的估计和考虑。为了保证现场考察的效果,现场考察的时间安排通常应考虑投标人研究招标文件所需要的合理时间。现场考察过程中,招标人应派比较熟悉现场情况的设计代表详细地介绍各标段的现场情况，现场考察的费用由投标人自己承担。

组织标前会议的目的是解答投标人提出的问题。投标人在研究招标文件、进行现场考察后，会对招标文件中的某些地方提出疑问。这些疑问，有些是投标人不理解招标文件产生的，有些是招标文件的遗漏和错误产生的。根据投标人须知中的规定，投标人的疑问应在标前会议 7 d 前提出。招标人应将各投标人的疑问收集汇总，并逐项研究处理。如属于投标人未理解招标文件而产生的疑问，可将这些问题放在“澄清书”中予以澄清或解释；如属于招标文件的错误或遗漏，则应编制“招标补遗”对招标文件进行补充和修正。总之，投标人的疑问应统一书面解答，并在标前会议中将“澄清书”、“补遗书”发给各家投标人。

根据《中华人民共和国招标投标法》的规定，“招标补遗”、“澄清书”应当在投标截止日期至少 28 d 前，书面通知投标人。因此，一方面，应注意标前会议的组织时间符合法律、法规的规定；另一方面，当“招标补遗”很多且对招标文件的改动较大时，为使投标人有合理的时间将“补遗书”的内容在编标时予以考虑，招标人（或业主）可视情况，宣布延长投标截止日期。

为了投标的保密，招标人一般使用投标箱（也有不设投标箱的做法），投标箱的钥匙由专人保管（可设双锁，分人保管钥匙），箱上加贴启封条。投标人投标时，将标书装入投标箱，招标人随即将盖有日期的收据交给投标人，以证明是在规定的投标截止日期前投标的。投标截止期限一到，立即封闭投标箱，在此以后的投标概不受理（为无效标书）。投标截止日期在招标文件或投标邀请书中已列明，投标期（从发售招标文件到投标截止日期）的长短视标段大小、工程规模、技术复杂程度及进度要求而定，一般是 45 ~ 90 d。

（八）标底

标底是建设产品在市场交易中的预期市场价格。在招标投标过程中，标底是衡量投标报价是否合理，是否具有竞争力的重要工具。此外，实践中标底还具有制止盲目报价，抑制低价抢标的作用；具有控制工程造价、核实投资规模的作用；同时也具有（评标中）判断投标单位是否有串通哄抬标价的作用。

设立标底的做法是针对我国目前建筑市场发育状况和国情而采取的措施，是具有中国特色的招标投标制度的一个具体体现。

但是，标底并不是决定投标能否中标的标准价，而只是对投标进行评审和比较时的一个参考价。如果被评为最低评标价的投标超过标底规定的幅度，招标人应调查超出标底的原因，如果是合理的话，该投标应有效；如果被评为最低评标价的投标大大低于标底的话，招标人也应调查，如果是属于合理成本价，该投标也应有效。

因此，科学合理地制定标底是搞好评标工作的前提和基础。科学合理的标底应具备以下经济特征：

（1）标底的编制应遵循价值规律。标底作为一种价格应反映建设项目的价值。价格与价值相适应是价值规律的要求，是标底科学性的基础。因此，在标底编制过程中，应充分考虑建设项目在施工过程中的社会必要劳动消耗量、机械设备使用量以及材料和其他资源的消耗量。

（2）标底的编制应服从供求规律。在编制标底时，应考虑建设市场的供求状况对产品价格的影响，力求使标底和产品的市场价格相适应。当建设市场的需求增大或缩小，相应的市场价格将上升或下降。所以，在编制标底时，应考虑到建设市场供求关系的变化所引起的市场价格的变化，并在底价上做出相应的调整。

(3)标底在编制过程中，应反映建设市场当前平均先进的劳动生产力水平。标底应反映竞争规律对建设产品价格的影响，以图通过标底促进投标竞争和社会生产力水平的提高。

以上三点既是标底的经济特征，也是编制标底时应满足的原则和要求。因此，标底的编制一般应注意以下几点：

(1)根据设计图纸及有关资料、招标文件，参照国家规定的技术、经济标准定额及规范，确定工程量和设定标底；

(2)标底价格应由成本、利润和税金组成，一般应控制在批准的建设项目总概算及投资包干的限额内；

(3)标底价格作为招标人的期望价，应力求与市场的实际变化相吻合，要有利于竞争和保证工程质量；

(4)标底价格要考虑人工、材料、机械台班等价格变动因素，还应包括施工不可预见费、包干费和措施费等。要求工程质量达到优良的，还应增加相应费用；

(5)一个标段只能编制一个标底。

标底不同于概、预算，概、预算反映的是建筑产品的政府指导价格，主要受价值规律的作用和影响，着重体现的是施工企业过去平均先进的劳动生产力水平；而标底则反映的是建设产品的市场价格，它不仅受价值规律的作用，同时还会受市场供求关系的影响，主要体现的是施工企业当前平均先进的劳动生产力水平。

在不同的市场环境下，标底编制方法亦随之变化。通常，在完全竞争市场环境下，由于市场价格是一种反映了资源使用效率的价格，标底可直接根据建设产品的市场交易价格来确定。这样的环境条件中，议标是最理想的招标方式，其交易成本可忽略不计。然而在不完全竞争市场环境下，标底编制要复杂得多，不能再根据市场交易价格予以确定，更不宜采用议标形式进行招标。此时，则应当根据工料单价法和统计平均法来进行标底编制。关于不完全竞争市场条件下的标底编制程序及具体方法可参阅相关书籍。

(九)开标、评标与定标

1. 开标的工作内容及方法

开标的过程是启封标书、宣读标价并对投标书的有效性进行确认的过程。参加开标的单位有招标人、监理单位、投标人、公证机构、政府有关部门等。开标的工作人员有唱标人、记录人、监督人、公证人及后勤人员。开标日期一到，即在规定的时间、地点组织开标工作。开标的工作内容有：

(1)宣布(重申)投标人须知的评标定标原则、标准与方法。

(2)公布标底。

(3)检查标书的密封情况。按照规定，标书未密封，封口上未签字盖章的为无效标书；国际招标中要求标书有双层封套，且外层封套上不能有识别标志。

(4)检查标书的完备性。标书包括投标书、法人代表授权书、工程量清单、辅助资料表、施工进度计划等内容、投标保证书(前列文件都要密封)以及其他要交回的招标文件。标书不完备，特别是无投标保证书的标书是无效标书。

(5)检查标书的符合性。标书是否与招标文件的规定有重大出入或保留，是否会造成评标困难或给其他投标人的竞争地位造成不公正的影响；标书中的有关文件是否有投标人代表的签字盖章。标书中是否有涂改(一般规定标书中不能有涂改痕迹,特殊情况需要涂改时,应在涂改处签字盖章)等。

(6)宣读和确定标价,填写开标记录(有特殊降价申明或其他重要事项的,也应一起在开标中宣读、确认或记录)。

除上述内容外,公证单位还应确认招标的有效性。国际工程招标中,如遇下列情况,在经公证单位公证后,招标人会视情况决定全部投标作废:

(1)投标人串通哄抬标价,致使所有投标人的报价大大高出标底价;

(2)所有投标人递交的标书严重违反投标人须知的规定,致使全部标书都是无效标书;

(3)投标人太少(如不到三家),没有竞争性。

一旦发现上述情况之一,正式宣布了投标作废,招标人应当依照招标投标法的规定,重新组织招标。

2. 评标与定标

评标与定标是招投标过程中比较敏感的一个环节,也是对对投标人的竞争力进行综合评定并确定中标人的过程,因此,在评标与定标工作中,必须坚持公平竞争原则、投标人的施工方案在技术上可靠原则和投标报价应当经济合理原则。只有认真坚持上述原则,才能够通过评标与定标环节,体现招标工作的公开、公平与公正的竞争原则。综合市场竞争程度、社会环境条件(法律法规和相关政策)以及施工企业平均社会施工能力等因素,可以根据实际情况选用最低评标价法、合理评标价法或在合理评标价基础上的综合评分法,确定中标人。在我国市场经济体制尚未完善的条件下,上述三种方法各有其优缺点,实践中应当扬长避短。我国土建工程招标投标的实践经验证明,技术含量高、施工环节比较复杂的工程,宜采用综合评分法评标;而技术简单、施工环节少的一般工程,可以采用最低标价的方法评标。

招标人或其授权评标委员会在评标报告的基础之上,从推荐的合格中标候选人中,确定出中标人的过程称为定标。定标不能违背评标原则、标准、方法以及评标委员会的评标结果。

当采用最低评标价评标时,中标人应是评标价最低,而且有充分理由说明这种低标是合理的,且能满足招标文件的实质性要求,为技术可靠、工期合理、财务状况理想的投标人。当采用综合评分法评标时,中标人应是能够最大限度地满足招标文件中规定的各项综合评价标准且综合评分最高的单位。

在确定了中标人之后,招标人即可向中标人颁发“中标通知书”,明确其中标项目(标段)和中标价格(如无算术错误,该价格即为投标总价)等内容。

第二节　投标过程

招标与投标构成以围绕标的物的买方与卖方经济活动,是相互依存、不可分割的两个方面。施工项目投标是施工单位对招标的响应和企业之间工程造价的竞争,也是比管理能力、生产能力、技术措施、施工方案、融资能力、社会信誉、应变能力与掌握信息本领的竞争,是企业通过竞争获得工程施工权利的过程。

施工项目投标与招标一样,有其自身的运行规律与工作程序。参加投标的施工企业,在认真掌握招标信息、研究招标文件的基础上,根据招标文件的要求,在规定的期限内向招标单位递交投标文件，提出合理报价，以争取获胜中标，最终实现获取工程施工任务的目的。

（一）投标报价程序

投标工作与招标工作一样也要遵循自身的规律和工作程序，工程项目投标工作程序可用图 18-1 所示的流程图予以表示，参照本流程，施工投标工作程序主要有以下步骤：

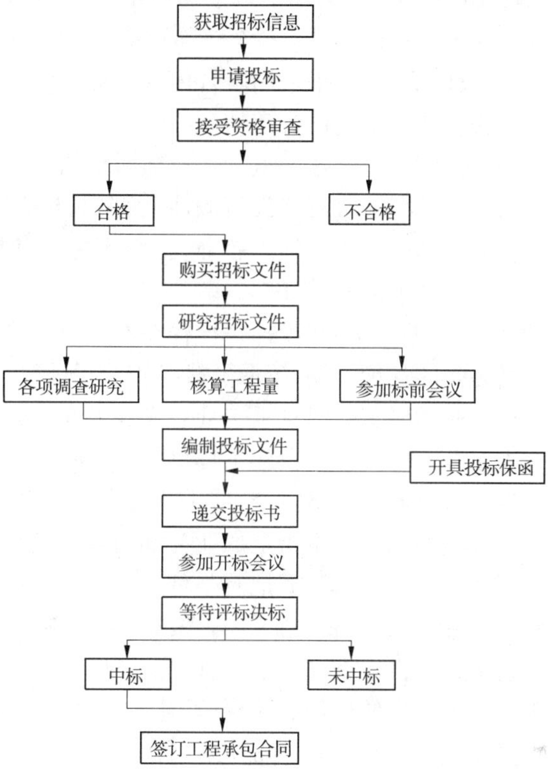

图 18-1

（1）根据招标公告或招标人的邀请，筛选投标的有关项目，选择适合本企业承包的工程参加投标。

（2）向招标人提交资格预审申请书，并附上本企业营业执照及承包工程资格证明文件、企业简介、技术人员状况、历年施工业绩、施工机械装备等情况。

（3）经招标人投标资格审查合格后，向招标人购买招标文件及资料，并交付一定的投标保证金。

（4）研究招标文件合同要求、技术规范和图纸，了解合同特点和设计要点，制订出初步施工方案，提出考察现场提纲和准备向招标人提出的疑问。

（5）参加招标人召开的标前会议，认真考察现场、提出问题、倾听招标人解答各单位的疑问。

（6）在认真考察现场及调查研究的基础上，修改原有施工方案，落实和制订出切实可行的施工组织设计。在工程所在地材料单价、运输条件、运距长短的基础上编制出确切的材料单价，然后计算和确定标价，填好合同文件所规定的各种表函，盖好印鉴密封，在规定的时间内送达招标人。

（7）参加招标人召开的开标会议，提供招标人要求补充的资料或回答须进一步澄清的问题。

(8)如果中标,与招标人一起依据招标文件规定的时间签订承包合同,并送上银行履约保函;如果不中标,及时总结经验和教训,按时撤回投标保证金。

(二)投标资格

根据《中华人民共和国招标投标法》第二十六条的规定,投标人应当具备承担招标项目的能力,企业资质必须符合国家或招标文件对投标人资格方面的要求,当企业资格不符合要求时不得允许参加施工项目投标活动,如果采用联合体的投标人,其资质按联合体中资质最低的一个企业的资质,作为联合体的资质进行审核。

根据建筑市场准入制度的有关规定,在异地参加投标活动的施工企业,除了需要满足上述条件外,投标前还需要到工程所在地政府建设行政主管部门,进行市场准入注册,获得行政许可,未能获准建设行政主管部门注册的施工企业,仍然不能够参加工程施工投标活动。特别是国际工程,注册是投标必不可缺的手续。

资格预审是承包商投标活动的前奏,与投标一样存在着竞争。除了认真按照业主要求,编送有关文件外,还要开展必要的宣传活动,争取资格审查获得通过。

在已有获得项目的地域,业主更多地注重承包商在建工程的进展和质量,为此,要获得业主信任,应当很好地完成在建工程。一旦在建工程搞好了,通过投标的资格审查就没多大问题。在新进入的地域,为了争取通过资格审查,应派人专程报送资格审查文件,并开展宣传、联络活动。主持资格审查的可能是业主指定的业务部门,也可能是委托咨询公司。如果主持资格审查的部门对新承包商缺乏了解,或抱有某种成见,资格审查人员可能对承包商提问或挑剔,有些竞争对手也可能通过关系施加影响,散布谣言,破坏新来的承包商的名誉。所以,承包商的代表要主动了解资格审查进展情况,向有关部门、人员说明情况,并提供进一步资料,以便取得主持资格审查人员的信任。必要时,还要通过驻外人员或别的渠道介绍本公司的实力和信誉。在竞争激烈的地域,只靠寄送资料,不开展必要活动,就可能受到挫折。有的公司为了在一个新开拓地区获得承建一项大型工程,不惜出资邀请有关当局前来我国参观本公司已建项目,了解公司情况,取得了良好效果。有的国家主管建设的当局,得知我国在其邻国成功地完成援建或承包工程,常主动邀请我国参加他们的工程项目投标。这都说明扩大宣传的必要性。

(三)投标机构

进行施工项目投标,需要成立专门的投标机构,设置固定的人员,对投标活动的全部过程进行组织与管理。实践证明,建立强有力的,管理、金融与技术经验丰富的,专家组成的投标组织是投标获取成功的有力保证。

为了掌握市场和竞争对手的基本情况,以便在投标中取胜,中标获得项目施工任务,平时要注意了解市场的信息和动态,搜集竞争企业与有关投标的信息,积累相关资料。遇有招标项目时,对招标项目进行分析,研究有无参加价值;对于确定参加投标的项目,则应研究投标和报价编制策略,在认真分析历次投标中失败的教训和经验的基础上,编制标书,争取中标。

1. 投标机构的人员组成

投标机构主要由以下人员组成:

(1)经理或业务副经理作为投标负责人和决策人,其职责是决定最终是否参加投标及参加投标项目的报价金额。

(2)建造工程师的职责是编制施工组织设计方案、技术措施及技术问题。

(3)造价工程师负责编制施工预算及投标报价工作。

(4)机械管理工程师要根据本投标项目工程特点,选型配套组织本项目施工设备。

(5)材料供应人员要了解、提供当地材料供应及运输能力情况。

(6)财务部门人员提供企业工资、管理费、利润等有关成本资料。

(7)生产技术部门人员负责安排施工作业计划等。

建设市场竞争越来越激烈,为了最大限度地争取投标的成功,对于参与投标的人员也提出了更高的要求。要求有丰富经验的建造师和设计师,还要求有精通业务的经济师和熟悉物资供应的人员。这些人员应熟悉各类招标文件和合同条件;如果是国际投标,则这些人员最好具有较高的外语水平。

(四)投标报价

投标报价是潜在承包商投标时报出的工程承包价格。招标人常常将投标人的报价作为选择中标者的主要依据,同时报价也是投标文件中最重要的内容、影响投标人中标与否的关键所在和中标后承包商利润大小的主要指标。标价过低虽然容易中标,但中标后容易给承包商造成亏损的风险;报价过高对于投标人又存在失标的危险。因此,标价过高与过低都不可取,如何做出合适的投标报价,是投标人能否中标的关键。

1. 现场考察

从购买招标文件到完成标书这一期间,投标人为投标而做的工作可统称为编标报价。在这个过程中,投标工作组首先应当充分仔细研究招标文件。招标文件规定了承包人的职责和权利,以及对工程的各项要求,投标人必须高度重视。积极参加招标人组织的现场考察活动,是投标过程中一个非常重的环节,其作用有两大方面:一是如果投标人不参加由招标人安排的正式现场考察,可能会被拒绝投标;二是通过参加现场考察活动的机会,可以了解工程所在地的政治局势(对国际工程)与社会治安状态;工程地质地貌和气象条件;工程施工条件(交通、供电、供水、通讯、劳动力供应、施工用地等);经济环境以及其他方面同施工相关的问题。当现场考察结束后,应当抓紧时间整理在现场考察中收集到的材料,把现场考察和研究招标文件中存在的疑问整理成书面文件,以便在标前会议上,请招标人给予解释和明确。

按照国际、国内规定,投标人提出的报价,一般被认为是在现场考察的基础上编制的。一旦标书交出,如在投标日期截止后发现问题,投标人就无法因现场考察不周,情况不了解而提出修改标书,或调整标价给予补偿的要求。另外,编制标书需要的许多数据和情况,也要从现场调查中得出。因此,投标人在报价以前,必须认真地进行工程现场考察,全面、细致地了解工地及其周围的政治、经济、地理、法律等情况。如考察时间不够,参加编标人员在标前会结束后,一定要再留下几天,再到现场查看一遍,或重点补充考察,并在当地作材料、物资等调查研究,仔细收集编标的资料。

2. 标前会议

标前会议也称投标预备会,是招标人给所有投标人提供的一次答疑的机会,有利于投标人加深对招标文件的理解、了解施工现场和准确认识工程项目施工任务。凡是想参加投标并希望获得成功的投标人,都应认真准备和积极参加标前会议。投标人参加标前会议时应注意以下几点：

(1)对工程内容、范围不清的问题，应提请解释、说明，但不要提出任何修改设计方案的要求。

(2)如招标文件中的图纸、技术规范存在相互矛盾之处，可请求说明以何者为准，但不要轻易提出修改的要求。

(3)对含糊不清、容易产生理解上歧义的合同条款，可以请求给予澄清、解释，但不要提出任何改变合同条件的要求。

(4)应注意提问的技巧，注意不使竞争对手从自己的提问中，获悉本公司的投标设想和施工方案。

(5)招标人或咨询工程师在标前会议上，对所有问题的答复均应发出书面文件，并作为招标文件的组成部分。投标人不能仅凭口头答复来编制自己的投标文件。

3.报价编制原则

(1)报价要合理。在对招标文件进行充分、完整、准确理解的基础上，编制出的报价是投标人施工措施、能力和水平的综合反映，应是合理的较低报价。当标底计算依据比较充分、准确时，适当的报价不应与标底相差太大。当报价高出标底许多时，往往不被招标人考虑；当报价低于标底较多时，则会使投标人盈利减少，风险加大，且易造成招标人对投标者的不信任。因此，合理的报价应与投标者本身具备的技术水平和工程条件相适应，接近标底，低而适度，尽可能为招标者理解和接受。

(2)单价合理可靠。各项目单价的分析、计算方法应合理可行，施工方法及所采用的设备应与投标书中施工组织设计相一致，以提高单价的可信度与合理性。

(3)较高的响应性和完整性。投标单位在编制报价时，应按招标文件规定的工作内容、价格组成与计算填写方式，编制投标报价文件，从形式到实质都要对招标文件给予充分响应。

投标文件应完整，否则招标人可能拒绝这种投标。

4.编制报价的主要依据

(1)招标文件、设计图纸。

(2)施工组织设计。

(3)施工规范。

(4)国家、部门、地方或企业定额。

(5)国家、部门或地方颁发的各种费用标准。

(6)工程材料、设备的价格及运杂费。

(7)劳务工资标准。

(8)当地生活、物资价格水平。

5.投标报价的组成及计算

投标总报价的费用组成由招标文件规定，通常由有以下几部分组成：

1)主体工程费用

主体工程费用包括由承包人承担的直接工程费、间接费、其他费用、税金等全部费用和要求获得的利润，可采用定额法或实物量法进行分析计算。

主体工程费用中的其他费用，主要指不单独列项的临时工程费用、承包人应承担的各种风险费用等。直接工程费、间接费、税金和利润的内容,与概预算编制的费用组成相同。

在计算主体工程费用时,若采用定额法计算单价,人、材、机的消耗量,可在行业有关定额基础上结合企业情况进行调整,以使投标价具有竞争力,或直接采用本企业自己的定额。人工单价可参照现行概预算编制办法规定的人工费组成,结合本企业的具体情况和建设市场竞争情况进行确定。计算材料、设备价格时,如果属于业主供应部分则按业主提供的价格计算,其余材料应按市场调查的实际价格计算。其他直接费、间接费、施工利润等,要根据投标工程的类别和地区及合同要求,结合本单位的实际情况,参考现行有关概(估)算费用构成及计算办法的有关规定计算。

2)临时工程费用

临时工程费用计算一般有三种情况:

第一种情况,工程量清单中列出了临时工程量。此时,临时工程费用的计算方法同主体工程费用的计算方法。

第二种情况,工程量清单中列出了临时工程项目,但未列具体工程量,要求总价承包。此时,投标人应根据施工组织设计估算工程量,计算该费用。

第三种情况,分项工程量清单中未列临时工程项目。此时,投标人应将临时工程费用摊入主体工程费用中,其分摊方法与标底编制中分摊临时工程费用的方法相同。

3)保险种类及金额

招标文件中的合同条款和技术条款,一般都对项目保险种类及金额作出了具体规定。

(1)工程险和第三者责任险。若合同规定由承包人负责投保工程险和第三者责任险,承包人应按合同条款的规定和工程量清单所列项目专项列报。若合同规定由发包人负责投保工程险和第三者责任险,则承包人不需列报。

(2)施工设备险和人身意外伤害险通常都由承包人负责投保,发包人不另行支付。前者保险费用计入施工设备运行费用内,后者保险费用摊入各项目的人工费内。

投标人投标时,工程险的保险金额可暂按工程量清单中各项目的合计金额(不包括备用金以及工程险和第三者责任险的保险费)加上附加费计算,其保险费按保险公司的保险费率进行计算。第三者责任险的保险金额,则按招标文件的工程量清单中规定的投保金额(或投标人自己确定的金额)计算,其保险费按保险公司的保险费率进行计算。上述两项保险费分别填写在工程量清单内该两项各自的合价栏内。

4)中标服务费

当采用代理招标时,招标人支付给招标代理机构的费用,可以采用中标服务费名义列在投标报价汇总表中。中标服务费按招标项目的报价总金额乘以规定的费率进行计算。

5)备用金

备用金指用于签订协议书时,尚未确定或不可预见项目的备用金额。备用金额由发包人在招标文件工程量清单中列出,投标人在计算投标总报价时不得调整。

6.报价编制程序

编制投标报价与编制标底的程序和方法基本相同,只是两者的作用和分析问题的角度不同,报价编制程序主要有:

(1)研究并“吃透”招标文件。

(2)复核工程量。在总价承包中,此项工作尤为重要。

(3)了解投标人编制的施工组织设计。

(4)根据标书格式及填写要求,进行报价计算。要根据报价策略作出各个报价方案,供投标决策人参考。

(5)投标决策确定最终报价。

(6)编制投标书。

第三节 投标决策与技巧

在激烈竞争的环境下,投标人为了企业的生存与发展,采用的投标对策被称为报价策略。能否恰当地运用报价策略,对投标人能否中标或中标后完成该项目能否获得较高利润,影响极大。在土建工程施工投标中,常用的报价策略大致有如下几种。

一、投标策略

(一)以获得较大利润为投标策略

施工企业的经营业务近期比较饱和,该企业施工设备和施工水平又较高,而投标的项目施工难度较大、工期短、竞争对手少,非我莫属。在这种情况下所投标的报价,可以比一般市场价格高一些以获得较大利润。

(二)以保本或微利为投标策略

施工企业的经营业务近期不饱满,或预测市场将要开工的工程项目较少,为防止"窝工",投标策略往往是多抓几个项目,标价以微利、保本为主。

要确定一个低而适度的报价,首先要编制出先进合理的施工方案。在此基础上计算出能够确保合同工期要求和质量标准的最低预算成本。降低项目预算成本要从降低直接费、现场经费和间接费着手,其具体做法和技巧如下:

(1)发挥本施工企业优势,降低成本。每个施工企业都有自身的长处和优势。如果发挥这些优势来降低成本,从而降低报价,这种优势才会在投标竞争中起到实质作用,即把企业优势转化为价值形态。

一个施工企业的优势,一般可以从下列几个方面来表示。

①职工素质高:技术人员云集、施工经验丰富、工人技术水平高、劳动态度好、工作效率高。

②技术装备强:本企业设备新、性能先进、成套齐全、使用效率高、运转劳务费低、耗油低。

③材料供应:有一定的周转材料,有稳定的来源渠道、价格合理、运输方便、运距短、费用低。

④施工技术设计:施工人员经验丰富、提出了先进的施工组织设计、方案切实可行、组织合理、经济效益好。

⑤管理体制:劳动组合精干、管理机构精炼、管理费开支低。

当投标人具有某些优势时,在计算报价的过程中,就不必照搬统一的工程预算定额和费率,而是结合本企业实际情况将优势转化为较低的报价。另外,投标人可以利用优势降低成本,进而降低报价,发挥优势报价。

(2)运用其他方法降低预算成本。有些投标人采用预算定额不变,而利用适当降低现场经费、间接费和利润的策略,降低标价争取中标。

(三)以最大限度的低报价为投标策略

有些施工企业为了参加市场竞争,打入其他新的地区、开辟新的业务,并想在这个地区占据一定的位置,往往在第一次参加投标时,用最大限度的低报价、保本价、无利润价,甚至亏5%的报价,进行投标。中标后在施工中充分发挥本企业专长,在质量上、工期上(出乎业主估计的短工期),创优质工程、创立新的信誉,缩短工期,使业主早得益。自己取得立足,同时取得业主的信任和同情,以提前奖的形式给予补助,使总价不亏本。

(四)超常规报价

在激烈的市场竞争中,有的投标人报出超常规的低价,令业主和竞争对手吃惊。超常规的报价方法,常用于施工企业面临生存危机或者竞争对手较强,为了保住施工地盘或急于解决本企业窝工问题。

一旦中标,除解决"窝工"的危机,同时保住地盘,并且促进企业加强管理,精兵简政,优化组合,采取合理的施工方法,采取新工艺、降低消耗和成本来完成此项目,力争减少亏损或不亏损。

二、投标技巧

为了在激烈的市场竞争中能够战胜对手、获得中标、最大限度地争取高额利润,投标人投标报价时除了要灵活运用上述策略外,在计算标价中还需要采用一定的技巧,即在工程成本不变的情况下,设法把对外标价报得低一些,待中标后再按既定办法争取获得较多的收益。报价中这两方面必须相辅相成,以提高战胜竞争对手的可能性。以下介绍一些投标中经常采用的报价技巧与思路,可以供参考。

(一)不平衡单价方法

不平衡单价法是投标报价中最常采用的一种方法。所谓不平衡单价,即在保持总价格水平的前提下,将某些项目的单价定得比正常水平高些,而另外一些项目的单价则可以比正常水平低些,但这种提高和降低又应保持在一定限度内,避免因为某一单价的明显不合理而成为无效报价。常采用的不平衡单价法有下列几种:

(1)为了将初期投入的资金尽早回收,以减少资金占用时间和贷款利息,而将待摊入单价中的各项费用多摊入早收款的项目(如施工动员费、基础工程、土方工程等)中,使这些项目的单价提高,而将后期的项目单价适当降低,这样,可以提前回收资金,既有利于资金周转,存款也有利息。

(2)对在工程实施中工程量可能增加的项目适当提高单价,而对在实施中工程量可能减少的项目则适当降低单价。这样处理,虽然表面上维持总报价不变,但在今后实施过程中,承包商将会得到更多的工程付款。这种做法在公路、铁路、水坝以及各类难以准确计算工程量的室外工程项目的投标中常被采用。这一方法的成功与否取决于承包商在投标复核工程量时,对今后增减某些分项工程量所作的估计是否正确。

(3)图纸不明确或有错误的,估计今后有可能修改的项目的单价可提高,工程内容说明不清楚的项目的单价可降低,这样做有利于以后的索赔。

(4)工程量清单中无工程量而只填单价的项目(如土方工程中的挖淤泥、岩石等备用单价)其单价宜高些。因为这样做不会影响总标价,而一旦发生工程量时可以多获利。

(5)对于暂定金额(或工程),分析其将来要做的可能性大的,价格可定高些;估计不一定发生的,价格可定低些,以增加中标机会。

(6)零星用工(计日工)单价,一般可稍高于工程单价中的工资单价,因它不属于承包价的范围,发生时实报实销,也可多获利。但有的招标文件为了限制投标人随意提高计日工价,对零星用工给出一个"名义工程量"而计入总价,此时则不必提高零星用工单价了。

(二)利用可谈判的"无形标价"

在投标文件中,某些不以价格形式表达的"无形价格",在开标后有谈判的余地,承包人可利用这种条件争取收益。如一些发展中国家的货币对世界主要外币的兑换率逐年贬值,在这些国家投标时,投标文件填报的外汇比率可以提高些。因为投标时一般是规定采用投标截止日前30 d官方公布的固定外汇兑换率。承包商在多得到汇差的外汇付款后,再及早换成当地货币使用,就可以由其兑换率的差值而得到额外收益。

(三)调价系数的利用

多数施工承包合同中都包括有关价格调整的条款,并给出利用物价指数计算调价系数的公式,付款时承包人可根据该系数得到由于物价上涨的补偿。投标人在投标阶段就应对该条款进行仔细研究,以便利用该条款得到最大的补偿。对此,可考虑如下几种情况:

(1)有的合同提供的计算调价系数的公式中各项系数未定,标书中只给出一个系数的取值范围,要求承包者自己确定系数的具体值。此时,投标人应在掌握全部物价趋势的基础上,对于价格增长较快的项目取较高的系数;对于价格较稳定的项目取较低的系数。这样,最终计算出的调价系数较高,因而可得到较高的补偿。

(2)在各项费用指数或系数已确定的情况下,计算各分项工程的调价指数,并预测公式中各项费用的变化趋势。在保持总报价不变的情况下,利用上述不平衡报价的原理,对计算出的调价指数较大的工程项目报较高的单价,可获较大的收益。

(3)公式中外籍劳务和施工机械两项,一般要求承包人提供承包人本国或相应来源国的有关当局发布的官方费用指数。有的招标文件还规定,在投标人不能提供这类指数时,则采用工程所在国的相应指数。利用这一规定,就可以在本国的指数和工程所在国的指数间选择。国际工程施工机械常可能来源于多个国家,在主要来源国不明确的条件下,投标人可在充分调查研究的基础上,选用费用上涨可能性较大的国家的官方费用指数。这样,计算出的调价系数值较大。

(四)附加优惠条件

如在投标书中主动附加带资承包、延期付款、缩短工期或留赠施工设备等,可以吸引业主,提高中标的可能性。

(五)其他手法

国际上还有一些报价手法,我们也可了解以资借鉴,现择要介绍如下。

1. 扩大标价法

这种方法比较常用,即除了按正常的已知条件编制价格外,对工程中变化较大或没有把握的工程项目,采用扩大单价,增加"不可预见费"的方法来减少风险。但是这种投标方法,往往因总价过高而不易中标。

2. 先亏后盈法

采用这种方法，必须要有十分雄厚的实力或有国家或大财团作后盾。即为了想占领某一市场或想在某一地区打开局面时，而采取的一种不惜代价，只求中标的手段。这种方法虽然是报价低到其他承包商无法与之竞争的地步，但还要看其工程质量和信誉如何。如果以往的工程质量和信誉不好，则业主也不一定选他中标，而第二、三中标候选人反而有了中标机会。此外，这种方法即使一时奏效，但这次中标承包的结果必然是亏本，而今后能否盈利赚回来还难说，因此这种方法实际上是一种冒险方法。

3. 开口升级报价法

这种方法是报价时把工程中的一些难题，如特殊基础等造价较多的部分抛开作为活口，将标价降至无法与之竞争的数额（在报价中应加以说明）。利用这种“最低报价”来吸引业主，从而取得与业主商谈的机会，再利用活口进行升级加价，以达到最终赢利的目的。

4. 多方案报价法

这是利用工程说明书或合同条款不够明确之处，以争取达到修改工程说明书和合同为目的的一种报价方法。当工程说明书和合同条款中有某些不够明确之处时，往往承包商要承担很大的风险。为了减少风险就须扩大工程单价，增加“不可预见费”，但这样做又会因报价过高而增加被淘汰的可能性。多方案报价法就是为对付这种两难局面而出现的，其具体做法是在标书上报两个单价：一是按原工程说明书和合同条款报一个价；二是加以注释“如工程说明书或合同条款可作某些改变时”，则可降低多少费用，使报价成为最低的，以吸引业主修改说明书和合同条款。还有一种方法是对工程中一部分没把握的工作注明按成本加若干酬金结算的办法。但有些国家规定，政府工程合同文字是不准改动的，经过改动的报价单即为无效时，这个方法就不能用。

5. 突然袭击法

这是一种迷惑对手的竞争手段。在整个报价过程中，仍然按一般情况进行，甚至故意宣扬自己对该工程兴趣不大（或甚大），等快到投标截止时，来一个突然降低（或加价），使竞争对手措手不及。采用这种方法是因为竞争对手之间总是相互探听对方报价情况，绝对保密是很难做到的。如果不搞突然袭击，则自己的报价很可能被竞争对手所了解，对手会将他的报价压到稍低的价格，从而提高了他的中标机会。

参考文献

[1] 颜宏亮,于雪峰. 水利工程施工[M]. 郑州:黄河水利出版社,2009.

[2] 石自堂. 水利工程管理[M]. 北京:中国水利水电出版社,2009.

[3] 黄晓林,马会灿. 水利工程施工管理与实务[M]. 郑州:黄河水利出版社,2012.

[4] 张玉福. 水利工程施工组织与管理[M]. 郑州:黄河水利出版社,2010.

[5] 王胜源,等. 水利工程合同管理[M]. 郑州:黄河水利出版社,2011.

[6] 许宝树. 水利工程概论[M]. 北京:中国水利水电出版社,1992.